지표수의 수질관리

Surface Water Quality Management

서동일 지음

도서출판 동화기술

머리말

물은 4대 문명의 발상지에서부터 현대 사회에 이르기까지, 인류 문명과 밀접하게 연결되어 있다. 수자원(水資源)이란 하천, 호소 또는 지하수와 같은 곳에 존재하는 물이 인간의 삶에 이용됨으로써 자원으로서 가치를 가지는 대상을 말한다. 그러나 수량이 충분하여도 오염이 되어 사용할 수 없는 수질이라면 전혀 쓸모없는 것이 되며, 반면 아무리 깨끗한 물이라도 충분한 양이 확보되지 않는 경우 물은 역시 자원으로서 가치를 나타내지 못한다. 바람직한 수자원의 관리는 양적인 관리과 질적인 관리가 조화롭게 이루어져야 한다고 볼 수 있다.

하천과 호소와 같은 지표수의 수자원 및 수질 관리에는 유역의 유량과 오염물질 유입이 절대적인 영향을 미치므로 지표수의 수질관리를 위해서는 유역과 수체가 서로 연계되어 고려되는 것이 바람직하다. 따라서 현대의 수자원 관리는 수량과 수질을 동시에 관리하고 유역과 수체를 연계하는 종합적수자원관리(Integrated Water Resources Management) 또는 IWRM의 개념이 강조되고 있다.

본서에서는 유역의 오염물질 발생 및 이동특성을 이해하고 지표수 수질 문제의 대책을 위한 공학적인 방법에 대해서 학습하는 데 도움을 제공하기 위하여 작성되었다. 본서는 지표수의 수질관리에서 유역과 수체의 연계가 절대적으로 중요하며 물의 양적인 특성과 질적인 특성을 동시에 고려해야 한다는 것을 가장 기본적인 원칙으로 하고 있다. 본서에 포함된 내용들은 저자가 30여 년간 재직해온 충남대학교 환경공학과에서 수행한 지표수의 수질관리 관련 강의 자료를 중심으로 이루어졌으며 최신의 기술과 동향을 또한 포함하고 있다. 본서에서는 여타 교재에서 찾아볼 수 있는 상하수처리 관련 기술에 대한 설명은 최소화 하고 지표수의 수질관리에 부분들을 다루고자 하였다. 또한 강우에 의해 지배적인 영향을 받는 비점오염부하의 이동 현상을 기술하기 위해 필수적인 수문학적 요소 또한 기본적인 내용만을 다루고 수질오염과 관련한 부분만을 설명하고자 하였다.

위와 같은 내용을 바탕으로 본서는 다음과 같은 다섯 개의 부분으로 구성되었다.

1부 물의 특성과 자정 작용
2부 지표수의 수질 오염
3부 지표수의 현장 조사 및 수질 기준
4부 강우와 지표유출
5부 강우에 의한 수질 오염

책의 전반부는 지표수의 오염물질 특성에 대해 소개하였고, 중반부는 지표수 현장에 대해서 숙지해야 할 것들에 대해서 기술하였다. 그리고 비점오염물질 관리를 위해 알아야 하는 강우－유출의 특성에 대하여 기술하였으며, 관련하여 비점오염물질의 관리 기술들을 소개하였다. 본서를 통해 지표수 수질 문제의 현상, 원인과 진행 그리고 결과 등에 대해서 공부하면서 관리대책을 마련하는 공학적인 방법에 대해서 학습해 주기를 기대한다. 그러나 저자의 지식수준에 대한 한계에 따라 모든 부분을 자세하게 망라하는 데에는 충분할 수 없다고 생각된다. 독자 여러분들의 따끔한 지적과 따듯한 격려를 기대한다.

이 책의 출간에 즈음하여 저자가 열심히 강의준비를 할 수 있게 항상 새로운 에너지를 공급해 주었던 충남대학교의 제자들에게 고마움을 전하고 싶다. 그리고 책의 내용을 준비하는 데에 참고할 수 있게 앞선 연구를 해주신 선배 연구자들께도 감사드린다. 마지막으로 본서를 출간하기 위해 많은 애를 써 주신 도서출판 동화기술의 전문가들에게 감사의 말씀을 전한다.

충남대학교 환경공학과 연구실에서

목차

Part 1 물의 특성과 자정작용

Part 2 지표수의 수질오염

제1부 물의 특성과 자정작용

수질 문제는 물과 오염물질의 물리적, 화학적 그리고 생물학적 특징이 총망라된 것이다. 따라서 수질오염문제를 해결하기 위해서는 그 문제들의 과학적 특성을 파악하는 것이 가장 중요하다.

물리적으로 물은 지구에서 바다, 하늘, 지표 및 지하 공간을 이동하면서 각종 물질을 이동시키는 데 가장 중요한 역할을 한다. 물은 비중이 커서 바위까지도 먼 거리로 이동시킬 수 있으며 때로는 하천의 지형 또는 구조물에 침식이나 세굴을 통해 큰 물리적 변화를 일으킬 수도 있다. 빗물은 유역의 각종 물질을 유역에서 씻어내서 하천으로 전달하고 하천은 하류 방향으로 이동하면서 각종 용수를 공급하거나 하수와 폐수를 이송하고 있다.

물은 화학적인 특성으로 인해 물속의 물질 또는 용질(溶質, Solute)을 녹이는 용매(溶媒, Solution)로서 매우 중요한 역할을 한다.

물은 생물학적으로도 생명을 유지하고 생태학적인 순환을 유지하는 데 중요한 매체의 역할을 담당한다. 물은 사람을 포함한 동물의 몸속에서도 혈액이나 림프를 통해 각종 영양분과 폐기물을 운반하며 식물의 경우도 뿌리를 통해 흡수하는 물의 이동에 따라 가지와 잎사귀에 양분을 공급받게 된다.

물이 보여주는 자연의 질서에 대한 원리를 학습함으로써 우리는 더욱 지속가능한 수질관리 방법을 개발하고 발전시킬 수 있을 것으로 생각한다. 그리고 여러분들도 본서에 담겨있는 내용을 공부하면서 필자가 그 동안 계속 발견해왔던 물의 경이로움에 대한 크고 작은 기쁨을 또한 경험할 수 있기를 바란다.

01

물의 특성

물은 지구상의 인간 활동이나 생명체에 중요한 필요한 물질을 배달하는 기차나 선박 또는 비행기와 같은 운송수단의 역할을 한다. 그림 1.1에 나타난 바와 같이 물은 엔진이나 조종사가 따로 없이 경사지를 구르는 카트와 같이 오로지 중력에 따라 위치가 낮은 곳을 향하여 흐르는 특성을 가지고 있다.

물의 화학적인 구조를 학습하는 것은 물이 나타내는 각종 물리적 특성을 이해하는 데에 매우 중요한 시작점이다. 물의 분자를 이루고 있는 원자들과 원자들과의 상호관계는 매우 작아 보이지만 우주의 비밀을 열 수 있을 것 같은 신기한 일들이 연속적으로 포함되어 있다. 원자는 양성자와 중성자로 이루어져 있으며 양성자는 다시 여러 가지의 쿼크(quark)라는 물질로 이루어져 있다. 현대의 과학도 분자에서 원자로 그리고 양성자의 수준으로 점차 자세해 질수록 그 과학적 사실들이 놀랍기도 하지만, 이러한

그림 1.1 물은 각종 물질을 운반하는 거대한 기차와 같은 운송수단의 역할을 한다.

발견과 원리가 우리의 일상생활을 넘어 지구 전체의 환경 그리고 향후 우주의 각종 문제를 풀이할 수 있는 기초가 될 것이라는 사실을 의미한다.

1.1 물의 화학적 조성

물은 수소(H) 원자 2개와 산소(O) 원자 1개가 결합하여 형성된 H_2O라는 분자를 형성함으로써 생성되며 분자량은 18이다. 물 분자는 수소원자가 (+) 전하, 산소원자가 (−) 전하를 띠고 있어서 정정기적 인력에 의해 결합되어 있으며 힘의 균형에 의해 그림 1.2에 나타난 바와 같이 물 분자에서 수소는 산소를 중심으로 약 104.45° 가량 벌어진 형태를 나타내고 있다. 이러한 구조는 물 분자간의 수소원자와 산소원자 간의 비교적 강한 수소결합(hydrogen bonding)이 가능하도록 한다. 모세관 현상은 물의 수소결합으로 인해 나타나는 강한 표면장력에 의해서 나타나는 현상의 하나이다.

물 분자는 다시 양이온(H^+)과 음이온(OH^-)으로 구분할 수 있으며 수중의 두 이온 농도의 곱은 물의 해리상수(Kw, water dissociation constant)라고 부르며 Kw는 25°C에서 항상 10^{-14} (mol/liter)로서 일정하다.

$$Kw = [H^+][OH^-] = 10^{-14} \text{ (mol/l)} \tag{1-1}$$

pH는 양이온(H^+) 농도에 상용로그를 취하고 (−)를 곱하여 식(1-2)와 같이 양수로 만든 값으로 정의하며 용액의 산성도를 나타내는 데 사용된다.

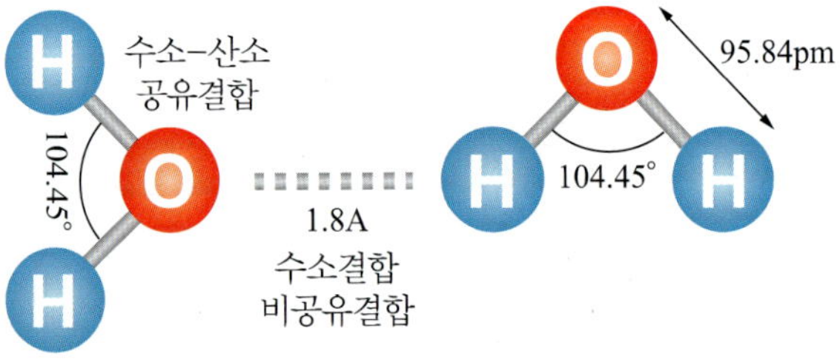

그림 1.2 물 분자의 구조 및 수소결합

순수한 상태에서 물은 물질을 용해시키는 능력이 큰 편이며 이는 물이 가지는 해리능력(dissociation power)에 기인한다. 여기서 물의 해리능력은 물 분자의 양성자(H^+)를 또 다른 물 분자에 공여하는 작용을 말한다.

$$pH = -\log[H^+] \tag{1-2}$$

$$H_2O + H_2O \leftrightarrow H_3O^+ + OH^- \tag{1-3}$$

이는 한편으로는 진공상태와 비교하였을 때 일정 물질의 상대적 전기적 세기를 뜻하는 유전율(ε, dielectric constant)과 큰 연관성이 있다. 참고로 물의 유전율은 81이며 공기는 1.0006 그리고 유리는 5.7이다.

또한 물속에서는 양이온[H^+]을 중화시키는 음이온 [OH^-], [CO_3^{-2}], [HCO_3^{-2}] 또는 미량이지만 [BOH_4^-], [NH_3], [HPO_4^-], [PO_4^{-3}] 등의 이온성 물질이 존재하며 이들 모두가 산을 중화시키는 능력 또는 알칼리도(alkalinity)에 영향을 미친다. 외부 이 물질의 유입에 의해 pH가 급격하게 변화하는 경우 물속의 생물의 성장과 정상적인 활동에 큰 영향을 미칠 수 있다. 수계의 알칼리도는 산도 변화에 대한 완충 능력의 지표라고 볼 수도 있으며 상수 및 하수처리 분야에서 처리공정의 약품투입량을 결정하기 위한 중요한 요소이기도 하다.

일반적으로 [OH^-], [CO_3^{-2}], [HCO_3^-]의 당량수를 합한 것을 탄산알칼리도(carbonate alkalinity)라고 부르며, [H^+]를 중화하는 능력이 있는 모든 이온의 합을 총알칼리도(total alkalinity)라고 부른다.

$$\text{Carbonate Alkalinity} = m_{HCO_3^-} + 2m_{CO_3^{-2}} + m_{OH^-} \tag{1-4}$$

$$\begin{aligned}\text{Total Alkalinity} = {} & m_{HCO_3^-} + 2m_{CO_3^{-2}} + m_{OH^-} \\ & + m_{B(OH)_4^-} + m_{H_3(SiO)_4^-} + m_{HS^-} + m_{\text{organic C}}\end{aligned} \tag{1-5}$$

그러나 실질적으로 알칼리도는 0.02 N 황산으로 pH 8.3 및 pH 4.5까지 적정한 값을 탄산칼슘($CaCO_3$) 등가량으로 환산한 값을 사용하며, 전자를 페놀프탈레인(phenolphthalein) 알칼리도 후자를 총알칼리도(total alkalinity)로 부른다. 각 pH에 따라 이론적으로 계산할 수 있으나 이는 관련 전문 서적을 참고하시기 바란다(Snoeyink and Jenkins, 1980; Sawyer, McCarty and Parkin, 1994).

1.2 물과 온도

온도(溫度)는 물질의 뜨겁고 찬 정도를 나타내는 물리량이다. 온도는 열역학 제1법칙에 기초하여 에너지를 엔트로피로 편미분한 값으로 나타낸다. 좀 더 쉽게 얘기하면 온도는 열에너지를 부피로 나눈, 어찌 보면 수질농도와 유사한 개념으로 생각하면 된다. 일반적인 정의의 온도는 온도의 기준을 통해 만들어진 온도계로 측정되는 값이다.

온도의 국제단위는 켈빈(kelvin, °K)이며, 실제로는 물의 빙점을 0°C로, 끓는점을 100°C로 보고 정의되는 섭씨온도(celcious, °C)를 많이 사용한다. 켈빈 온도와 섭씨온도는 다음과 같이 환산하여 사용할 수 있다.

$$K = °C + 273.15 \tag{1-6}$$

한편 미국에서는 화씨온도(fahrenheit, °F)를 사용하며 섭씨온도와는 다음과 같은 관계가 있다. 화씨 기준으로 물은 32°F에서 얼음이 되고 212°F에서 끓기 시작한다.

$$°F = 9/5(°C) + 32 \tag{1-7}$$

일반적인 온도계에 의해 측정된 건구온도(dry-bulb temperature)라고 부른다. 습도와 증기압이 상승함에 따라 공기의 온도가 낮아져 포화증기압에 도달하는 온도를 습구온도(wet-bulb temperature)라고 부른다. 습구온도는 상대습도가 100%가 되는 온도를 말하며 습구는 증발로 인해 기화열을 뺏겨 온도가 낮아지는 특성이 있다. 건구온도와 습구온도의 온도 차에 따른 습도표 이용하여 습도의 계산이 가능하며 증발이 잘 될수록 크게 나타나는 특성이 있다.

1.2.1 열과 온도

물 분자간의 강력한 결합은 같은 양의 에너지를 가할 때 다른 물질들에 비해 온도가 쉽게 변하지 않게 해주므로, 강한 인력을 끊기 위해 상대적으로 많은 에너지가 필요하다.

결과적으로 물은 다른 물질들에 비하여 상대적으로 끓는점(비등점)과 어는점(빙점)이 높아지게 된다. 즉, 물은 물 1 gram (g)을 1도(°C) 올리는 데 필요한 에너지인 비열[specific heat, J/(g°C)]과 비열에 질량을 곱한 열용량(heat capacity, J/°C)이 지구상의 다른 물질들에 비하여 상대적으로 큰 액체이다. 수체에 가해진 열에너지, H(J/sec)는 온도가 다른 두 가지의 물질 사이에 전달되는 열에너지를 말하며 다음과 같이 정의된다.

$$H = V\rho c[T - T_o] \tag{1-8}$$

여기서, V : 물의 체적(m^3)

ρ : 물의 밀도(kg/m^3)

c : 물의 열용량(J/°C)

T : 온도(°C)

열을 흡수하여도 쉽게 뜨거워지지 않고 열을 방출하여도 쉽게 식지 않는 물의 특성은 하절기 태양에너지를 바닷물이 흡수하여 대기의 온도가 너무 많이 올라가지 않게 하고 동절기에는 그 반대로 온도가 너무 내려가지 않도록 한다. 따라서 바닷가가 내륙에 비해서 온도변화가 상대적으로 적은 편이다. 이러한 특성은 동물과 식물의 체내에 상당 부분을 차지하고 있는 물이 기온의 변화에 대해 상대적으로 일정한 온도를 유지할 수 있게 하는 요소가 되기도 한다. 따라서 지구의 생태계에 물이 온도에 미치는 영향은 아무리 강조해도 지나치지 않다.

물을 끓이게 되면 액체의 물이 기체인 수증기로 변하는데 이 수증기는 많은 에너지를 포함하는데 이때 필요한 열이 기화열(heat of vaporization)이다. 이는 사람의 피부에서 땀이 마르면서 시원해지는 원리와 같다. 고체 상태인 얼음이 액체 상태인 물로 녹는 것을 융해라고 하며 이때에도 융해열(heat of fusion)이 필요하다.

1.2.2 태양에너지

태양에너지는 물순환의 원동력을 제공하며 또한 기후에 큰 영향을 미친다. 지구에 도달하는 태양 에너지는 0.5 langley/min (cal/cm^2/min) 정도이며, 이 중 0.22 langley/min 정도가 지구에 흡수된다고 한다. 이 두 가지 양의 차이는 공기와 해양의 밀도차를 발생시키면서 전도와 대류 등에 의해 분배된다. 참고로 눈은 태양에너지의 약 80%를 반사시키며, 검은색 토양은 약 90%를 흡수하는 것으로 알려져 있다.

수온에 영향을 미치는 태양에너지의 대표적인 것들은 그림 1.3에 나타난 바와 같이 지구 표면에 직접 공급되는 태양에너지와 지표 또는 수표면에서 반사되는 에너지, 공기 중의 에너지와의 확산, 기화와 액화에 의한 에너지 교환 등이 있으며 다음의 식과 같이 표현할 수 있다.

$$H_{net}\,(\mathrm{cal/cm^2/min}) = H_{sn} + H_{an} - (H_{br} + H_c + H_e) \tag{1-9}$$

여기서, H_{sn} : 지표에 도달하는 순 태양에너지(단파)

H_{an} : 지표에 도달하는 순 태양에너지(장파)

H_{br} : 수표면에서 반사되는 장파

H_c : 대기와 열전달량

H_e : 증발에 의한 기화열 손실

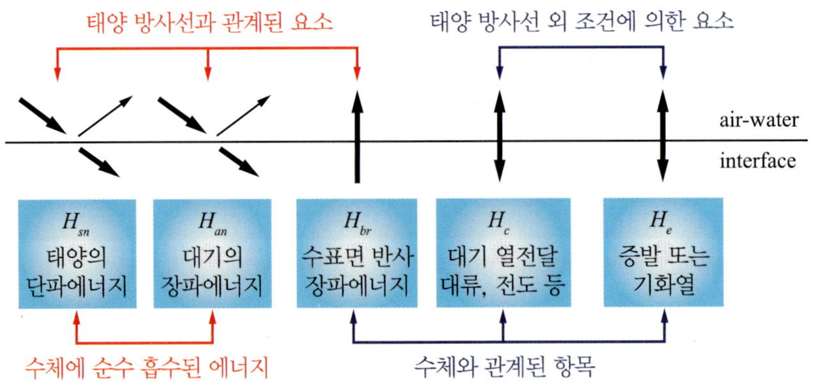

그림 1.3 수온에 영향을 미치는 태양에너지의 종류

수체의 온도는 식(1-9)에 나타난 바와 같이 총 유입 및 총 유출 열에너지를 상쇄하여 수체 내에 남아있는 총 열에너지를 계산하고 식(1-8)의 식을 적용하여 계산한다. 밀도와 비열 등을 고려해야 하지만 개념적으로 온도는 열에너지를 부피로 나눈 값과 같은 의미를 가진다.

1.3 수증기 및 상대습도

수증기(water vapor)는 대기 중에 기체 상태로 존재하는 부분을 의미하며 대기 및 수증기의 중량은 각각 5.6×10^{15} ton 및 1.5×10^{13} ton 가량으로 알려져 있다.

수증기압은 수증기압 공기와 수증기의 혼합체에서 수증기가 가지는 부분압을 의미하며, Dalton의 분압의 법칙(Dalton's law of partial pressure)에 의해 설명할 수 있다. 수증기압은 공기 중에 존재할 수 있는 양이 한계가 있으며 이 최댓값을 포화 수증기압(saturation vapor pressure)이라고 부른다. 수증기압과 포화수증기압은 온도를 이용하여 다음과 같이 계산할 수 있다.

$$e_s = 4.596\exp\left(\frac{17.27\,T}{237.3 + T}\right) \tag{1-10}$$

$$e = 4.596\exp\left(\frac{17.27\,T_D}{237.3 + T_D}\right) \tag{1-11}$$

여기서, e : 증기압(mmHg)

e_s : 포화증기압(mmHg)

T : 온도(°C)

T_D : 이슬점 온도(°C)

상대습도(relative humidity)는 공기 중에 수분이 포화도에 비하여 어느 정도 존재하는 지를 가리키는 지표이며, 식(1-12)에 나타난 바와 같이 임의 온도에서 실제 수증기압과 포화수증기압의 비로 정의된다.

$$R_h(\%) = 100\frac{e}{e_s} \tag{1-12}$$

$$R_h(\%) = 100\frac{112 - 0.1T + T_D}{112 + 0.9T} \tag{1-13}$$

한편 포화증기압은 식(1-10)에 의하면 온도가 올라가면 증가하는 특성이 있다. 따라서 그림 1.4에 나타낸 바와 같이 동일한 수증기압에 대하여 온도가 증가함에 따라 상대습도는 감소하게 된다.

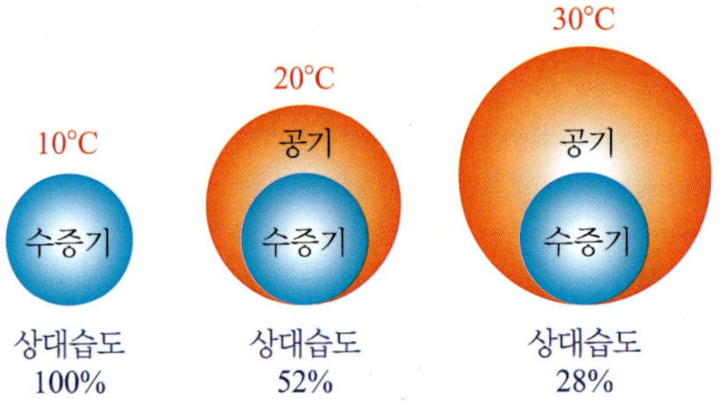

그림 1.4 **온도에 따른 상대습도의 변화**

예제 1.1

이와 같은 경우에 대하여, 포화수증기압과 이슬점 온도를 구하라.

기온 25°C에 대한 포화수증기압은 식(1-10)에 의해 23.8 mmHg로 계산할 수 있다. 이에 상응하는 이슬점 온도는 식(1-13)을 이용하여 13.86°C로 구할 수 있다. 또한 기온 25°C의 수증기압은 그림 1.5에 나타난 바와 같이 기온과 상대습도가 50%가 만나는 선에서 왼쪽 수평방향으로 이동하여 상대습도 100%인 선을 찾고, 이 점에 대응하는 온도를 찾으면 이 점이 이슬점 온도(T_D)가 된다. 또는 식(1-12)를 이용하여 포화증기압의 50%인 11.9 mmHg일 경우 식(1-11)을 이용하여 계산할 수 있다.

그림 1.5는 기온이 25°C이고 상대습도가 50%인 경우, 수증기압과 상대습도 그리고 이슬점의 상관관계를 보여주고 있다.

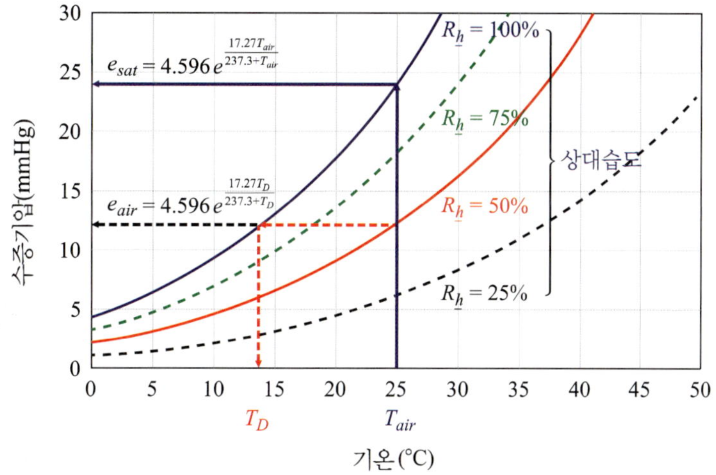

그림 1.5 수증기압과 상대습도의 상관관계

1.4 물의 밀도

밀도(kg/m^3)는 일정한 부피(m^3) 내에 존재하는 질량(kg)을 나타낸 값으로서 다음과 같이 정의되며, 수질 오염에서 자주 사용되는 농도와 같은 단위로 표현된다.

$$\rho = \frac{m}{V} \tag{1-14}$$

물을 포함한 대부분의 분자는 항상 미세하게 진동하는 열운동을 한다. 이 진동은 물 분자가 일정 간격을 유지하게 되는 원인이 되기도 하며, 온도의 감소에 따라 진동이 작아지면서 분자간의 거리가 감소하여 더욱 밀착하게 된다. 이러한 현상으로 일정한 공간에 더욱 많은 개수의 분자가 모이게 되고 결과적으로 식(1-14)의 분자에 해당하는 질량이 증가함에 따라 밀도가 증가하는 효과가 나타나게 된다.

그러나 그림 1.6(a)에 나타난 바와 같이 물의 밀도는 4°C 부근에서 1.0 g/cm^3 (또는 1,000 kg/m^3)으로서 최대가 되며 이후에는 온도가 감소함에 따라 밀도가 감소한다. 따라서 물 분자가 0°C에서 결빙되는 경우 밀도는 4°C의 최대치보다 9% 정도 감소되어

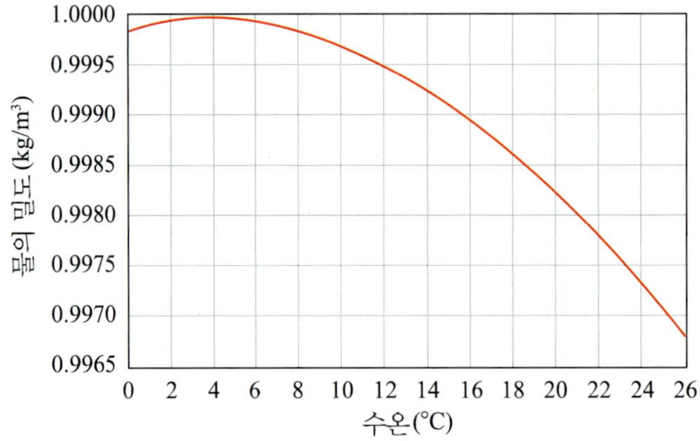

(a) 온도에 따른 물과 얼음의 밀도 변화

(b) 바다 속의 빙하 체적분포 (wikipedia.org)

그림 1.6 **온도에 따른 물과 얼음의 밀도 변화**

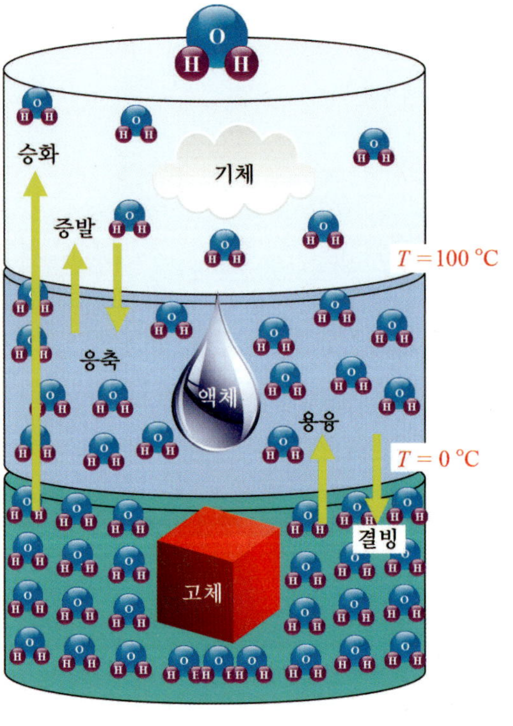

그림 1.7 **고체, 액체, 기체 상태의 물과 분자밀도의 개념도**

얼음이 물 위에 뜨게 되는 원인을 제공한다. 일반적으로 물질의 고체 상태는 액체 상태보다 밀도가 높아지는 경향이 있는 반면 이러한 특징은 물이 나타내는 독특한 현상이다. 물과 유사하게 고체상태의 밀도가 감소하는 물질은 Si, Ga, Ge, Sb, Bi, Pu 등이 있는 것으로 알려져 있다.

물이 얼음으로 변화되면서 밀도가 감소하는 이유는 물 분자들을 연결하는 수소결합의 길이가 얼음 결정의 크기보다 짧기 때문이다. 열운동의 감소에 따른 진동의 감소는 4°C 부근에서 한계에 다다르며 이후로는 물 분자의 배열이 비교적 일정한 고체 상태인 얼음으로 전환되는 현상이 우세하기 때문에 발생하는 것으로 알려져 있다. 실제로 얼음으로 전환된 물의 밀도는 온도의 감소에 따라 다시 증가한다.

액체상태의 물 분자는 개수가 하나인 단일분자(H_2O, monohydral) 또는 두 개[$(H_2O)_2$, dihydral]나 세 개[$(H_2O)_3$, trihydral] 등의 중합체를 형성하기도 하며 중합의 정도는 온도가 증가함에 따라 감소하는 경향이다. 물은 수온이 감소에 따라 다른 구조로 배열이 바뀌는데 이는 중합체 또는 물 분자의 배열이 달라짐에 따라 나타나는 현상이다.

온도(T, °C)에 따른 밀도의 변화는 다음과 같이 나타낼 수 있다(APHA, 1992).

$$\begin{aligned}\rho_{T,S}\,[\mathrm{kg/m^3}] &= 999.842594 + 6.793952\times10^{-2}T \\ &\quad - 9.095290\times10^{-3}T^2 + 1.001685\times10^{-4}T^3 \\ &\quad - 1.120083\times10^{-6}T^4 + 6.536332\times10^{-9}T^5\end{aligned} \tag{1-15}$$

염분(salinity, S, ppt)의 영향을 동시에 고려하는 경우 위의 식은 다음과 같이 표현할 수 있다(APHA, 1995).

$$\rho_{T,S}\,[\mathrm{kg/m^3}] = \rho_\mathrm{T} + \rho_\mathrm{S} = \rho_\mathrm{T} + \mathrm{AS} + \mathrm{BS}^{3/2} + \mathrm{CS}^2 \tag{1-16}$$

여기서,

$$\begin{aligned}A &= 8.24493\times10^{-1} - 4.0899\times10^{-3}T + 7.6438\times10^{-5}T^2 \\ &\quad - 8.2467\times10^{-7}T^3 + 5.3875\times10^{-9}T^4\end{aligned}$$

$$B = -5.72466\times10^{-3} + 1.0227\times10^{-4}T - 1.6456\times10^{-6}T^2$$

$$C = 4.8314\times10^{-4}$$

수체 내부에 다량의 부유물질(suspended solid, SS, mg/L)이 존재하는 경우의 물의 밀도는 다음과 같이 나타낼 수 있다(APHA, 1992).

$$\rho_{T,S}\,[\mathrm{kg/m^3}] = \rho_T + \rho_S + \rho_{SS} \tag{1-17}$$

$$\rho_{SS} = C_{SS}\left(1 - \frac{1}{SG}\right) \times 10^{-3} \tag{1-18}$$

여기서, C_{SS} : suspended solid concentration [mg/L]

SG : specific gravity of suspended solids

예제 1.2

식(1-12)를 이용하여 25°C 및 10°C의 물의 밀도를 비교하라.

25°C의 물의 밀도는 997.0 kg/m^{3}이고 10°C의 물의 밀도는 999.7 kg/m^{3}로서 약 2.7 kg/m^{3}의 차이가 있다.

1.5 수온차이에 의한 성층 현상(Thermal Stratification)

물과 기름 그리고 꿀 등과 같이 밀도가 다른 액체들이 같은 공간에 존재하는 경우 서로 섞이지 않고 층을 이루게 된다. 이러한 현상은 성상이 같은 물이라도 온도가 다른 경우 밀도의 차이로 인해 발생할 수 있다. 예를 들어, 수심이 비교적 깊은 수영장 또는 호수에서는 수표면은 태양에너지로 계속 데워지나 깊은 곳은 열이 전달되지 않아서 낮은 온도가 유지되며 밀도도 높다. 따라서 물은 밀도가 낮은 따듯한 층과 밀도가 높은 깊은 층으로 분리되는 현상이 나타나게 된다.

그림 1.8은 대청호의 수온에 의한 성층 현상 실측결과 및 CE-QUAL-W2 수질 모델(Cole and Wells, 2006)을 이용한 재현 결과(이상욱 등, 2003)를 나타내고 있다. 그림에서 동절기(1～3월)는 수직 방향으로 고른 온도 분포를 나타내고 있다. 이 시기에는 상층과 하층의 수체가 균일한 온도 및 밀도를 나타내며 완전하게 혼합된다. 따라서 용존산소 농도도 상하층이 균일하게 나타내는 것을 알 수 있다. 하절기(8～10월)에는 상

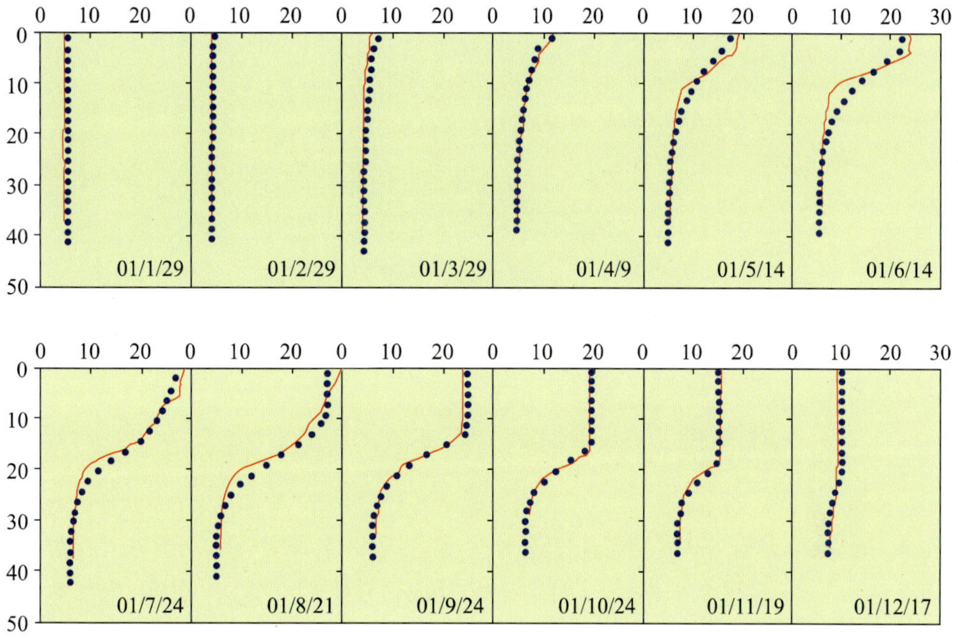

그림 1.8 대청호의 수온에 의한 성층 현상 및 수질 모델을 이용한 재현 결과 (이상욱 등, 2003)

층의 수온이 25°C 이상을 나타내는 반면 20 m 이하에서는 10°C 이하의 온도분포를 나타내는 것을 알 수 있다. 이렇게 상층과 하층의 온도가 서로 다르게 되면 밀도도 서로 달라진다. 밀도가 달라진다는 것은 동일한 화학적 성질을 가지는 "물"이어도 잘 섞이지 않는 서로 다른 층으로 구분되는 수온 성층 현상이 발생하게 된다.

서로 밀도가 다른 경우에는 두 층 간의 물질 확산이 대폭 감소하며 상층과 하층은 상이한 수질 특성을 나타낼 수 있다. 예를 들어 수중의 산소는 대기 중의 산소 농도와 평형을 이루면서 공급이 되는데, 대기와 맞닿아 있는 상층은 산소의 공급이 원활한 반면, 물질순환이 차단되어있는 하층의 경우는 기존에 존재하던 산소 농도가 유기물의 분해나 미생물의 호흡 등에 의해 지속적으로 감소하는 현상이 발생할 수 있다. 물속의 용존 산소 농도가 낮은 경우 환원 조건이 형성되면서 철 이온과 같은 경우 3가의 철[Fe(III)]에서 2가의 철[Fe(II)]로 바뀌면서 $Fe_2(PO_4)_3$와 같이 고형물질로서 침강되었던 인 성분이 PO_4^{-3} 형태로 용출되어 호 내의 인 농도를 증가시킬 수도 있다.

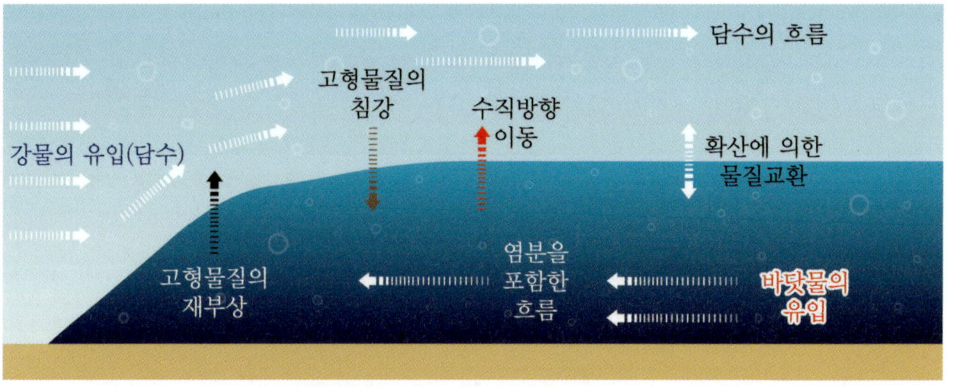

그림 1.9 **하구역의 염분농도 차이로 인한 성층 현상**

그림 1.9는 염분을 포함하지 않은 담수를 포함하는 하천과 염분농도가 상대적으로 높은 염수가 만나는 하구지역(estuary)에서 발생할 수 있는 각종 현상들을 나타내고 있다. 우선 강물은 바다를 만나면서 유속이 급격하게 감소함으로써 고형물질의 수직 침강 현상이 우세해지는 반면 염분에 의해서 밀도가 높은 바닷물은 밀물의 경우 하천 바닥을 쓸고 들어오면서 퇴적물이 재부상하는 영향을 나타낼 수 있다. 하구 지역은 수온에 의한 밀도차에 의해서 성층현상이 발생할 수 있지만 염분 농도에 의한 밀도차이가 성층현상을 발생시키는 주요원인이 된다.

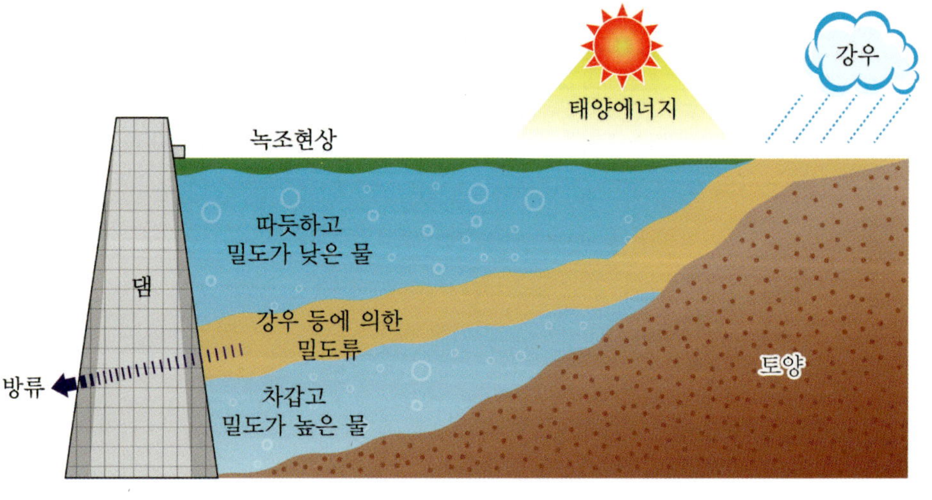

그림 1.10 **강우 시 호수의 성층현상 발생 및 밀도류 발생의 개념도**

그림 1.10은 하절기 호수 내에서 성층현상이 발생한 상태에서 강우에 의해 흙탕물이 유입되는 경우 이동하는 경로를 보여준다. 흙탕물은 호수의 표면에 비하여 온도가 일반적으로 낮고 콜로이드 물질 등을 포함한 용존성분을 포함하고 있으므로 밀도가 더욱 은 경향이 있다. 따라서 호수에 유입되자마자 아래 방향으로 흐르지만 호수에 수온이 더욱 낮아서 밀도가 상대적으로 높은 층보다는 상층에서 흐르게 된다. 이 층은 밀도의 균형에 의해서 지속적으로 수평이동을 하게 되는데 이러한 흐름을 밀도류(density current)라고 부르기도 한다. 상수원의 밀도류는 하류에 탁수 및 용존물질을 전달함으로써 취수지점의 수질에 문제를 일으키기도 한다.

1.6 물의 점성

모든 액체들은 분자들 간의 결합에 의해 서로 잡아당기는 힘이 있으며 이는 해당 액체의 점성(viscosity)을 유발하는 원인이 된다. 물엿이나 꿀과 같은 물질들은 물 보다는 더 끈적끈적한 성질을 가지고 있으며 이러한 경우 점성이 높다고 한다. 점성은 점성계수[dynamic viscosity, μ, kg/(m · sec)]를 이용하여 나타낸다. 물의 점성은 그림 1.11에 나타난 바와 같이 온도가 낮을수록 높아진다. 일반적으로 수돗물을 공급하기 위해 정수장에서 가장 많이 사용되는 방법은 급속여과를 이용하는 방법이다. 이 방법은 모래여과에서 축적된 오염물질을 제거하기 위해 주기적으로 역세척을 필요로 한다. 하절기의 경우에는 수온의 상승에 따라 물의 점성이 약하여 여과지의 모래를 충분히 팽창시킬 수 없기 때문에 동절기에 비해 2배 가까운 많은 세척수가 필요하다.

한편 점성계수를 물의 밀도로 나눈 값을 식(1-19)에 나타난 바와 같은 동점성계수(kinematic viscosity, υ)라고 부른다.

$$\upsilon\,(\mathrm{m^2/sec}) = \frac{\mu\,[\mathrm{kg/(m\,sec)}]}{\rho\,(\mathrm{kg/m^3})} \qquad (1\text{-}19)$$

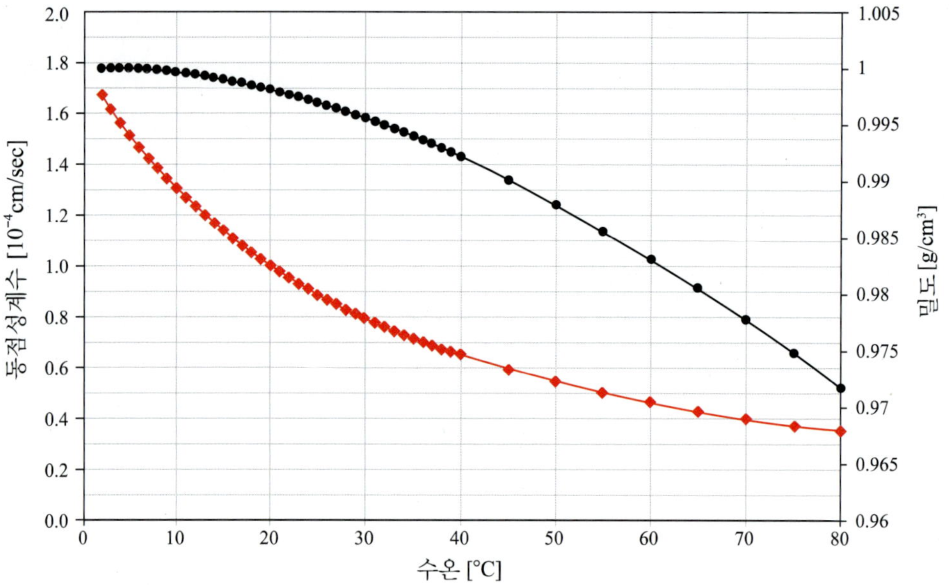

그림 1.11 수온과 점성 및 밀도의 관계

02

물의 순환

2.1 물의 분포

지구의 표면은 약 70% 정도가 물로 덮여 있다. 지구상에 있는 물의 총량은 약 13억 3800만 km^3 정도가 되고 물의 대부분인 96.5%는 그림 2.1과 표 2.1에 나타난 바와

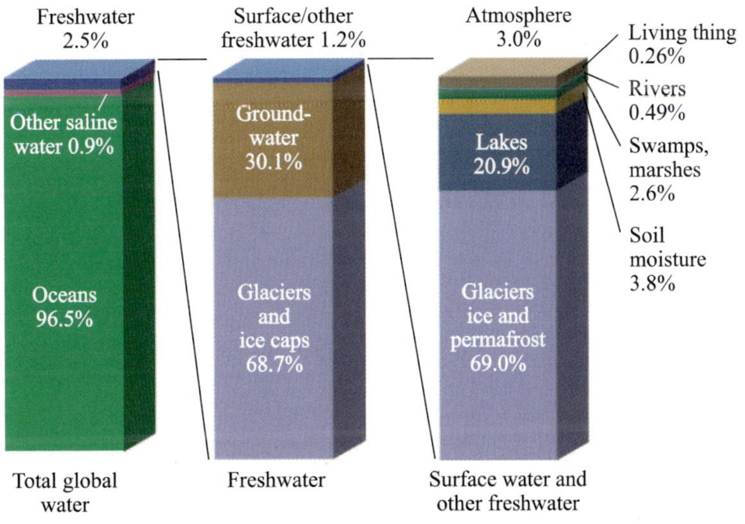

그림 2.1 지구상 수자원 분포(Shiklomanov, 1993)

같이 바닷물이며, 인간을 포함한 생태계가 사용할 수 있는 담수는 총량의 2.5%에 불과하다. 담수의 대부분은 빙하나 지하수로 존재하며 호수와 하천에서 생태계에 사용될 수 있는 담수 자원은 각각 지구 전체의 0.007% 및 0.0002%에 불과하다.

표 2.1 지구상 수자원의 분포

수원	물의 체적 [km^3]	담수의 %	전체 수분의 %
해양, 바다, 만	1,338,000,000		96.5000
빙하 및 만년설	24,064,000	68.700	1.7400
지하수	23,400,000		1.6900
담수	10,530,000	30.100	0.7600
염수	12,870,000		0.9300
토양수분	16,500	0.005	0.0010
얼음 및 영구동토층	300,000	0.860	0.0220
호수	176,400		0.0130
담수	91,000	0.260	0.0070
염수	85,400		0.0060
대기	12,900	0.040	0.0010
늪지대	11,470	0.030	0.0008
하천	2,120	0.006	0.0002
생물의 체내수분	1,120	0.003	0.0001

Source : Igor Shiklomanov'schapter "World fresh water resources" in Peter H. Gleick (editor), 1993, Water in Crisis: A Guide to the World's Fresh Water Resources.

2.2 물의 순환

지구의 물의 순환은 크게 액체상태의 물이 기체상태의 수증기로 바뀌는 증발(evaporation), 눈이나 얼음의 표면으로부터 물 분자가 직접 수증기로 변환되는 승화(sublimation) 그리고 수증기가 물, 눈 또는 얼음으로 변환되는 응축(condensation) 등의 세 가지 과정에 의해 이루어진다. 응축된 수분은 강우(precipitation)로서 지표면에 내려오고, 이는 다시 지표면에서 지하로 침투(infiltration)되어 지하수를 보충하며 나머지 부분은 지표수(surface flow)로서 육지에서 흘러나간다. 그림 2.2는 지구의 물의 순환과 강우의 관계를 나타내는데, 지구로 내리는 강우량을 100%로 보았을 때 지하수나 하천을 통해 해양으로 유출되는 양이 39%이며 증발산에 의해 대기로 유실되는 양이 61%를 차지하는 등 각 요소의 상대적인 수분의 양을 보여주고 있다. 특히 바다에서의 증발되는 양은 424%에 해당되며 이 중 385%는 다시 강우의 형태로 바다로 돌아간다. 기상학에서는 대기 중에서 각각의 요소가 시간적 및 공간적으로 어떻게 분포하는지를 다루게 되며, 이는 기후변화와 함께 우리가 결코 간과해서는 안 되는 부분이다.

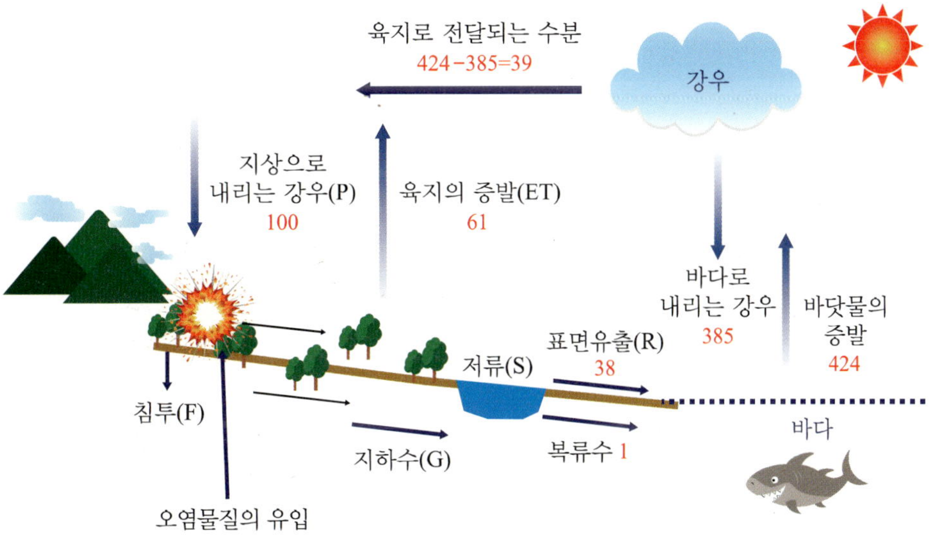

그림 2.2 지구의 물의 순환 및 수질오염 개념도

물은 순환과정에서 인간 또는 자연적인 요인에 의해서 오염물질이 혼합되고 이를 이용하는 인간을 포함한 생태계에 영향을 미친다. 지구의 표면에 축적된 인위적인 또는 자연적인 각종 물질들은 강우 시 씻겨나가면서 유역에서 하천으로 이동하게 되며, 대다수의 경우 하천이나 호소의 입장에서는 오염부하로 작용하게 된다.

2.3 우리나라의 강수 특성

우리나라의 연평균 강수량은 10년 평균은 1,260 mm, 30년 평균은 1,332 mm로서 세계평균 973 mm보다 약 1.3~1.6배 가량 높은 편이다(표 2.2 참조). 그러나 우리나라는 인구밀도가 높은 관계로 연간강수량을 인구수로 나눈 1인당 연간 강수 총량은 2,625 m^3로서 세계평균 26,877 m^3의 약 1/10 수준이라고 한다. 이에 따라 우리나라는 통계적으로는 "물부족국가"로 분류되고 있다. 그러나 우리는 고대로부터 농업을 이어오면서 부족한 물을 시공간적으로 나누어 쓰는 법을 지속적으로 익혀왔다. 홍수와 가뭄의 문제는 지속적으로 발생되고 수많은 인명 및 재산피해가 반복되었지만 우리나라는 계속적인 물관리에 대한 노력으로 물재해에 의한 피해가 상당히 감소되었으며 다른 나라들에 비해 물관리 기술이 발달되어 있다고 볼 수 있다. 따라서 우리의 실생활에서는 물부족 문제가 심각하게 느껴지지 않을 수도 있다. 그러나 우리나라의 물관리는 기후변화와 맞물려서 더욱 어려워질 수 있으며 이에 대한 지속적인 기술개발이 필

표 2.2 우리나라의 2021년, 10년 및 30년 평균 강우량 특성(e-나라지표)

기간	2021년	10년 평균 (2012~2021)	30년 평균 (1991~2020)
연	1244.5	1259.7	1331.7
봄	330.5	247.8	248.4
여름	612.8	620.6	727.3
가을	256.4	302.5	266.1
겨울	13.3	87.2	89.0

요하다. 그러나 수자원의 양적 관리에 비하여 질적 관리 수준은 상대적으로 약하다고 판단되며 이에 대한 기술 개발이 시급한 실정이다.

그림 2.3은 우리나라에서 1991 ~ 2020년 기간의 30년간 측정된 계절별 강수량의 평균에 대한 전국적인 분포를 나타낸다. 우리나라는 지역별로 강수량 편차가 큰 편으로서 우리나라 연 강수량의 평년값(30년 평균)은 787.3 ~ 4,381.0 mm 분포를 보인다. 가장 많은 곳은 제주특별자치도 성판악으로 4,381.0 mm, 가장 적은 곳은 인천광역시 백령도로 787.3 mm이다. 중부 지방은 1,200 ~ 1,500 mm의 범위로서 비교적 강우량의 지역적 차이가 크지 않으나, 남부지방은 1,000 ~ 1,800 mm의 범위를 나타내면서 크게

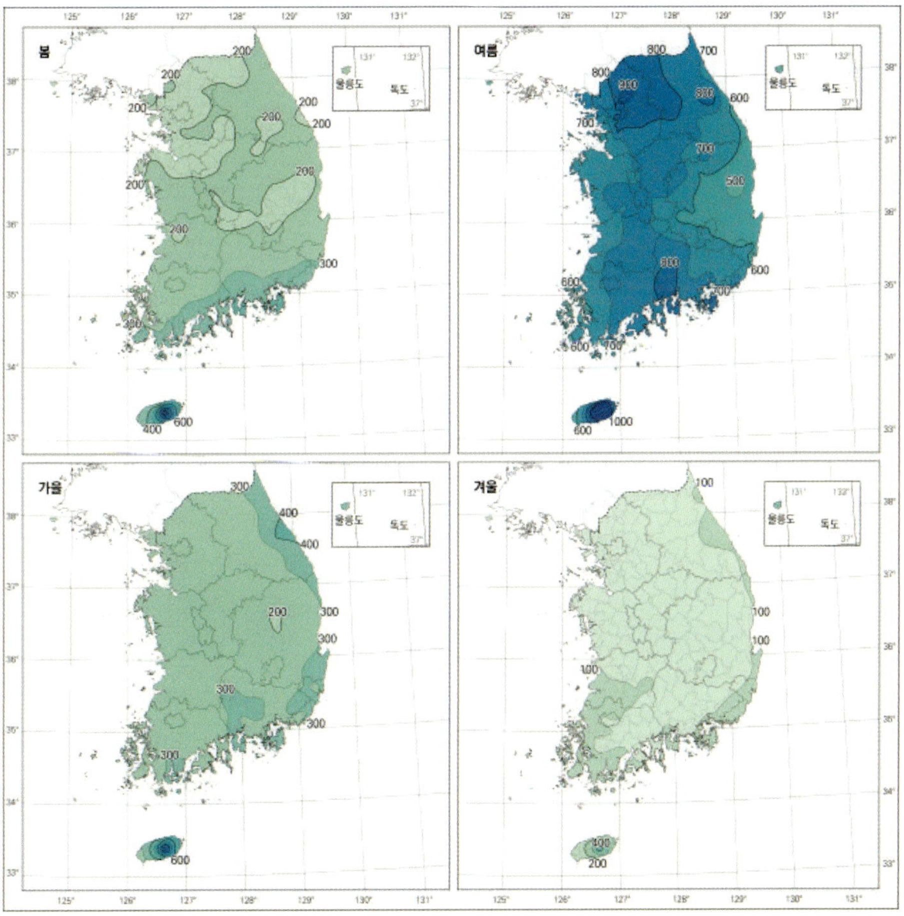

그림 2.3 **우리나라 계절별 강수량 분포**(1991~2020년, 30년 **평균**, **기상청**)

차이가 나고 있다. 남부지방 중에서도 경북지역은 1,000~1,300 mm, 경남 해안 지역 일부는 1,800 mm 그리고 제주도 지방은 1,500~1,900 mm의 범위를 나타내고 있다.

우리나라의 수자원 관리에 있어서 어려운 점은 상기한 강우량의 지역적인 불균형뿐만 아니라 연중 시간적인 분포에 대한 부분이다. 우리나라 계절 강수량의 평년값은 봄 140.0~1,139.6 mm, 여름 431.5~1,752.6 mm, 가을 163.5~1,015.8 mm, 겨울 43.5 ~479.7 mm 분포를 보인다. 가장 많은 곳은 여름철 제주특별자치도 성판악으로 1,752.6 mm이며, 가장 적은 곳은 겨울철 경기도 하남으로 43.5 mm이다.

그림 2.4는 우리나라 강우량의 분포를 나타내고 있다. 이 그림에 나타난 바와 같이 연간 강수량의 73%는 최근 30년간 월별에 해당하는 6월부터 9월의 넉 달에 집중된다. 우리나라에서는 농사로 인해 상대적으로 물이 많이 필요한 3~4월에는 가뭄으로, 장마철 7~8월은 홍수로 그리고 9월은 태풍으로 물관리에 어려움이 반복적으로 발생한다.

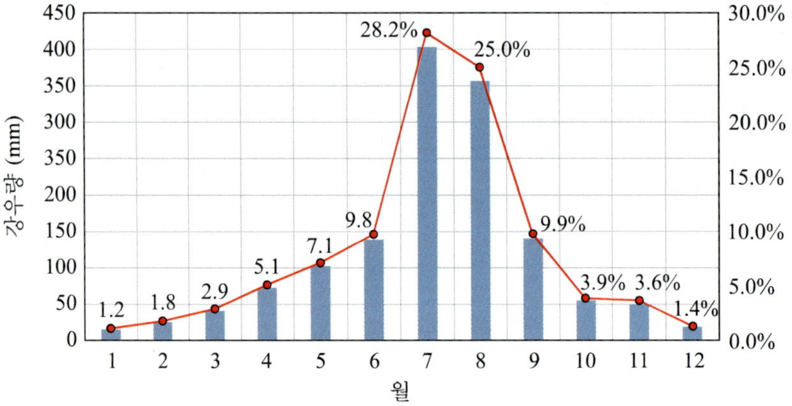

그림 2.4 **우리나라 최근 30년간(1991~2022년) 월별 강우량 분포(기상청)**

그림 2.5는 최근 100여 년간 우리나라의 강수량 기록을 나타낸다. 우리나라의 강수량은 1939년에 754 mm로 최저 수준을 나타내고 있으며 최고 수준은 2003년에 기록된 1,756 mm이다.

한편 그림 2.6은 최근 100여 년간 우리나라의 기온 변화를 나타내고 있다. 각 연도의 최고, 최저 그리고 연평균 농도가 모두 꾸준하게 증가하고 있다. 이는 UN의 IPCC (Intergovernmental Panel on Climate Change)의 제5차 연차보고서(Annual Report 5,

AR5)에서 예측하는 결과와 유사한 경향을 보이며 우리나라도 조속히 이에 대한 대책 마련이 시급하다.

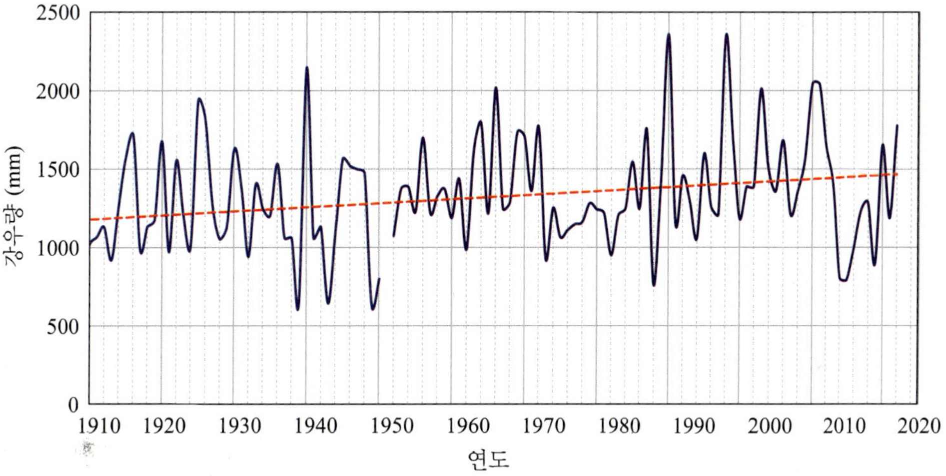

그림 2.5 최근 110년간 우리나라 연평균 강우량 변화특성(기상청)

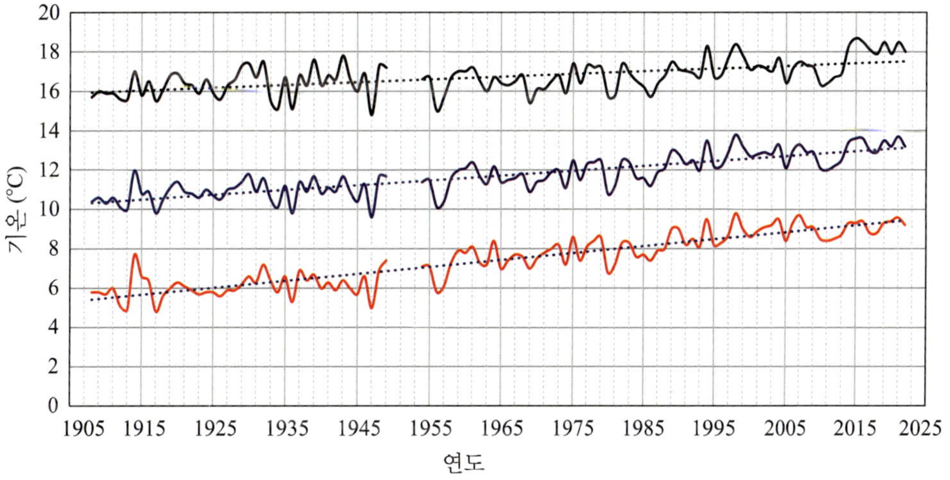

그림 2.6 우리나라 연평균 최고, 평균 및 최저 기온의 변화(기상청)

2.4 기후변화

기후변화는 장기간에 거친 온도와 기상의 변화를 의미한다. 이러한 변화는 태양주기의 변화 등에 의해서 자연적으로 발생할 수 있지만 19세기부터 급속하게 발달된 화석연료의 사용이 가장 큰 원인으로 지목되고 있다. 화석연료의 소각은 온실가스를 배출하여 지구를 마치 담요로 덮어 버리듯 하여 태양에너지를 가두고 대기의 온도를 상승시키는 요인이 된다.

온실 기체는 햇빛을 투과하기 때문에 햇빛이 지구 표면을 가열하나, 지구가 적외선 복사로 열을 우주로 방출할 때 온실 기체가 복사열을 흡수하여 대기 중에 열을 가두게 된다. 그림 2.7은 지구의 에너지 수지를 보여주고 있다. 태양으로부터 유입되는 총

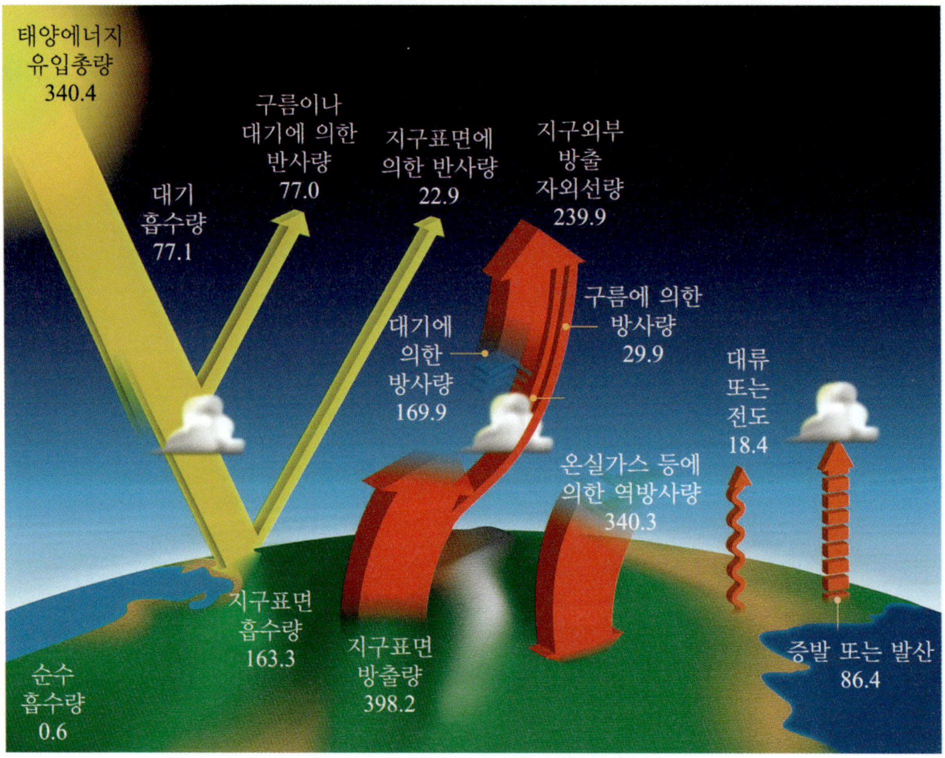

그림 2.7 지구의 에너지 수지(출처 : NASA, 2009)
https://web.archive.org/web/20140421050855/http://science-edu.larc.nasa.gov/energy_budget

에너지(340.4)는 반사 등에 의해 손실된 에너지양(77.0 + 22.9 = 99.9)과 적외선 방사량(239.9)의 합(339.8)과 거의 같다. 문제는 온실가스로 인해 지구로 다시 돌아오는 에너지량인데 이 양이 늘어나면 대기의 온도가 증가하게 된다는 것이다. 대기 중의 열에너지의 변화는 기온의 변화를 의미하며 이는 대기의 밀도의 변화와 수분의 변화를 동반하게 된다. 온실효과는 지구 전체의 온도를 고르게 변화시키는 것이 아니므로 기존의 기온 및 수분의 계절적 및 공간적 분포가 달라지면서 각 지역에는 이전과 다른 기상현상이 발생하게 된다. 실제로 전 지구적으로 가뭄과 홍수의 발생주기가 매우 불규칙하거나 기존의 경향과 전혀 다르게 나타나는 빈도가 늘어가고 있다. 기상은 해당 지역에서 장기적으로 관찰된 평균적인 조건을 나타내는 기후(climate)와 짧은 기간 동안 일정 지역 또는 유역의 상황을 표현하는 날씨(weather)로 크게 나눌 수 있다. 날씨는 지표수의 피복 상태, 지형 및 지질 등과 함께 지표수의 저류 능력과 표면유출의 정도에 큰 영향을 미친다. 또한 기온, 공기 중의 수증기, 바람 및 기압 등은 지역의 날씨를 결정하는 중요 인자들이다. 날씨는 강우사상과 공기층의 종류에 따라 크게 변화한다.

2.4.1 대기

지구의 수온은 기상조건과 밀접한 관계가 있나. 대기 중의 이산화탄소와 수증기는 지구에서 반사되는 에너지를 흡수하여 전반적으로 기온을 높이는 역할을 하는 것으로 알려져 있다. 기온은 대기의 온도를 나타내며 온도의 변화는 지역의 기후에 큰 영향을 미친다. 대기권은 표 2.3과 같이 구분할 수 있다.

대기는 지구를 덮고 있는 가스상의 공간을 의미하며 건조 공기(Dry Air), 수증기와 그리고 각종 미량오염물질 등으로 구성되어 있다. 건조한 공기는 질소(N) 78.09%, 산소(O_2) 20.95%, 아르곤(Ar) 0.93% 그리고 이산화탄소(CO_2) 0.03% 등으로 구성되어 있다. 기타 미량가스는 헬륨(He), 오존(O_3), 수소(H), 라돈(Rn), 네온(Ne), 크립톤(Kr) 등이다. 대기 중의 오존층은 지상에서 10~50 km 상공의 성층권에서는 태양의 자외선(ultra violet radiation)을 95% 이상 막으면서 지표면의 생태계에 매우 큰 영향을 미친다. 반면 지표면에서 자동차 배기가스 등에 의해 형성된 오존은 강력한 산화력으로 인간의 호흡기관이나 감각기관에 나쁜 영향을 미치는 것으로 보고되고 있다.

표 2.3	대기권의 구분 및 특징
외기권 Exosphere	• 지구 대기가 우주 공간과 접하는 최외곽 영역 • 대부분 수소와 헬륨이며, 우주 공간으로 빠져나가기도 함. • 500~1,000 km~10,000 km
열권 Thermosphere	• 고도가 올라갈수록 기온이 상승하는 영역 • 밀도가 매우 낮은 층, 강력한 태양풍으로 원자가 전리화되기 때문에 전리층이라고도 부름. • 전파를 반사하며, 이러한 반사 현상을 이용하여 원거리 무선통신에 이용 • 85~1,000 km
중간권 Mesosphere	• 고도가 올라갈수록 온도가 감소하는 영역 • 대류현상이 일어나 약간의 구름이 형성, 기상현상은 일어나지 않음. • 50~80 km
성층권 Strstosphere	• 고도가 올라갈수록 온도가 상승하는 영역 • 오존이 태양으로부터의 자외선을 흡수 가열되어 고도가 높아질수록 온도 상승 • 열역학적으로 안정, 난류가 없어 비행기 고도(11~13 km)로 이용 • ~50 km 정도
대류권 Troposphere	• 지표면에 가장 인접한 대기층 • 지표면의 복사열에 의해 가열, 고도가 높아질수록 온도는 낮아짐, 대기 질량의 약 80% • 열역학적으로 매우 불안정, 쉽게 난류와 기상현상이 발생 • 극지방 7~8 km~적도 18 km

2.4.2 오존층(Ozone layer)

오존층은 지상 20~25 km 위치에 있는 성층권 안에 오존(ozone, O_3)이 집중적으로 모여 있는 구간으로서 산소가 자외선과 반응하면서 생성되어 자외선을 차단하는 능력이 있다.

$$O_2 + h\nu\,\mathrm{uv} \rightarrow 2O \quad (1\text{-}8)$$

$$O + O_2 \leftrightarrow O_3 \quad (1\text{-}9)$$

자외선은 비타민 D를 합성하는 데 도움이 되나 피부가 과다하게 노출되는 경우 피부암, 피부 노화, 백내장 그리고 면역체계 이상 등을 유발할 수 있다.

그러나 냉장고의 냉매 등에 사용되는 Freon 가스 또는 CFC (chloro flouro carbon) 가스에 포함된 염소원자 등이 오존을 산소로 분해하면서 오존층을 파괴할 수 있으며 이는 심각한 대기의 문제를 초래한다.

$$Cl + O_3 \rightarrow ClO + O_2 \qquad (1\text{-}10)$$

그러나 성층권이 아닌 대류권에서, 일정량의 오존은 우리에게 피해를 끼치지 않지만, 과도한 오존 농도는 건강에 악영향을 끼칠 수 있다. 오존은 눈에 보이지도 않고 마스크를 낀다고 해도 소용이 없으며, 오존에 노출되면 피부나 호흡기, 눈 등에 손상이 발생할 수 있다. 오존은 공기 중의 질소산화물(NO_x)과 휘발성유기 화합물(VOCs)이 태양에너지와 함께 화학반응을 일으킨 결과로써 생성된다. 이 물질들의 원인은 자동차 배기가스, 석유화학공정 등에서 기인하는 것으로 알려져 있다. 오존의 농도는 0 ~ 0.030 mg/l는 좋음, 0.031 ~ 0.090 mg/l는 보통, 0.091 ~ 0.150 mg/l는 나쁨, 0.151 mg/l 이상은 매우 나쁨으로 구별된다. 오존 농도는 매우 나쁨 단계에서 오존주의보가 발령되며, 특히 도시지역 및 여름철에는 오존 농도가 높아지는 경향이 있다.

2.4.3 온실효과(Green House Effect)

태양의 열이 지구로 들어와서 나가지 못하고 순환되는 현상으로서 온실가스는 지구로부터 우주로 나가는 복사열을 잡아두는 능력으로 대기 온도를 상승시킨다. 한편 IPCC는 2022년 발표한 제6차 보고서(The 6th Annual Report, AR6)에서 이산화탄소(carbon sioxide, CO_2), 메탄(methane, CH_4). 수소불화탄소(tetrafluoromethane, CF_4), 과불화탄소(hexafluoroethane, C_2F_6), 육불화황(sulfur hexafluoride, SF_6), CFC (trichlorofluoromethans, $CHCl_3$), HFC (fluoromethane, CHF_3), HCFC ($C_2H_3FCl_2$) 등을 포함한 25가지의 온실가스 유발물질들을 지정한 바 있다.

이들 물질은 석유와 석탄 등 화석연료, 자동차와 비행기, 건물의 냉난방, 농업 폐기물 및 가축 분뇨, 비료, 에어컨 냉매, 스프레이 분사제, 반도체 세정제 및 전기 절연용 물질들로 사용되는 것들이다.

2.4.4 탄소중립(Carbon Neutrality)

기후 변화에 관한 정부 간 협의체(IPCC)는 온난화로 1.5°C 이상 상승할 경우 지구에 돌이킬 수 없는 더 큰 영향을 미칠 것이라 경고하고 있다. 2015년 채택된 파리 협정으로 전 세계 각국은 기후 변화 완화를 위해 노력하여 "최대 2°C 상승" 이하를 유지하기로 합의하였다. 또한 IPCC는 지구의 온난화 수준을 1.5°C 이하로 제한하기 위해서는 2030년까지 온실 기체 배출량을 절반으로 줄여야 하고, 2050년까지 온실 기체 순배출량을 0 (net-zero)으로 만들어야 한다고 경고하고 있다. 탄소중립은 인간의 활동에 의한 온실가스 배출을 최대한 줄이고, 나머지의 온실가스는 자연이나 인공적인 기술을 이용해 흡수하거나 제거하여 실질적인 배출량을 0 (zero)으로 만든다는 개념이다. 이에 따라 탄소 중립을 '넷－제로(net-zero)', 탄소 제로(carbon zero)라고도 한다.

탄소중립은 기후위기에 대응해 안전하고 지속가능한 사회를 만들기 위한 2050년까지의 온실가스 감축 목표이자 의지를 담은 개념이다. 탄소 중립을 위해서는 화석연료 및 온실효과를 발생시키는 물질들의 발생을 최대한 억제하여야 한다. 이산화탄소를 흡수하기 위해 삼림의 면적을 지속적으로 증가시키는 것이 필요하며, 기술적으로는 탄소포집, 이용 및 저장(carbon capture utilization and storage, CCUS) 등의 기술 개발이 필요하다.

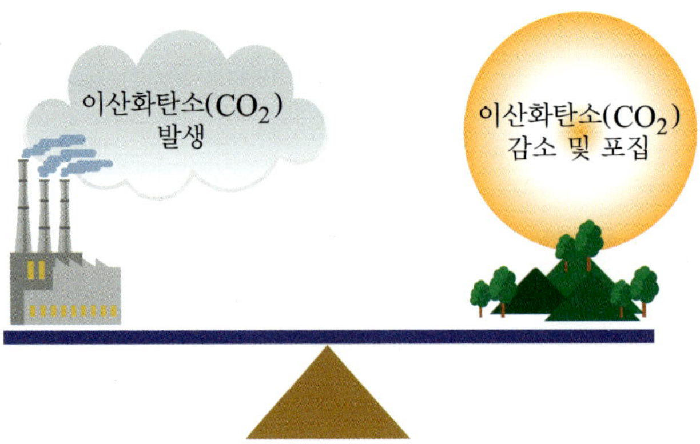

그림 2.8 탄소중립(Carbon Neutrality)의 개념

한편 탄소 발자국(carbon foot print)은 개인 또는 단체가 직접·간접적으로 발생시키는 온실 기체의 총량을 의미한다. 여기에는 이들이 일상생활에서 사용하는 연료, 전기, 용품 등이 모두 포함된다. 비슷한 개념으로 개인 및 단체의 생활을 위해 소비되는 토지의 총 면적을 계산하는 '생태발자국'이 있다.

2.4.5 Sustainable Development Goal (SDG)

지속가능발전목표(Sustainable Development Goals, SDGs)는 2015년 제70차 UN총회에서 2030년까지 달성하기로 결의한 의제로서 지속가능발전의 이념을 실현하기 위한 인류 공동의 17개 목표이다. SDG는 '단 한 사람도 소외되지 않는 것(Leave no one behind)'이라는 슬로건과 함께 인간, 지구, 번영, 평화, 파트너십이라는 5개 영역에서 인류가 나아가야 할 방향성을 17개 목표와 169개 세부 목표로 제시하고 있다(그림 2.9 참조).

UN에서는 2015년까지 MDG (Millenium Development Goals)라는 것을 추진한 바 있으나 실제로 그 목표는 개발도상국에 초점이 맞춰져 있었다고 볼 수 있다. SDG는 선진국과 개발도상국, 저개발국을 포함한 모든 국가들이 함께 참여하여 MDG 이후 15년(2016~2030년) 동안 추진된다.

우리나라도 지속가능발전법, 저탄소 녹색성장기본법, 국제개발협력기본법 등 정부 정책 및 관련법을 통해 UN-SDGs의 개별목표를 이행하는 중이다.

17개의 항목 중 6번 항목은 물에 직접 관련되는 목표이지만, 다수의 다른 물과 직간접적으로 연관되어 있는 것을 알 수 있다.

그림 2.9 UN-SDG의 17개 목표(https://unsdg.un.org)

03

물의 자정작용

물의 자정작용은 물속의 오염물질 농도, 열에너지 그리고 역학적 에너지가 평형을 유지하려고 하는 물리적, 화학적 및 생물학적 과정들을 말한다. 자연에서 발생하는 작용들은 인공적으로 추가의 물질이나 에너지의 투입이 필요하지 않다는 장점이 있다. 수질관리의 문제에서 가장 중요한 두 가지의 공정은 먹는 물을 처리하는 상수처리와 사용한 물을 처리하는 하수처리이다. 이 두 가지의 방법은 처리가 가능한 곳으로 물을 이송하고, 오염물질을 제거하기 위해 많은 양의 에너지와 약품을 필요로 한다는 면에서 비용이 많이 들고 슬러지와 같은 폐기물이 발생하는 등 다양한 부작용을 동반한다. 유역에서 발생하는 비점오염부하를 관리하기 위한 기술도 상수 또는 하수처리에 사용되는 방법들과 유사하나, 현장마다 조건이 다르므로 적절한 방법을 선택하는 것이 중요하다. 최근 UN 등을 중심으로 한 국제사회에서는 기후변화의 영향을 최소화하기 위해서 탄소중립(Carbon Neutrality), 지속가능한 개발(Sustainable Development), 저영향개발(Low Impact Development) 그리고 자연적 처리기법(Natural Based Solution) 등이 중요한 화두로 등장하고 있다. 위의 개념들은 인간이 만들어 낸 오염 또는 부작용을 자연의 자정장용으로 처리하고자 하는 데에 공통점이 있다. 환경공학 기술의 기본적인 목적은 물과 오염물질을 분리하는 것이다. 오염물질의 분리는 자연의 순리에 따라 일어나는 각종 현상 및 반응을 더욱 효율적으로 이용하기 위한 노력의 일환으로 개발되어 왔다. 이 모든 기술과 개념들은 물속에서 자연의 순환과정에 따라 이루어지는 오염물질의 자정작용을 이해함으로써 더욱 효과적으로 적용하고 개선할 수 있을 것이다. 본 장에서는 물속에서 발생하는 자정작용에 대해 알아보고 효율적인 지표수의 수질관리를 위한 기술을 개발하는 데에 중요한 사항들에 대해서 정리해 보고자 한다.

3.1 물리적 자정작용

수질관리에 있어서 물리적 작용은 물질 고유의 성질을 잃지 않는 상태에서 공간적으로 이동하는 희석(dilution), 침전(settling), 부상(floatation), 재부상(resuspension), 증발(evaporation), 휘발(volatilization), 여과(filtration) 등을 포함한다. 넓은 의미에서 유속에 의한 오염물질의 이송(advection)과 확산(dispersion) 현상 또한 특정 장소에서 사라진다는 관점에서 물리적 자정작용의 범주에 속한다고 볼 수 있다.

3.1.1 희석과 혼합(Dilution and Mixing)

희석 방법은, 상류에 저수지나 댐과 같은 수질이 양호한 시설이 있을 때 하천에 오염이 발생했을 경우 방류량을 증가시켜 씻어 내거나 희석을 통하여 위해를 감소시키기 위해 사용한다. 오염물질이 하천으로 일시적으로 유입되었을 경우에는 단순하게 씻어내는 것이 방법일 수도 있지만, 특정 지역에 계속적으로 오염물질이 유입되는 경우에는 상류에서도 계속 방류해야 한다. 이러한 방법은 유량증가(flow augmentation) 방법이라고도 부른다. 그러나 이러한 방법은 오염의 원인을 제어하기보다는 증상을 제어하는 데에 사용할 수 있는 것이며, 상류에 충분한 유량을 확보할 수 있을 때에만 가능한 제한적인 방법이다.

그림 3.1에 나타난 바와 같이 하천본류[유량 Q_s (m^3/sec), 농도 C_s (g/m^3 또는 mg/L, 본 장에서는 편의상 g/m^3을 사용하기로 한다)]와 희석수(유량 Q_a, 농도 C_a) 두 가지의 유량이 합류되는 경우 하천의 총유량은 연속방정식에 의해 또는 단순한 덧

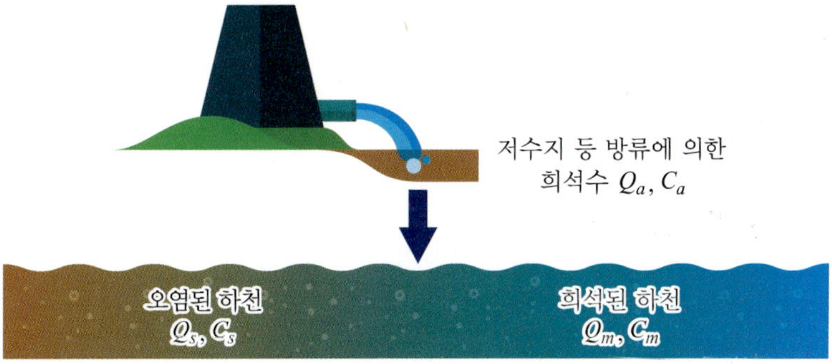

그림 3.1 **하천 유량 증가에 의한 오염물질농도 희석법 예시**

셈을 통해 계산이 가능하다.

$$Q_m = Q_s + Q_a \tag{3-1}$$

두 가지의 물에 포함되어 있는 오염물질의 질량을 고려하여 물질수지식을 수립하면 다음과 같다.

$$(Q_s + Q_a)C_m = Q_sC_s + Q_aC_a \tag{3-2}$$

여기서 유량(Q, m^3/sec)과 수질농도(C, g/m^3)를 곱한 Q_C의 단위는 오염부하율과 같은 시간에 따른 질량(g/sec)으로 나타나는 것을 알 수 있다. 이때에 수질 C_m을 달성하는 데 필요한 희석 수량은 다음과 같이 계산할 수 있다.

$$Q_a = Q_s\frac{C_s - C_m}{C_m - C_a} \tag{3-3}$$

또한 여타의 유량 및 수질을 알고 있는 경우 달성할 수 있는 수질 C_m은 다음과 같이 계산할 수 있다.

$$C_m = \frac{Q_sC_s + Q_aC_a}{Q_s + Q_a} \tag{3-4}$$

그러나 위와 같은 방법은 하천과 희석수가 만나는 지점에서 순간적으로 완전하게 혼합된다는 가정 하에 도출된 계산 결과에 불과하다는 것이 유의할 필요가 있다.

3.1.2 이송과 확산(Advection and Dispersion)

1) 이송(Advection)

자연계의 물은 중력에 의해 고도가 높은 곳에서 낮은 쪽으로, 또는 위치에너지가 높은 쪽에서 낮은 쪽으로 흐른다. 이러한 하천의 이송특성으로 인해 하천은 폐기물을 처리하는 통로로 이용되어 왔다. 그리고 우리들 중에는 아직도 하천 또는 하수구를 폐기물을 버리는 통로로 생각하는 경우가 많은 것 같다. 하천의 유량이 충분한 경우에는 소량의 폐기물이 문제시 되지 않을 수 있으나, 유량이 한정되어 있는 상태에서 폐기물의 양이 점차로 늘어나는 경우에는 오염현상이 가중될 수밖에 없다. 따라서 상류에서 오염물질을 배출하는 경우에는 하천의 수질이 적정 수준을 유지할 수 있도록 오염부하량을 관리해 주어야 한다.

실제의 대형 하천과 같이 희석수의 유입지점과 수질 문제가 발생한 하류의 지점과의 거리가 상당히 떨어져 있을 경우는 오염물질의 도달시간을 산정하여 대응 대책을 수립하는 것이 필요하다. 하천의 유속은 일정 거리를 이동하는 데에 소요되는 시간을 말한다. 하천의 흐름방향 또는 횡단방향으로 마찰에 의해 유속의 차이가 있으나 이는 추후 수질조사 방법을 설명할 때 각각 다루기로 하며, 여기에서는 종방향(흐름방향)의 평균유속으로 가정한다. 역으로 일정한 거리를 이동하는 데 소요되는 시간을 수리학적 체류시간(hydraulic residence time)이라고 하며 다음과 같이 정의된다.

$$\tau(\text{sec}) = \frac{x(\text{m})}{u(\text{m/sec})} \quad \text{또는} \quad \frac{V(\text{m}^3)}{Q(\text{m}^3/\text{sec})} \tag{3-5}$$

일반적으로 오염물질의 단위 시간당 이동량은 부하량(kg/day)으로 나타낸다. 이 부하량을 단위면적으로 나눈 양은 플럭스(flux, kg/m^2/sec)로 표시한다. 이는 면적을 알고 있는 어느 공간에서 이동하는 양을 계산하는 데 사용한다. 다시 말해서 플럭스에 면적을 곱하면 오염물질의 부하량이 된다. 수체 내의 흐름에 의한 물질이동 플럭스는 각각 다음과 같이 나타낼 수 있다.

$$J_a = uC \tag{3-6}$$

여기서, u : 유속(m/sec)
C : 용존물질의 농도(g/m^3)

예제 3.1

어느 하천의 유속이 0.1 m/sec이고 오염물질의 농도(C)가 0.5 mg/L라고 할 때, 이 하천의 오염물질 플럭스(g/m^2/day)를 산정하라. 또한 하천의 횡단면적(A)이 1,000 m^{2}일 경우 유량(Q. m^3/sec)과 오염물질의 총부하량(W, kg/day)을 계산하라. 단, 1 m^3 = 1,000 L로 환산할 수 있다고 가정한다.

$J_a = uC = 0.1\,\mathrm{m/sec} \times 0.5\,\mathrm{g/m^3} \times 86400\,\mathrm{sec/day} = 4{,}320\,\mathrm{g/m^2/day}$
$Q = Au = 1{,}000\,\mathrm{m^2} \times 0.1\,\mathrm{m/sec} = 100\,\mathrm{m^3/sec}$
$W = QC = 100\,\mathrm{m^3/sec} \times 86{,}400\,\mathrm{sec/day} \times 0.5\,\mathrm{g/m^3} = 4{,}320\,\mathrm{kg/day}$

2) 확산(Diffusion)

그림 3.2는 일정 농도를 가진 방울과 같은 모양을 한 용존성 물질이 수체 내에서 이동하는 것을 나타내는 그림이다. 그림 3.2(a)는 흐름에 의하여 단순히 이동만 할 경우에는 방물의 모양이 흐트러짐이 없이 공간적으로나 시간적으로나 변화가 없는 것을 알 수 있다. 반면 그림 3.2(b)는 공간적인 이동이 없는 상태에도 방물이 차지하는 면적이 점차로 커지면서 조금 더 넓은 지역으로 물질이 이동하는 것을 알 수 있다. 이러한 현상은 분자 내의 Brownian Movement에 의한 확산(diffusion)이라고 부르며, 외부에서 특별한 힘을 가하지 않은 상태에서 자연스럽게 혼합되는 현상이다.

이러한 현상은 그림 3.3에 나타난 바와 같이, 최초에는 격벽으로 나누어져 있던 두 가지의 농도가 격벽이 순간적으로 제거된 후 시간이 흐르면서 서로 같아지려는 현상

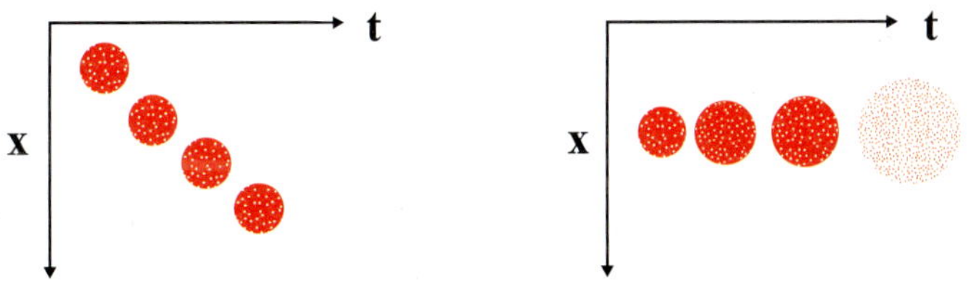

(a) 유속에 의한 물질 이동(Advection) (b) 확산에 의한 물질 이동(Diffusion)

그림 3.2 하천 내 물질의 이동 특성(Chapra, 1997)

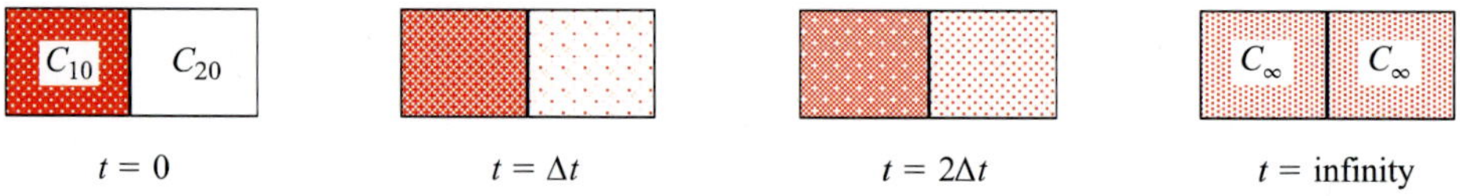

그림 3.3 용존물질의 분자확산에 의한 농도 변화 개념도(Chapra, 1997)

으로도 표현할 수 있다.

이러한 현상은 그림 3.3에 나타난 바와 같이, 최초에는 격벽으로 나누어져 있던 두 가지의 농도가 격벽이 순간적으로 제거된 후 시간이 흐르면서 서로 같아지려는 현상으로도 표현할 수 있다.

확산에 의한 물질 이동의 가장 큰 원동력은 그림 3.3의 처음 그림에 나타난 바와 같은 격벽 좌우의 농도차이(ΔC)이다. 이 농도차이는 확산이 이루어지는 두 가지 시스템간의 거리(Δx)가 가까울수록 잘 이루어진다는 점에서, 다음과 같은 Fick's 1st law가 개발된 바 있다.

$$J_{dm} = -D_m \frac{\Delta C}{\Delta x} \approx -D_m \frac{dC}{dx} \tag{3-7}$$

여기서, D_m : 분자확산계수(m²/sec)

x : 거리(m)

여기서 독자들은 식(3-7)에서 마이너스(−) 사인이 붙은 이유에 대해서 의문을 가질 수 있다. 이는 물질이동의 방향을 결정하기 위한 것으로서, 방향이 잘못될 경우 물질수지(mass balance)에 오류가 발생할 수 있다. 쉽게 말하자면 마이너스(−) 사인은 확산에 의한 물질이동은 농도가 높은 곳에서 낮은 곳으로 이동한다는 원리와 일치시키기 위해 필수적이다. 이에 대한 세부적인 이유는 다음과 같이 설명할 수 있다. 그림 3.4(a)에 나타낸 바와 같이 물질의 농도가 ①지점(x, C_x)과 ②지점($x+\Delta x$, $C_{x+\Delta x}$)에 있다고 가정해 보자. 두 지점의 기울기는 $\frac{\Delta C}{\Delta x}$로 나타낼 수 있다. 확산현상에서 물질의 이동방향은 높은 농도에서 낮은 농도의 방향으로서 물질은 화살표처럼 x가 커지는 방향 또는 양수의 방향으로 이동한다. 이 그림에서 $\frac{\Delta C}{\Delta x}$는 음수(−)이므로 식(3-7)의 플럭스를 양수로 만들기 위해서는 음수 기호(−)를 붙여 주어야 한다. 그림 3.4(b)는 농도기울기가 각각 음수와 양수일 때 플럭스의 진행방향을 나타내고 있다.

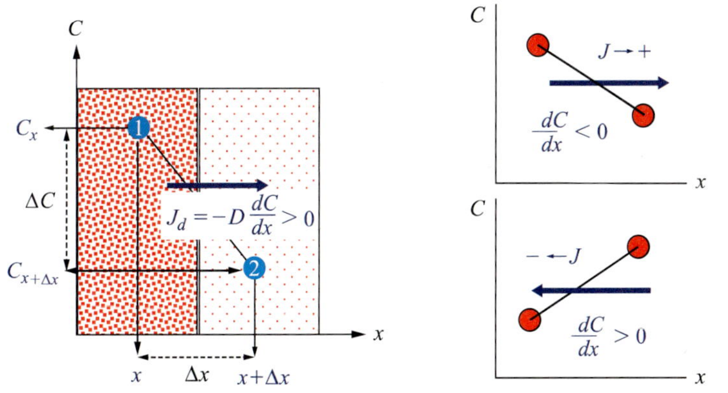

(a) 확산플럭스의 이동 (b) 확산플럭스의 이동방향

그림 3.4 확산에 의한 물질 이동 개념

3) 확산과 분산(Diffusion and Dispersion)

분자의 확산(diffusion)은 1827년 Robert Brown에 의해 최초로 발표되고 이후 Albert Einsterin에 의해 발전된 분자의 열에너지에 의한 자발적인 움직임을 의미한다. 현실에 있어서 하천과 호수는 분자 수준에 비해서 엄청나게 큰 시스템이다. 지표수에서는 분자확산 운동 외에 난류현상(turbulence), 와류현상(eddy), 전단력의 차이에 의한 유속의 차이 등 외적 물리적 조건에 의해 혼합이 이루어지는 경우가 많다. 이러한 종합적인 혼합현상은 분산(Dispersion)이라고 부르며 그 이동 특성은 식(3-7)에 나다난 바와 동일한 식을 이용하여 다음과 같이 표현할 수 있는 것으로 알려져 있다. 다만 식(3-7)에 사용된 확산계수는 분산계수 또는 난류확산계수로 치환하여 상용한다.

$$J_{dT} = -D_T\frac{dC}{dx} \tag{3-7-1}$$

여기서, D_T : 분산계수 또는 난류확산계수(m^2/sec)

자연계에서는 두 가지 현상이 함께 발생하며 확산과 분산의 플럭스의 합은 다음과 같이 나타낼 수 있다.

$$J_d = -(D_T + D_m)\frac{dC}{dx} = -D\frac{dC}{dx} \tag{3-7-2}$$

여기서, D : x방향 전체확산계수(m^2/sec)

자연계의 난류 등에 의한 수평방향의 분산계수는 10^5 cm^2/sec 정도, 수직방향의 분산계수는 10^{-1} cm^2/sec, 그리고 분자확산계수는 10^{-5} cm^2/sec 수준으로서 서로 매우 큰 차이가 있다(Chapra, 1997). 따라서 자연계에서는 분자확산계수가 수치적으로 거의 무시할 만한 수준이 된다. 그리고 확산(diffusion)과 분산(dispersion)은 상기와 같이 큰 차이가 있으나 모두 확산이라고 번역되는 경우가 있음에 따라 종종 혼동되기도 한다. 본서에서는 하천이나 호수와 같은 수체에 대한 내용을 다루게 되므로 난류확산을 확산으로 통칭하여 부르는 경우가 대부분임을 주지해 주시기 바란다.

예제 3.2

다음과 같이 어느 호수가 소구간으로 구분되었을 때, 소구간 1, 2의 경계면에서 확산에 의하여 전달되는 오염물질(C)의 플럭스(g/m^2/day)와 총량(kg/day)을 구하라. 단, 각 구간 내부에서 물질의 농도는 균일하며, 구간 1과 구간 2의 물질농도(C_1, C_2)는 각각 1 mg/l와 0.5 mg/l, 경계면의 단면적(A)은 200 m^2, 확산계수(D)는 25 km^2/day 그리고 두 구간의 중심 간의 거리(L)는 1 km이다.

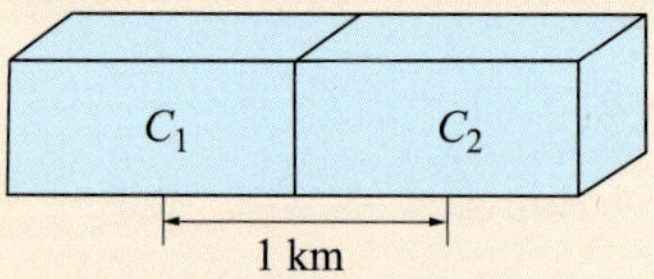

$$J_d = D\frac{\Delta C}{\Delta x} = -D\frac{C_1 - C_2}{L} = 25\frac{km^2}{day}\frac{10^6 m^2}{km^2}\frac{(1-0.5)}{1,000}\frac{g/m^3}{m} = 1,250\frac{g}{m^2 \cdot day}$$

확산에 의해서 전달되는 오염물질의 총량은 다음과 같다.

$$J_d A = DA\frac{\Delta C}{\Delta x} = 1,250\frac{g}{m^2 \cdot day} \times 200\,m^2 = 2,500\,kg/day$$

그림 3.5는 낙동강에서 대구시에 상수를 공급하는 취수시설을 구미 인근의 상류로 이전하는 상황을 가정할 경우, 오염물질의 이동특성을 모델을 이용하여 예측한 것을 나타낸다. 이 그림은 상류에서 많은 양의 용수를 취수하는 경우 하천의 유량이 감소하고 이에 따라 유속이 감소함에 따라 오염물질이 하류의 지점까지 도달하는 데에 소요되는 시간이 길어지는 것을 나타내고 있다. 이 그림은 상류의 특정 지점에서 순간적으로 주입한 오염물질의 농도가 종 모양으로 퍼져 있고 최고 농도가 확산에 의해 2.4% (0.374 − 0.365 = 0.09 mg/L) 가량 감소되어 있는 것을 또한 나타낸다. 본 그림은 반응

이 없는 소금과 같은 보존성(conservative) 물질의 이송 및 확산에 의한 계산결과를 나타내는 것으로서 두 가지 그림의 총면적은 질량 보전의 법칙에 의해 동일하게 나타나게 된다.

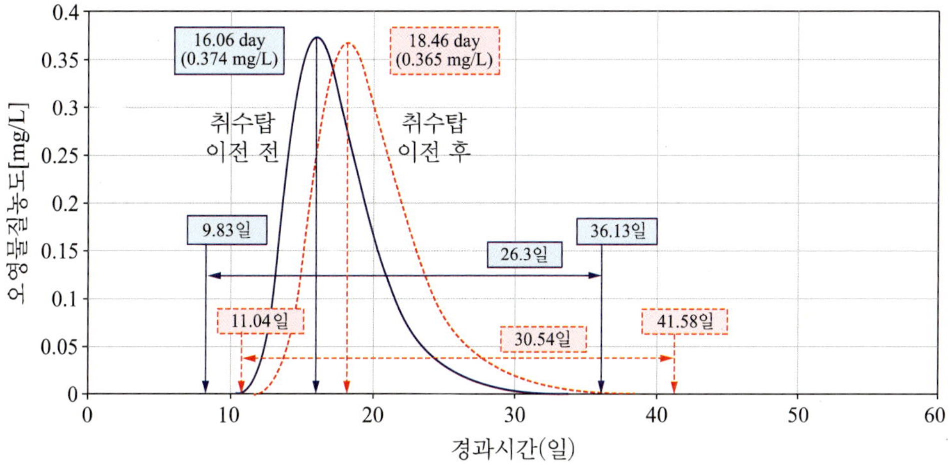

그림 3.5 상류 취수탑 이전에 따른 하류지역의 물질 유달시간 및 물질농도의 변화 (이정우 등, 2014)

3.1.3 침강작용(Sedimentation)

침강작용은 상수처리와 하수처리에서 중력에 의해 침강하는 고형물질을 제거하는 데에 사용되는 방법이다. 침강하는 고형물질은 입경에 따라 밀도에 따라 침강속도가 서로 다르며 고형물질 농도가 높지 않은 경우는 각각 독립적으로 침강하나 농도가 높은 경우 서로 부딪히면서 다른 입자의 침강을 방해하는 경우도 발생한다. 특히 지름이 $1\mu m$ 이하인 콜로이드 상태에서는 물과 비중이 비슷하게 되어 입자는 Brown 운동을 하면서 계속 부유 상태를 유지하여 침강이 잘 이루어지지 않는 특성을 나타낸다. 우리나라의 임하댐의 경우 진흙성분을 포함하는 콜로이드와 유사한 고형성분이 홍수 시 유입되어 장기간 침강되지 않음으로 인해서 탁수현상이 지속되어 용수 공급 문제가 반복적으로 발생한 바 있다.

일반적으로 상수를 공급하는 데 사용되는 원수는 수질이 양호한 편으로서 고형물질의 농도가 높지 않은 편이다. 고형물질을 제거하기 위한 가장 널리 사용되는 방법은 침전작용을 이용하는 것이다. 일반적으로 침전효율을 높이기 위해 응집제를 사용한다. 고형물질은 독립적인 입자 혹은 응집된 입자의 형태로 침전지에서 물의 흐름에 따라 수평방향으로 이동하면서 동시에 중력에 의한 침강작용에 의해 수직방향으로 이동한다. 정수처리장에서는 유입되는 고형물질의 침강속도를 산정하여 침전지를 설계 또는 운영하는 데 사용한다. 독립적으로 침강하는 고형물질의 입자가 Reynolds (Re) 수가 2,000 이하인, 비교적 잔잔하게 흐르는, 층류상태(laminar flow)에서 물속에서 침강하는 입자에 미치는 힘의 균형을 이용하여 입자의 침강속도를 구할 수 있다.

1) Stokes' Law (Stokes, 1851)

수중에서의 입자는 부력(buoyant force, F_b)과 중력(gravitational force, F_g)이라는 두 가지의 힘의 균형에 의해 물속에서 뜨기도 하고 가라앉기도 한다. 그림 3.6에 나타난 바와 같이 부력은 물체의 밀도와 물의 밀도 차이에 의해서 작용하는 힘이고 중력은 지구의 중력에 의해서 아래로 향하는 힘이다.

두 개의 힘의 차이는 항력(drag force, F_d [kg · m/sec^2])이라고 부르며 중력은 고형물질의 질량 ms [kg^3] (또는 V [m^3] × ρ_s [kg/m^3]), 식(1-10)에 나타난 바와 같고 부력은 고형물질의 동일한 부피의 물의 질량(m 또는 V_ρ)으로 표현할 수 있으며 다음과 같은 관계로 정리할 수 있다.

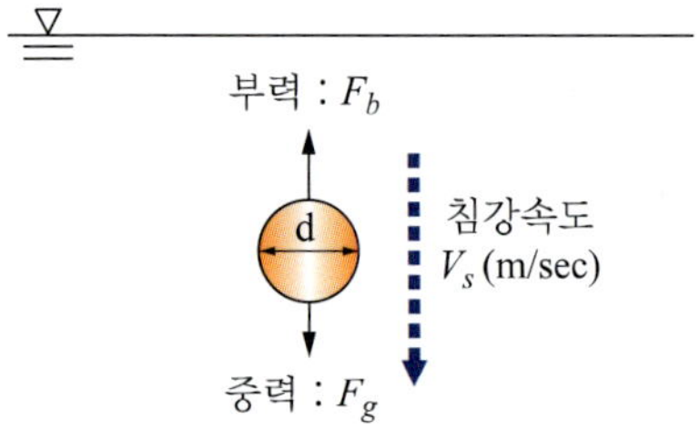

(a) 물속의 고형입자에 작용하는 힘

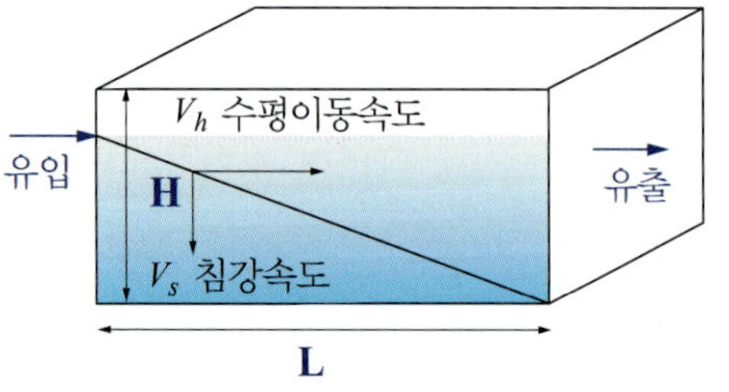

(b) 침전조의 고형입자의 이동예

그림 3.6 물속의 고형물질에 작용하는 힘과 침전조의 개념도

$$F_d = F_g - F_b = m_s g - mg = gV(\rho_s - \rho) \tag{3-8}$$

여기서 항력은 항력계수(C_D)를 이용해서 다음과 같이 표현할 수 있다.

$$F_d = \frac{C_D v_s^2 \rho A}{2} \tag{3-9}$$

고형물질을 지름 d [m]의 완전한 공 모양으로 가정했을 때의 투영면적($A = \frac{\pi d^2}{4}$ [m^2])과 부피($V = \frac{\pi d^3}{6}$) 등을 고려하고 위 두 식을 이용하여 침강속도(v_s)는 다음과 같이 계산할 수 있다.

$$v_s = \sqrt{\frac{4g(\rho_s - \rho)V}{3C_D \rho A}} = \sqrt{\frac{4g(\rho_s - \rho)d}{3C_D \rho}} \tag{3-10}$$

C_D와 Re는 무차원 변수로서 다음과 같이 각각 정의된다. μ [kg/(m sec)]는 식(1-11)에 나타난 바와 같은 점성계수를 의미한다.

$$C_D = \frac{24}{Re} \tag{3-11}$$

$$Re = \frac{\rho v_s d}{\mu} \tag{3-12}$$

식(3-8)과 식(3-9)를 식(3-7)에 대입하여 정리하면 입자의 침강속도는 다음과 같이 나타내며 이 식은 Stokes (1851)가 개발했다 하여 Stokes의 방정식이라고 부른다.

$$v_s = \frac{g(\rho_s - \rho)d^2}{18\mu} \tag{3-13}$$

예제 3.3

일반적인 모래와 식물성플랑크톤의 밀도와 입경은 각각 2.65 g/cm^3 및 10μm와 1.03 g/cm^3 및 20μm라고 할 때 각각의 침강속도를 구하라. 단, 중력가속도(g)는 981 cm/sec^2이고 물의 점성계수(μ)는 0.014 g/cm/sec로 각각 가정한다.

모래 : $v_{sand} = \frac{981[cm/sec^2](2.65-1.0)[g/cm^3](0.001\,cm)^2}{18 \times 0.014[g/cm/sec]} = 5.55\,m/d$

플랑크톤 : $v_{phy} = \frac{981[cm/sec^2](1.03-1.0)[g/cm^3](0.002\,cm)^2}{18 \times 0.014[g/cm/sec]} = 0.36\,m/d$

한편 자연계의 고형물질은 중력과 이송에너지의 복합적인 작용에 따라 하천과 호소에서 이송, 퇴적, 재부상 등을 반복하면서 끊임없이 변화한다. 이러한 현상은 바닷가의 해변에서도 육지의 토양과 해류의 움직임에 따라 퇴적 및 세굴이 발생하며, 기후변화의 영향에 의해 과거의 유사이동 특성이 달라지면서 해변의 모래가 유실되거나 그 반대로 증가하는 현상이 발생하기도 한다.

토양은 입경의 크기에 따라 크게 진흙(Clay < 5μm), 점토(5 ~ 100μm), 모래(100μm 이상)으로 구분되나, 실제로는 지구상의 고형성분은 분류가 불가능할 정도로 다양한 성분으로 구성되어 있고, 다양한 자연적 및 인공적 유기물질과 독립적으로 또는 복합적으로 섞여 있기 때문에 단순히 입경만으로 구분하여 침강속도를 산정하는 데에는 한계가 있다. 최근 그 환경문제로 새롭게 떠오르는 미세플라스틱은 다양한 인공유기물의 파편이라고 보는 것이 좋을 것으로 보이며, 성분과 물질조성에 따라 밀도가 다양하므로 미세플라스틱은 비중에 따라 물위로, 물과 함께 또는 물의 바닥 부근에서 이동한다. 이들의 합리적인 관리를 위해서는 이 물질들의 이동 및 반응특성을 조사하는 것이 필수적이다.

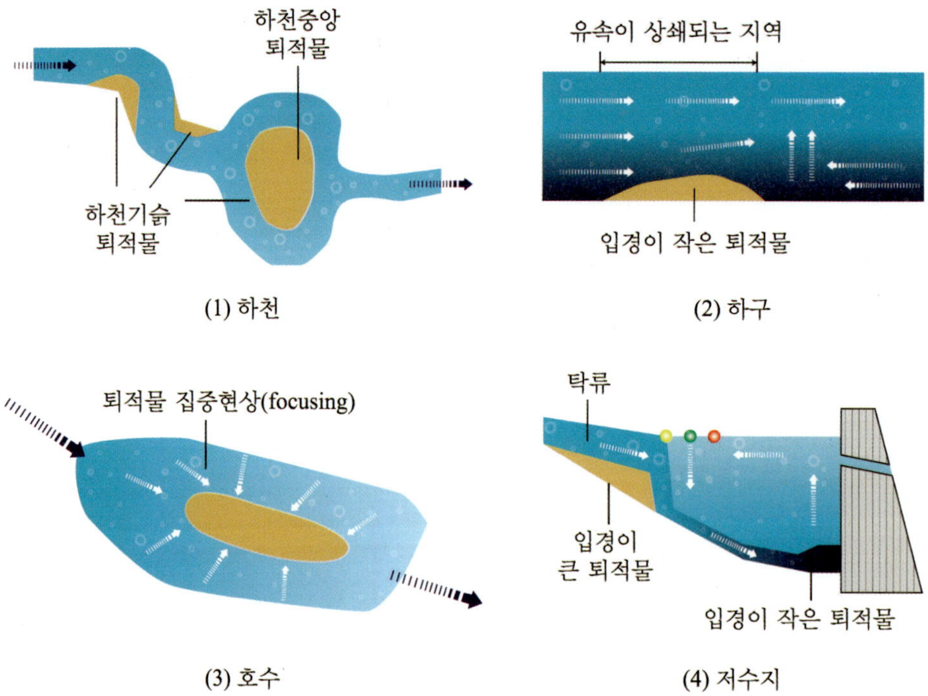

그림 3.7 자연계의 퇴적물의 축적 특성예(Chapra, 1997)

3.1.4 부상(Flotation)

부상은 침전과 반대의 개념으로서 부력이 중력의 힘보다 큰 경우 또는 고형물질의 밀도가 물의 밀도보다 작은 경우에 사용하는 방법이다. 스티로폼(extruded polystyrene foam)이나 목재 또는 플라스틱 폐기물과 같은 경우는 수면에 떠서 이동하는 경우가 일반적이지만, 미세플라스틱 또는 유기물과 섞여있는 고형폐기물 또는 콜로이드성 물질과 같은 경우는 수중에서 완전하게 부상하거나 침강하지 않는 경우도 있다. 침강을 유도하려는 경우에는 응집제를 투입하여 비중을 증가시켜 제거할 수 있으나 여전히 침강으로 제거하지 못하는 물질들은 비중을 감소시키는 방법을 적용할 수 있다.

용존공기부상공법(dissolved air flotation, DAF)은 수중의 고형물질에 공기방울을 부착시켜서 마치 고형물질에 풍선을 단 것처럼 수표면으로 부상시켜 제거하는 공법이다. 이 방법은 응집침전에 비하여 약품비가 소요되지 않는 반면 공기방울을 생산하는 장치, 부상된 고형물질을 수거하는 장치 및 이 모든 시설을 유지하기 위한 에너지가 필요하다. 공기 방울은 공기를 고압으로 압축한 후 반응조 아래에서 방출하면 공기가 작은 방울 형태로 바뀌어서 수면방향으로 이동한다.

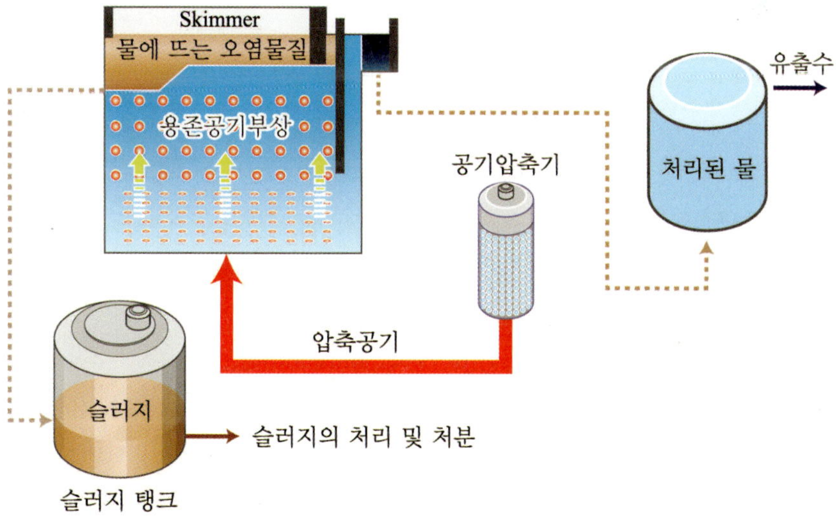

그림 3.8 용존공기 부상 방법의 요소 개념도

용존공기부상 공법은 석유산업에서 주로 사용된다. 예를 들어, 유류정제 후 산업폐수의 유출수의 처리를 포함한 석유화학공정, 천연가스플랜트, 제지산업 등에서 광범위하게 사용된다. 유전과 관련된 산업 폐수를 처리하는 경우에는 폭발위험성 때문에 공기 대신 질소가스를 쓰는 용존가스부상(dissolved gas flotation, DGF) 처리 방법이 사용된다.

한편 호수 또는 하천의 유해조류발생(harmful algal bloom) 시에도 조류(algae)의 비중이 크지 않고 침강으로 제거되지 않는 특성에 따라 용존공기부상 공법이 다수 시도된 바 있다. 용존공기부상 공법은 이론적으로는 적용이 가능한 방법이지만, 현장에서 호수의 물을 펌핑에 의존하여 처리하는 데에는 용량에 한계가 있다. 또한, 식물성 플랑크톤은 조건이 양호한 경우에는 지수적으로 성장하여 하루에도 3~10배씩 증식되는 특성이 있기 때문에 가시적인 처리 효과를 발휘하는 데에도 한계가 있다. 또한 발생한 슬러지를 처리하는 시설이 별도로 필요하며, 슬러지의 저장이 적절하지 않을 경우 강우에 의해서 지표수로 다시 쓸려 들어가는 사고가 발생하기도 하며 슬러지의 처리에 추가의 비용이 발생할 수도 있다.

3.1.5 여과작용(Filtration)

여과는 어느 특정 공간보다 큰 물체가 통과하지 못하는 것을 이용하는 방법이다. 실제로 여과는 정수장에서 사용되는 완속모래여과 또는 급속모래여과(rapid sand filtration)에 가장 중요한 공정 중의 하나이다. 강우 시 토양을 통해 빗물이 지하로 이동하는 침투(infiltration)현상이 일어나는 과정에서는 토양입자 또는 지표의 식생에 의해서 입자성 오염물질이 걸러지는 현상이 발생한다. 여재의 공극의 크기에 따라 단순히 걸러지는 것은 물리적 여과(physical filtration)라고 부르고, 식생에 의해 섭취되어 식생의 몸체 내부에 오염물질이 머물게 되는 것을 생물학적 여과(biological filtration)라고 한다. 또한 동물의 체내에서 신장은 혈액 속의 노폐물을 제거하는 역할을 한다. 이 과정은 막여과(membrane filtration)의 일종으로서 일반적으로 투석(dialysis)이라고 따로 부른다. 물리적 여과에 의한 제거는 여과매질의 공극의 크기 또는 여재의 두께 그리고 생물학적 활성도 여부에 따라 제거 효율이 서로 다르며, 여재보다 입경이 작거나 완전히 녹아있는 용존성물질은 제거할 수 없다.

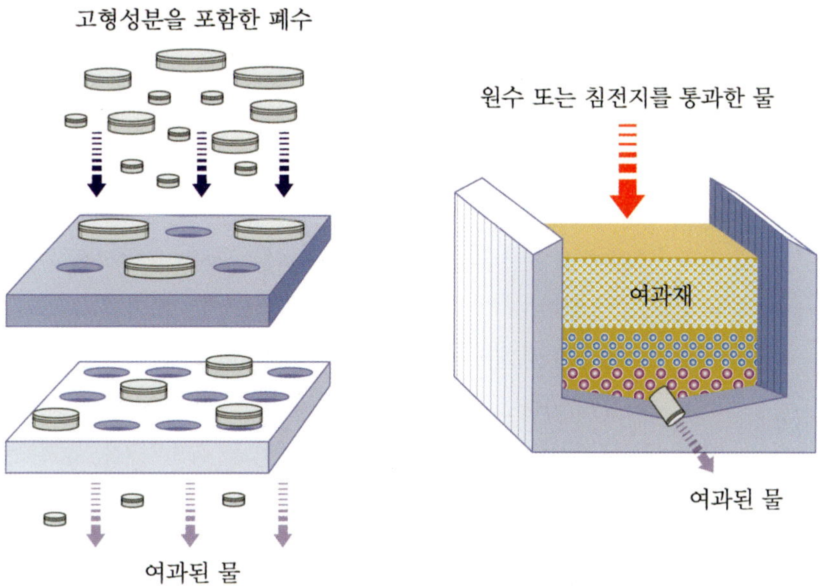

(a) 여과작용의 개념 (b) 모래여과의 개념도

그림 3.9 여과 작용 및 모래여과의 개념도

3.1.6 흡착 및 탈착(Adsoprtion and Desorption)

상수나 하수처리를 위해 사용되는 활성탄의 이용은 흡착(adsorption)현상을 이용하는 대표적인 처리방법이다. 흡착은 물리화학적 현상으로서 기체, 액체 또는 고체상의 원자, 이온 또는 분자가 경계면 또는 표면에 부착 또는 축적되는 상태를 말한다. 이 현상은 액체–액체, 기체–액체, 기체–고체 및 액체–고체간의 경계면에서 발생한다. 여기서 흡착제(adsorbent)의 표면에는 피흡착제(adsorbate) 또는 용질(solute)의 막이 형성된다. 용질이 녹아 있는 액체를 용매(solvent)라고 부른다. 용질과 용매가 섞여서 용액(solution)을 이룬다. 반면 흡수(absorption)는 액체나 고체에 녹아들거나 공극

사이로 물이 이동하는 물질의 단순한 공간이동을 의미하며 표면작용과는 상관이 없으므로 흡착과 구분되는 현상이다. 수착(sorption)은 흡착과 흡수를 통칭하는 말이다.

물방울이 평평한 표면에 놓인 경우, 표면의 자유에너지(Gibbs, 1966)를 최소화하기 위해 물은 둥근 면을 만들게 되고 우리는 이것을 표면장력에 의한 현상이라고 한다. 이 현상은 물방울 내부의 물 분자들이 외부 표면에서 당기는 힘보다 강하기 때문에 발생하는 현상이다. 이러한 표면의 힘을 약하게 하는 것이 비누와 같은 계면활성제(surface active agent)이다.

어느 물질이 표면이나 계면으로 이동한다는 것은 표면적을 증가시키는 데에 필요한 에너지가 감소된다는 것을 의미하며, 이 감소량은 표면에 축적되는 피흡착제 농도에 비례한다. 따라서 용매의 분자간의 인장강도가 용질 분자간의 인장강도보다 작은 경우 용질(피흡착제)은 흡착제 표면에 축적되게 된다.

결론적으로 액체에 녹아있으면서 표면장력을 감소시키는 물질(용질)은 액체의 경계면에 흡착되게 된다. 반대로 표면장력을 증가시키게 되는 경우 탈착(desorption)현상이 일어나게 된다.

흡착과정의 가장 중요한 요소는 용질의 용매를 싫어하는(solvent-disliking, lyophobic) 특성 또는 흡착제(고체)와의 친화력이다. 상하수도 처리공정에 서는 위 두 가지의 작용이 혼합되어 발생한다.

여기서 위 두 가지 작용의 세기에 영향을 미치는 것은 용존성 물질의 용해도이다. 용질이 용매와 어울리는 성질이 큰 경우 또는 친수성(hydrophylic)이 큰 경우, 용질은 흡착제의 계면에 축적된 가능성이 적어지며, 그 반대로 또는 물의 경우 소수성(hydrophobic)인 경우 물질은 흡착으로 제거될 가능성이 커진다.

흡착에 의한 오염물질의 제거효과를 결정하기 위해서는 일정 온도에서 흡착에 의한 오염물질의 제거효율을 나타내는 등온흡착식(isotherm adsorption equation)을 사용한다. 대표적인 흡착식은 다음에 소개한 바와 같다.

1) The Langmuir and BET equations

Langmuir 흡착식(Langmuir, 1918)은 흡착계면이 단면(single layer)으로 이루어진 경우를 말하며, BET (Brunauer, Emmett, Teller) 모델(Bunauer et al., 1938)은 다층(multilayer)으로 이루어진 경우를 말한다. 흡착반응의 평형상태에서 Langmuir 식을

이용한 흡착제 질량당 오염물질 흡착량(mole/mg 또는 mg/mg)과 물속의 오염물질 평형농도(mg/L)의 관계는 다음과 같이 표현된다.

$$q_e = \frac{C_o - C}{D} = \frac{Q^o bC}{1+bC} \tag{3-12}$$

여기서, Q^o : 최대흡착농도(mole/mg 또는 mg/mg)
b : 상수
C_o : 오염물질의 수중 초기농도(mg/L)
D : 흡착제의 체적 당 질량(mg/L)

Langmuir 식은 양변에 역수를 취하여 다음과 같이 선형화하여 표현할 수 있다.

$$\frac{1}{q_e} = \frac{1+bC}{Q^o bC} = \frac{1}{Q^o} + \frac{1}{Q^o b}\left(\frac{1}{C}\right) \tag{3-13}$$

Langmuir 식에 대하여 흡착량이 적어서 $bC << 1$인 경우, q_e는 다음과 같이 표현할 수 있다.

$$q_e = Q^o bC \tag{3-14}$$

반대로 흡착량이 많아서 $bC >> 1$인 경우, q_e는 최대흡착량 Q^o와 같아진다.

$$q_e \approx Q^o \tag{3-15}$$

한편 BET 식은 다음과 같이 표현된다.

$$q_e = \frac{BQ^o C}{(C_s - C)[1+(B-1)(C/C_s)]} \tag{3-16}$$

여기서, B : 상수
C_s : 수중 오염물질의 포화농도(mg/L)

2) The Freundlich Equation

등온흡착식을 나타내는데 널리 사용되는 또 다른 식은 다음과 같은 Freundlich 식

(Freundlich, 1926)이다.

$$q_e = K_F C^{1/n} \quad (3\text{-}17)$$

여기서, K_F 와 n : 실험에 의해 결정되는 상수($n > 1$)

윗 식의 양변에 로그를 취하면 다음과 같이 선형화 된다.

$$\log q_e = \log K_F + \frac{1}{n} C \quad (3\text{-}18)$$

3.2 화학적 자정작용

물리적인 반응이 분자적인 고유성을 유지하면서 물성이 유지되면서 나타내는 현상이라고 보았을 때, 화학적 작용은 원자핵물질은 변하지 않으면서 원자를 둘러싼 전자들의 교환을 통해 분자의 구조가 달라짐으로써 성상이 다른 물질로 변화하거나 또 다른 물질과 결합하는 작용을 하는 것으로 볼 수 있다. 화학적 작용은 가수분해(hydrolysis)나 산화작용(oxidation)이 대표적인 것으로 예를 들 수 있으며, 고체가 액체로 변화하는 용해(dissolution) 그리고 유기물이 무기물로 분해되는 광물화(mineralization) 등이 화학적 자정작용에 포함될 수 있다.

3.2.1 화학반응식(Chemical Reaction)

화학 반응을 나타내는 데 가장 널리 사용되는 것은 다음과 같은 화학반응식이다. 이 화학반응식에서 오른편에 있는 원자의 개수와 왼편의 원자 개수는 서로 같아야 하며 이러한 식을 화학양론식(stoichiometric equation)이라고 한다.

$$aA + bB \Leftrightarrow cC + dD \tag{3-19}$$

위 식은 오른쪽 또는 왼쪽으로 모두 진행이 가능한 가역반응(reversible reaction)이며 양방향으로 진행되는 반응속도가 같아지면 외부적으로는 A, B, C, D의 농도가 일정해지는 평형상태가 되며 평형상수는 다음과 같이 나타낸다.

$$K = \frac{[C]^c[D]^d}{[A]^a[B]^b} \tag{3-20}$$

화학반응식은 위에 표현한 일반적인 표현 외에 다음과 같은 것들을 또한 예로 들 수 있다.

합성(synthesis) : $A + B \rightarrow AB$ (3-21)

분해(decomposition) : $AB \rightarrow A + B$ (3-22)

이동(displacement) : $HA + B \rightarrow A + HB$ (3-23)

식(3-21)과 같은 합성에 관한 식의 경우 우측 항의 물질 AB가 생성되기 위한 반응속도(r_{AB})는 단위시간당 AB 농도(C_{AB})의 변화로서 다음과 같이 표현할 수 있다.

$$r_{AB} = \frac{dC_{AB}}{dt} = k_{AB}C_A C_B \tag{3-24}$$

여기서, k_{AB} : 반응속도(단위는 계수 우측의 농도항의 구성에 따라 달라짐)

한편, AB가 생성되는 속도는 A 및 B가 각각 소멸되는 속도와 같다. 즉, 어느 특정 시간에 AB 1 mole이 생성되기 위해서는 같은 시간 동안 A와 B가 각각 1 mole씩 소모되어야 한다. 이에 따라 각 물질의 생성 및 소멸속도는 다음과 같이 표현할 수 있다.

$$r_{AB} = -r_A = -r_B \tag{3-25}$$

만일 A와 B의 초기($t=0$) 농도가 각각 C_{Ao}와 C_{Bo}라고 하고 C_{AB}를 X로 치환했을 때 식(3-24)는 다음과 같이 다시 쓸 수 있다.

$$\frac{dC_{AB}}{dt} = \frac{dX}{dt} = k_{AB}C_A C_B \equiv k_{AB}(C_{A0} - X)(C_{B0} - X) \tag{3-26}$$

식(3-26)을 적분하여 풀이하면 다음과 같이 표현할 수 있다.

$$k_{AB}t = \frac{1}{C_{A0} - C_{B0}} \ln \frac{C_{B0}(C_{A0} - X)}{C_{A0}(C_{B0} - X)} \tag{3-27}$$

만일 특별한 경우로서 A, B 두 가지의 초기농도가 모두 $C_{Ao} = C_{Bo} = C_o$로서 같다고 가정하는 경우 상기의 식은 다음과 같이 표현할 수 있다.

$$\frac{dX}{dt} = k_{AB}(C_0 - X)^2 \tag{3-28}$$

한편 식(3-28)을 적분하면 다음과 같다.

$$k_{AB}t = \frac{X}{C_0(C_0 - X)} \tag{3-29}$$

식(3-22)와 같은 분해과정을 나타내는 반응식의 경우 반응속도는 다음과 같이 나타낼 수 있다.

$$\frac{dC_{AB}}{dt} = \frac{dX}{dt} = -kC = -k(C_o - X) \tag{3-30}$$

상기의 식은 다음과 같이 적분하여 풀이할 수 있다.

$$kt = \ln \frac{C}{C_o} = \ln \frac{(C_o - X)}{C_o} \tag{3-31}$$

상기의 두 가지 반응속도식[식(3-26)과 식(3-30)]은 각각 X의 2차식과 1차식으로 구성되어 있다. 일반적으로 여러 가지 물질이 섞여 있는 경우의 반응속도식은 다음과 같이 표현한다.

$$r_f = k(C_A)^{\alpha}(C_B)^{\beta}(C_C)^{\gamma}(C_D)^{\delta} \tag{3-32}$$

상기의 식은 다음과 같이 어느 특정 물질에 대한 반응식으로 단순화 하여 표시할 수도 있다.

$$r_f = kC^{(\alpha+\beta+\gamma+\delta+\cdots)} = kC^n \tag{3-33}$$

여기서, k : 반응상수

n : 반응차수(reaction order)

상기의 식은 다음과 같이 다르게 쓸 수 있으며 이 식은 n차 반응속도식으로 불린다.

$$\frac{dC}{dt} = kC^n \tag{3-34}$$

일반적으로 환경공학에서 자주 사용되는 반응속도식은 $n=1$인 1차 반응식이다.

$$\frac{dC}{dt} = kC \tag{3-35}$$

위 식을 적분하고 $t=0$의 초기 농도가 C_o라고 가정하면 시간에 대한 물질의 농도를 다음과 같이 나타낼 수 있다.

$$C = C_o e^{kt} \tag{3-36}$$

3.2.2 가수분해(Hydrolysis)

가수분해는 그리스어로 물을 뜻하는 'hydro'와 분해를 뜻하는 'lysis'의 합성어이다. 다시 말해서 가수분해는 물 분자가 사용되어 화학적으로 결합된 큰분자를 작은 이온이나 분자로 분해하는 모든 화학적 반응을 의미한다. 일반적으로는 물 분자와 대상 물질이 결합되기도 하지만 경우에 따라 물 분자와 대상물질이 두 가지로 분리되는 현상이 발생되기도 한다. 가수 분해의 대표적인 반응식은 다음과 같이 나타낼 수 있다.

$$A^- + H_2O \Leftrightarrow HA + OH^- \tag{3-37}$$

$$CH_3COO^- + H_2O \Leftrightarrow CH_3COOH + OH^- \tag{3-38}$$

$$BH^+ + H_2O \Leftrightarrow B + H_3O^+ \tag{3-39}$$

$$NH_4^+ + H_2O \Leftrightarrow NH_3 + H_3O^+ \tag{3-40}$$

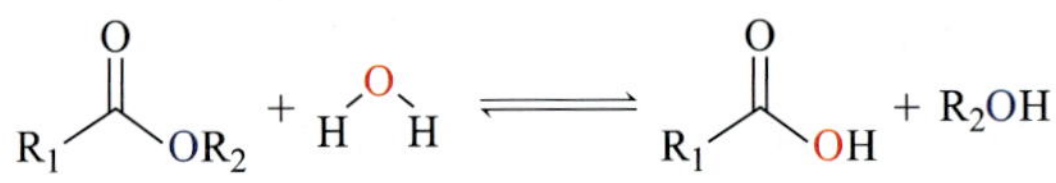

그림 3.10 가수분해에 의한 물질 반응의 예
https://upload.wikimedia.org/wikipedia/commons/e/e0/Hydrolysis.png

3.2.3 산화와 환원(Oxidation and Reduction)

화학적 반응에서는 전자를 잃는 물질과 전자를 얻는 물질이 있기 마련이다. 전자를 잃는 반응은 산화(oxidation)라고 부르고, 전자를 얻는 반응은 환원(reduction)이라고 부른다. 그러나 이 개념은 언제나 혼돈하기 쉽다. 그래서 혹자는 석유굴착장치를 의미하는 OiL RiG (Oxidation is Loss, Reduction is Gain)라는 용어를 이용해서 외우기 쉽도록 사용하기도 한다.

예를 들어, 다음과 같은 화학식을 생각해 볼 때, HA는 전자를 얻어서(환원되어서) A^-가 되었고 B는 반대로 전자를 잃고 산화되어서 HB^+가 되었다. 여기서 HA 환원되는 산(acid) 그리고 B는 산화되는 염기(base)라고 부른다. 반대의 경우도 가능하며 이때 A^-는 전자를 잃으면서 산화되는 짝염기(conjugate base)라고 부르고 HB^+는 전자를 얻으면서 환원되는 짝산(conjugate acid)이라고 부른다.

$$HA + B \Leftrightarrow A^- + HB^+ \tag{3-41}$$

유기물의 대표격인 포도당(glucose)이 산소에 의해 산화되는 식을 예를 들어 보면, 포도당은 산소와 결합하면서 산화되고 산소는 전자를 얻으면서 환원되었다고 한다.

$$C_6H_{12}O_6 + 6O_2 \Leftrightarrow 6CO_2 + 6H_2O \tag{3-42}$$

이 원리는 소각의 원리와 동일한데, 상기와 같은 과정에서 산소는 산화를 일으키는 물질이라고 하여 산화제라고 부른다.

산화는 유기물의 분해 및 탈색에 많이 사용되며, 난분해성 오염물질의 분해성능을 개선하는 데에도 사용된다. 이산화티타늄(titanum oxide, TiO_2)은 산화력이 크고 안정적인 물질로서 광촉매, 항균제, 악취제거, 살균 등에 사용된다. 실제로 이산화티타늄은 자외선차단제, 화장품, 식물첨가제 및 도료 등에 사용된다.

광분해(photolysis)는 태양광에 의한 산화현상이며 다음과 같은 반응으로 표현할 수 있다.

$$H_2A + 2\,\text{photons (light)} \rightarrow 2e^- + 2H^+ + A \tag{3-43}$$

여기서 A는 산화되는 물질로서 대표적인 물질은 황(S)과 산소(O)이며, 이들 물질에 대한 광화학 반응은 다음과 같이 나타낼 수 있다.

$$H_2S + 2\,\text{photons (light)} \rightarrow 2e^- + 2H^+ + S \tag{3-44}$$

$$H_2O + 2\,\text{photons (light)} \rightarrow 2e^- + 2H^+ + O \tag{3-45}$$

식(3-44)는 황화박테리아에 의해서 황화수소(H_2S)가 황(S)으로 산화되는 것을 나타낸다. 식(3-45)는 광합성을 하는 조류나 식물의 엽록체(chloroplast)에서 일어나며, 지구의 공기 중에 산소농도를 유지하는 자연적인 순환의 일부이다.

한편, 나노크기의 이산화 티타늄은 자외선(Ultraviolet, UV)의 방사에 의해 매우 산화력이 크고 안정적인 물질로 알려져 있다. TiO_2는 산업계에서 광촉매, 항균제, 악취제거, 살균, 자외선 차단제, 화장품, 식품첨가제, 흰색 도료, 반도체 물질 및 태양전지셀 및 코팅 물질 등에 사용되며, 폐수처리 분야에도 사용 가능성이 매우 큰 물질이다.

한편 Chapra (2015)는 그의 강의에서 산화와 환원과정을 다음과 같은 그림으로 간단하게 정리해 보여준 바 있으며, 산화환원 반응의 예를 표 3.1과 같이 예시한 바 있다.

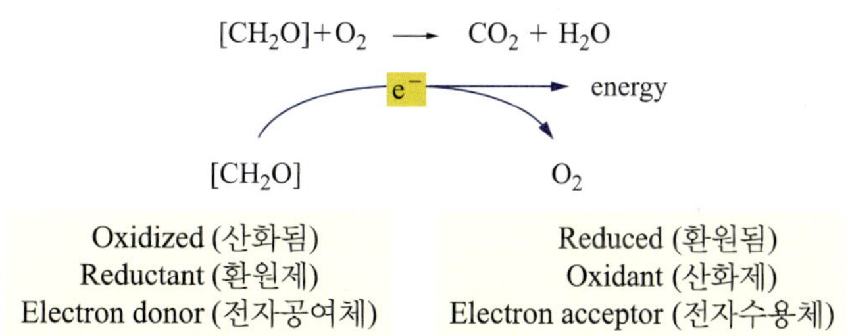

그림 3.11 유기물의 산화와 산소의 환원 개념도

표 3.1	수질반응 중 중요한 산화 환원 반응 예(Chapra 강의자료, 2015)			
유기물	산화제		주요 결과물	반응과정
CH_2O	O_2	➡	CO_2	산소호흡
	NO_3^-		$N_2 + CO_2$	탈질소반응
	MnO_2 (s)		$Mn^{2+} + CO_2$	망간의 환원
	FeOOH (s)		$Fe^{2+} + CO_2$	철의 환원
	SO_4^{2-}		$HS^- + CO_2$	황산의 환원
	CH_2O		$CH_4 + CO_2$	메탄의 형성

3.2.4 응집(Coagulation)

응집은 물속에서 잘 가라앉지 않는 고형물질을 서로 뭉치게 하여(flocculate) 더욱 큰 덩어리로 만들거나 고형입자의 극성을 중성화(neutralize) 시켜서 침강성을 증가시키도록 하는 공정이다. 이 방법은 상수처리과정에서 주로 사용되며 하수처리 공정에서도 인(phosphorus) 또는 sludge의 제거를 위해 사용되는 방법이다.

응집용 약품에는 ① 응집제, ② pH 조정제, ③ 플럭형성보조제가 있다. 응집제(coagulant)로서 가장 널리 사용되는 것은 고형 및 액상의 황산알루미늄(aluminum sulfate, $A1_2(SO_4)_3 \cdot 18H_2O$)이다. 황산알루미늄은 수중에서 알칼리도와 반응해서 수산화알루미늄을 생성한다.

$$A1_2(SO_4)_3 \cdot 18H_2O + 3Ca(HCO_3)_2$$
$$\rightarrow 2A1(OH)_3 \downarrow + 3CaSO_4 + 6CO_2 + 18H_2O \quad (3\text{-}46)$$

이때 물이 산성으로 변화하게 되므로 소석회와 같은 알칼리제를 중성범위의 pH (5.5~7.5)를 유지시켜야 한다. 황산알루미늄은 녹조현상이 심한 저수지나 연못에 녹조 또는 인 성분을 제거하기 위해서 자주 사용된다. 그러나 Aluminum 성분이 알츠하이머병을 유발하는 원인이 될 수 있다는 의견도 있다.

폴리염화알루미늄(poly aluminium chloride, PAC)은 무기 고분자 응집제로서 황산알루미늄에 비해 응집에 따른 pH와 알칼리도의 저하가 두 배 이상 적고, 플럭형성 시간이 매우 짧고 고탁도 시에도 높은 효율을 나타내는 장점이 있어서 선호되는 추세이다.

철염[ferric sulfate ($Fe_3(SO_4)_2$), ferric chloride ($FeCl_3$), ferrous sulfate ($FeSO_4$)]은 주로 하수 및 폐수처리에 많이 이용되며 생성되는 플럭은 황산알루미늄에 비하여 무거워 침강성이 좋은 편이다. 그러나 철염은 부식성이 강해서 처리 시 보조알칼리제를 투입해야 하는 등 사용에 주의를 요한다.

중화제 또는 알칼리제로는 수산화나트륨(가성소다, sodium hydroxide, NaOH), 수산화칼슘[소석회, calcium hydroxide, $Ca(OH)_2$] 그리고 탄산나트륨(sodium carbonate, Na_2CO_3) 등이 주로 사용된다, 응집보조제로는 활성규산(active silicate, SiO_2)이나 알긴산소다[sodium alginate, $(C_6H_7NaO_6)_n$] 등이 자주 사용된다.

3.3 생물학적 자정작용

생물학적인 작용의 대표적인 예는 미생물에 의한 물질의 분해이다. 미생물은 우리 눈으로 볼 수 없는 작은 크기의 생물을 의미하며 바이러스(virus), 박테리아(세균, bacteria), 조류(algae), 곰팡이균(fungus) 및 원생동물(protozoa) 등이 포함된다. 바이러스는 핵과 세포막과 같은 세포기관이 없고 유전물질(DNA와 RNA)과 단백질로만 구성되어 있으며 독립적으로 살아갈 수 없는 기생생물이다. 미생물은 세포를 가졌으나 핵과 세포막이 구분되지 않는 원시적 형태를 가진 원핵미생물(prokaryote)과 조금 더 진화하여 대부분의 동식물의 같이 핵막과 세포가 확실하게 구분되는 그리고 세포의 발전소라고 불리는 미토콘드리아를 가진 진핵미생물(eukaryote)로 세분된다. 전자의 경우는 박테리아(세균) 또는 남조류(cyanobacteria)와 같은 원핵조류가 이 무리에 속하고 후자의 경우 대부분의 조류, 곰팡이 그리고 원생동물 등이 포함된다.

미생물은 먹이와 호흡을 통해서 세포를 형성하고 에너지를 취하는 과정에서 에너지가 고도로 축적되어 있는 고분자의 물질들을 잘게 부수거나 유기물을 무기물로 바꾸어 놓는다. 이 과정에서 물질 내부의 결합을 위해 내재되어 있던 에너지는 점차로 감소하여 에너지가 적어지는 안정화 단계를 거치게 되고 물질은 원소화 됨으로서 자연계의 순환과정에 사용된다. 인간 또한 생물계의 일부로서 미생물의 활동과 뗄 수 없는 관계를 이루고 있다. 사람의 대장에는 대장균(E-Coli)이 서식하여 소화를 돕고 있으며, 음식의 일부로서 섭취하는 김치, 젓갈, 치즈 및 와인 등의 발효음식은 미생물의 활동에 의해 맛과 품질이 결정된다. 동식물의 세포를 구성하는 주요 물질은 C, H, O, N, P 등으로 볼 수 있으며 기타 광물질을 포함한 다양한 미량원소들이 또한 필요하다.

3.3.1 미생물의 성장과 사멸

오염물질의 분해에 관여하는 미생물은 매우 다양하고 공생, 기생, 경쟁 및 천적관계 등으로 서로 연관되어 있다. 자연계에서 발생하는 미생물에 의한 분해는 박테리아와 곰팡이에 의한 것들이 주종을 이룬다고 볼 수 있다. 박테리아는 바이러스와 플랑크톤의 중간단계의 미생물로서 바이러스처럼 숙주가 필요한 기생 생물이 아닌 스스로 먹이를 취하고 노폐물을 배설할 수 있는 독립영양체계를 갖춘 가장 낮은 단계의 미생물이다.

박테리아의 성장속도(growth rate, 1/day)는 먹이(substrate 또는 food, mg/L)의 함수를 포화곡선을 이용해서 표현한 다음과 같은 Monod 식을 많이 사용한다. Monod 식은 Michaelis-Menten 또는 줄여서 MM 식이라고도 불린다.

$$G(S) = G_{\max} \frac{S}{S + K_S} f(T) f(\mathrm{N,P,Si}) f(\alpha) \ \cdots \ f(\omega) \tag{3-47}$$

여기서 K_S는 반포화계수[half saturation coefficient (mg/L)]로서 그림 3.12에 나타난 바와 같이 최대 성장속도가 1/2일 때의 먹이(S)의 농도와 같은 값이다.

미생물은 먹이의 농도가 증가하는 초기에는 성장속도 또한 급속도로 증가하나 먹이 농도가 계속적으로 증가됨에 따라 성정속도의 증가폭이 둔화되면서 최대성장속도($G_{\max}$)에서 더 이상 커지지 않는 것을 알 수 있다. 이는 마치 우리가 음식이 아무리 많이 존재하더라도 소화할 수 있는 한계가 있어서 더 이상 먹을 수 없는 것과 마찬가지의 논리이다.

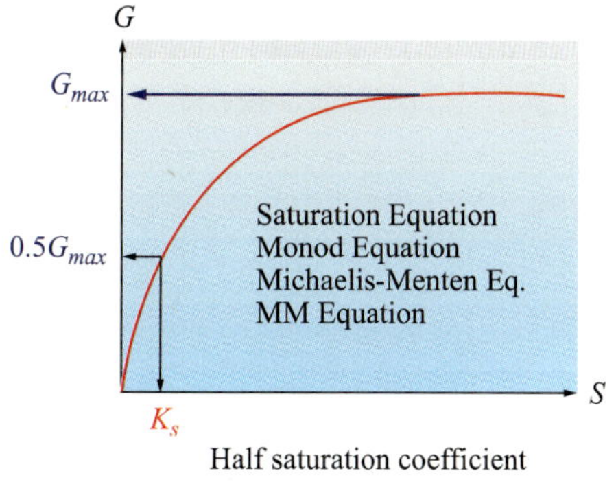

그림 3.12 미생물의 성장속도 곡선

또한 $f(T)$는 온도의 영향을 나타내며 $f(\mathrm{N, P, Si} \cdots)$는 영양염류의 영향을 표현하고 있으며 기타 함수들은 산소 농도나 염분 농도 등 미생물의 성장과 사멸에 관여하는 각종 요소를 포함할 수 있다. 여기에 나열된 함수[$f(T)$, $f(N)$, $f(\alpha)$, $\cdots$, $f(\omega)$]들은 미생물의 성장에 대한 제한요소(limiting factor)라고 부르며 대부분 0과 1 사이의 숫자로 표현된다. 이에 대한 자세한 설명은 본서의 조류의 성장편에서 더욱 자세하게 다루게 될 것이다.

반면 미생물의 사멸속도는 생물의 노화, 수온 및 천적 등 다양한 여건에 의해 영향을 받으며 성장속도를 나타내는 공식과는 다르게 표현하지만 일반적으로 온도의 함수로 표현하는 경우가 많다.

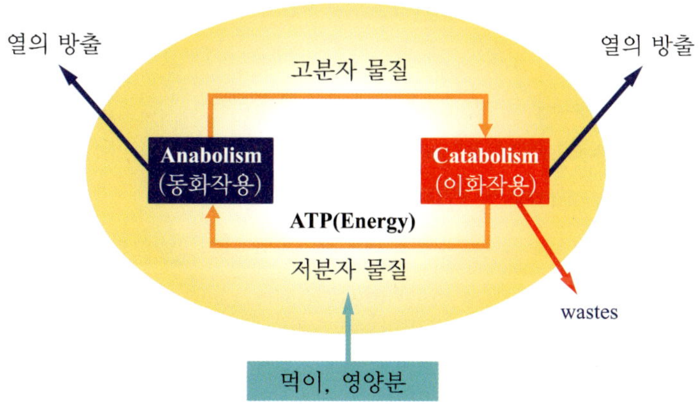

그림 3.13 생물의 신진대사 개념도

3.3.2 신진대사(Metabolism)

신진대사는 동물과 식물의 체내에서 생명유지에 필요한 에너지 변환과 관련하여 체내에서 일어나는 수많은 화학반응작용을 통칭하는 것이다. 신진대사에는 소화, 세포간의 물질전달, 성장, 번식, 환경에의 적응들을 포함한 모든 효소-촉매 반응 등이 포함된다.

과정에서 가장 중요한 것은 먹이를 취하여 잘게 부수어 에너지화 하는 이화과정(catabolism), 잘게 부수어진 음식을 분자화 하여 지방, 탄수화물, 단백질 등으로 변환하는 동화과정(anabolism) 그리고 부산물로 남겨진 찌꺼기들을 방출하는 배설과정(waste)이다.

신진대사 과정에서 계속적으로 발생하는 생물의 체내에서 이온이나 분자들이 이동하거나 세포를 합성하기 위해서는 에너지가 필요하다. 에너지의 교환에 가장 중요한 것은 신진대사 과정에서 ATP (adenosine triphosphate)가 ADP (adenosine diphosphate)로 변화되면서 에너지가 방출되며 반대로 ADP가 ATP로 합성될 때 에너지가 저장되는 상호작용이다.

$$\text{ATP} \rightarrow \text{ADP} + 7{,}300 \text{ cal/mole} \tag{3-48}$$

$$\text{ADP} + \text{E} \rightarrow \text{ATP} \tag{3-49}$$

섭취된 유기물은 체내(소화기)에서 포도당(glucose, $C_6H_{12}O_6$)으로 분해되며 포도당은 몸속으로 흡수되어 각 세포로 이동한다. 그러나 이 과정에서 포도당 분자만으로 에너지를 얻을 수 없으며, 각 세포질에서는 포도당을 반으로 잘라 두 개의 Piruvate로 산화하는 해당작용(glycolysis)에 의해 피루브산(piruvate, $C_3H_4O_3$)이 생성되어 이 과정에서 ATP와 $NADH_2$가 발생한다.

세포 내의 발전소라는 별칭을 가진 미토콘드리아에서는 이 피루브산을 TCA cycle (또는 발견자의 이름을 따서 Krebs cycle이라고도 부름)을 거쳐서 세 개의 초산(TriCarboxylic Acid)으로 변화시키며 이 과정에서도 ATP, $NADH_2$ 및 $FADH_2$ 등 또한 생성된다.

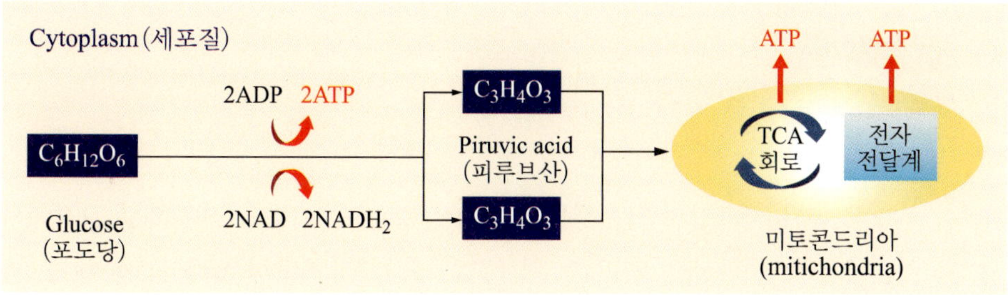

그림 3.14 포도당의 분해와 세포질 내 ATP의 생성

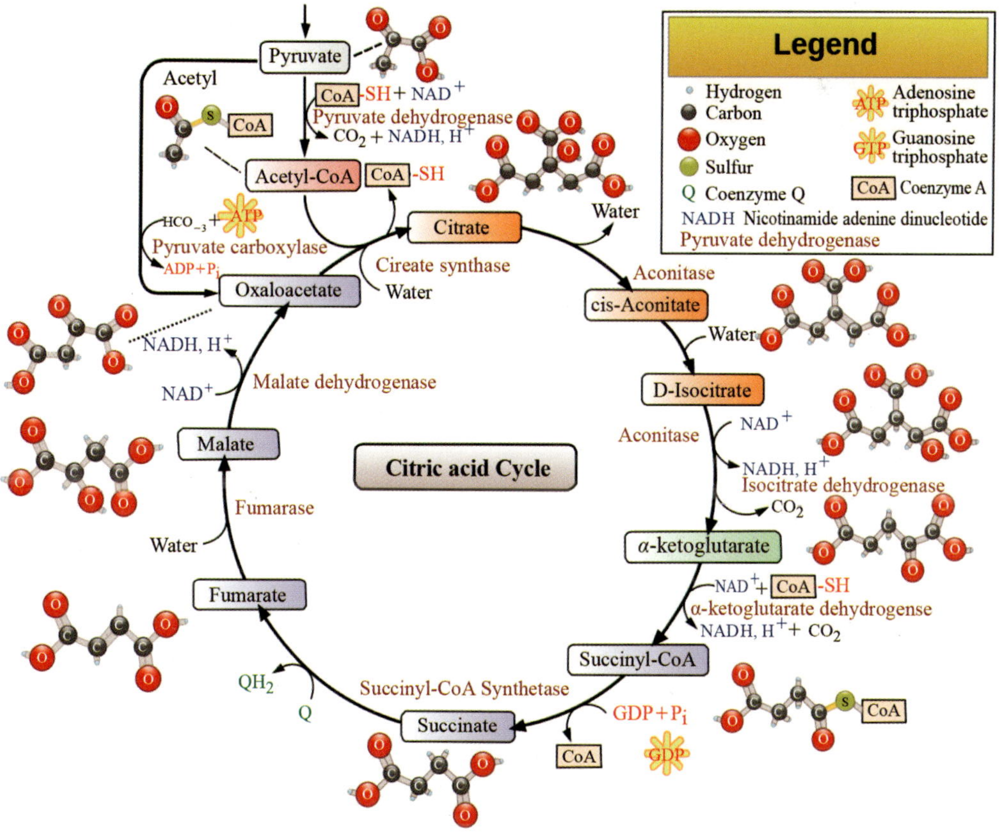

그림 3.15 TCA 회로도
https://en.wikipedia.org/wiki/Citric_acid_cycle

3.3.3 호흡(Respiration)

유기물을 섭취하는 생물(heterotrophs)이 유기물을 산화하는 과정에서 발생하며 이 수소를 중화시킬 수 있는 대표적인 수소수용체(hydrogen acceptor)는 산소이다. 생물이 산소를 공급받기 위하여 공기를 들이 마시는 작용을 호흡이라고 하며 이 호흡은 생물에게 에너지를 공급하는 가장 중요한 과정이 된다.

생리학적인 측면에서 호흡이란 산소를 들이마시고 이산화탄소를 배출하는 과정을 말한다. 생물화학적 호흡이란 산소와 같은 무기성 전자공여체(electron donor)에 의해서 생물학적 물질이 영영물질의 화학적 에너지를 이용하여 ATP와 같은 에너지 물질과 폐기물을 발생시키는 현상이다.

전자는 생명체와 외부환경과의 산소 및 이산화탄소의 전달이라고 보았을 때 후자는 각 세포 내에서 발생하는 현상이며, 따라서 전자는 호흡(breathing) 또는 외호흡, 후자는 세포호흡(cellular respiration) 또는 내호흡이라고 한다.

세포호흡에서는 큰 분자를 작은 분자로 파쇄하는 이화작용(catabolic reaction)이 함께 발생하며 이 과정에서 에너지가 발생한다. 호흡은 세포의 활동이 가능하도록 세포의 화학적 에너지를 방출하는 과정이며 산화환원 및 생물화학적 단계를 포함한 연속적인 반응을 포함한다. 세포호흡은 큰 틀에서 연소과정과 유사하지만 연소에 비하여 에너지를 천천히 그리고 제어된 상태에서 방출하는 것에 큰 차이가 있다. ATP 형태로 저장된 화학적 에너지는 세포합성, 이동 또는 물질의 이송 등에 필요한 에너지원으로 사용된다.

호흡은 수소수용체로서 산소가 사용되는 유기호흡(산소호흡)과 산소가 아닌 물질이 사용되는 무기호흡(또는 무산소 호흡)으로 구분된다. 무기호흡은 유기호흡에 비해 훨씬 적은 양의 에너지를 만드는 비효율적인 호흡 방법이며 미생물들이 산소를 이용하지 못할 때 자신이 가지고 있는 효소를 이용해 호흡하는 것을 말한다. 산소가 없는 환경에서 무기호흡을 통해 생명을 유지할 수 있는 생물이라고 하더라도 산소가 풍부한 곳에 있을 때는 효율이 더 높은 유기호흡을 진행하기도 한다. 폐수처리 과정에서는 호흡에 산소를 필요로 하는 호기성(aerobic) 미생물, 산소 외에 황이나 질산 등을 사용하는 혐기성(anaerobic) 미생물의 생장 특성을 이용하는 경우가 많으며 그리고 두 가지 조건에 다 생존이 가능한 임의성(facultative) 미생물도 존재한다. 한편, 무기호흡을 통해 우리에게 이로운 물질이나 사용 가능한 물질이 얻어지는 경우 발효하고 부르며 악취가 나거나 이용할 수 없거나 유해한 물질이 만들어지는 경우는 부패되었다고 한다.

발효에는 젖산발효, 알코올발효, 아세트산발효 등이 있으며 우리가 즐겨먹는 치즈나 요구르트와 같은 유제품, 와인과 맥주를 포함한 각종 주류 그리고 우리나라의 식탁에 빼놓을 수 없는 김치나 젓갈과 같은 음식들이 발효를 통해 만들어지는 제품들이다.

- 젖산발효(Lactic Acid)

$$C_6H_{12}O_6 \rightarrow 2C_3H_6O_3 + E \quad (3\text{-}50)$$

- 아세트산 발표(Piruvate)

$$C_6H_{12}O_6 + O_2 \rightarrow 2C_3H_4O_3 + 2H_2O + E \quad (3\text{-}51)$$

- 알코올발효(Ethanol)

$$C_6H_{12}O_6 + O_2 \rightarrow 2C_2H_5OH + 2CO_2 + E \quad (3\text{-}52)$$

한편 외부에서 먹이를 구하지 못하는 경우 생물은 체내에 축적된 물질을 이용하여 신진대사를 이어가는데 이러한 경우 생물의 세포를 구성하는 물질이 이용되며, 이러한 과정을 내생호흡(endogenous respiration)이라고 한다. 우리가 밥을 적게 먹으면 생명유지를 위해 몸속에 축적되어 있던 양분들이 음식물 대신 사용되어 체중이 감소하는 원리와 유사한 현상이다.

한편 유기호흡에서는 포도당 한 분자에 대해 총 36개 또는 38개의 ATP를 생성하는 반면, 무기호흡에서는 해당과정만 진행되고 이후엔 유기호흡과 나르게 진행되어 총 2개의 ATP가 생성된다. 따라서 무기호흡은 유기호흡에 비해 훨씬 적은 양의 에너지를 만드는 비효율적인 호흡 방법이라고 할 수 있다.

제2부　지표수의 수질오염

강우에 의해 지표에 도달한 빗물은 폐기물이나 토양에 포함되어 있는 물질들을 수계로 이동시켜 각종의 오염현상을 유발할 수 있다. 호수 또는 비교적 흐름이 약한 정체수역과 같은 경우 침전이 가능한 퇴적물들이 축적되고 지속적인 오염원의 역할을 하게 된다. 지표수의 수질 오염의 대표적인 현상은 유기물의 분해에 의한 산소고갈, 영양염류의 과다 유입으로 인한 녹조현상 그리고 토양침식 등으로 인한 탁수현상으로 대별해 볼 수 있다. 최근 들어 화장품이나 의약품 등의 배출에 의해 발생하는 각종 미량오염물질 그리고 플라스틱 제품이나 섬유제품의 수계유입에 의한 미세플라스틱 등이 새롭게 주목해야 하는 오염물질로서 점차 중요성이 확대되는 추세이다. 이들은 수생태계의 건강한 균형을 깨뜨리고, 그에 따라 수생태의 생물과 인간의 활동 및 건강에 각종 부작용을 발생시킨다는 공통점이 있다.

2부에서는 현장에서 발생하는 각종 수질 문제의 종류와 변화특성 및 여타 환경요인과의 관계에 대하여 설명하면서 효과적인 수질 관리 대안 수립을 위한 기초적 요소들을 짚어 보고자 한다. 수질관리에서 가장 중요하게 인식되는 유기물, 영양염류 그리고 녹조현상에 대해서 설명하고 최근에 관심의 대상이 되고 있는 방사능, 미량오염물질 및 미세플라스틱 등의 거동 특성에 대해서도 알아보고자 한다.

04

유기물과 산소농도

지표수의 대표적인 수질 오염 문제는 유기물과 이의 분해에 의한 산소고갈의 문제이다. 유기물은 호기성 미생물의 먹이에 해당하며 이를 섭취하는 과정에서 호흡을 위해 산소가 소모된다. 유기물이 물속에 과잉으로 존재하는 경우 수중의 용존산소는 대기 중에서 공급되는 양에 비해 소모되는 양이 많아질 수 있고, 이러한 경우 물속에서는 산소고갈 현상이 발생하게 된다. 유기물에 의해 물속의 산소가 고갈될 경우 산소를 필요로 하는 생물들에게는 치명적인 결과를 발생시킬 수 있다. 또한 유기물은 동식물의 사체, 음식물 찌꺼기, 동물의 배설물, 산업 폐수 또는 살충제 등의 성분을 의미하며 이들이 수체에 유입되는 경우 물의 색깔, 모양, 냄새 및 자연적인 미관 등에 부정적인 영향을 미침으로써 수생태계의 생물의 기능과 생존에 영향을 끼칠 수 있다. 유기물은 살충제 등과 같이 자체적으로 독성을 발휘하여 수중생물에 해를 끼칠 수 있으며, 상수의 소독과정에서 염소와 반응하여 THM (trihalomethane)과 같은 발암물질을 생성하는 원인이 될 수도 있다.

4.1 용존산소(Dissolved Oxygen, DO)

물속에 녹아 있는 산소는 용존산소(dissolved oxygen)라고 부른다. 지구상의 산소는 인간을 포함한 호기성 생물들의 호흡과 화석연료의 연소 등으로 꾸준히 소모되고 있지만, 식물의 광합성 작용을 통해서 지속적으로 생성됨으로써 균형이 유지되고 있다. 수중의 용존산소 문제의 가장 큰 원인은 분해 시 산소를 소모하는 오염 물질 유입이다. 오염물질들은 도시하수, 농촌 및 축산 폐수 그리고 산업폐수 등에 의하여 다량 발생되고 수계에 전달된다. 용존 산조가 부족한 경우 산소 호흡을 하는 수체 내 생물의 섭생, 번식 및 생명 유지에 치명적인 결과를 초래하며, 결과적으로 수중의 생태균형에 심각한 문제를 발생시킨다. 또한 용존산소가 부족한 상태에서는 유기물들의 산화가 불완전하게 이루어짐에 따라 냄새와 미관 등의 문제가 또한 발생한다. 용존산소 농도는 수중에 산소를 필요로 하는 어류 등 수생태계의 생명 유지 및 생태균형에 문제 필수불가결한 요소로서 수체의 건강성을 나타내는 중요한 지표이다.

산소는 화학적으로 매우 활성이 높은 산화제로서 다양한 원소들과 직접 반응하여 화합물을 만든다. 수소와 산소가 결합하는 경우 물(H_2O)이 만들어진다. 탄소의 산화는 발열반응을 수반하며 우리는 이 과정을 연소라고 부르며 오늘날 지구상에서 화석연료를 사용하는 난방, 전력생산 및 차량 이용에 필수적으로 발생하는 반응이다. 산소는 또한 황과 결합하여 황산화물(SO_x)을 형성하거나 철과 반응하여 산화철을 만들기도 한다.

$$H + O_2 \rightarrow H_2O \tag{4-1}$$

$$C + O_2 \rightarrow CO_2 \tag{4-2}$$

$$S + O_2 \rightarrow SO_2 \tag{4-3}$$

$$3Fe + 2O_2 \rightarrow Fe_3O_4 \tag{4-4}$$

그림 4.1은 수중의 용존산소의 농도에 영향을 미치는 인자들을 보여주고 있다. 수중의 유기물 또는 무기물의 생화학적 반응에 의해 산소가 소모되기도 하지만, 수체의 바닥에 퇴적된 물질들이 산소를 소모하는 경우도 있다. 대기의 23% 가량을 차지하고 있는 산소는 물속의 용존산소가 포화농도 이하로 존재할 경우에는 물속으로 녹아 들어

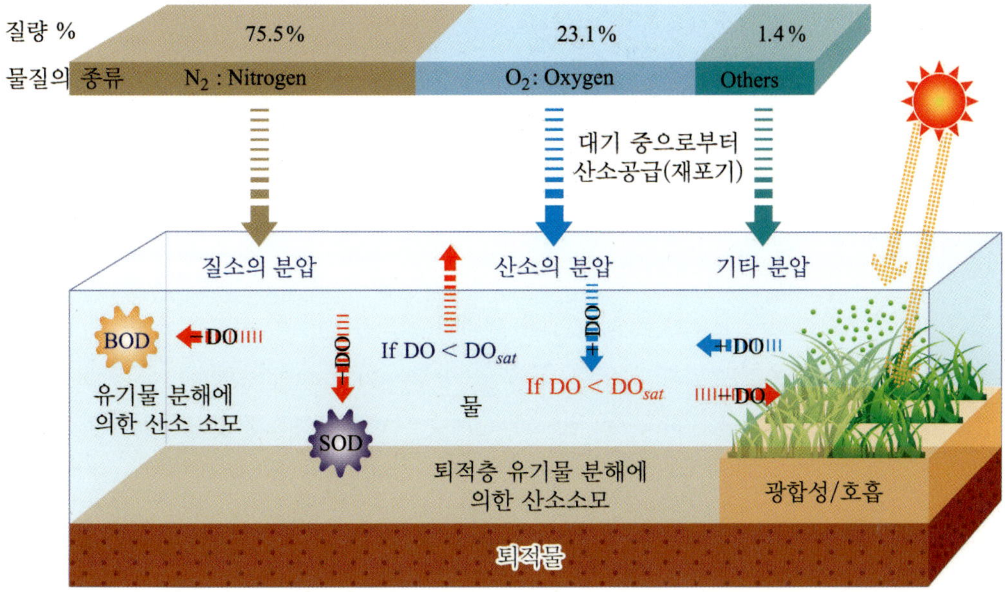

그림 4.1 수중의 용존산소농도에 영향을 미치는 인자

갈 수 있으며, 반대로 광합성 등에 의해 과잉의 산소가 존재하는 경우 대기 중으로 방출될 수 있다.

대기압(atmospheric pressure)은 대기 중에 떠 있는 모든 가스상 물질의 질량이 지구를 내리 누르는 힘(F)을 지구의 면적(A)으로 나눈 값이다. 압력(pressure, P)은 힘(force, F)을 면적(area, A)으로 나눈 것으로서 정의되며 다음과 같이 표현할 수 있다.

$$P = F/A \quad (\text{Pascal 또는 N/m}^2) \tag{4-5}$$

여기서, F : 힘(N)

A : 힘이 작용하는 면적(m^2)

Dalton의 분압의 법칙(Dalton's law of partial pressure)에 의하면 산소는 그림 4.1에 나타난 바와 같이 대기 중에서 차지하는 질량비(약 23.1%)에 해당하는 압력으로 지면을 내리누르고 있다. 그리고 이 압력은 수표면 위에도 누르는 힘을 작용함으로써 산소가 대기 중에서 물속으로 이동하게 하는 중요한 요인이 된다.

대기는 질소, 산소 및 이산화탄소 등 각종 원소를 포함하며 이들은 질량을 가진 물질들이다. 이 질량(m)에 중력가속도(g)가 곱해지면 뉴턴의 제2법칙에 의한 힘(force,

F)을 형성할 수 있다.

$$F = mg \quad (\text{g-m/sec}^2 \text{ 또는 N}) \tag{4-6}$$

여기서, m : 물체의 질량(g 또는 kg)

g : 중력가속도(9.8 m/sec^2)

산소의 분압에 따라 대기 중에서 수중으로 산소가 녹아들어오는 과정은 헨리의 법칙(Henry's law)으로 설명한다. 헨리의 법칙은 산소의 분압(P_{O_2})에 의해 물속으로 녹아들어올 수 있는 농도를 포화산소농도(saturation dissolved oxygen concentration, DO_{sat})라고 정의하고 두 변수의 관계를 다음과 같이 정의하고 있다.

$$P_{O_2} = K_H \cdot DO_{sat} \tag{4-7}$$

여기서, K_H : 헨리의 상수(mmHg/mg/L)

DO_{sat} : 포화산소농도(mg-O_2/L)

포화산소농도는 다음과 같이 온도와 염분도의 함수로서 산정할 수 있다(APHA, 1985).

$$\begin{aligned}\ln(DO_{sat}) = &-139.34411 + \frac{1.575701 \times 10^5}{T} - \frac{6.642308 \times 10^7}{T^2} \\ &+ \frac{1.243800 \times 10^{10}}{T^3} - \frac{8.621949 \times 10^{11}}{T^4} \\ &- S\left(1.7464 \times 10^{-2} - \frac{1.0754 \times 10^1}{T} - \frac{1.2407 \times 10^3}{T^2}\right)\end{aligned} \tag{4-8}$$

여기서, T : 절대온도(°K)

S : 염분도(salinity) in ppt (천분율 ; ‰, parts per thousand)

물속의 산소농도는 물속의 식물성플랑크톤에 의한 광합성에 의해 증가하며, 수중의 생물의 호흡에 의해 감소된다. 또한 수중의 유기물 등의 분해 시에 산소가 소모될 수 있으며 수체의 바닥에 축적된 유기물들이 분해될 경우에도 산소가 필요하다. 이와 같은 산소를 소모하는 요소들에 대해서는 뒤에 소개하는 내용에서 자세히 다룰 예정이다.

4.2 유기물과 유기탄소(Organics and Organic Carbon)

물속의 화학물질은 크게 유기물과 무기물로 나눌 수 있으며, 유기물은 식물성 플랑크톤에 의한 광합성 또는 먹이사슬에서 형성된 식물의 잔재나 동물의 사체 등에 자연적인 요인에 의한 것들과 플라스틱이나 합성수지 등과 같이 화학적 공정기법에 의해 만들어진 인공적인 요인에 의한 것들이 있다. 물속의 유기물은 탄소, 질소 및 인을 포함하는 것으로 알려져 있으며 박테리아의 활동에 의해 무기물로 분해되어 탄수화물을 위한 탄소, 단백질을 위한 질소 그리고 몸속의 ATP 생성을 위한 인을 공급하는 중요한 물질이다.

유기물은 자연수에서 분해되면서 산소를 소모하므로 과량 존재할 경우 물속의 산소가 고갈되어 산소를 필요로 하는 생물들에게 치명적인 영향을 미치게 된다.

물속의 모든 유기물(total organics matter, TOM)은 그림 4.2에 나타난 바와 같이 용존성유기물(dissolved organic matter, DOM)과 고형성유기물(particulate organic matter, POM)로 나눌 수 있다. 그리고 고형성유기물은 분해의 용이성 여부에 따라 분해가 잘 되는 순분해성물질(labile particulate organic matter, LPOM)과 분해가 잘 되지 않거나 분해되지 않는 난분해성물질(refractory particulate organic matter, RPOM)로 구분되기도 한다.

통상 용존성과 고형성물질의 구분은 시료가 0.45μm의 필터를 통과할 수 있는 지의 유무로 결정된다(He et al., 2016). 유기물은 유기탄소(organic carbon) 뿐만 아니라 유기인(organic phosphorus)과 유기질소(organic nitrogen) 및 유기규소(organic silica)형

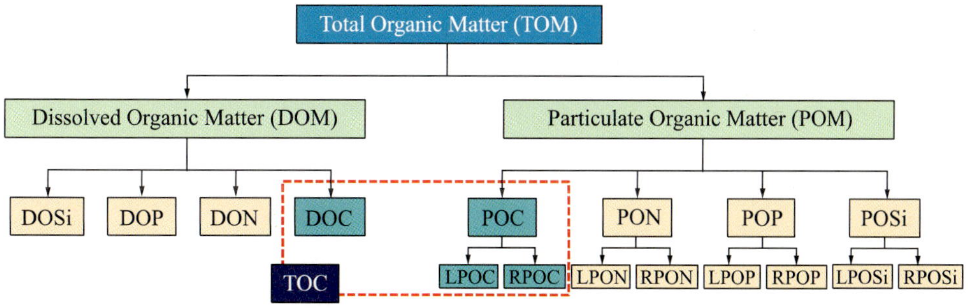

그림 4.2 물속의 유기물을 구성하는 성분들과 유기탄소의 관계

태로도 존재한다. 따라서 유기물은 자연계의 탄소, 질소 및 인의 순환에 중요한 중간 물질로 볼 수 있다. 유기인, 유기질소 및 유기규소는 가수분해 되어서 무기질소(NO_3^-, NH_4^+), 무기인 또는 인산염(PO_4^{-3}) 및 무기성 규소 또는 규산염(SiO_3^{-2})으로 분해되며 지구상의 영양염류 물질 순환에 매우 중요한 역할을 한다.

하천 및 호소의 수질모델로 널리 사용되는 QUAL2K (Chapra et al., 2012), CE-QUAL-W2 (Cole et al., 2006), EFDC (Park et al., 1995) 그리고 WASP8 (Wool et al., 2019) 등에서는 이 방법을 채택하여 수중 및 내의 오염물질의 물질순환 및 상호작용의 관계를 나타내는 데에 사용하고 있다. 한편 DiToro (1993, 2001)는 수중의 고형성유기물(POM)이 침전하여 퇴적물의 고형성 유기탄소, 유기질소, 유기인 및 유기규소(POC, PON, POP 및 POSi)의 원인물질이 된다는 퇴적물속성작용모델(sediment diagenesis model)을 제안한 바 있다.

총유기탄소(total organic carbon, TOC)는 용존성유기탄소(dissolved organic carbon, DOC)와 고형성유기탄소(particulate organic carbon, POC)를 합산한 값으로서 엄밀하게는 탄소의 농도를 나타내는 변수이지만 유기물의 농도를 대표하는 지표로도 사용된다. 우리나라의 경우 2013년부터 수중의 유기물을 간접적으로 나타내는 지표로서 TOC를 수질기준에 적용하기 시작하였다. 그러나 과거에는 TOC의 분석을 위해서는 고가의 분석장비가 필요한 관계로 이를 일반적인 수질기준에 사용하지 못하였다.

따라서 TOC 대신 물속의 용존산소를 소모하는 양을 간접적으로 측정할 수 있는 대체수단으로서 생물화학적 산소요구량(biochemical oxygen demand, BOD) 또는 화학적 산소요구량(chemical oxygen demand, COD)을 사용하여왔다. COD는 과망간산($KMnO_4$) 또는 중크롬산($K_2Cr_2O_7$)을 산화제로 사용하여 피산화물과 반응한 양을 산소당량으로 환산하여 사용한다. 이 두 가지의 지표는 측정 방법이 간단한 반면, 각각 측정하는 데에 5일과 2시간이라는 비교적 장시간이 소요되며 시료에 화학적 방해물질 등이 존재할 경우 측정의 정확도를 확보하기 어렵다는 단점이 있다. 더욱 중요한 문제는, 위 두 가지는 유기물 농도를 간접적으로 나타내는 전체적 지표일 뿐 특정오염물질에 대한 농도를 직접적으로 나타낼 수 없다는 것이다.

우리나라에서는 호소의 수질기준에는 2016년부터 유기물의 지표로서 화학적 산소요구량을 적용하지 않고 TOC를 적용하기로 결정된 바 있다. 또한 2022년부터 개정된 물환경보전법에 따라 폐수처리장 방류 기준 또한 COD 기준은 더 이상 사용하지 않으며 TOC 기준을 전면적으로 적용한다. 다만 기존의 환경관리와의 연속성을 위하여

BOD 기준은 당분간 유지되는 것으로 결정되어 있다.

4.3 생물화학적 산소요구량(Biochemical Oxygen Demand)

4.3.1 유기탄소에 의한 생물화학적 산소요구량

일반적으로 유기물 내에는 다양한 물질들이 함께 존재하나 대표적으로 사용되는 유기물의 분자식은 $C_\alpha H_\beta O_\gamma N_\delta P_\epsilon S_\zeta$ 이다. 실제로 모든 물질의 총유기탄소를 측정하기 어렵다고 판단한 과거에는 식(4-9)에 나타난 바와 같은 식에서 반응을 진행시키기 위해 소모된 산소량을 산정함으로써 유기물의 농도를 간접적으로 측정하고자 하였고, 이 반응이 자연계의 호기성 미생물의 생화학적 작용에 의해서 발생한다고 하여 생화학적 산소요구량(Biochemical Oxygen Demand, BOD)라고 부른다.

$$C_aH_bO_cN_dP_eS_f + x \cdot O_2$$
$$\rightarrow a \cdot CO_2 + (b/2) \cdot H_2O + d \cdot NO_3^{-1} + e \cdot PO_4^{-3} + f \cdot SO_4^{-2} \quad (4\text{-}9)$$

식(4-9)에 표시된 생성물질들은 미생물의 종류, 서식조건을 포함하는 각종 여건에 따라 생성되는 조건 및 반응의 완성도가 다르다. 예를 들어, 물속이 산소 농도가 모자란 혐기성 상태가 되는 경우 질산(NO_3^{-1})은 탈질산화(denitrification) 반응을 나타내면서 질소가스(N_2)가 되어 공기 중으로 날아가게 되기도 한다.

한편 유기물과 산소간의 상호관계를 간단하게 표현하기 위하여 위의 유기물에 대한 화학식을 $C_xH_yO_z$로 더욱 축약하여 설명하기도 한다. 이 방법은 상당한 오류와 불확실성을 가지고 있지만 수중의 유기물과 산소간의 상호관계를 이해하기 위해 널리 사용되는 방법이다. 일반적으로 자연계의 유기물은 포도당(glucose; $C_6H_{12}O_6$)의 분자식을 이용하여 대표적으로 표시할 수 있다고 보며, 이 반응의 화학양론적 물질수지식은 다음과 같이 나타낼 수 있다.

$$C_6H_{12}O_6 + 6O_2 \rightarrow 6CO_2 + 6H_2O \quad (4\text{-}10)$$

식(4-10)의 왼쪽 항에서 유기물에 포함되어 있는 탄소(C, 원자량 12 g/mol)의 분자 수는 모두 6개로서 포도당 1 mole에 포함되어 있는 탄소는 6 × 12 (g/mol) = 72 g/mol 이다. 여기서 유기물에 포함된 탄소는 유기탄소(organic carbon)라고 한다. 그러나 본 서에서는 물속의 유기탄소를 환경공학에서 주로 사용하는 용어인 총유기탄소(Total Organic Carbon, TOC)로 통일하여 부르기로 한다. 총유기탄소가 이상적인 상태에서 완전하게 분해되는 경우, 포도당은 오른쪽 항과 같이 이산화탄소(CO_2)와 물(H_2O)로 변화된다. 이 과정에서 필요한 산소분자(O_2)는 모두 6개로서 양적으로는 6 × 32 g/mole = 196 g/mole이 된다. 이 관계식에서 산소와 탄소의 비(oxygen to carbon ratio)는 (192 g-O_2/mol) / (72 g-C/mol) = 2.67 (g-O_2)/(g-C)로 계산된다. 이 결과에 의하면 물속의 1 mg/L의 TOC를 호기성 조건에서 완전 분해하는 데 필요한 이론적인 산소량은 2.67 mg/L가 필요하다고 산정할 수 있다. 이러한 산정 방식은 이론적 산소요구량(Theoretical Oxygen Demand, ThOD)라고 부르며 수중의 유기물에 의한 개략적인 산소요구량을 추정하는 데에 사용된다. 한편 식(4-2)의 반응은 유기탄소에 의한 것으로 보고 탄소에 의한 BOD로서 CBOD (Carbonaceous BOD)라고 부른다.

예제 4.1

포도당($C_6H_{12}O_6$) 1.5×10^{-3} mole/liter에 포함되어 있는 총유기탄소 농도와 이를 이산화탄소와 물로 완전 분해하는 데에 필요한 이론적 산소 농도를 구하라. 단, 탄소(C), 수소(H) 및 산소(O)의 1 mole 당 원자량은 각각 12 g, 1 g 및 16 g이다.

포도당 1.5×10^{-3} mole/liter = 1.5 (6 × 12 + 12 × 1 + 6 × 16 × 2) × 10^{-3} = 414 mg/liter
총유기탄소농도 = 1.5×10^{-3} mole/liter × 6 × 12 g-C/mole = 108 mg-C/L
총산소요구량 = 1.5×10^{-3} mole/liter × 6 × 32 g-O_2/mole = 288 mg-O_2/L

그림 4.3의 오른쪽 끝부분에 BOD_5는 fast BOD로 ($BOD_u - BOD_5$)는 slow BOD로 표시한 것을 알 수 있다. 물론 BOD_5를 fast BOD로 정확하게 정의한 문헌은 존재하지 않으나 본서에서는 이해를 돕기 위하여 이와 같이 표시하였으며, 이 두 가지를 구분할 수 있는 한 가지의 예에 해당한다고 볼 수 있다. 학자들 간에는 BOD를 유발하는 물질 중 하수처리장 유입수에 포함되어 있는 유기물들은 분해가 잘 이루어지며, 따라서 상대적으로 빨리 분해된다고 하여 fast BOD 또는 soft BOD라고 부르기도 한다. 한편 2차 처리를 거치고 난 하수처리장 방류수에 포함된 유기물질의 경우, 빨리 분해되는 하수처리과정에서 소모된 물질들 외에 남아있는 것들로서 분해가 느리거나 잘 되지

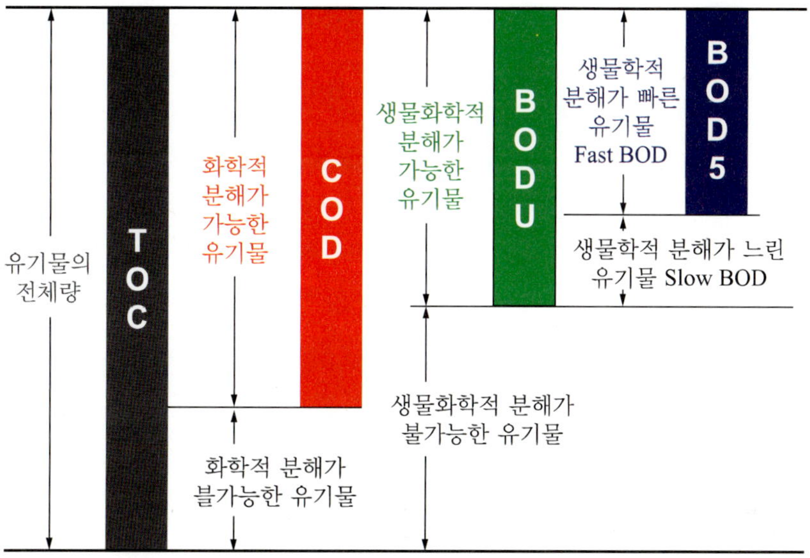

그림 4.3 물OC, COD, BOD_u 및 BOD_5의 상대적 농도

않는다고 하여 slow BOD 또는 hard BOD라고 부른다. 본서에서는 Chapra 교수가 QUAL2K 모델을 개발할 당시 사용한 fast BOD와 slow BOD라는 용어로 통일하여 부르기로 한다.

참고로 유기물의 경우 분해가 잘 되는 물질을 순분해성(labile) 유기물이라고 하고 그 반대로 분해가 잘 되지 않는 물질은 난분해성(refractory) 유기물이라고 부르며, 상기한 fast BOD 및 slow BOD와 각각 유사한 개념을 가진 물질이라고 볼 수 있다.

4.3.2 질소에 의한 생물화학적산소요구량

한편 물속의 유기물은 질소와 인 등을 포함한 다양한 물질을 또한 함유하고 있다. 유기질소 혹은 암모니아성 질소가 다량 존재하는 경우, 식(4-3)에 나타난 바와 같이 산소의 소모는 암모니아(NH_3) 또는 암모니움 이온(NH_4^+)을 아질산(NO_2^{-1}) 및 질산(NO_3^{-1})으로 변화시키는 질산화 과정에 의해서도 소모되며, 이 때 소모되는 산소는 질소성분에 의한 BOD로서 NBOD (Nitrogenous BOD)라고 부른다.

$$NH_4^+ + 2O_2 \rightarrow NO_3^- + H_2O + 2H^+ \tag{4-11}$$

식(4-12)에서 질소 1 mole 당 2몰의 산소 분자가 필요하므로 이 반응에서 산소와 질소의 비율은 (2 × 32 g-O_2/mol) / (14 g-N/mol) = 4.57 g-O_2/g-N로 계산된다.

한편, 물속의 유기물이 질소를 포함한 식을 $C_xH_yO_zN_n$와 같이 표현할 수 있다고 가정하는 경우 이때에 필요한 산소량은 양쪽 항의 물질수지를 고려하여 다음의 식과 같이 산정할 수 있다.

$$C_xH_yO_zN_n + \left(x + \frac{y}{4} - \frac{z}{2} + \frac{3n}{2}\right) \cdot O_2 \rightarrow x \cdot CO_2 + \left(\frac{y}{2}\right) \cdot H_2O + n \cdot NO_3 \tag{4-12}$$

예제 4.2

단백질은 아미노산(amino acid)이 복잡하게 얽혀있는 물질이다. 아미노산의 몇 가지가 합쳐진 어느 단백질 중간물질의 분자식을 $C_8H_{16}O_4N_4$라고 가정한다. 이 중간물질 1.0×10^{-3} mole/liter에 포함되어 있는 총유기탄소 농도와 이를 이산화탄소, 물 그리고 질산(NO_3)으로 완전하게 분해하는 데에 필요한 이론적 산소 농도를 구하라. 단, 탄소(C), 수소(H), 산소(O) 및 질소(N)의 1 mole 당 원자량은 각각 12 g, 1 g, 16 g 및 14 g이다.

중간물질 1.0×10^{-3} mole/liter = $1.0(8 \times 12 + 16 \times 1 + 4 \times 16 + 4 \times 14) \times 10^{-3}$ = 232 mg/liter
총유기탄소농도 = 1.0×10^{-3} mole/liter × 8 × 12 g-C/mole = 96 mg-C/L
총질소농도 = 1.0×10^{-3} mole/liter × 4 × 14 g-C/mole = 56 mg-C/L
총산소요구량 = 1.0×10^{-3} mole/liter × (8 + 16/4 - 4/2 + 3 × 4/2) × 32 g-O_2/mole = 512 mg-O_2/L

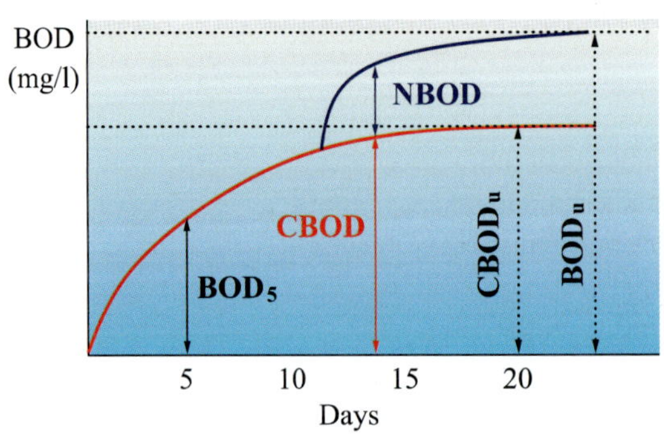

그림 4.4 CBOD, NBOD, BOD_5, $CBOD_u$ 및 BOD_u의 상관관계

NBOD의 경우 질산화를 일으키는 박테리아는 유기물을 분해하는 박테리아에 비하여 상대적으로 민감하여 환경에 적응하는 데에 일정 시간이 더 소요된다. 따라서 그림 4.4에 나타난 바와 같이 NBOD는 CBOD가 발생한 이후 시차를 두고 발생하는 것으로 알려져 있다.

BOD 값은 5일간의 시험을 통해 얻어진 5일 BOD 또는 BOD_5를 가장 많이 사용한다. 그러나 실제로 유기물이 완전히 분해되기까지는 상당한 기간이 필요하며 이론적으로 무한대의 시간동안 실험하여 측정한 것을 최종 BOD 또는 BOD_u (ultimate BOD)라고 부른다. 그리고 이 수치는 그림 4.4에 나타난 바와 같이 유기탄소의 생물화학적 분해에 의한다고 하여 탄소BOD 또는 CBOD와 질소성분의 분해 시 필요한 산소량인 질소BOD 또는 NBOD를 합한 것이다.

4.3.3 생물화학적산소요구량의 측정

BOD는 실제로 수중의 산소 농도는 다양한 공급원과 손실을 유발하는 요소들이 모두 합해진 결과이지만, 유기물의 분해에 의해 발생한 산소의 소모량은 각종 외부 요소를 배제한 실험실 조건에서 측정이 가능하다. BOD 실험은 대상시료를 약 300 ml의 유리병에 담고 초기 용존산소농도와 일정 기간 후의 용존산소농도를 측정하여 다음의 식을 이용하여 그 차이를 구하여 산정한다. 이 값은 실험기간 동안 생물화학적 작용에 의해 사용된 산소의 양에 의한 것이라 보고 생물화학적 산소요구량이라고 부른다.

$$\mathrm{BOD}(t) = [\mathrm{DO}(0) - \mathrm{DO}(t)] \cdot m \tag{4-13}$$

여기서, BOD(t): t일 동안의 생화학적 산소요구량

DO(0) : 0일의 실험용 용존 산소 농도(실험의 효율을 위해 포화농도를 주로 사용)

DO(t) : t일 후 시료에 남아있는 용존 산소 농도

m : 희석 배율(예, 10배로 희석한 경우는 10)

한편 BOD의 실험은 호기성미생물의 존재 및 분해활동을 전제로 하며, 실험하고자

하는 시료에 박테리아가 존재하지 않을 경우 박테리아가 포함된 희석수(또는 식종수)를 이용하여 실험을 수행할 수 있다. 그러나 두 가지의 시료가 섞이는 상황이 발생하므로 실험에서 얻어진 수치에서 원수에 대한 BOD를 분리하는 작업이 필요하다.

이러한 경우 원수의 BOD값은 질량보전의 법칙을 이용하여 다음과 같이 산정될 수 있다. 여기에서, BOD는 특정 물질이 아니지만 산소농도의 단위를 사용하므로 체적을 곱하여 질량으로 환산할 수 있다. 실험을 통하여 다음과 같이 희석수의 BOD (BOD_d)와 혼합시료의 BOD (BOD_m)는 각각 실측이 가능하다.

$$BOD_d = \text{희석수의 초기 DO} - \text{희석수의 최종 DO} \tag{4-14}$$

$$BOD_m = \text{혼합시료의 초기 DO} - \text{혼합시료의 최종 DO} \tag{4-15}$$

그림 4.5에 나타난 바와 같이 원수의 체적과 희석수의 체적은 사전에 결정이 가능하며 각각 V_w(mL)와 V_d(mL) 로 가정한다. 따라서 혼합시료의 체적은 $V_w + V_d = V_m$ (mL)로 결정할 수 있다. 혼합시료의 총 산소소모량은 원시료 산소소모량과 희석수의 산소소모량을 합한 양과 같고 이 관계는 다음과 같이 정리할 수 있다.

$$\mathrm{BOD_m} \cdot V_m = \mathrm{BOD_w} \cdot V_w + \mathrm{BOD_d} \cdot V_d \tag{4-16}$$

$$\mathrm{BOD_w} = \frac{\mathrm{BOD_m} \cdot V_m - \mathrm{BOD_d} \cdot V_d}{V_w} \tag{4-17}$$

시료가 희석된 경우 원시료의 BOD는 BOD_w에 희석배율을 곱하여 산정할 수 있다.

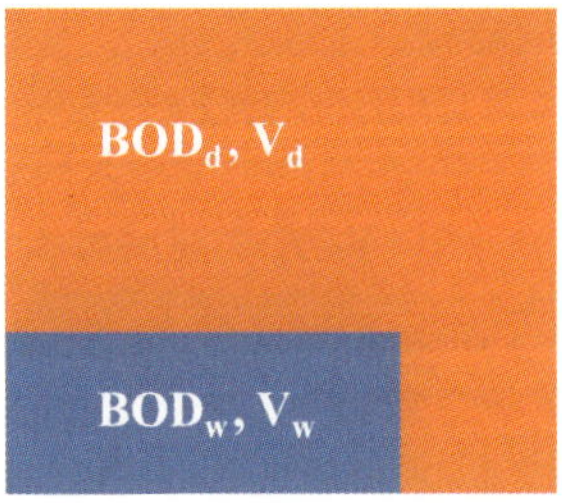

그림 4.5 희석수와 원수가 혼합되어 혼합시료가 된 경우의 농도 및 체적 개념도

예제 4.3

BOD가 100~200 mg/l의 범위에 있다고 추정되는 폐수를 3가지 종류로 희석한 후 300 ml의 BOD병에 넣고 20°C 배양기에서 초기 및 5일 후의 용존산소농도를 측정하고 각각 BOD를 산정한 결과가 다음과 같다고 한다. 이 원시료에 대한 BOD_5를 산정하라.

원시료의 양	초기 DO0	5일 후 DO5	DO5-DO0	희석배율	BOD5
ml	mg/l	mg/l	mg/l		mg/l
5	9.2	7.1	2.1	60	126
10	9.1	4.7	4.4	30	132
20	9.2	1.2	8.0	15	120

계산결과 : 평균 $BOD_5 = (126+132+120)/3 = 126$

예제 4.4

다음과 같이 식종(Seeding)한 희석수를 이용해 BOD 측정하는 실험을 수행한다고 가정해 보자. 실험 시 시료를 포함한 온도는 20°C라고 가정한다. 또한 모든 실험조건에서 최초의 DO는 9.2 mg/L로서 포화상태라고 가정한다. 시료의 체적은 10 ml (V_w)이며 실험에 사용된 BOD병의 용량은 300 ml (V_m)라고 가정한다. 식종 희석수 최종 DO는 8 mg/l이며, 시료와 희석수가 혼합된 시료의 최종 DO = 2 mg/l라고 했을 때 원수의 BOD를 구하라.

식종 희석수 BOD = $BOD_d = DO_{di} - DO_{df} = 9.2 - 8.0 = 1.2$

혼합시료 BOD = $BOD_m = DO_{mi} - DO_{mf} = 9.2 - 2.0 = 7.0$

$$BOD_w = \frac{BOD_m \cdot V_m - BOD_d \cdot V_d}{V_w} = \frac{7.0 \cdot 300 - 1.2 \cdot 290}{10} = 181.2\,mg/l$$

4.3.4 바닥의 퇴적물에 의한 산소요구량

호소와 같이 유속이 작은 수체에는 그림 4.6에 나타난 바와 같이 퇴적물이 축적된다. 퇴적물을 구성하는 성분은 유기물과 무기물이 복잡하게 혼합되어 있을 것으로 추정된다. 퇴적물 중 생화학적으로 분해되는 물질은 산소를 필요로 한다. 이 개념은 수층에서 유기물이나 유기질소 성분이 산화될 때 발생하는 산소 요구량의 개념과 같은 것이다. 이 때 소모되는 수중의 산소요구량을 퇴적물산소요구량 또는 SOD (Sediment Oxygen Demand)라고 부른다. 또한 SOD는 퇴적물의 유기물 분해 시 필요한 산소에 따른 CSOD와 유기질소 또는 암모니아 질산화에 의해 필요한 산소에 따른 NSOD의 합이다. SOD는 단위면적당 단위시간 당 요구되는 산소의 질량 또는 플럭스로 표현되며 퇴적물 내의 유기물의 농도로 표시하거나 단순하게 상수로 표현하기도 한다. 일반적으로 [mg/m^2/day]의 단위를 사용한다.

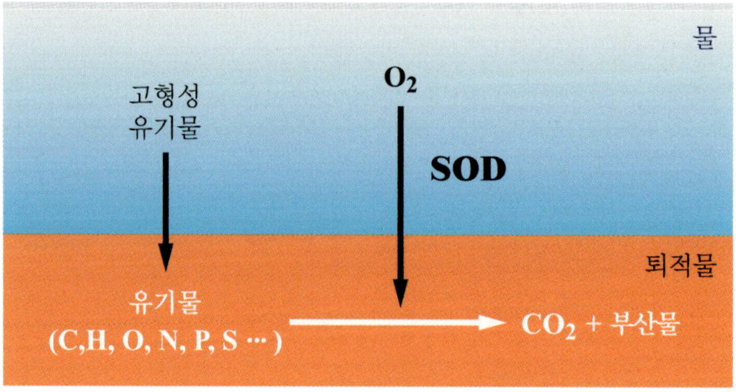

그림 4.6 지표수 내 퇴적물에 의한 산소 소모 과정 개념도

4.4 DO - BOD의 관계

4.4.1 BOD의 시간적 변화 특성

BOD 농도를 관리하기 위해서는 BOD를 유발하는 물질들을 제어하는 것이 필요하다. 이를 위해서는 BOD의 변화를 나타낼 수 있는 수식이 사용된다. 물속의 BOD를 L이라는 물질로 표현할 수 있다고 가정해 보자. 앞선 많은 연구결과에 의하면 BOD 농도 또는 L의 시간적인 변화는 다음과 같은 1차 반응 관계식으로 표현할 수 있다고 한다.

$$\frac{dL}{dt} = -k_d L \tag{4-18}$$

여기서, k_d는 탈산소계수(deoxygenation coefficient)라고 부르며, BOD의 분해반응속도 또는 산소소모속도를 나타내는 계수로서 시간의 역수(예 : 1/day)의 차원을 가진다. 탈산소 계수는 수온에 따라 변화하며 온도의 함수로서 다음과 같이 표현하기도 한다.

$$k_d(T) = k_d(20)\theta^{T-20} \tag{4-19}$$

여기서, T : 수온(°C)

θ : 온도보정계수(1.0～1.2)

식(4-18)을 적분하면 다음과 같이 풀이할 수 있다

$$L_t = L_0 e^{-k_d t} \tag{4-20}$$

여기서, L_0 : 시간 0에서의 BOD 유발 물질의 농도

여기에서 분명히 구분해야 하는 것은 그림 4.7에 나타낸 바와 같은 BOD_5 또는 BOD_u와 같은 표현과 L 또는 L_0의 관계이다. L은 물속에 남아있는 BOD, 즉 산소소모를 유발하는 오염물질을 나타낸다. L은 시간에 따라 점차로 분해되어 사라진다.

BOD_5 또는 BOD_u와 같은 개념은 오염물질 자체보다는 오염물질에 의해 소모된 산소의 양을 나타낸다고 보는 것이 타당하며 L_t와 BOD_t는 그림 4.7에 나타난 것과 같이 거울을 보는 듯한 대칭적인 관계에 있다. 따라서 수중의 유기물 농도 L과 생물화학적 산소소모량 BOD의 관계는 다음과 같이 나타낼 수 있다.

$$\mathrm{BOD_t} = L_0 - L_t = L_0\left(1 - e^{-k_d t}\right) \tag{4-21}$$

이 때 시간이 무한의 상태까지 흐르고 나면 $BOD_u = L_0$의 상태가 된다.

한편 BOO_5 식(4-21)을 이용하여 다음과 같이 계산될 수 있다.

$$\mathrm{BOD_5} = L_0 - L_5 = L_0\left(1 - e^{-k_d \cdot 5}\right) \tag{4-22}$$

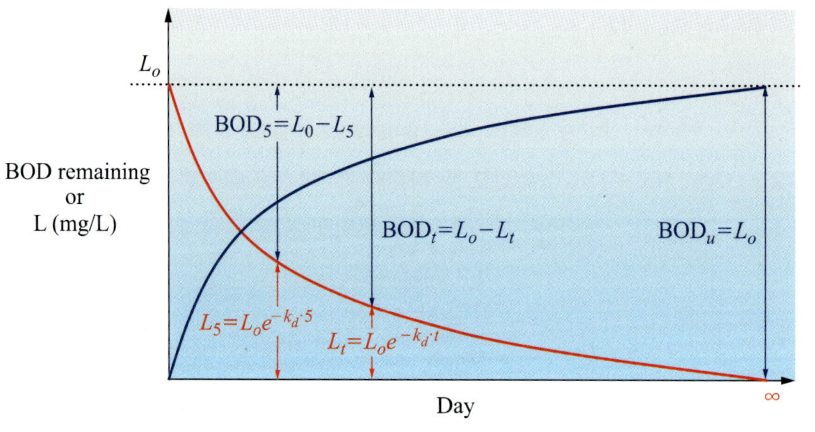

그림 4.7 BOD_5, BOD_u 및 L의 관계

예제 4.5

어느 미생물의 성장속도(G [1/day])는 수온이 10°C 상승할 때 마다 2배씩 증가한다고 한다. 이러한 경우의 온도보정계수 θ를 산정하라.

$G(T+10) = G(T)\theta^{10} = 2G(T)$

$\theta^{10} = 2$

$10\log\theta = \log 2$

$\theta = \log(\log/10) = 1.072$

예제 4.6

어느 폐수의 BOD_5는 20°C에서 150 mg/l로 분석되었으며 이 폐수의 탈산소계수, k_d 값은 0.23/day로 산정되었다. 만일 실험이 15°C에서 이루어졌다고 가정할 경우 8일 BOD, 즉 BOD_8을 산정하라. 단, 온도보정계수 θ는 1.047로 가정한다.

1. 최종 BOD 및 BOD_u 계산

$$BOD_5 = L_0 - L_5 = L_0\left(1 - e^{-k_d \cdot 5}\right)$$

$$L_0 = BOD_u = \frac{BOD_5}{\left(1 - e^{-k_d \cdot 5}\right)} = \frac{150}{\left(1 - e^{-0.23 \cdot 5}\right)} = 220\,\mathrm{mg/L}$$

2. k_d 값을 15°C에 대해 보정

$$k_d(T) = k_d(20)\theta^{T-20}$$

$$k_d(15) = k_d(20)\,\theta^{15-20} = 0.18/\mathrm{day}$$

3. BOD_8를 계산

$$BOD_8 = L_0 - L_8 = 220\left(1 - e^{-0.18 \cdot 8}\right) = 168\,\mathrm{mg/L}$$

4.4.2 BOD5와 BODu의 비율

한편 BOD_5와 BOD_u는 식(4-23)과 같은 비례관계가 있으며 비례상수 f는 탈산소계수가 커질수록 작아지는 특징이 있다. 수질분석에서 대부분 BOD_5를 측정치 및 제도적 기준으로 사용하지만 수질모델은 실제로는 물속의 용존유기물(dissolved organic carbon, DOC)을 대신해서 사용하므로 BOD_u를 사용하는 경우가 대부분이며 따라서 수질모델의 입력자료에는 BOD_5를 BOD_u로 환산하여 입력해야 한다.

$$f = \frac{BOD_u}{BOD_5} = \frac{L_0}{L_0 - L_t} = \frac{1}{1 - e^{-k_d \cdot 5}} \tag{4-23}$$

예제 4.7

어느 두 가지 시료의 탈산소 계수(k_d)는 각각 0.1/day 및 0.05/day로 산정되었다고 한다. 이 때 BOD_u와 BOD_5의 비, f의 값을 각각 산정하고 그 크기를 비교하라.

$$f_{0.1} = \frac{\mathrm{BOD_u}}{\mathrm{BOD_5}} = \frac{1}{1-e^{-k_d 5}} = \frac{1}{1-e^{-0.1\mathrm{cot}5}} = 2.54$$

$$f_{0.05} = \frac{\mathrm{BOD_u}}{\mathrm{BOD_5}} = \frac{1}{1-e^{-k_d 5}} = \frac{1}{1-e^{-0.05 \cdot 5}} = 4.52$$

k_d 0.05/day의 경우가 0.1/day인 경우에 비하여 f 값이 1.78 (4.52 / 2.54)배 크다.

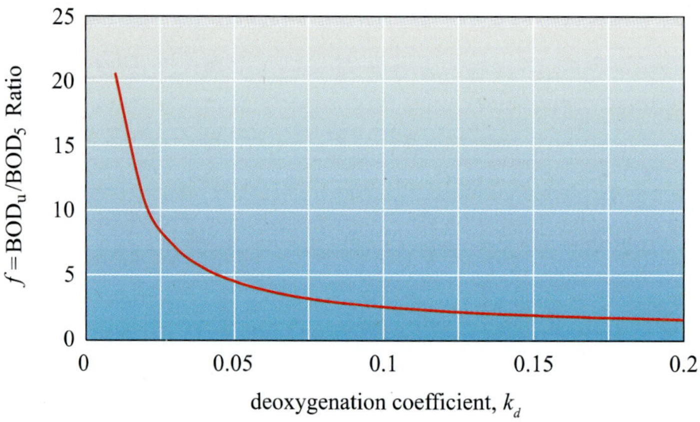

그림 4.8 탈산소계수의 크기에 따른 $\mathrm{BOD_u}$와 $\mathrm{BOD_5}$의 비율, f의 변화

4.4.3 하천의 DO－BOD 농도관계식

Streeter와 Phelps (1925)는 미국을 대각선 방향으로 가로지르는 Mississippi강의 큰 지류 중의 하나인 Ohio강의 유기물 오염에 대하여 DO와 BOD의 관계를 연결한 수질 모델을 개발하여 제안한 바 있다. 이 모델은 현대 수질 모델의 시초라고 볼 수 있으며, 수질 모델의 적용방법을 학습하는 데에 유용한 사례라고 볼 수 있다.

물속에 녹아들어갈 수 있는 최대의 농도는 포화용존산소농도($\mathrm{DO_{sat}}$)는 헨리의 법칙에 의해 결정되며 식(4-8)에 나타난 바와 같이 수온 그리고 물속의 염분농도에 의해 산정이 가능하다. 실제로 대기 중의 산소가 물속으로 유입되는 것은 마치 대기 중의 산소농도가 $\mathrm{DO_{sat}}$이며 물속의 산소농도가 DO라고 보았을 때, 농도차에 의한 확산현상에 의한 물질이동현상이라고 볼 수 있다. 이 때 확산에 의한 단위면적당 단위시간당 물질 이동량(J_d)은 용존 물질의 농도차에 비례하고 거리에 반비례한다고 가정한 Fick's Law에 의하면 다음과 같이 표현할 수 있다.

$$J_d\left[\frac{\mathrm{g}}{\mathrm{m^2day}}\right] = -E\frac{\Delta \mathrm{DO}}{\Delta x} = -\frac{E}{\Delta x}(\mathrm{DO_{sat}} - \mathrm{DO}) \tag{4-24}$$

여기서, E : 산소의 확산계수($\mathrm{m^2/day}$)

Δx : 대기와 물층의 경계면 두께(m)

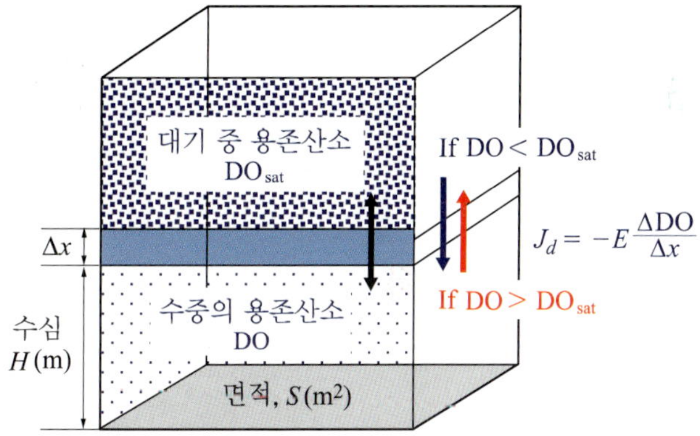

그림 4.9 **대기 중의 산소농도를 $\mathrm{DO_{sat}}$ 로 가정했을 때 확산에 의한 산소 개념도**

그림 4.9는 식(4-24)의 상황을 그림으로 나타내고 있다. 여기서 J_d는 공기와 경계면 사이에서 발생하며 전체 면적(S, $\mathrm{m^2}$)에 대한 이동량은 면적 J_dS (g/day)로 표시할 수 있다.

일반적인 하천에서는 면적보다는 체적($V = S \cdot H$)을 기준으로 하는 경우가 많다. 식(4-24)를 약간 다르게 표현하면 다음과 같다.

$$J_dS = J_dV/H = -\frac{EV}{\Delta x H}(\mathrm{DO_{sat}} - \mathrm{DO}) \equiv -k_a(\mathrm{DO_{sat}} - \mathrm{DO})V \tag{4-25}$$

여기서, k_a는 확산계수와 경계면 두께 그리고 물층의 깊이를 함께 고려한 계수로서 식(4-26)과 같이 표현할 수 있으며, 산소 전달계수 또는 재포기계수(reaeration coefficient)라고 부른다.

$$k_a = \frac{E}{\Delta x H} \tag{4-26}$$

어느 하천의 용존산소 농도 변화는 질량보전의 법칙을 기반으로 하는 물질 수지식을 이용하여 추정해 볼 수 있다.

그림 4.10은 형상과 유속이 일정하게 유지되는 하천에 유기성오염물질이 유입된 상황을 보여준다. 아래의 그래프는 산소농도의 변화를 보여 주고 있다. 편의상 DO는 C로 그리고 BOD는 L로 표시한다. 또한 계산의 편의상 오염물질이 유입되는 지점을 $x = 0$으로 가정한다. $x = 0$인 지점에서 Δx 구간으로 인한 체적 $A\Delta x$에 대한 산소 농도의 물질수지식은 다음과 같이 표현할 수 있다. 여기서 A는 하천의 횡단면적(cross sectional area)으로서 $A = W \cdot H$로 나타낼 수 있다. 이 미소구간이 전체 구간에서 나타나는 산소농도 변화기작을 대표한다고 보고 이 구간 내의 산소의 질량변화에 영향을 미치는 요소를 나열해 보면 다음과 같다.

$$\Delta M = \text{유입량의 합}(\Sigma M_{\text{in}}) - \text{유출량의 합}(\Sigma M_{\text{out}}) \tag{4-27}$$

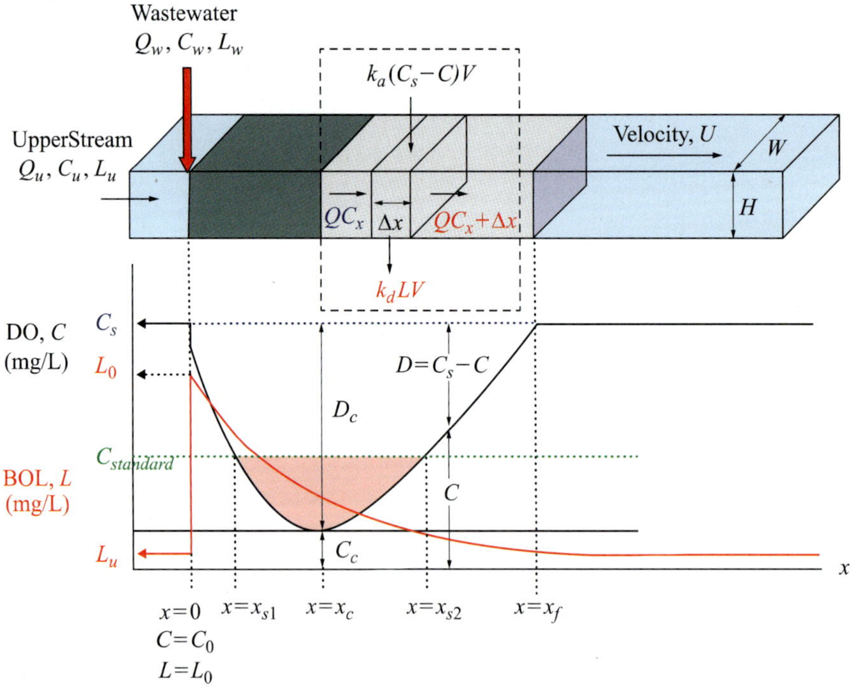

그림 4.10 하천에 유입되는 유기성오염물질에 의한 산소농도의 변화

여기서 유입량의 합은 상류로부터 흐름에 의해 유입되는 양과 대기 중으로부터 재포기에 의해 공급되는 양을 더한 것이다. 유출량의 경우는 하류로 흘러나가는 양과 해당 구간 내에서 유기물의 분해에 따른 산소 소모량의 합을 포함한다. 여기서 개념의 전달을 위한 단순화를 위해서 광합성의 영향과 퇴적물에 의한 산소 요구량은 생략하기로 한다.

위 식을 시간에 대해 나누면 $\Delta M / \Delta t$로 표시할 수 있고 무한히 작은 Δt에 대한 미분의 정의를 사용하면 다음과 같이 나타낼 수 있다.

$$\lim_{\Delta t \to 0} \frac{\Delta M}{\Delta t} = \frac{dM}{dt} \tag{4-28}$$

한편 질량(M)은 농도(C)와 체적(V)을 곱한 값으로 다음과 나타낼 수 있다. 위 관계를 크기가 일정한 해당구간 체적 $V(= A\Delta x)$은 상수로 가정하고 미분식 앞으로 배치하면 다음과 같이 나타낼 수 있다.

$$\frac{dM}{dt} = \frac{dVC}{dt} = V\frac{dC}{dt} \tag{4-29}$$

식(4-28)과 식(4-29)를 고려하여 체적 V 구간 내에서 변화하는 산소농도에 대해 물질수지식을 수립하면 다음과 같이 나타낼 수 있다.

$$V\frac{dC}{dt} = QC_x - QC_{x+\Delta x} + k_a(C_s - C_x)V - k_d L_x V \tag{4-30}$$

유량(Q)은 단면적과 유속(U)을 곱하여 다음과 같이 정의된다.

$$Q = AU \tag{4-31}$$

QC_x 및 $QC_{x+\Delta x}$는 각각 x와 $x+\Delta x$ 지점에서 유량(m^3/day)과 농도(mg/L 또는 g/m^3)를 곱한 오염부하량(g/day)으로서 흐름에 의한 단위시간당 질량의 이송량을 나타낸다. 한편 대기 중에서 유입된 산소 농도는 식(4-25)에 표현된 바와 같고, BOD에 의한 산소 소모량은 식(4-18)에 체적 V를 곱한 양과 같다.

한편 $x = 0$에서의 산소농도(C_0)와 BOD 농도(L_0)는 다음과 같이 구할 수 있다.

상류의 유량, 용존산소농도 및 BOD 농도를 각각 Q_u (m^3/day), C_u (mg/L), L_u (mg/L)라고 하고 폐수의 유량, 용존산소농도 및 BOD 농도를 각각 Q_w (m^3/day), C_w

(mg/L), L_w (mg/L)라고 가정하고 이들의 $x=0$ 지점에서 순간적으로 완전혼합된다고 가정하는 경우, 합류직후 하천의 유량, 용존산소농도 및 BOD 농도는 다음과 같이 산정할 수 있다.

$$Q = Q_u + Q_w \tag{4-32}$$

$$C_0 = \frac{Q_u C_u + Q_w C_w}{Q_u + Q_w} \tag{4-33}$$

$$L_0 = \frac{Q_u L_u + Q_w L_w}{Q_u + Q_w} \tag{4-34}$$

하천의 체적과 유속은 실제상황에서는 시간(t)과 장소(x)에 따라 다르나 본서에서는 하천에서 거리에 따른 DO－BOD의 관계를 개괄적으로 이해하기 위해 많은 부분을 단순화 하고 있다는 것을 다시 한 번 유념해 주시기 바라며 자세한 내용은 관련 수질모델링 문헌을 참고해 주시기 바란다.

식(4-30)에서 왼쪽의 미분항에 대해 하천내의 용존산소 농도가 거리에 따라서는 변화하지만 시간에 따라서는 변화하지 않는 정상상태(steady state)라고 보면, 이 식은 상수를 미분한 것과 마찬가지이므로 0으로 놓을 수 있다.

식(4-30)의 왼쪽 항을 0으로 놓고 해당구간 체적 V 대신 $A\Delta x$를 대입하여 정리하면 다음과 같이 나타낼 수 있다.

$$0 = AUC_x - AUC_{x+\Delta x} + k_a(C_s - C_x)A\Delta x - k_d L_x A\Delta x \tag{4-35}$$

식(4-35)의 양변을 $A\Delta x$로 나누고 다시 정리하면 다음과 같다.

$$U\frac{C_{x+\Delta x} - C_x}{\Delta x} = k_a(C_s - C_x) - k_d L_x \tag{4-36}$$

위 식을 미소구간 Δx에 대한 미분방정식으로 표현하면 식(4-37)과 같으며 최종적으로 용존산소에 대한 미분방정식으로 표현할 수 있다.

$$U\frac{C_{x+\Delta x} - C_x}{\Delta x} = U\frac{\Delta C}{\Delta x} \approx U \cdot \lim_{\Delta x \to 0}\frac{\Delta C}{\Delta x} = U\frac{dC}{dx} \tag{4-37}$$

$$U\frac{dC}{dx} = k_a(C_s - C_x) - k_d L_x \qquad (4\text{-}38)$$

한편 $C_s - C_x$는 다음과 같이 정의되기도 하며 임의의 x에 대한 산소결핍량(oxygen deficit, D)이라고 부른다.

$$D_x = C_s - C_x \qquad (4\text{-}39)$$

경우에 따라서는 식(4-35)를 조금 더 간단하게 표현하기 위하여 산소결핍량 D로 치환하여 표현하기도 한다. 식(4-39)의 양변을 거리(x)에 대해 미분하면 다음과 같다.

$$\frac{dD}{dx} = -\frac{dC}{dx} \qquad (4\text{-}40)$$

식(4-39)와 식(4-40)을 식(4-38)에 대입하면 다음과 같은 미분방정식을 얻을 수 있다.

$$U\frac{dD}{dx} = -k_a D + k_d L_x \qquad (4\text{-}41)$$

거리에 따른 용존산소농도(C) 또는 산소결핍량(D)를 구하기 위해서는 각각 식(4-38) 또는 식(4-41)을 풀이하면 된다. 그러나 여기서 주의해야 할 것은 거리에 따라 변화하고 있는 별도의 변수 L_x이다. 이론적으로는 한 개의 방정식으로 두 가지의 미지수를 계신하는 것은 불가능하며 따라서 윗 식들이 미분이 가능하도록 L_x를 적절하게 변환해 주는 과정이 필요하다.

식(4-20)에 의하면 L은 시간(t)의 함수로 표현되어 있다. 그러나 본 절에서 최종적인 미분방정식은 거리(x)에 대하여 표현되어 있으므로 이 둘을 연결하여 통일할 필요가 있다.

본 절에서 하천의 흐름에 대해서 일정한 유속을 나타내는 정상상태로 가정하며 이 때 거리와 시간은 유속을 이용하여 다음과 같이 나타낼 수 있다.

$$t = U/x \qquad (4\text{-}42)$$

따라서 식(4-41)에 식(4-32)를 대입하여 x의 함수로 나타내면 다음과 같이 다시 쓸 수 있다.

$$\frac{dD}{dx} = \frac{k_a}{U}D - \frac{k_d}{U}L_0 e^{-\frac{k_d}{U}x} \tag{4-43}$$

여기서 L_0는 $x=0$의 BOD 농도로서 상류의 BOD와 오염부하가 순간적으로 혼합되어 나타난 농도로 가정한다. 식(4-43)을 적분하면 다음과 같은 방정식을 얻을 수 있다.

$$D(x) = \frac{k_d L_0}{k_a - k_d}\left(e^{-\frac{k_d}{U}x} - e^{-\frac{k_a}{U}x}\right) + D_0 e^{-\frac{k_a}{U}x} \tag{4-44}$$

여기서, $D_0 = C_s - C_0$, $x=0$ 지점의 산소결핍농도

그림 4.12에 나타난 바와 같이 산소 농도가 최저인 지점은 식(4-46)을 미분하여 0이 되는 지점(x_c)을 구하여 찾을 수 있다.

$$x_c = \frac{U}{k_a - k_d}\ln\left[\frac{k_a}{k_d}\left(1 - \frac{D_0(k_a - k_d)}{L_0 k_d}\right)\right] \tag{4-45}$$

용존산소결핍량의 최대농도(D_c)는 식(4-43)과 식(4-45)를 이용하여 구할 수 있다.

$$D_c = \frac{k_d L_0}{k_a}\left\{\frac{k_a}{k_d}\left[1 - \frac{D_0(k_a - k_d)}{k_d L_0}\right]\right\}^{-\frac{k_d}{k_a - k_d}} \tag{4-46}$$

예제 4.8

식(4-43)을 적분하여 식(4-44)를 구할 수 있음을 보여라. 또한 식(4-43)과 식(4-45)를 이용하여 구간에서 용존산소농도의 최소값을 구하라.

$$C_c = C_s - D_c = C_s - \frac{k_d L_0}{k_a}\left\{\frac{k_a}{k_d}\left[1 - \frac{D_0(k_a - k_d)}{k_d L_0}\right]\right\}^{-\frac{k_d}{k_a - k_d}}$$

05

부영양화에 의한 녹조현상

5.1 녹조현상(Algal Bloom)

여름철의 호소 또는 유속이 빠르지 않은 하천에서는 식물성플랑크톤과 같은 광합성을 하는 미생물이 번성하여 수체가 녹색부유물질로 뒤덮여 있는 녹조현상(綠潮現象, algal bloom 또는 green tide)이 발생하는 것을 어렵지 않게 발견할 수 있다.

지표수의 녹조현상은 하천이나 호소의 미관을 해칠 뿐만 아니라, 어류의 정상적인 생장 또는 생존에 큰 영향을 미친다. 상수처리 과정에서 여과지가 쉽게 막히게 되어 급속여과시설의 성능과 유지관리에 지장을 초래하고 처리된 후에도 완전히 제거되지 않은 녹조의 분비물에 의해 흙냄새(geosmin)가 발생하기도 한다. 녹조현상에 따라 발생된 수중의 유기물질은 상수의 소독과정에서 염소와 결합하여 발암물질인 트리할로메탄(Trihalomethane, THM)을 발생시킬 수도 있다. 먹는 물의 질적 수준을 유지하기 위해 오존, 활성탄 또는 막여과 등 소위 고도정수처리 기법이 사용될 수 있으나 이는 상수처리 비용의 증가시키는 부작용을 동반한다. 결론적으로 녹조현상은 수자원을 이용하는 생태계와 인간의 건전성 및 건강상태에 심각한 영향을 미치게 된다.

바다에서도 여름마다 나타나는 적조현상(赤潮現象, red tide)은 대규모의 산소부족 수괴를 발생시키면서 산소를 필요로 하는 생물의 생명을 위협한다. 특히 연안의 어류 양식장과 같이 폐쇄된 공간에서는 물고가가 대피할 수 없음에 따라 매년 대량 폐사가 발생되고 있다. 바닷물을 여과하여 먹이를 취하는 굴이나 조개류의 섭생특성상 체내

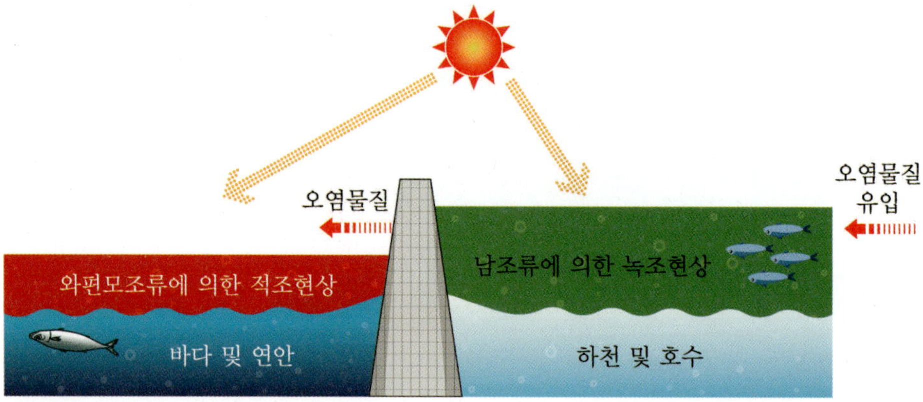

그림 5.1 **지표수의 녹조**(green tide)**현상 및 해역의 적조**(red tide)**현상 개념도**

에 독성이 증가하여 사람이 섭취하는 경우 심각한 건강상의 문제를 초래할 수도 있다. 담수와 해수의 녹조현상과 적조현상은 과다한 영양분으로 인해 특정 종류의 식물성플랑크톤(또는 박테리아)이 폭발적으로 성장하여 발생한다는 점에서 서로 공통점이 있다.

녹조현상의 가장 큰 문제점은 특정 미생물이 비정상적으로 번성하면서 같은 공간에 서식하는 다른 생물의 정상적인 생존과 기능에 문제를 일으킨다는 것이다. 이는 곧 생태계의 균형이 파괴된다는 의미가 되며 먹이사슬에도 영향을 미치는 등 그 파급효과가 매우 크다고 볼 수 있다. 녹조현상은 광합성을 하는 다양한 미생물에 의해 발생하며 겨울철에는 규조류(硅藻類, diatom)가, 여름철에는 남조류(藍藻類, cyanobacteria)가 가장 중요한 종류인 것으로 알려져 있다. 특히 여름철에 남조류에 의한 녹조현상은 생태계에 유해한 독성물질을 배출하는 것으로 알려져 있으며 독성녹조현상 또는 Harmful Algal Bloom (HAB) 현상으로 부른다.

참고로 식물성플랑크톤의 대표적인 종류의 또 다른 하나는 녹조류(綠藻類, green algae) 이다. 이 때 녹조류에 사용되는 '조(藻)'와 녹조현상을 나타내는 '조(潮)'의 한자 표현이 다른 것을 유의하기 바란다.

5.1.1 물속의 미생물과 조류(藻類, algae)

미생물(microorganism)은 바이러스(virus), 세균 또는 박테리아(bacteria), 곰팡이(fungi), 식물성플랑크톤 또는 조류(algae), 그리고 원생동물(protozoa)과 같이 크기가 작은 생물들을 통칭하는 말이다. 모든 미생물은 핵산(nucleic acid, DNA 또는 RNA) 형태의 유전자 정보를 가지고 있다. 미생물 중 바이러스와 같이 세포벽이 없거나(acellular), 박테리아와 같이 핵막이 없는 것들은 원핵생물(prokaryote)이라고 부른다. 핵막과 미토콘드리아(mitochondria)가 있는 생물은 진핵생물(eukaryote)로 구별된다. 바이러스는 세포벽이 없으며 독립적으로 생명을 유지하지 못하므로 숙주에 기생하여 생명을 유지한다. 박테리아는 각종 물질을 분해하는 역할을 담당하며 지구의 물질순환에 매우 중요한 역할을 한다. 곰팡이는 엽록소가 없으며 포자를 형성하여 번식하는 미생물이다. 곰팡이와 박테리아는 인체에 유해한 병을 유발하기도 하지만 발효를 통해 식물과 약품 생산에 이용되기도 한다.

플랑크톤이란 용어는 "떠다니는" 물질을 의미한다고 한다. 플랑크톤에는 크게 식물성플랑크톤과 동물성플랑크톤 그리고 박테리아 등이 포함된다. 식물성플랑크톤은 원핵생물과 진핵생물로 구성되어 있으며 조류(藻類, algae)라고 부르기도 한다. 동물성플랑크톤은 작은 원생동물과 식물성플랑크톤을 섭취하는 갑각류(crustaceans)나 작은 동물군을 말한다.

또한 박테리아 플랑크톤(bacterioplankton)은 박테리아나 고생물(archaea) 등으로 구성되어 있으며 유기물을 분해하는데 중요한 역할을 한다. 미코플랑크톤(mycoplankton)은 물속의 곰팡이나 곰팡이와 유사한 종류의 생물로서 영양염류의 순환에 중요한 역할을 한다.

조류(藻類, algae)는 물속에 서식하는 식물성플랑크톤을 다르게 부르는 말로 광합성을 하는 엽록소(chlorophyll)를 포함하는 엽록체(chloplast)라는 세포를 가지고 있다. 원생동물(protozoa)은 스스로 편모 또는 섬모로 운동이 가능한 종류와 운동을 하지 못하는 종류가 있으며, 말라리아 등 인체에 유해한 병의 원인이 되기도 한다.

조류는 엽록체에서 생성되는 물질을 저장하는 방법에 따라 다양한 종류로 분류된다. 담수의 수질 문제에서 가장 대표적인 조류는 녹조류(綠藻類, green algae or-chlorophycop- hyta)와 규조류(硅藻類, diatom 또는 bacillariophyceae) 그리고 남조류

(藍藻類, blue green algae 또는 cyanobacteria)이다. 그러나 남조류는 광합성을 할 수 있는 생물임에도 미생물 분야에서는 박테리아로 분류되는 것이 일반적이다. 이는 남조류가 식물성플랑크톤의 특징보다는 박테리아에 가까운 각종 특징을 보이기 때문이며 이러한 특징이 남조류가 여타의 조류에 비해서 뛰어난 생존능력을 가지고 있는 중요한 이유가 된다. 한편 와편모조류(dinoflagellates, phyrophycophyta)는 주로 바다에서 발견되며 적조현상(red tide)을 일으키는 데에 가장 중요한 조류로 알려져 있다. 본서에서는 담수의 녹조현상을 일으키는 미생물로서 가장 중요한 남조류에 대해 조금 더 자세하게 다루고자 한다.

5.1.2 남조류(藍藻類, cyanobacteria)

남조류는 광합성을 할 수 있지만 원핵미생물로서 박테리아로 분류되며 흔히 사이아노박테리아로 불리기도 한다. 그림 5.2에 나타난 바와 같이 남조류는 녹조류나 규조류에 비하여 높은 수온에서 잘 자란다. 규조류와 녹조류는 각각 20°C 및 26°C 부근에서 최대성장속도를 나타내며 각각 25°C와 30°C보다 높은 온도에서는 성장속도가 급격하게 저하현상이 발견된다. 그러나 남조류의 경우는 32°C 정도에서 최대성장속도를 나타내며 35°C 부근에서도 최대성장속도의 80% 정도를 나타내는 등 수온이 높은 상황에서 특히 잘 자라는 특성을 보이는 것을 알 수 있다.

남조류는 체내의 공기주머니를 이용하여 수직방향으로 뜨거나 가라앉는 부침형태의 이동이 가능하고 생존에 불리해지는 경우 포자를 형성하여 수체바닥에 가라앉아 오랜 기간을 견딜 수도 있다. 남조류는 또한 수중에서 질소가 부족해지는 경우 대기 중의 질소를 고정하여 신진대사에 사용할 수 있는 능력이 있다. 그림 5.3에 나타난 바와 같이 동물성플랑크톤은 녹조류와 규조류를 먹이로 섭취하지만 남조류는 선호하지 않은 것으로 알려져 있다. 이러한 이유에서 오염도가 높고 또한 수온이 높은 상태에서 남조류는 상기에 나타낸 능력에 의해 생존에 유리한 것은 물론 동시에 동물성플랑크톤이 섭취하지 않으므로 천적 또한 없다시피 하여 수체에서 폭발적으로 증가할 수 있는 여건을 가지고 있다.

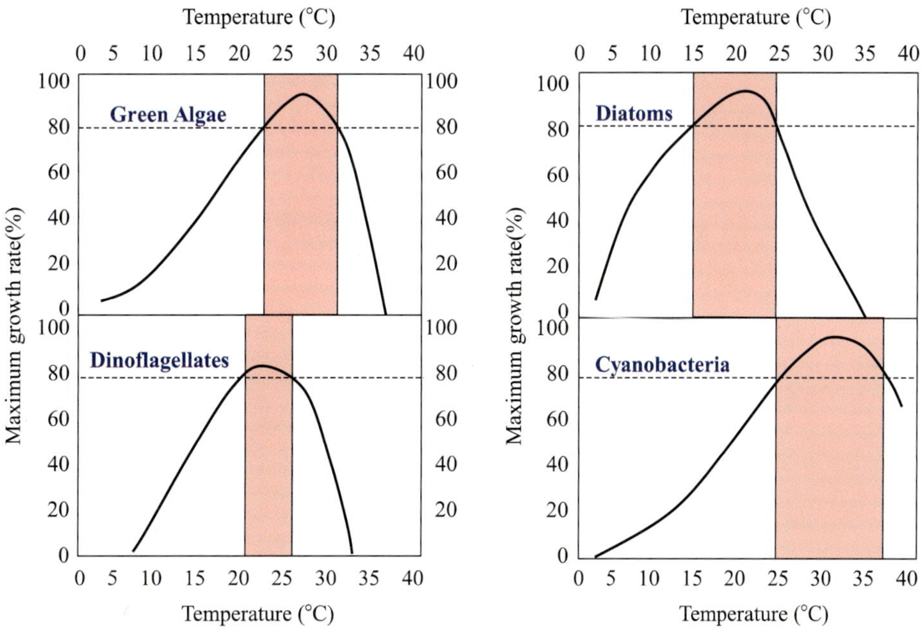

그림 5.2 **수온에 따른 조류의 최대성장속도의 변화**(Paerl and Otten, 2013)

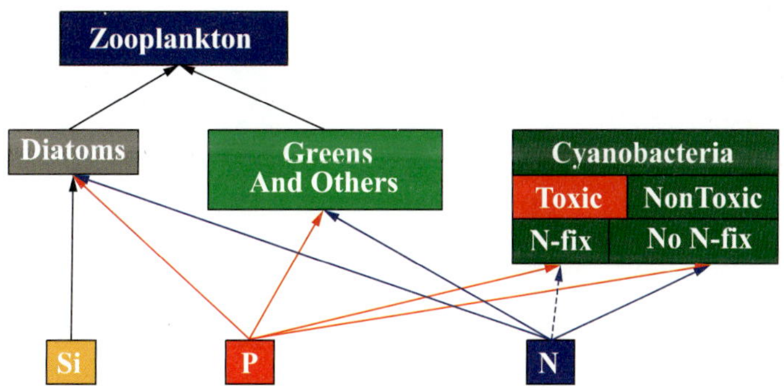

그림 5.3 **수중의 조류의 먹이와 동물성플랑크톤과의 관계도**(Chapra, 2021)

남조류는 매우 다양한 종류가 있으나 마이크로시스티스(microcyctis), 오실라토리아(oscillatoria), 아나베나(Anabaena) 그리고 아파니조메논(aphazomenon) 등 네 가지 종류가 대표적으로 독성물질을 발생시키는 종류로 알려져 있다. 우리나라에서는 이 네 가지 미생물의 ml 당 세포수를 이용하여 녹조예보에 사용하고 있다. 표 5.1은 독성남조류가 생성하는 독성물질을 나타내고 있다. 이 표에 나타난 독성물질들은 신경계나 간에 강한 독성을 미치는 것으로 알려져 있다. 그림 5.4는 조류의 독성의 종류와 세기에 대해서 잘 보여주고 있다.

표 5.1 독성남조류와 독성물질의 종류(Paerl, 2001)

남조류의 종류	질소고정능력	독성물질
Microcystis	No	Microcystin
Oscillatoria	Yes	Anatoxin (s), Microcystin
Anabaena	Yes	Anatoxin (s), Microcystin, Saxitoxin
Aphanizomenon	Yes	Anatoxin (s), Cylindrospermopsin, Saxitoxin

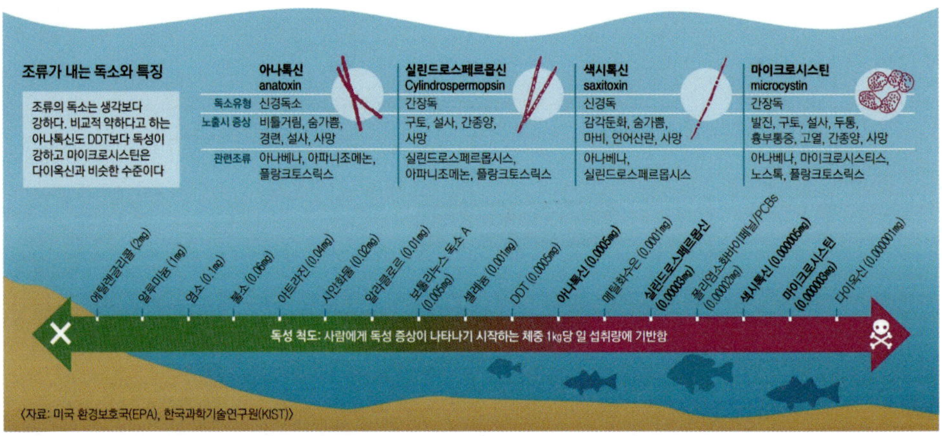

그림 5.4 조류가 내는 독소의 종류와 독성의 세기
http://seoul.co.kr/news/newsView.php?id=20160906027001

5.1.3 광합성(photosynthesis)과 엽록소(chlorophyll)

광합성은 태양에너지를 이용하여 엽록체를 가진 미생물이 생장하고 활동하는 데에 필요한 에너지를 공급하는 ATP를 생성하는 과정이다. 그림 5.5에 나타난 바와 같이 이 과정에서 엽록소는 태양에너지를 이용해 물을 산소와 수소로 분해하여 전자를 얻는다. 이렇게 생성된 전자는 ATP 생성과 신진대사에 필수적인 NADPH (nicotinamide adenine dinucleotide reduced)를 생성하는 데에 사용된다. 그림 5.5는 식물성플랑크톤의 생장과 관련하여 매우 중요한 두 가지 과정을 보여주고 있다. 첫째는 태양에너지를 이용하여 신진대사에 필요한 전자를 얻는 과정에서 산소가 생성된다는 것이고 두 번째는 신진대사에 필요한 에너지를 공급하는 ATP를 생성할 때 인(phosphorus)을 필요로 한다는 것이다.

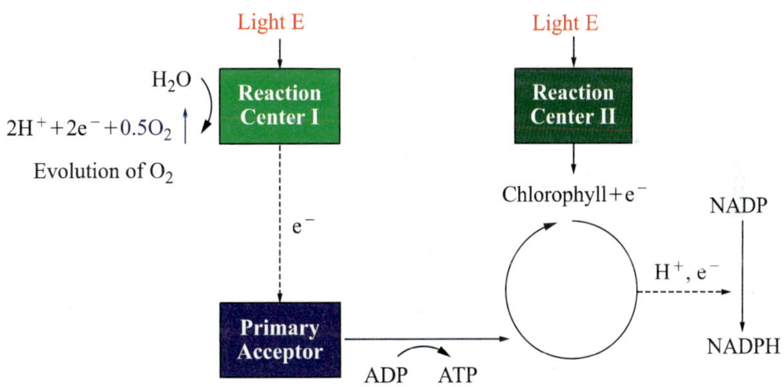

그림 5.5 조류의 엽록소(Chlorophyll)에 의한 광합성 작용의 개념도

식물성 플랑크톤에서 태양에너지를 받아들이고 광합성 작용은 엽록소(chlorophyll)라는 기관에서 수행된다. 엽록소는 마그네슘(Mg)을 중심으로 구성되는 포피린(porphyrin)이라는 물질과 소수성 곁사슬(hydrophobic side-chain)로 구성되어 있으며 대략적인 분자구조는 그림 5.6에 나타난 바와 같다. 엽록소는 a, b, c, d, e, f 등 다양한 종류가 있으며 각각 다른 분자식으로 나타낼 수 있다. 일반적으로 광합성을 하는 생물에는 chl-a가 모두 포함되어 있어서 수중의 광합성을 하는 식물성플랑크톤의 총량

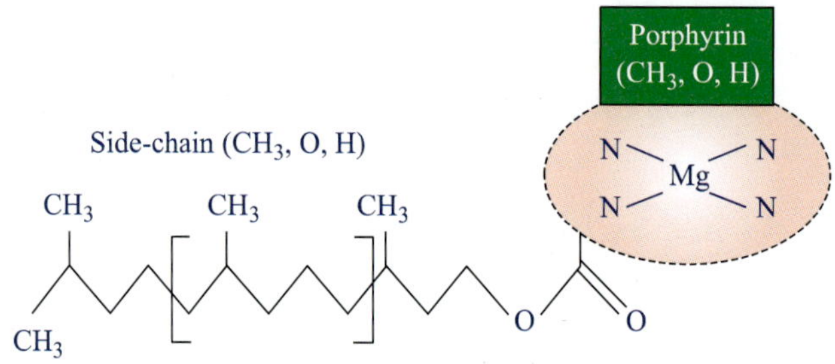

그림 5.6 엽록소의 구성 및 구조

을 나타내는 데에 주로 사용한다. 엽록소는 붉은 색과 파란색 광선을 흡수하고 녹색 광선을 반사시키기 때문에 녹색으로 보인다. 한편 chl-b는 식물에 주로 포함되어 있고 chl-d와 chl-f는 남조류(cyanobacteria)에서 주로 발견되는 것으로 보고된 바 있다 (Taniguchi and Lindsey, 2017). 독성남조류를 대상으로 발령되는 우리나라의 녹조예보제에서는 경보의 발령기준에 독성남조류의 세포수가 사용되고 chl-a는 사용하지 않는다.

한편 카로티노이드(carotenoid)와 파이코빌리프로틴(phycobiliprotein)의 두 기관은 광합성을 수행하지는 않으나 미생물의 체내에서 태양광을 모아서 엽록소에 전달하는 역할을 한다. 파이코빌리프로틴의 일종인 파이코사이아닌(phycocyanin)은 독성남조류에 주로 존재하는 것으로 알려져 있으며, 이 물질은 독성남조류를 산정하는 데 자주 사용되고 있다. 한편 독성남조류를 정량적으로 나타내는데 cell/ml의 단위를 주로 사용하나 이는 남조류의 개체 수를 나타낼 수는 있지만 실제 남조류의 질량과는 전혀 다른 개념이다. 따라서 독성남조류의 물속 농도를 나타내기 위해서 이 미생물이 가진 특이한 광합성 보조물질 phycocyanin의 농도를 이용하는 경향이 점차 증가하는 것으로 보인다.

5.2 조류의 성장

광합성은 식물성플랑크톤의 성장을 위한 과정이며, 미생물의 활동 및 신진대사를 위해서는 호흡과정이 동반된다. 광합성이 활발한 주간에 태양에너지를 이용하는 과정에서 발생한 산소가 미생물의 호흡에 의해 소모되는 산소에 비하여 월등히 많으나 태양에너지가 없는 야간에는 호흡만 일어나는 관계로 녹조현상에 의하는 태양에너지뿐만 아니라 적절한 수온 그리고 영양분 등 세 가지가 적정 수준을 유지하는 것이 우선적으로 필요하다.

$$\begin{array}{l} 106CO_2 + 81H_2O \\ +18H^+ \\ +16NO_3^- + HPO_4^{-2} \\ +\text{Trace Elements} \\ +\text{Light} \end{array} \underset{\text{respiration}}{\overset{\text{photosynthesis}}{\rightleftharpoons}} C_{106}H_{181}O_{45}N_{16}P + 105O_2$$

그림 5.7 광합성에 의한 세포 및 산소의 생성

일반적으로 조류(A)의 성장을 나타내는 데에는 다음과 같은 1차 반응식을 사용한다.

$$\frac{dA}{dt} = GA - k_d A - \frac{v_s}{H} A = G' A \tag{5-1}$$

여기서, G : 조류의 성장속도(1/day)

k_d : 조류의 사멸속도(1/day)

v_s : 조류의 침강속도 (m/day)

H : 수체의 수심(m)

G' : 조류의 순성장속도(1/day)

조류의 사멸은 자연적인 수명에 의한 것도 있지만 상위 포식자에게 섭취되는 것도 포함된다. 일반적으로 조류의 성장속도는 먹이, 수온 및 태양에너지의 함수로서 다음과 같이 나타낼 수 있다.

$$G = G_{\max} f(T) \cdot f(L) \cdot f(N) \tag{5-2}$$

한편 $f(T)$, $f(L)$ 및 $f(N)$은 각각 수온, 태양에너지 및 영양분에 의해서 조류의 성장을 방해하는 성장제한요소(growth limiting factor)라고 부른다.

5.2.1 수온의 영향

일반적으로 수온이 증가하면 미생물의 활동이 증가하는 것으로 본다. 온도에 의한 미생물의 성장속도를 표시하는 수식의 대표적인 것은 다음과 같이 Arrhenius의 방정식을 이용하는 것이다.

$$f(T) = \theta^{T - T_o} \tag{5-3}$$

그러나 식(5-3)은 수온이 일정온도 $f(T)$의 값이 그림 5.8에 나타난 바와 같이 지수적으로 증가하게 되는 것을 나타낸다. 이 식은 다양한 경우에 사용되는 식이기는 하나, 실제로 미생물들은 적절한 온도범위를 벗어나면 정상적으로 살 수 없을 뿐 아니라 생존 자체에도 문제가 있을 것이므로 적정 온도 범위를 벗어나는 경우에는 현실적으로 발생할 수 없는 모순을 나타낸다. 이에 대한 대안으로 다음과 같은 적정온도곡선식이 사용되기도 한다(Park, 1992; Wool and Ambrose, 2016).

$$f(T) = \begin{pmatrix} e^{-k_{T1}(T - T_1)^2} & T \le T_1 \\ 1 & T_1 < T < T_2 \\ e^{-k_{T2}(T - T_2)^2} & T \ge T_2 \end{pmatrix} \tag{5-4}$$

여기서, T_1, T_2 : lower and upper temperature for algal growth (°C)

kT_1, kT_2 : effect of temperature below T_1 and above T_2, respectively on algal growth (°C-2)

WASP8 모델(Tim and Ambrose, 2016)의 경우 그림 5.9에 나타난 바와 같이 식(5-4)에서 T_1과 T_2를 같은 숫자로 놓고 $f(T) = 1$인 경우를 생략하기도 한다.

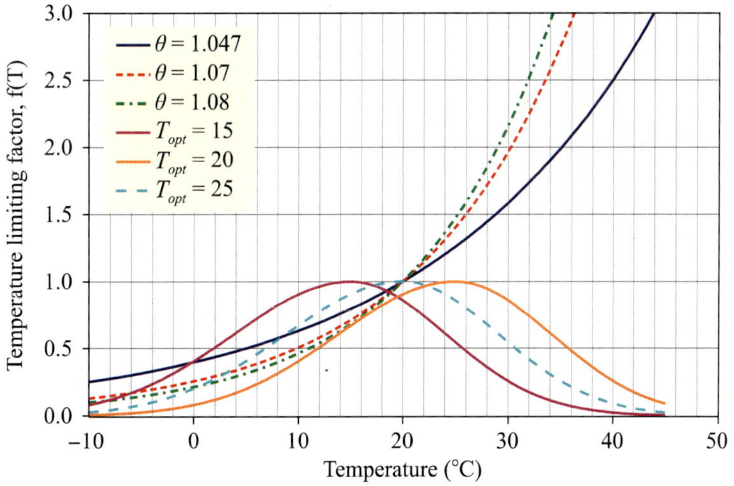

그림 5.8 미생물의 성장에 대한 온도의 영향을 나타내는 식의 비교 (여기서, $T_1 = T_2 = T_{opt}$)

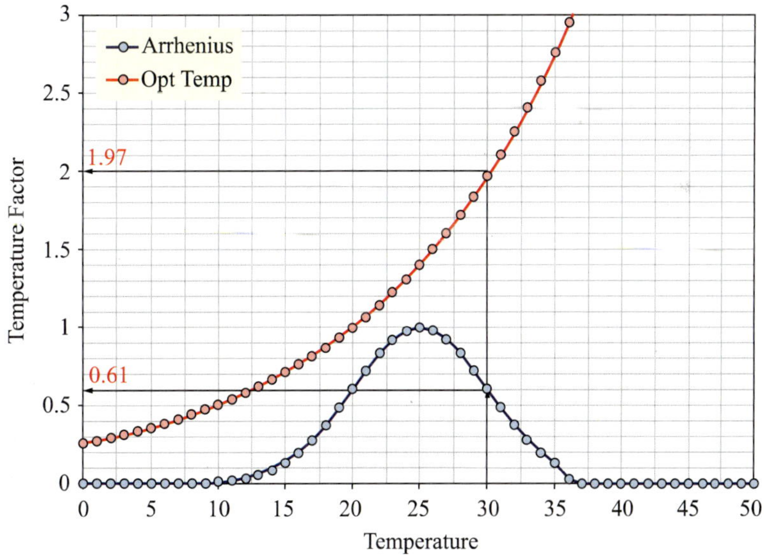

그림 5.9 두 가지 방법을 이용한 온도에 의한 식물성플랑크톤 성장 속도의 변화

예제 5.1
어느 식물성플랑크톤의 최대성장속도가 20°C에서 1.5 day라고 한다. 수온이 30°C인 경우의 Arrheius 방법과 적정온도곡선식을 이용하여 성장속도를 계산하라. 단, θ는 1.07이며, T_{opt}는 25°C, $k_1 = 0.02$, $k_2 = 0.03$이다.

5.2.2 태양에너지의 영향

수표면에 도달한 태양에너지(I_o)는 수심(z)이 깊어질수록 물에 의한 흡수 및 물속의 각종 물질들에 의한 산란효과로 인해 점차 강도가 약화되며 그 효과는 Lambert-Beer의 법칙에 의해 BOD의 분해나 미생물의 성장을 표현했을 때 사용한 1차 반응식과 같은 방법으로 표시할 수 있다.

$$\frac{dI}{dz} = -k_e I \tag{5-5}$$

여기서, k_e는 수중의 광소멸계수(light extinction coefficient)로서 $1/m$의 단위를 가진다. 수표면의 태양에너지를 I_o (l/day)라고 하면 수심에 따른 광량은 다음과 같이 표현할 수 있다[참고 : ly (광량의 단위) = langley, cal/cm^2].

$$I(z) = I_0 e^{-k_e z} \tag{5-6}$$

미생물의 성장에 대한 광량의 영향은 다음과 같은 포화농도식이 사용될 수 있다.

$$F(I) = \frac{I}{k_I + I} \tag{5-7}$$

여기서, k_I (ly/day) : 광량에 대한 반포화상수

그러나 광량이 과다한 경우 앞서 설명한 수온의 경우와 마찬가지로 조류는 더 이상 정상적으로 활동하거나 생존할 수 없을 것으로 추정된다. Steele (1965)은 조류가 활동하는 최적의 광량에서 가장 활동이 활발하다는 것에 착안하여 다음과 같은 식을 제안한 바 있다.

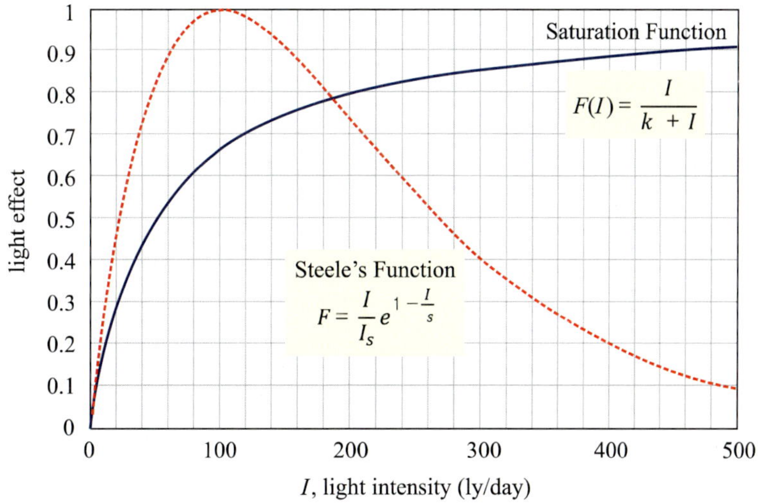

그림 5.10 포화농도곡선과 Steele 의 함수를 이용한 광량이 조류성장속도에 미치는 효과

$$F(I) = \frac{I}{I_s} e^{-\frac{I}{I_s}+1} \tag{5-8}$$

여기서 I_s : 조류가 활동하는데 최적인 광량(ly/day)

한편 수중의 광량은 식(5.6)에 나타낸 바와 같이 수심에 따라 변화하기도 하지만, 하루 중 지속적으로 변회하며 해가 떠 있는 낮 시간에만 태양에너지가 공급된다. 따라서 수표면의 광량, I_o는 사인곡선을 이용하여 다음과 같이 표현한다.

$$I_o(t) = I_m \sin\left[\pi\left(\frac{t-t_r}{t_s-t_r}\right)\right] = I_m \sin\left[\frac{\pi}{fT_p}(t-t_r)\right],\ t_r < t < t_s \tag{5-9}$$

$$I_o(t) = 0, \qquad \text{otherwise}$$

여기서, I_m : 하루 중 최고 광량(ly/day)

t_r : 해 뜨는 시간(hr)

t_s : 해 지는 시간(hr)

T_p : 하루의 시간(24hr)

f : 광지속시간(photo period) = $(t_s - t_r)/T_p$ 또는 $(t_s - t_r)/24$

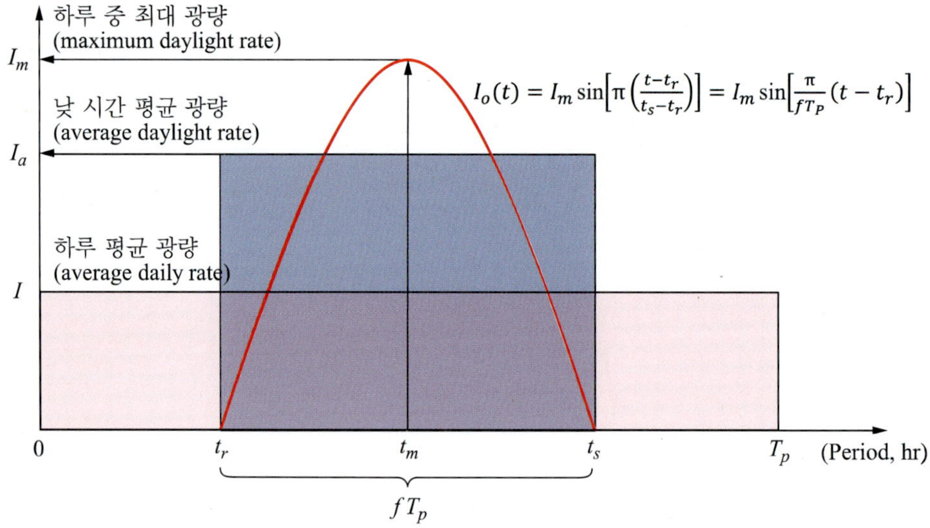

그림 5.11 Sine 곡선으로 표현한 하루(T_p) 중 광량의 변화 개념도

하루의 평균 광량은 식(5.9)를 전기간(0에서부터 T_p까지) 적분하고 다시 T_p로 나누어 계산할 수 있다.

$$I = \frac{\displaystyle\int_0^{T_P} I_m \sin\left[\frac{\pi}{fT_p}(t-t_r)\right]dt}{T_p} = I_m \frac{2f}{\pi} \tag{5-10}$$

한편 해가 떠있는 낮 시간에 대한 평균은 식(5-10)의 분모에 T_p 대신 해가 떠 있는 시간의 길이 fT_p를 대입하여 다음과 같이 계산할 수 있다.

$$I_a = \frac{\displaystyle\int_0^{T_P} I_m \sin\left[\frac{\pi}{fT_p}(t-t_r)\right]dt}{fT_p} = I_m \frac{2}{\pi} \tag{5-11}$$

식(5-6)과 식(5-8)을 하루 중 태양에너지가 공급되는 시간과 수심을 고려하여 수심 및 하루 평균으로 조류 성장에 대한 광량제한요소(light limiting factor)를 계산하면 다음과 같다.

$$f(I) = \frac{1}{Z}\int_{Z_1}^{Z_2} T_P \int_0^{fT_p} F(I)\,dt\,dz = \frac{2.718f}{k_e Z}\left(e^{-\frac{I_a}{I_s}e^{-k_e Z_1}} - e^{-\frac{I_a}{I_s}e^{-k_e Z_2}}\right) \tag{5-12}$$

여기서, Z는 수층의 수심(m)이며, Z_1과 Z_2는 각각 수표면과 가장 깊은 곳의 수심으로 Z_1은 보통 0으로 보며 수표면에서 수심방향으로 갈수록 수심이 증가한다.

예제 5.2
식(5-12)의 적분식을 완성해서 오른편의 수식이 나오는지를 보여라.

5.2.3 영양염류의 영향

미생물은 성장에 필요한 영양분이 많아질수록 성장속도가 증가하나, 영양분이 성장에 필요한 수준 이상으로 존재할 경우 영양분의 농도는 더 이상 성장을 제한하는 요소로 작용하지 않는 것으로 알려져 있다. 이러한 조류를 포함한 미생물의 성장에 영양소가 미치는 영향은 특성을 정량적으로 표현하는 데에는 식(5.13)과 그림 5.12에 나타난 바와 같은 포화농도곡선식, Monod 식 또는 Mechaelis-Menten 식이라고 불리는 식이 주로 사용된다.

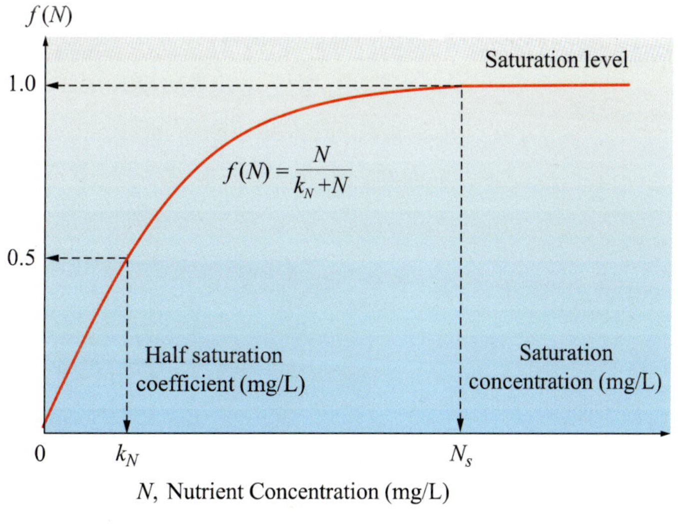

그림 5.12 영양염류에 의한 조류의 성장제한 및 반포화 상수

$$f(N) = \frac{N}{k_N + N} \tag{5-13}$$

여기서, N : 영양염류 또는 먹이의 농도

k_N : 반포화상수(half saturation coefficient)

미생물의 성장에는 다양한 영양소가 필요하나 탄소와 미량원소들은 자연계에 성장을 제한하기 위한 농도보다 충분한 정도로 존재하며, 조류의 경우 성장을 제한하는 인자는 용존성 인이나 용존성 질소, 규조류의 경우에는 용존성 실리카 등으로 알려져 있다. 그리고 반포화상수는 제한인자 $f(N)$의 최대값의 50%에 해당하는 경우의 먹이 또는 N의 농도이다. 조류의 경우 어느 한 가지의 영양소가 모자라도 성장에 지장을 받게 되는데 이러한 영향은 리비히의 최소율의 법칙(Leibig's law of minimum)로 설명한다. 그림 5.13은 여러 가지 나무 조각으로 엮인 물통을 나타내는데, 이 나뭇조각 중 가장 낮은 부분이 물통 속의 수위를 결정하게 된다는 이온을 응용한 것이다.

이 이론을 적용하여 식(5.8)을 실제의 경우에 맞추어 다음과 같이 표현하고 중요한 영양소 중 최소값을 결정하여 사용한다.

$$f(N) = \min\left(\frac{DIP}{k_{DIP} + DIP},\ \frac{DIN}{k_{DIN} + DIN},\ \cdots,\ \frac{DISi}{k_{DISi} + DISi}\right) \tag{5-14}$$

여기서, DIP : 용존성무기인(dissolved inorganic phosphorus) 농도, PO_4^{-3}를 사용

DIN : 용존성무기질소(dissolved inorganic phosphorus) 농도로서 NH_4^+와 NO_3^-를 합한 농도를 사용

$DISi$: 용존성무기규소(dissolved inorganic silica) 농도로서 주로 $Si(OH)_4$를 사용

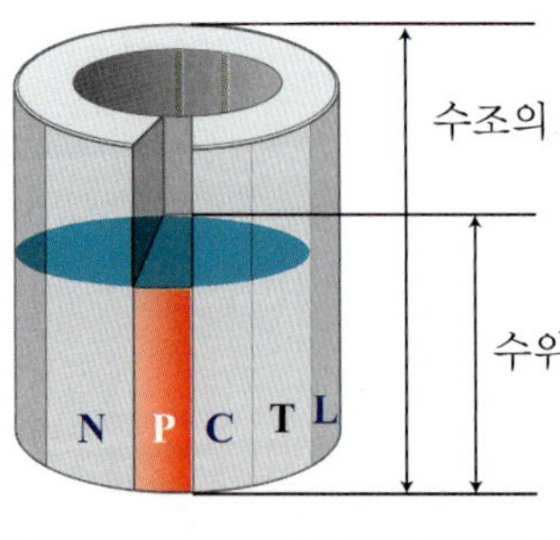

그림 5.13 미생물의 성장에 먹이의 영향을 설명하는 물통의 수위 예시

5.3 영양염류와 부영양화(Nutrients and Eutrophication)

부영양화(富營養化, eutrophication)는 수중의 영양분이 풍부해진 현상을 의미한다. Eutrophication이라는 말도 그리스어로 Eu (rich 또는 well)와 Troph (food 또는 nutrition)를 합성하여 "영양분이 충분한" 상태를 나타내는 표현이다. 본 절에서는 조류의 성장을 자극하는 영양염류(營養鹽類, nutrients)의 특징에 대해서 살펴보고자 한다. 영양염류는 생물의 정상적인 생육에 필요한 수중의 규소, 인, 질소 등의 염류를 통틀어 이르는 말로서 식물성 플랑크톤이나 수생식물의 몸체를 구성하거나 증식하는 데 중요한 요소를 말한다. 영양염류라는 용어는 먹이라는 의미의 영양(榮養, nutrition)과 소금을 뜻하는 염(鹽, salt) 그리고 그러한 종류라는 뜻에서 류(類) 등 세 가지의 용어가 합성된 표현이다. 그러나 영양과 종류는 이해가 가지만 염(鹽)이라는 부분은 언뜻 이해하기 어려울 것으로 생각된다. 일상생활에서 염은 소금으로만 인식되지만 화학적으로 염이란 "산의 음이온과 염기의 양이온이 정전기적 인력으로 결합된 물질"을 의미한다. 따라서 Na^+와 Cl^-가 결합된 소금(NaCl)은 음식에 짠 맛을 내기위해 사용되는 물질이지만 화학적으로는 염의 일종인 것이다.

표 5.2는 염을 형성하는 양이온과 음이온의 종류를 나타낸다. 부영양화에서 중요한 요소들로서 종종 거론되는 인산이온(PO_4^{-3}), 질산이온(NO_3^- 또는 NO_2^-) 그리고, 암모니움이온(NH^{+4}) 등은 식물성플랑크톤의 생장에 영향을 미치는 염을 형성하는 종류에 속하는 이온들로서 이들이 각각 적절한 음이온 또는 양이온과 결합하여 영양염을

표 5.2	염(salt)을 형성하는 이온의 종류	
양이온	Ammonium NH^{+4} Calcium Ca^{+2} Iron Fe^{+2} and Fe^{+3} Magnesium Mg^{+2}	Potassium K^+ Pyridinium $C_5H_5NH^+$ Sodium Na^+ Copper Cu^{+2}
음이온	Acetate CH_3COO^- Carbonate CO_2^{-3} Chloride Cl^- Citrate $HOC(COO^-)(CH_2COO^-)_2$ Cyanide $C{\equiv}N^-$ Fluoride F^-	Oxide O_2^- Sulfate SO_2^{-4} Nitrate NO_3^- Nitrite NO_2^- Phosphate PO_4^{-3}

형성하게 된다. 본 절에서는 인과 질소의 기본적인 특징을 소개하면서 이들 물질의 역할에 대한 이해를 높이고자 한다.

5.3.1 인(Phosphorus)

인은 생물의 신진대사에 필수적으로 필요한 에너지를 공급하는 ATP를 구성하는 데에 가장 중요한 요소이며, 생체 정보를 전달하는 DNA와 RNA의 중요한 구성요소이기도 하다. 인은 생물의 생명 유지 및 성장에 필요한 영양염류의 한 가지로 알려져 있다. 인은 지구상에 지각을 구성하는 물질의 0.1% (1 gr/kg) 정도를 차지하며, 여타 원소들에 비하여 상대적으로 희귀한 물질이다. 따라서 자연적인 수체에서는 비교적 낮은 농도로 존재하며, 식물성플랑크톤을 비롯한 수중의 생물들은 인의 농도가 증가하면 신진대사가 활발해지고 증식속도가 빨라지게 된다. 이러한 현상이 과도하게 발생하면 물속에 식물성플랑크톤이 과도하게 자라는 녹조현상(algal bloom)이 발생한다.

인은 매우 반응성이 높은 물질로서 독립적인 형태로 존재하지 않는다. 흙속에서는 동식물의 잔재로 구성된 부식토 내부의 유기인, 광물질에 흡착되어있는 무기인 그리고 흙 속의 용액의 형태로 존재하며 식물의 성장에 사용되는 무기물 성분으로 대별된다. 인은 비료나 살충제에도 사용되며 접착제와 함께 섞어서 성냥의 재료로 사용되기도 한다. 인은 비료나 거름 또는 퇴비의 형태로 흙에 추가되며, 식물의 섭취 또는 강우에 의해 토양에서 이동 또는 제거된다. 인산염은 토양 등 물질의 표면에 흡착되는 성질이 강하므로 토양과 함께 이동하는 특성이 있다.

그림 5.14는 총인을 구성하는 성분을 나타내며, 유기물 내부에서 난분해성 물질이 분해되는 과정과 고형성 물질이 용존성 물질들로 변화하는 것은 생물화학적인 분해에 의해서 이루어지는 것으로 본다. 이 무기물로 변화하는 과정을 광물화(mineralization)라고 하며, 무기성 인산염은 토양에 흡착된 부분은 고형성 성분으로 보고 물속에 녹아 있는 무기물은 수생태계에 즉시 사용될 수 있다. 토양과 수중에 존재하는 무기성 인산염은 물리화학적 조건에 따라 흡착 또는 탈착에 의해 존재 조건이 달라진다.

강우 시 인은 침식된 토양, 농경지에 잔류하는 비료, 삼림지역의 유기물질, 축사에서 배출되는 오염물질, 산업시설에 비정상적으로 야적된 폐기물 등에 포함되어서 비

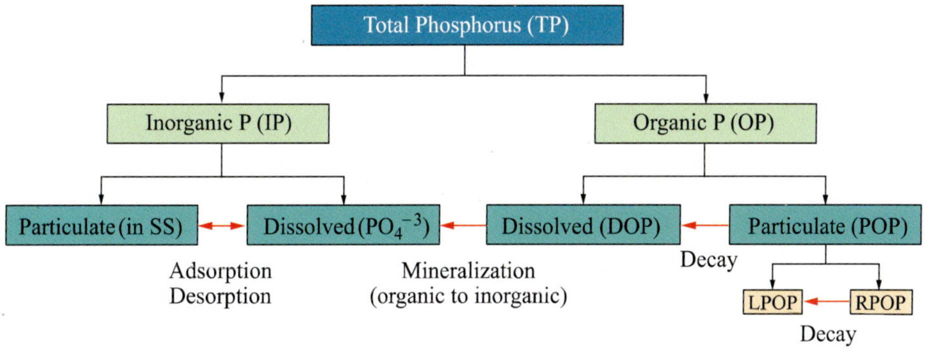

그림 5.14 수중의 인성분의 구성요소 및 상호관계 개념도

점오염부하의 형태로 수계로 이동한다. 그리고 음식물 가공시설과 같이 인성분을 다량 함유하는 산업폐수 그리고 대부분의 폐수처리시설 방류수 등은 점오염원으로서 수계로 유입된다.

우리나라의 경우 폐수처리시설의 인 방류 기준은 처리용량과 방류지역의 수질에 따라 0.2~4mg/L의 범위에 있으나, 자연수의 인농도에 비하여 매우 높은 수준으로서 폐수처리장의 방류수는 법적인 처리 기준을 준수한다고 해도 자연수의 농도보다 현저하게 높으므로 심각한 인오염부하의 원인이 되고 있다.

한편 Carlson (1977)은 표 5.3에 나타난 바와 같이 호소의 부영양화 기준으로 사용할 수 있는 영양단계지수(Trophic Status Index, TSI)를 제안한 바 있다.

또한 Carlson은 영양단계지수(TSI)를 계산하기 위해서 총인(TP, μg/L), 엽록소-a (chl-a, μg/L) 그리고 투명도(Secchi depth, SD, m)를 자료를 분석하여 식(5-15)~(5-17)에 나타난 바와 같은 식들을 제안한 바 있으며, 식(5-18)은 위 세 가지 식의 값을 평균한 종합 지표를 나타낸다.

$$\mathrm{TSI-P} = 4.15 + 14.42\ln(\mathrm{TP}) \quad (5\text{-}15)$$

$$\mathrm{TSI-C} = 30.6 + 9.81\ln(\mathrm{Chl-a}) \quad (5\text{-}16)$$

$$\mathrm{TSI-S} = 60 - 14.41\ln(\mathrm{SD}) \quad (5\text{-}17)$$

$$\text{Average TSI} = \frac{\mathrm{TSI-P} + \mathrm{TSI-C} + \mathrm{TSI-S}}{3} \quad (5\text{-}18)$$

표 5.3	Carlson's TSI (Trophic Status Index) (Carlson, 1977)
TSI	영양단계 및 수질 특성
< 30	빈영양상태(Oligotrophic), 맑은 물, 저층수(hypolimnion)까지 충분한 용존산소
30~40	빈영양상태(Oligotrophic), 맑은 물, 저층수 일부 기간 중 용존산소 부족현상 발생 가능
40~50	비교적 맑은 물, 저층수(hypolimnion) 하절기 용존산소 부족현상 발생 가능, 수영 및 미관상 문제없음
50~60	약한 부영양상태(Eutrophic), 투명도 저하, 저층수 빈산소 현상, 뿌리가 있는 수생식물 발생, 온수성 낚시 가능, 수영 및 미관상 문제없으나 문제발생가능
60~70	독성남조류 우점, 수표면 찌꺼기 발생, 심각한 수생식물 문제 발생
70~80	과영양상태(Hypereutrophic), 심각한 녹조현상, 여름철 전 기간 발생 가능, 매우 심각한 수생식물 발생
> 80	녹조에 의한 찌꺼기, 여름철 물고기 폐사, 녹조로 인한 햇빛 차단에 의한 수생식물 성장 감소, 외래종 등 바람직하지 않은 물고기 우점

그러나 Carlson은 위의 이 세 가지 식들이 서로 유사하지 않은 경우는 해당 수체의 녹조가 총인에 의해서 성장에 제한을 받지 않을 수 있으며, 태양에너지 또는 질소가 성장제한요소일 수도 있다고 하였다. 또한 투명도의 경우 조류의 성장에 의해 영향을 증가하는 것이 아니고 유역의 토양침식 또는 또 다른 요소에 의해 증가할 수도 있으므로 현장의 자료를 면밀하게 검토하여 적용해야 한다고 하였다.

예제 5.3

어느 호수의 TP 농도, chl-a 농도 및 투명도(SD)가 각각 35μg/L, 50μg/L 및 0.7m라고 할 경우 각각의 변수에 대한 Carlson의 영양단계지수(TSI) 및 평균영양단계 지수를 계산하라.

$$\mathrm{TSI-P} = 4.15 + 14.42\ln(45) = 59.04$$

$$\mathrm{TSI-C} = 30.6 + 9.81\ln(30) = 63.93$$

$$\mathrm{TSI-S} = 60 - 14.41\ln(0.7) = 65.13$$

$$\text{Average TSI} = \frac{50.04 + 63.93 + 65.14}{3} = 62.70$$

5.3.2 질소(Nitrogen)

질소는 생체 내의 아미노산과 단백질을 구성하는 가장 중요한 원소이다. 질소는 대기 중에서 부피로는 78% 그리고 무게로는 75.5%를 차지하는 공기 중에는 가장 흔한 물질이다. 인간의 몸은 약 3%가 질소로 구성되어 있으며 산소, 탄소 및 수소 다음으로서 네 번째로 많은 물질이다.

질소는 −3가(NH_3)부터 +5가(NO_3^-)까지 다양한 원자가를 띨 수 있는 특이한 물질이다. 질소는 액체상태 및 기체상태로 사용되며 불연제, 냉동제 등으로 많이 사용되고 비료 및 의약품 등에도 널리 사용된다. 질소를 함유한 TNT는 우리가 잘 알고 있는 폭약의 주재료이다.

질소는 흙속에는 동식물의 잔재로 구성된 부식토 내부의 유기질소와 흙 속 간극수에 용액의 상태로 존재하는 무기질소로 구성된다. 질소 또한 인과 유사하게 비료나 거름 또는 퇴비의 형태로 토양에 추가된다. 식물은 토양 내 수분에 포함되어 있는 질소를 섭취할 수 있으며, 식물에 따라서는 성장을 위해 대기 중의 질소를 고정하여 흡수하기도 한다. 질소는 인에 비하여 토양에 흡착되지 않는 성질로 인해 지하수에 용존상

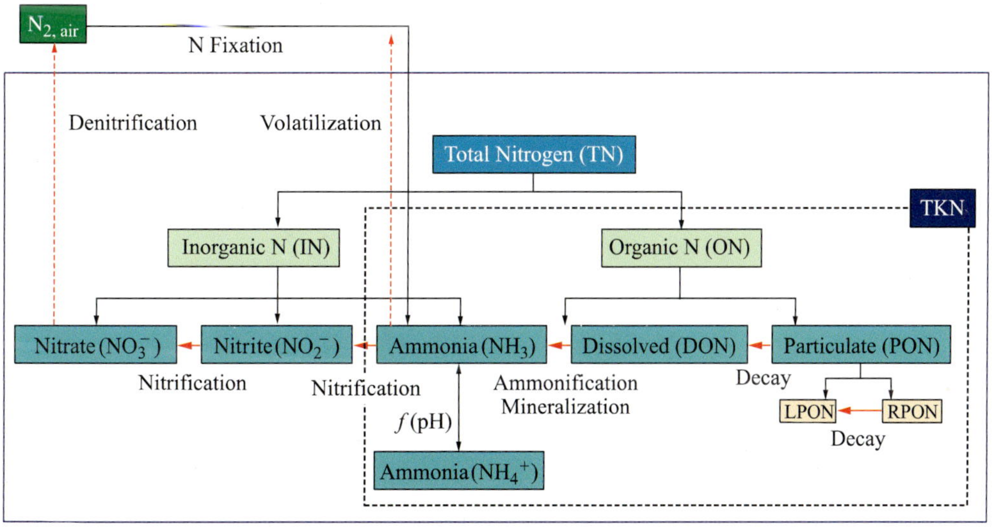

그림 5.15 질소 성분의 구성요소 및 상호관계 개념도

태로 이동하는 비율이 높으며, 산소가 충분하지 않은 환경에서는 탈질산화 반응에 의해 질소 가스로 변화하여 대기 중으로 방출되기도 한다.

그림 5.15는 총질소를 구성하는 성분과 상호반응을 나타내고 있다. 유기물은 광물화(mineralization)과정을 거쳐서 무기물로 변화되며 이 때 용존성 유기질소가 암모니아도 변하는 과정을 암모니아화(ammonification)라고 한다. 이 과정은 단백질이 분해될 때 주로 관찰되는 반응으로서 우리나라의 호남지방에서 홍어를 이용하여 홍탁을 제조할 때에 암모니아화 반응이 이용된다.

그림 5.16에 나타난 바와 같이 암모니아는 중성(pH 6~8) 또는 그 이하 범위에서는 주로 암모니움이온(NH_4^+) 형태로 존재한다(Sawyer et al., 1994). pH가 10 이상인 알칼리 상태에서 휘발성이 강한 암모니아(NH_3) 형태로 존재하며 강한 냄새와 함께 대기 중으로 이동할 수 있다.

강우 시 질소는 토양침식과 함께 농경지에 잔류하는 비료, 삼림지역의 유기물질, 축사 실외에서 배출되는 오염물질, 비료나 폐기물의 비정상적인 야적에 의한 배출 등에 의해 수계로 이동한다. 질소성분을 다량 함유하는 산업폐수 그리고 대부분의 폐수처리시설 방류수에 의해 다량 수계로 유입된다. 우리나라의 경우 폐수처리시설의 인 방류 기준은 처리용량과 방류지역의 수질에 따라 20~40 mg/L의 범위로서 자연수의 농도보다 현저하게 높으므로 심각한 오염부하의 원인이 되고 있다.

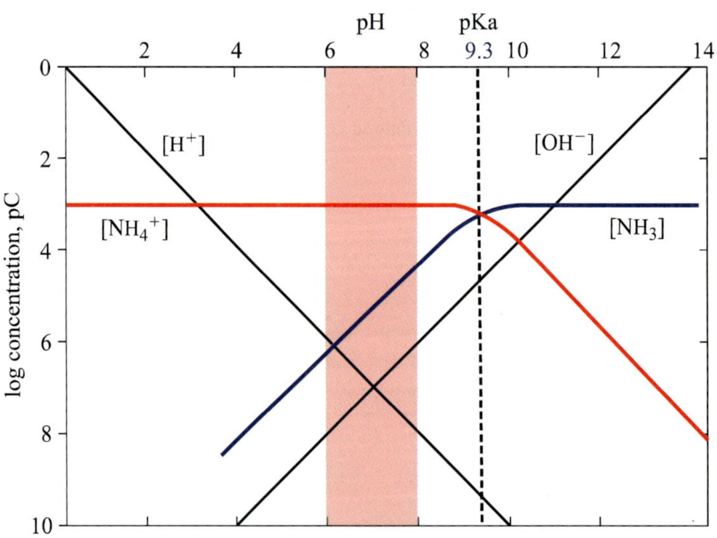

그림 5.16 pC-pH Diagram of NH3 and NH4+

표 5.4 영양염류 농도별(개략적 수치) 부영향화 정도와 수질특성				
water quality characteristics	Low Productivity	Intermediate Productivity	High Productivity	Excessive Productivity
water quality variable	Oligotrophic	Mesotrophic	Eutrophic	Hyper Eutrophic
TP (μg/L)	< 10	10~20	20 <	750 <
TN (μg/L)	< 500	500~1500	1500 <	
Chl-a (μg/L)	< 5	5~10	10 <	100 <
Secchi Depth (m)	> 5	2~5	< 2	< 0.5
Hypolimnetic Oxygen (% Sat)	< 80	10~80	< 10	

표 5.4는 인, 질소 및 chl-a 및 투명도 자료에 의한 부영양화 정도를 구분한 것이다. 이 표의 수치는 현장의 실측자료를 이용하여 작성되었으나 개략적인 수치에 불과하며 참고용으로만 사용해 주시기 바란다.

5.3.3 규소(Silica)

규소(Si) 의 원자번호는 14이다. 실리카 또는 이산화규소(SiO_2)는 모래를 포함한 지각을 형성하는 화합물 중 가장 많은 비율을 차지하는 물질이다. 우리의 생활 주변에서는 유리, 석영, 실리카겔 그리고 반도체의 원료로도 사용되는 유용한 물질이다. 실리카는 화학적 반응성이 낮은 편으로서 따라서 인체에 유해하지 않은 편으로 알려져 있다. 실리카는 용해도가 매우 낮지만 이산화규소는 수중에도 풍부하게 존재하는 편이며 규조류(Diatom)의 성장에 가장 중요한 요소이다. 규조류의 대표적인 종류의 하나인 Stephanodiscus는 일반적으로 10°C 이하의 수온에서 잘 자라는 것으로 알려져 있으며 5~6°C 정도 되는 차가운 수온에서도 성장하는 종으로서 동절기 녹조현상의 중요한 조류로 알려져 있다(Anderson, 2000). 우리나라 환경부의 수질측정망에서는 수중의 용존성 규소가 측정항목에 포함되어 있지 않다.

5.4 녹조현상의 측정

녹조현상 또는 독성 남조류를 관리하기 위해서는 이들의 생장성들을 파악하고 정량하는 것이 매우 중요하다. 녹조현상의 측정은 다음과 같은 두 가지의 기능을 할 수 있다.

첫째, 수질기준 충족여부를 위한 관찰과 감시 : 하천이나 호수 등 일정 수체에 대해 법적 기준을 평가하거나 또는 수질 관리를 위한 행위를 시작해야 하는 시점을 판단하기 위해 측정하는 일이다.

둘째, 녹조현상의 관리를 위한 과학적인 이해를 증진 : 자연의 많은 상황들과 마찬가지로 녹조현상 또한 합리적으로 관리하기 위해서는 생장특성을 이해하고, 그에 따라 대응 방법을 강구하는 것이 중요하다.

자연수는 다양한 용존성 화학물질, 콜로이드 그리고 각종 미생물과 고형물질들이 복잡하게 공존하기 때문에 독성남조류를 파악하고 정량하기 위해서는 물속의 다른 물질과 분리해서 식별할 수 있는 방법이 필요하다.

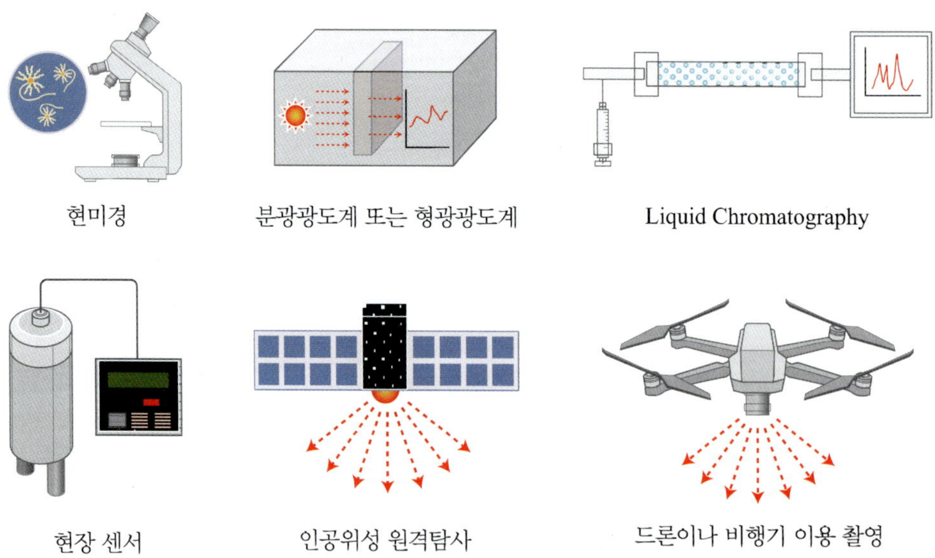

그림 5.17 녹조현상 및 독성남조류를 측정하는 각종 방법 및 장치의 예

독성남조류의 농도와 생체량(biovolume)은 현미경을 이용하여 직접적으로 세포수를 파악하거나 엽록소-a (chl-a), 파이코사이아닌(phycocyanin) 또는 카로티노이드(carotenoid)와 같이 광합성에 관여하는 중요한 물질의 농도를 측정하는 간접적인 방법이 있다.

그림 5.17은 녹조현상을 측정하는 데 사용되는 대표적인 방법들을 그림으로 나타내고 있다.

5.4.1 현미경을 이용한 직접 측정

직접적인 측정을 위해서는 측정하고자 하는 샘플을 현미경 슬라이드 또는 오목슬라이드(depression slide)에 넣고 직접 관찰하면서 독성남조류를 포함한 미생물의 종류 및 숫자를 확인한다. 실험 결과는 속(genus)이나 종(species) 별 세포수/ml로 나타내거나 생체부피(biovolume)를 측정하여 나타내기도 한다.

직접적인 측정방법의 가장 큰 장점은 독성 남조류를 포함한 각종 조류들을 파악하고 정량적으로 나타낼 수 있다는 것이다. 경우에 따라서 수질을 관리하기 위한 예방조치로서 종(species)의 수준보다는 조금 더 간단하고 신속한 속(genera)의 수준으로 분류하는 방법을 사용할 수도 있다. 그러나 직접적인 측정 방법의 가장 큰 단점은 분석에 많은 시간이 소요되고 숙련된 전문가가 필요하다는 것이다.

세포수를 파악하는 것은 유용한 정보가 될 수도 있지만 조류의 종류에 따라 세포의 크기가 다양하기 때문에 생체량을 대표한다고 볼 수는 없다. 따라서 파악된 세포수는 예측 및 관리를 위해 생체부피 및 생체질량(biomass)으로 환산되어야 한다. 그러나 이 생체질량은 세포의 부피와 밀도를 동시에 알아야만 계산이 가능하므로 이러한 방법의 정량은 불확실성이 매우 크다고 볼 수 있다. 생체의 질량은 세포의 건조중량, 탄소(C) 또는 chl-a의 질량으로 나타내기도 하며 이러한 경우 건조 중량, 탄소 및 chl-a의 질량 비율을 알고 있어야 한다. 그러나 이 비율은 미생물 마다 그리고 서식조건에 따라 서로 다르므로 정확하게 환산하는 것은 매우 어려운 일이다,

최근에는 현미경에 디지털 카메라를 장착하여 형상분석(image analysis)이 가능한 프로그램을 이용하여 이러한 단점을 보완하려는 노력이 진행되고 있다. 이러한 방법

이 빠르고 저렴하기는 하지만 복잡한 형상(예 : 나선형으로 꼬여있는 등) 또는 매우 작은 세포의 경우에는 분류하기가 어려운 단점이 또한 존재한다. 또한 이러한 현미경을 이용한 방법만으로는 독성이 있는 조류인지 또는 생태계에 이로운 조류인지를 구별하기는 어려운 것으로 보고된 바 있다. 현미경을 사용하여 식물성플랑크톤의 관찰 및 정량을 위한 기술은 Padisák et al., (2021)에 의해서 정리되어 보고된 바 있다.

5.4.2 광색소를 이용한 간접측정

Chl-a는 광합성을 하는 모든 식물성 플랑크톤에서 발견되는 광합성 색소이다. 이 색소는 자연수 내의 식물성플랑크톤과 생체질량과 비례하는 경향이 있기 때문에 자연수 식물성 플랑크톤의 생체질량을 나타내는 데 자주 사용되어왔다. 그러나 chl-a는 건조중량 기준으로 생체질량의 0.5～2% 수준으로서 조류의 체내에서 0.1～0.5%인 chl-a와 유기탄소(C)의 비율과 비교되는 범위이다. 이러한 차이는 식물성플랑크톤 마다 조도가 낮은 상태에서 자랄 때 광에너지를 더 많이 흡수하기 위해 chl-a를 더욱 많이 만들어 내는 경향에 의한 것으로 알려져 있다. 이러한 문제로 인해서 chl-a를 이용하여 식물성플랑크톤을 정확하게 정량하는 데에는 한계가 있다. 또한 chl-a는 전체적인 플랑크톤의 생체질량을 나타나내는 데 사용할 수 있지만 독성남조류와 여타의 식물성 플랑크톤을 구별하는 데에 사용할 수 없다. 따라서 녹조현상이 극심하여 남조류의 종류가 몇 가지밖에 존재하지 않을 때에는 매우 유용한 정량 수단이 될 수 있다.

엽록소는 실험실에서 세포에서 여과나 추출과정을 통해 색소를 분리하여 형광광도계(fluorometer) 또는 분광광도계(spectrophotometer)를 이용해 측정하거나 현장에서 여과나 추출과정을 거치지 않은 상태에서 형광광도계로 측정하기도 한다. 이 실험실 내 실험의 경우 여과에 하루 정도의 시간이 필요하기 때문에 현장에서 즉각적인 대응을 해야 하는 경우 사용하기 어려운 한계가 있다. 현장에서 형광광도계를 사용하는 경우 즉각적인 측정이 가능하다는 장점이 있지만 실험실과 비교하여 정확도가 다소 부족하다고 알려져 있으며 정확도를 유지하기 위해 수시로 재보정과 세척 등 관리가 필요하다. 그러나 현장 측정은 독성남조류의 변화를 즉시로 감지할 수 있고 개략적인 생체량의 파악이 가능한 장점이 있다.

결론적으로 chl-a 값은 광범위한 시간 및 공간에 대하여 기초적인 녹조현상의 경향을 평가하는 데에 사용할 수는 있으나 chl-a 측정값만으로는 독성 남조류를 분별하거나 정확하게 정량하는데 사용하기는 어렵다고 알려져 있다.

5.5 분석장비를 이용한 독성남조류 색소의 측정

독성남조류에는 파이코사이아닌(phycocyanin)이라는 광합성 색소가 특히 많은 것으로 알려져 있으며, 이를 이용해서 톡성남조류의 생물체적을 추정할 수 있다고 보고된 바 있다(Kasink et al., 2014). 또한 현장의 파이코사이아닌 센서를 이용하여 톡성남조류의 생물체적을 측정할 수 있다고 보고한 바 있다(Thomas-Liang et al., 2020). 또한 HPLC (High Performance Liquid Chromatograph)와 같은 장비를 이용하여 클로로필과 카로티노이드와 같은 광색소를 분석하여 독성남조류를 포함한 중요한 조류의 조성을 평가하는 데 사용할 수 있다.

5.5.1 원격탐사(Remote Sensing) 장비를 이용한 측정

인공위성, 항공기 또는 드론 등을 이용하여 독성남조류의 양과 영향범위를 측정하는 기술 또한 지속적으로 시도되고 있다. 초분광광도(hyper spectral) 영상은 연속적인 분광대역(spectrum band)의 자료를 시공간적으로 동시에 측정할 수 있으며 파이코사이아닌이나 독성남조류를 판별하는 데에 유용하게 사용할 수 있다. 실제 다수의 학자들(Kudela et al, 2015; Wozniak et al., 2016; Urquhart et al., 2017)이 인공위성 자료를 이용해서 독성남조류를 정량할 수 있다고 보고한 바 있으며, 국내에서도 이러한 노력이 진행되고 있다. 미국의 경우 국립해양대기국(NOAA, The National Oceanic and Atmospheric Administration)은 인공위성자료를 이용하여 미국의 주요 호수의 독성남조류 측정에 사용할 수 있도록 자료를 제공하고 있으며, 미국환경국(USEPA) 미국 지질자원국(USGS)과 함께 세 가지의 기관이 독성남조류의 조기경보시스템 개발을 위해 CyAN (Cyanobacteria Assessment Network)이라는 프로그램을 통해서 협력하고 있다. 유럽의 경우 유렵우주국(European Space Agency)의 MERIS (MEdium Resolution Imaging Spectrometer)와 Sentinel-3의 OLSI (Ocean and Land Color Instrument)를 통해 독성남조류를 포함한 각종 수질 및 수온 관련 자료가 수집되고 있다.

5.5.2 드론(Drone)을 이용한 측정

항공기, 무인항공기 그리고 드론 등은 인공위성 자료에 비하여 특정한 장소와 시간에 해상도가 더 높은 자료를 제공하는 데 사용할 수 있다. 미국지질자원국(USGS)은 물속, 육상 그리고 공중의 웹캠이나 센서 등과 같은 각종 고정형 및 이동형 모니터링 장비를 통합하여 사용하는 NGWOS (next generation water observing system)를 개발하고 있다.

5.5.3 남조류에 의한 독성 물질의 측정

여러 가지 종류의 조류의 독성 함유 여부를 구별하는 일은 수질관리의 관점에서 매우 중요하며 현미경 관찰을 통해서는 판독이 불가능하다. 따라서 분자생물학적 기법, 생화학적 기법 그리고 화학적 기법을 이용하여 남조류에 의한 독성물질을 파악하는 방법이 사용될 수 있다(Sanseverino et al., 2017).

PCR (polymerasechain reaction), qPCR (quantitative real-time polymerasechain reaction) 또는 DNA chip (또는 바이오칩) 등과 같은 분자생물 기법을 이용하여 더욱 정확하게 측정할 수 있다. PCR 방법은 독성남조류의 존재를 파악하는 데 사용되며, qPCR 방법은 훨씬 정밀한 측정 및 정량적인 정보를 제공할 수 있다. DNA chip 독성

남조류의 즉각적으로 생체질량을 측정하는 데 사용할 수 있으나 고가의 비용이 소요된다.

생화학적 방법은 ELISA (enzyme-linked immunosorbent assays) 또는 PPIA (protein phosphatase inhibition assay) 등이 사용하기 쉽고 비용 효율적인 대표적인 방법으로 사용된다(USEPA, 2019b). 가장 많이 사용되는 화학적인 방법은 HPLC를 사용하는 방법이며, 이 방법은 MS (mass spectrometer), UV/PDA (ultraviolet / photodiode array detectors) 그리고 NMR (nuclear magnetic resonance) 등의 방법과 함께 사용되기도 한다(USEPA, 2019b).

06

인체유해물질과 방사능

6.1 병원균에 의한 오염

물속의 미생물들이 인체에 질병을 유발하기도 하지만 다수의 종류들은 인체에 무해하며 오히려 건강에 도움이 되는 것들도 많이 존재한다. 아주 작은 크기의 미생물들은 다수의 상수원에 존재하며 인체에 유해한 것들에 대해서는 적극적인 관리가 필요하다.

대장균(E-Coli), 편모충(giardia), 와포자충속(cryptosporidium)들은 설사 및 이질과 같은 소화기의 문제를 일으키며 설익은 음식이나 저장상태가 좋지 않은 음식을 섭취하였을 때에는 독감과 유사한 증상이 발현되기도 한다.

인체의 건강에 영향을 미치는 미생물은 바이러스(virus), 세균(bacteria), 원생동물(protozoa) 그리고 기생충(parasites) 등이다

6.1.1 바이러스(Virus)

바이러스는 생물의 체내에서 기생하는 작은 미생물이다. 통상 크기는 0.004～0.1μm 정도이나 광학현미경으로 관찰되지 않는 종류도 있으며, 보통 박테리아보다 수백 배

가량 작다. 바이러스는 유전자 정보를 가지는 핵산(nucleic acid) 중 DNA (deoxyribonucleic acid) 또는 RNA (ribonucleic acid) 중 하나만 가지고 있고 이를 둘러싸고 있는 단백질 막 그리고 바깥을 둘러싼 지방으로 이루어져 있으며, 다른 유기체의 살아있는 세포 안에서만 살 수 있는 생물과 무생물의 중간적 존재이다. 바이러스가 아닌 다른 미생물들은 유전자 정보를 저장하는 DNA와 세포 내 저장된 유전자 정보를 전달하는 RNA를 모두 가지고 있다.

우리가 익히 알고 있는 독감, 간염, 후천적면역결핍증, 소아마비, 간염 등이 바이러스에 의한 것이며, 최근 감염병으로서 맹위를 떨치고 있는 조류독감, SARS, MERS 그리고 COVID19도 모두 바이러스에 의한 것이다.

바이러스는 박테리아와 동물을 포함한 동물과 식물에서 미생물에 이르기까지 모든 종류의 생물체를 감염시킬 수 있으며, 감염되는 경우 숙주의 세포는 수천 개의 바이러스를 복제하게 된다. 그림 6.1은 COVID19 바이러스의 감염 경로 및 생장특성을 나타내고 있다.

바이러스는 병균을 함유하는 매개체(vector)를 통해 전파된다. 식물들 간에는 식물에 붙어사는 곤충들에 의해, 동물들 간에는 피를 빨아먹는 곤충들에 의해 전염된다.

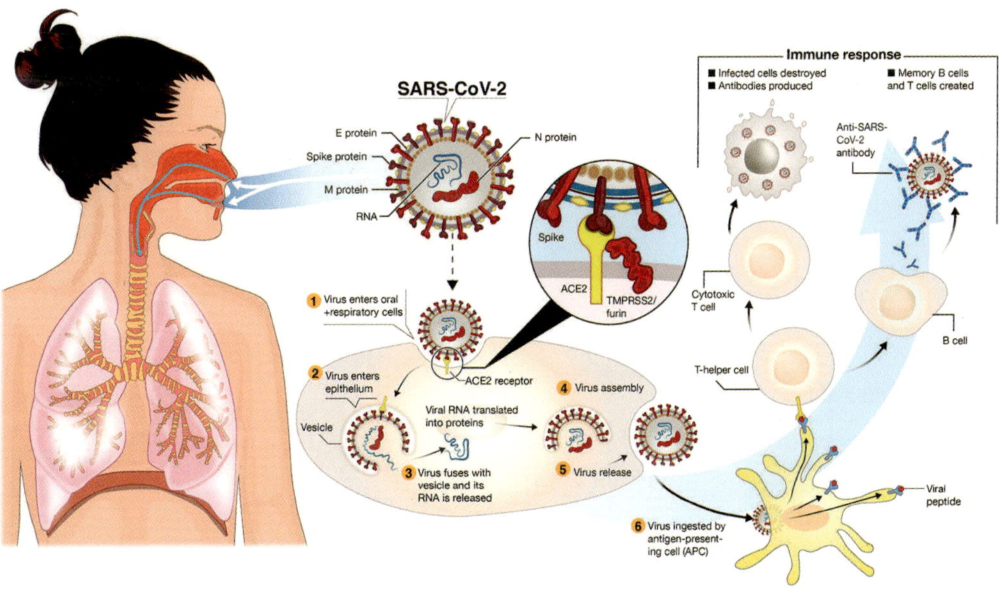

그림 6.1 COVID19 **유발 바이러스의 전염 및 변화특성**
https://en.wikipedia.org/wiki/COVID-19#/media/File:Fphar-11-00937-g001.jpg

독감바이러스(influenza), 수두(chickenpox), 천연두(small pox), 홍역(measles) 등은 기침과 재채기 등에 의해 공기로 감염되며, 소화기에 문제를 일으키는 노로바이러스(norovirus)는 손과 입의 접촉에 의해서 또는 음식이나 물을 통해서 전염된다. 후천적 면역결핍증(HIV)은 성적관계나 혈액에 의해서 전염된다. 바이러스에 감염된 이후 면역이 형성되지만 면역결핍증(HIV/AIDS), 자궁경부암을 유발하는 인체유두종바이러스(HPV) 그리고 간염 바이러스는 면역이 형성되지 않고 만성질환이 되기도 한다. 몇몇의 바이러스에 대해서는 항바이러스제가 개발되어 있으나 변이 속도가 빨라 항바이러스제 개발이 어려우며 그 종류가 제한적이다. 그림 6.2는 바이러스에 의해서 발생하는 인체에의 영향을 나타내고 있다.

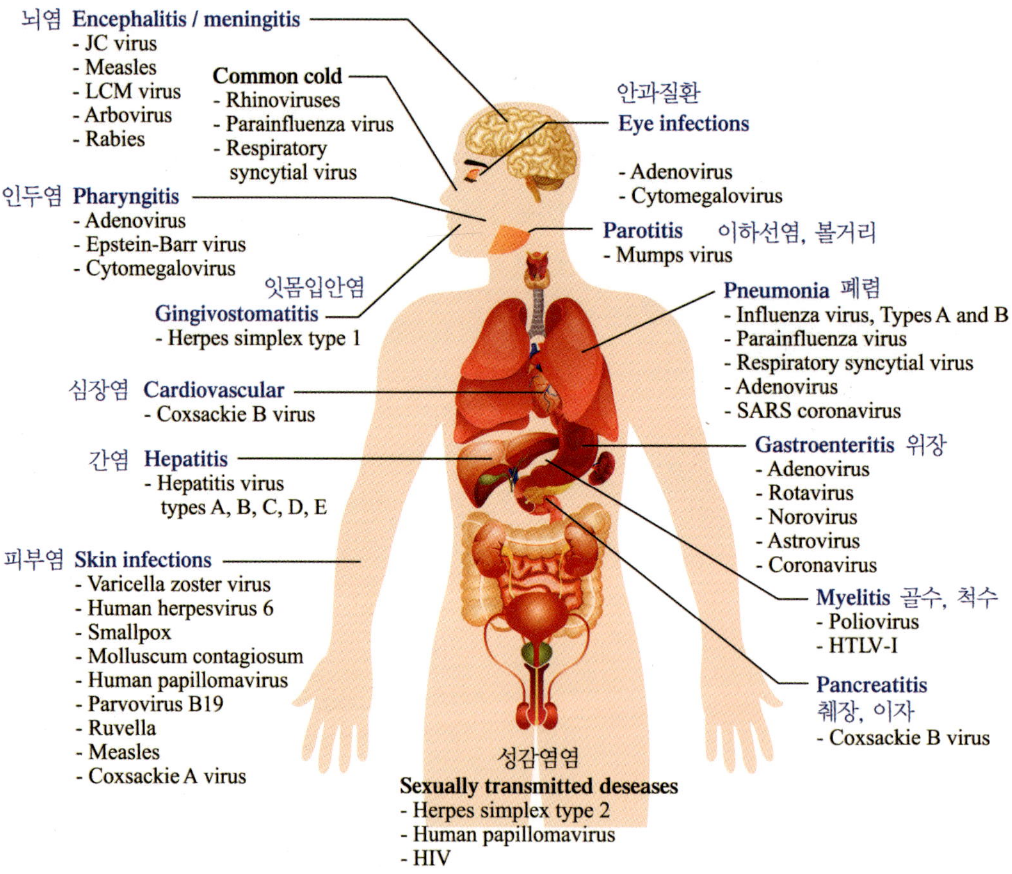

그림 6.2 **바이러스의 감염에 의해서 발생하는 질병**
https://en.wikipedia.org/wiki/Virus#/media/File:Viral_infections_and_involved_species.svg

6.1.2 세균(Bacteria)

세균은 대부분 핵막이 없는 원핵생물로서 핵막이 존재하고 미토콘드리아가 있는 조금 더 복잡한 형태의 세포를 가진 진핵생물과 비교된다. 박테리아는 지구의 어느 곳에나 존재하며 곰팡이와 함께 유기물이나 폐기물을 분해하는 데에 매우 중요한 역할을 한다. 박테리아는 신진대사에 필요한 에너지를 얻는 근원에 따라 빛을 이용하는 광영양(phototrophic) 박테리아, 무기물을 이용하는 무기영양(chemolithotrophic) 박테리아, 그리고 유기물을 이용하는 유기영양(chemoorganotrophic) 박테리아로 구분한다. 사람이나 동물은 내장이나 피부에 수많은 세균을 지니고 있으며, 이 종류들은 대부분 무해하거나 면역에 의한 보호작용으로 인해 인체의 건강에 미치지 않는다. 그러나 콜레라(cholera), 매독(syphillis), 탄저병(anthrax), 나병(leprosy), 결핵(tuberculosis), 파상풍(tetanus) 그리고 흑사병(bubonic plague) 등은 병원균이며 감염성이 있다. 상당히 많은 종류의 항생제가 유해한 세균을 제거하기 위해 개발되어 있으나 가축사육시설이나 양식장에서 무분별하게 사용됨으로 인해서 자연의 수계에 항생제가 출현하면서 생태계에 심각한 수준의 부작용을 유발하기도 한다.

박테리아는 특별한 효소를 생산하거나 특정물질을 변화시키는 능력에 따라 구분하기도 한다. 박테리아는 하폐수처리 공정뿐만 아니라 치즈나 요구르트와 같은 유제품, 김치와 젓갈류 그리고 와인과 같은 주류의 발효과정에 매우 중요한 역할을 한다.

6.1.3 원생동물(Protozoa)

하나의 세포로 이루어진 진핵생물이며 광합성을 하지 않는 생물이다. 운동은 편모, 섬모, 위족으로 하며 운동을 하지 못하는 것도 있다. 원생동물은 크게 편모충류, 육질충류, 포자충류, 섬모충류의 네 가지로 나뉜다. 번식은 주로 이분법과 출아법으로 하며 교미와 접합의 유성 생식도 가능하다. 원생동물은 수생동물 유생의 먹이로 매우 중요하다. 부유 생활을 하는 종류는 때에 따라 이상 증식을 하여 적조 현상 유발하는 경우도 있다. 원생동물은 2～50μm의 포낭(Cyst)을 형성하여 불리한 환경으로부터 피하거나 증식활동을 이어나가기도 한다. 원생동물로 인해 인체에 발생하는 병은 아메바증(amoebiasis), 지알디아(gardiasis), 아프리카수면병(african sleeping sickness), 리슈마니아증(leishmaniasis), 톡소플라스마증(toxoplasmosis), 말라리아(malaria) 그리고 바베시아병(babesiosis) 등이다.

또한 가축에 전염병이 발생할 경우, 대량으로 살처분 및 매립을 시행하면서 처분 지역의 지하수 및 토양에 심각한 2차적 환경문제가 야기될 수 있다. 또한 과밀한 사육에 따른 사료 및 가축 폐기물의 발생 그리고 항생제의 과다한 사용 등이 하천 수질오염의 원인이 될 수 있다. 표 6.1은 최근 문제시되고 있는 가축전염병의 내용에 대해 정리하고 있다.

표 6.1 가축전염병의 종류 및 특징

병명	특징
조류독감 (avian influenza, bird flu, AI)	조류가 걸리는 전염성 호흡기 질환, 드물게 사람에게 감염
구제역(입발굽병) (foot and mouth disease)	소와 돼지 등 가축에 대한 전염성이 높은 급성 바이러스성 전염병. 사슴이나 염소, 양과 기타 소과 우제류(偶蹄類 ; 발굽이 짝수) 가축들, 그리고 코끼리, 쥐, 고슴도치 등 발굽이 두 개로 갈라진 가축들에게 감염. 인체감염은 드묾.
아프리카돼지열병 (african swine fever, ASF)	치명적인 바이러스성 출혈성 돼지 전염병. 사람이나 다른 동물은 감염되지 않고 돼지과(Suidae)에 속하는 동물에만 감염

6.1.4 병원균지표(Pathogen Indicator)

상기한 바와 같이 병원균은 수를 헤아릴 수 없을 만큼 많으며 이들을 일일이 검사하는 것은 불가능하다. 그러나 수질오염 인자 중 병원균의 존재여부를 확인하는 것은 또한 매우 중요한 일이다. 따라서 병원균을 일일이 측정하지 않아도 존재를 확인함으로써 오염정도를 예상할 수 있는 지표와 같은 역할을 하는 균이 있다면 매우 편리할 것이다.

이러한 역할을 할 수 있는 지표 병원균은 다음과 같은 조건을 갖추어야 한다.

① 모든 물의 형태에 적용이 가능할 것
② 병원균이 있을 때는 항상 존재할 것
③ 병원균이 없을 때는 항상 없을 것
④ 이질적 균에 영향을 받지 않고 정량 시험을 할 수 있을 것
⑤ 실험자의 안전을 위해 병원균은 아닐 것

한편, 대장균(Escherichia coliform)의 특징은 다음과 같다.

① 사람 및 동물의 장(腸) 속, 특히 대장에 많이 존재하는 세균으로서 비병원성
② 인간이나 온혈동물의 분변에 함유된 총대장균군의 90% ($10^5 \sim 10^9$ CFU/g) 이상, 특히 사람 분변에 의한 오염 지표 세균
③ 장 속에서는 병원성을 나타내지 않는 것이 보통, 장 이외의 부위에 들어가면 방광염 · 신우염 · 복막염 · 패혈증 유발
④ 열에 대한 저항성이 약하여 60°C에서 약 20분간 가열하면 멸균됨.

대장균의 이러한 특징들은 병원균 지표로서의 조건들을 만족하며 대부분의 병원균보다 동물의 체외에서 오랫동안 생존하고 사멸속도가 지수적이므로 살아있는 균수는 오염된 후의 경과시간을 나타내는 데에도 사용할 수 있다. 우리나라의 하천과 호소의 생활환경 기준에는 총대장균과 분원상 대장균 두 가지 모두를 포함하여 기준을 제시하고 있다.

분원성 대장균(Fecal Coliforms, FC)은 온혈동물의 배설물에서 발견되는 그람음성·무아포성의 간균으로서 44.5°C에서 유당을 분해하여 가스 또는 산을 발생하는 모든 호기성 또는 통성 혐기성균을 말한다.

6.1.5 대장균의 검출방법

우리나라의 수질오염공정시험방법에서는 대장균군 검출방법을 총대장균과 분원성 대장균으로 구분하고 각각 35°C와 44.5°C에서 실험을 실시한다. 검출방법은 다음과

같이 최적확수, 막여과, 평판 집락 시험방법 중 하나를 선택하여 실시한다.

최적확수 시험법(most probable number Test, MPN)은 유당발효에 따른 산과 가스의 생성여부로 대장균을 확인하는 방법으로서 추정, 확정, 완전 3단계의 시험, 실제적으로 검사의 준비와 시험에 많은 노동력 및 장시간(4~6일)이 소요되는 단점이 있다. 최적확수는 시료 100 ml 내의 대장균 군수로 나타낸다.

1) 최적확수 추정방법

① 시료를 3가지의 배율로 희석하여 준비한다(예 : 1000, 100, 10배).

② 유당(lactose broth)을 함유한 큰 시험관에 희석된 시료를 담은 배양 Tube를 거꾸로 장치한다. 배율별 5 set를 준비한다.

③ 대장균이 존재하는 경우 호흡에 의해 Tube 내에 CO_2 기포가 발생

④ 기포가 발생한 Tube의 개수(양성반응)를 표와 비교하여 대장균 수를 추정

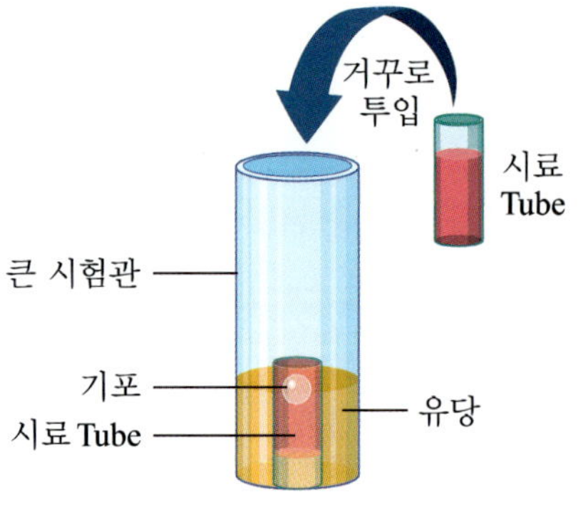

그림 6.3 대장균군 실험 예시

예제 6.1

MPN Test 결과 1배, 10배, 100배 희석한 시료의 양성반응 개수가 4, 2, 1이었다. 이 시료의 최적확수를 추정하라.

표 6.2에서 4－2－1에 해당하는 #/100 ml을 찾으면 MPN은 26/100 ml로 추정할 수 있다.

표 6.2	대장균의 최적확수 실험을 위한 대조표						
Combination of Positives	MPN Index/100ml	95% Confidence Limits		Combination of Positives	MPN Index/100ml	95% Confidence Limits	
		lower	upper			lower	upper
0−0−0	< 2	−	−	4−2−1	26	12	65
0−0−1	2	1.0	10	4−3−0	27	12	67
0−1−0	2	1.0	10	4−3−1	33	15	77
0−2−0	4	1.0	13	4−4−0	34	16	80
1−0−0	2	1.0	11	5−0−0	23	9	86
1−0−1	4	1.0	15	5−0−1	30	10	110
1−1−0	4	1.0	15	5−0−2	40	20	140
1−1−1	6	2.0	18	5−1−0	30	10	120
1−2−0	6	2.0	18	5−1−1	50	20	150
2−0−0	4	1.0	17	5−1−2	60	30	180
2−0−1	7	2.0	20	5−2−0	50	20	170
2−1−0	7	2.0	21	5−2−1	70	30	210
2−1−1	9	3.0	24	5−2−2	90	40	250
2−2−0	9	3.0	25	5−3−0	80	30	250
2−3−0	12	5.0	29	5−3−1	110	40	300
3−0−0	8	3.0	24	5−3−2	140	60	360
3−0−1	11	4.0	29	5−3−3	170	80	410
3−1−0	11	4.0	29	5−4−0	130	50	390
3−1−1	14	6.0	35	5−4−1	170	70	480
3−2−0	14	6.0	35	5−4−2	220	100	580
3−2−1	17	7.0	40	5−4−3	280	120	690
4−0−0	13	5.0	38	5−4−4	350	160	820
4−0−1	17	7.0	45	5−5−0	240	100	940
4−1−0	17	7.0	46	5−5−1	300	100	1300
4−1−1	21	9.0	55	5−5−2	500	200	2000
4−1−2	26	12.0	63	5−5−3	900	300	2900
4−2−0	22	9	56	5−5−4	1600	600	5300
				5−5−5	≥ 1600	−	−

6.2 미량오염물질(Micropollutants)

최근에 자주 거론되고 있는 미량오염물질(emerging micropollutants, EMPs)이란 점오염원 또는 비점오염원에 의해 자연적으로 또는 인공적으로 배출되는 것으로서 매우 적은 농도로 수계에 전달되는 오염물질을 의미한다(Chavoshani et. al., 2020). 미량오염물질은 의약품과 개인관리용품(pharmaceuticals and personal care products, PPCP), 세제, 스테로이드 호르몬제, 산업용화학제품, 살충제를 포함한 매우 다양한 물질에 기인한다. 아직까지도 이들에 대한 자료가 많지 않음으로 인하여 수계에 있어서 이로 인한 오염물질의 영향과 농도 분포를 알 수 없지만 미량오염물질들은 사람의 건강을 포함한 수계의 각종 동식물의 생태계에 영향을 미치고, 난분해성(nondegtradable) 물질로서 수계에 오래 머물면서 생물학적으로 축적될 수 있으며, 독성을 나타낼 수 있으므로 생태계에 즉시 또는 장기적으로 위협이 되고 있다. 현재 전 세계에서 운영되고 있

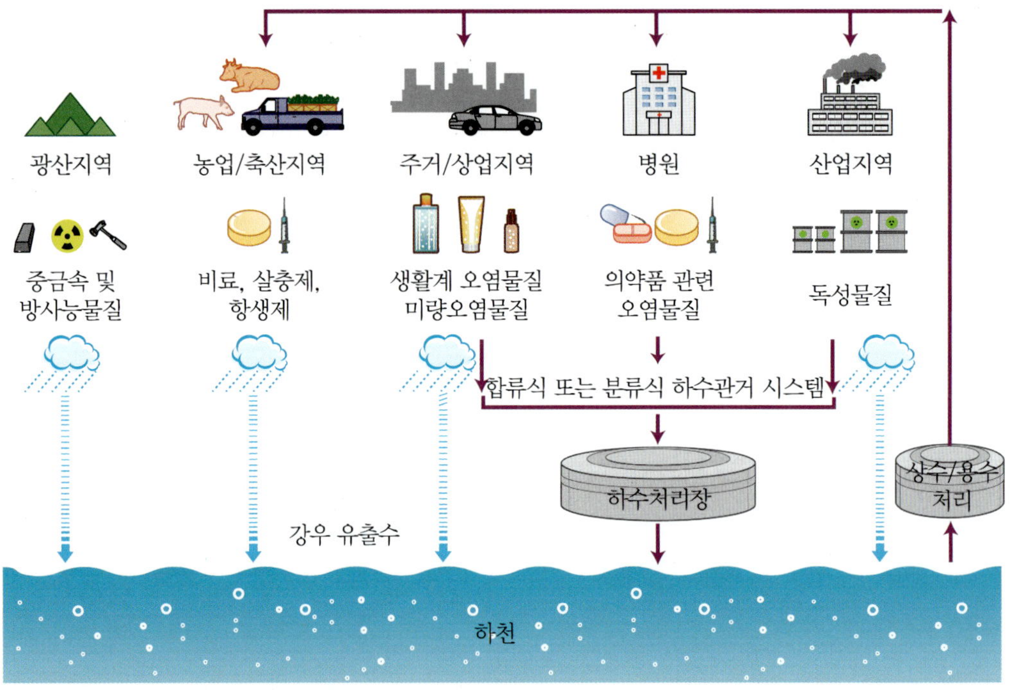

그림 6.4 미량오염물질의 출처 및 이동 경로(예)

는 하수처리장들은 이러한 미량오염물질들을 충분히 처리하는 데에 적절한 시설을 갖추고 있지 않으며 이러한 사실은 조만간 큰 환경적인 문제를 초래할 것으로 예상된다. 따라서 향후의 하수 처리장의 설계 및 건설에는 이러한 문제를 해결할 수 있는 시설을 포함하는 것이 바람직할 것으로 보인다.

6.2.1 의약품 및 개인관리용품(PPCPs)

의약품이란 사람이나 동물 그리고 농산물의 질병을 치료하기 위해 사용하는 항생제, 영양제, 영양보조제, 또는 기타 생리적 기능강화제 등을 의미한다, 개인관리용품(personal care product)은 주로 화장품 종류로서 향수, 로션, 샴푸, 비누, 치약, 자외선 방지용 크림, 또는 생리작용과 관련한 제품들을 포함한다. 위 두 가지를 합하여 상기한 바와 같이 PPCP라고 부르며 이 용어는 자연환경 상태에서 잘 분해되지 않는 의약품(environmental persistent pharmaceutical pollutants, EPPPs)을 포함하기도 한다. 이러한 미량오염물질들은 세척이나 목욕 시 지하수 또는 하수도 또는 기타 수계로 유입될 수 있다. 이러한 오염물질들은 최근의 의약품 및 화장품 시장의 폭발적인 성장으로 크게 증가된 것으로 보고되고 있으며, 주로 하수처리장 방류수에 다량 포함되어 있는 것으로 알려져 있다.

6.2.2 내분비계 교란물질(Endocrine Disruptors)

내분비계(endocrine)는 호르몬과 내분비선, 그리고 수용체로 구성되어 있다. 그림 6.5에 나타난 바와 같이 우리 몸의 각 기관에서는 신체의 발육과 성장, 생식 등 생리적인 기능 조절에 필수적인 역할을 하는 각종 호르몬이 분비되고 있다. 호르몬은 내분비선에서 형성되어 혈액 속에 스며들고 있으며, 극히 작은 양으로도 체내의 상태를 일정하게 유지시키고 신체에 특수한 영향을 미치게 된다. 세포 속에 들어있는 수용체는

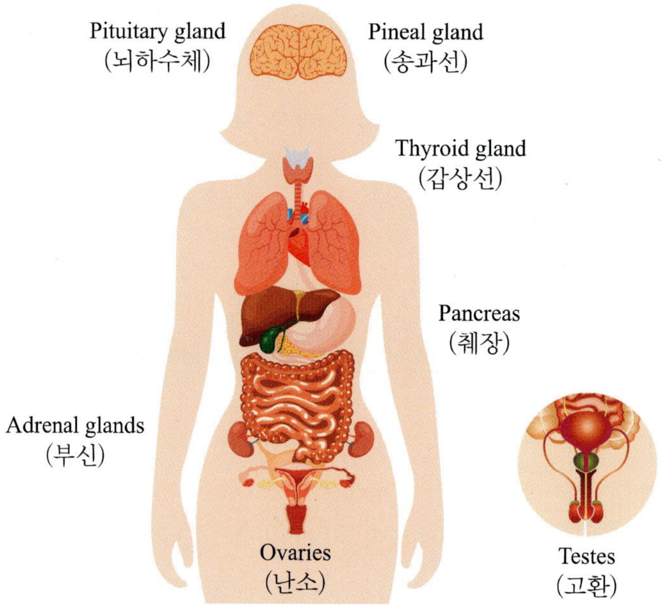

그림 6.5 우리 몸속의 대표적인 내분비계의 종류

호르몬을 인식하고 호르몬과 결합하여 유전자를 활성화시키고 있다.

결과적으로 내분비계는 신진대사를 촉진시키고, 혈압과 혈당량을 조절하며, 생식기관의 성장과 기능을 돕고, 두뇌와 신경계를 발달시키는 등 광범위한 생물학적 과정을 조절하게 된다. 이러한 내분비계는 인간뿐만 아니라 포유동물과 비포유동물, 척추동물과 비척추동물 등 거의 모든 동물에게서 찾아볼 수 있다.

내분비계 교란물질(endocrine disrupters)은 호르몬과 유사한 물질로서 그림 6.6에 나타난 바와 같이 자연적인 호르몬을 흉내 내어 모방, 차단, 촉진 또는 기타 간접적인 영향을 통해 신체 각 부분에서 호르몬의 효과가 나타나지 않거나 정상적인 반응이 나타나도록 방해하는 역할을 한다. 한편 일본에서는 이 내분비계 교란물질을 환경호르몬으로 부르고 있으며, 우리나라에서도 이미 많은 경우에 통용되고 있다.

내분비계 교란물질의 가장 큰 부작용은 면역체계의 약화에 따른 생식기관의 발달, 기능, 배란 등 생식기능에 대한 영향이다. 예를 들어, 여성호르몬인 에스트로겐과 유사한 물질은 생물체 내에서 여성호르몬이 지나치게 증가시킴으로써 수컷의 정자 수가 감소하거나 암컷화 되는 현상을 일으킬 수 있다고 한다. 어린 유생들에게는 성체에서

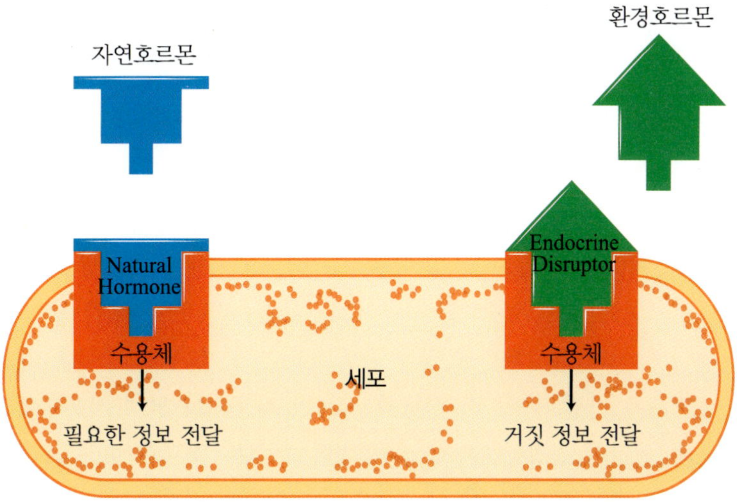

그림 6.6 **천연호르몬(왼쪽)과 환경호르몬 또는 내분비계교란물질(오른쪽)**

는 이상이 없는 농도 수준에 대해서도 민감하게 반응하거나 독성 수준의 영향이 발생할 수도 있다. 인간에게는 이러한 부작용이 소아 청소년의 성조숙증으로 나타나기도 한다. 또한 내분비계 교란물질은 혈당, 대사조절, 중추 및 말초신경계의 발달, 갑상선의 기능 그리고 지능을 포함한 우리 육체와 행동의 항상성의 유지에 영향을 미치는 것으로 알려져 있다.

내분비계 교란물질의 대표적인 종으로서, 플리스틱 병들의 원료 및 금속제 캔의 뚜껑 등에 밀폐성을 향상하기 위해서 라이닝 물질 또는 플라스틱 경화제로 사용되는 BPA (bisphenol A)는 심장병과 당뇨병 및 간의 건강에 영향을 미치며, 방염제로 사용되는 TBBPA (tetrabromobisphenol A)는 갑상성 홀몬계, 뇌하수체의 건강 그리고 불임의 원인으로 알려져 있다.

산업용 냉각제나 윤활제로 사용되는 PCB (polychlorinated biphenyls)와 말라리아 퇴치를 위해 살충제로 많이 사용되었던 DDT (dichlorodiphenyltrichloroethane)와 같은 제초제들 또한 내분비계 교란물질의 대표적인 종류들이다. 베트남전 당시 정글 지대의 나뭇잎을 고사시키기 위해 미군에 의해 다량 사용되었던 고엽제(defoliant)는 TCDD (2,3,7,8-tetrachlorodibenzopdioxin)라는 염기화 다이옥신을 다량 함유한 물질로서 제초제 중에서도 가장 독성이 강할 뿐 아니라 유전적인 문제를 일으키는 것으로 알려져 있다.

한편 고혈압, 부정맥, 고지혈증을 치료하기 위한 약품들과, 진통제, 항우울제, 기관지확장제, 항암제등도 인체의 질병에 사용되는 중요한 약품이지만 내분비계 교란물질로서 사람의 건강뿐만 아니라 수생태계에 심각한 문제를 초래시킬 수 있는 것으로 분류되고 있다.

구리와 카드뮴과 같은 중금속들도 내분비계 교란물질과 유사한 작용을 할 수 있는 것으로 알려져 있다. 내분비계 교란물질은 자연적 및 인공적으로 발생한 미량 오염물질에 의해 발생되는 특성을 나타내고 있으며, 많은 종류의 내분비계 교란물질들은 과거에는 산업, 농업 및 질병의 치료에 사용되어 널리 사용되었으나 결과적으로는 환경과 인간의 건강에 부정적인 영향을 끼치는 것으로 밝혀졌으며 이는 계속적인 물질개발을 통해 제품의 성능을 향상시키고자 하는 인간의 산업 활동 경향에 대한 부작용 중의 하나로서 시사하는 바가 매우 크다고 볼 수 있다.

6.2.3 유기성 미량오염물질(Organic micropollutants)

미국환경부의 분류에 의하면 유기성 미량오염물질은 크게 살균제(biocides), 과불화합물(per- and polyfluoroalkyl substances, PFAS), 의약품 그리고 개인관리용품 등을 포함한다.

살균제는 살충제, 제초제, 소독제, 방부제 등과 같이 사람이나 동물의 건강에 지장을 미치는 작용을 하는 생물들을 제어하는 화학물질 또는 생물학적 제재를 말한다.

과불화화합물은 1940년대부터 식품 포장재, 가정용 세제, 소화기 거품, 코팅이 되어 있는 프라이팬 등 우리의 일상생활에 많이 사용되는 제품에 포함되어 있다. 이 물질은 분해속도가 매우 느리고 인체에 축적될 수 있으며 간기능 및 생식능력, 아동의 성장, 면역기능, 고혈압 및 콜레스테롤 등에 부정적인 영향을 미치거나 호르몬 분비에 부작용을 초래하고 암을 유발하는 화합물질로서 이미 사람과 동물의 혈액에도 어느 정도 존재하고 있는 것으로 알려져 있다. 과불화화합물은 수천 가지에 이를 정도로 매우 다양한 형태의 화학물질로서 PFOA (perfluorooctanoic acid)와 PFOS (perfluorooctane sulfonate)가 과불화화합물의 대표적인 두 가지 종류이며 수중, 공기 중, 토양 중 그리고 물고기의 체내에도 존재하는 것으로 보고되고 있다.

미국 환경보호청(EPA)에서는 고혈압(hypertension약), 부정맥(arrhythmia약), 고지혈증((hyperlipidemia)약), 진통제(painkillers), 항우울제(antidepressants), 기관지확장제(bronchodialators) 그리고 화학적 항암제(chemotheraphy products) 등과 같은 물질들도 미량오염물질로 분류한다. 이 약물들은 환자의 배설물이나 무분별한 폐기로 인해 자연계에 쉽게 유입되고 있다. 따라서 최근에는 약국 등에서 사용하지 않은 약물들을 별로도 수거하는 서비스를 제공하고 있으므로 쓰레기로서 버리지 않도록 해야 한다.

한편, 미국환경부는 상수처리에 있어서 입상활성탄(granular activated carbon, GAC)과 분말활성탄(powdered activated carbon, PAC)을 포함한 활성탄 처리 기법은 PFAS의 제거에 효과적이지 않으며 고압막여과(high pressure membrane filtration)가 효과가 있는 것으로 보고한 바 있다.

6.3 방사능에 의한 오염

모든 물질은 원자(atom)의 집합체로서 에너지 덩어리라고 볼 수 있다. 원자는 양성자, 중성자 그리고 전자가 서로 조화를 이루어야 안정하며, 이 조화가 깨지면 불안정한 상태가 된다. 불안정한 원자는 과도한 에너지를 발생하게 된다. 방사능(radioactivity)이란 위와 같이 잉여 에너지를 방출할 때 나오는 방사선(radiation)을 말한다. 방사선은 보이지 않고 맛도 냄새도 없고 몸에 닿아도 느낄 수 없으나, 몸을 투과하면 분자와 공명하여 세포 파괴, DNA 또는 RNA의 수소결합을 절단하여 유전자를 파괴하거나 변형을 일으킨다. 따라서 일정 수준 이상으로 방사선에 노출되는 경우 인체의 세포가 영향을 받아서 다치거나 심할 경우 목숨을 잃을 수도 있다. 방사선은 원자폭탄에 관여하는 등 매우 위험한 물질이지만 방사선의 성질을 이용하여 원자력 발전이나 골절을 진단하는 데 사용되는 X-선 등과 같이 의학 또는 다양한 과학 분야에서 우리의 생활에 유용하게 사용될 수도 있다.

6.3.1 원자(Atoms)와 핵분열(Nuclear Reaction)

원자는 중심의 원자핵(nucleus)과 그 주위를 도는 전자(electron)로 구성되어 있으며 원자핵은 양성자(proton)와 중성자(neutron)로 구성되어 있다. 양성자의 수는 주기율표의 원자번호(atomic number)가 된다. 예를 들어, 원자핵의 양성자 수가 1, 6, 8개라면 각각 수소(H), 탄소(C) 그리고 산소(O)라는 것을 의미한다. 그리고 이 양성자와 중성자의 개수가 그 핵의 질량수(mass number)가 된다.

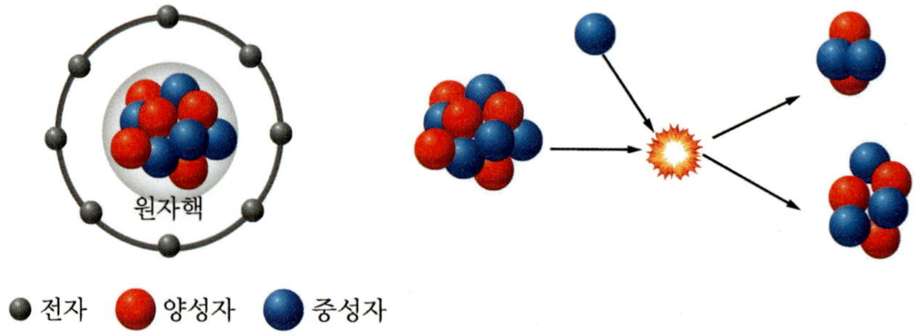

그림 6.7 원자의 구조 및 원자핵의 붕괴(핵분열) 모형

동위원소는 양성자의 수는 같으나 중성자의 수가 다른 물질을 의미한다. 따라서 동위원소는 서로 질량수가 다르다. 예를 들어, 12C, 13C 그리고 14C와 같은 물질들의 양성자 수는 6개로서 모두 같지만 중성자의 수가 각각 6, 7 및 8개로서 결과적으로 질량수가 다르다. 그리고 12C와 13C는 안정한 반면 14C는 불안정하며 계속적으로 변화한다. 이러한 14C의 특징을 이용하여 고대 생물이 살았던 시기를 추정하는 방법이 개발된 바 있다. 양성자가 한 개인 수소(H)의 경우도 중성자가 없는 수소(Protium, 1H), 한 개인 중수소(Deuterium, 2H) 그리고 삼중수소(Tritium, 3H)가 존재한다. 이 물질들은 자연적으로 생성되며 두 개인 삼중수소는 방사능을 띠게 되며 12년의 반감기를 가지고 있는 것으로 알려져 있다.

6.3.2 방사능의 발생

방사의 사전적인 뜻은 중앙의 한 지점에서 사방으로 나아가는 것을 의미하며 주로 뜨거운 물체의 열 또는 에너지가 퍼져나가는 현상을 이야기 한다. 방사선은 영어로는 위와 마찬가지의 철자를 사용하나, 원자력 분야에서는 이는 방사능이라는 에너지 또는 전자기파가 이동하는 현상을 의미한다.

아인슈타인은 다음과 같은 에너지-질량 등가법칙 통해 핵분열 전후에 발생한 질량의 차이만큼 에너지가 발생한다고 발표한 바 있다.

$$E = \Delta mc^2 \tag{6-1}$$

Cs-137 (cesium, 양성자 55, 중성자 82)은 Cs (양성자 55, 중성자 78)의 동위원소로서 주로 원자력 관련 누출 사고 등에 의해 자연계에 노출되며 베타선과 감마선이라는 방사선을 방출한다. 인체에는 물, 음식, 피부에 문제를 일으키고 암을 유발하는 물질로 알려져 있다. 우라늄(U, uranium, 원자번호 91) 또는 플루토늄(Pu, plutonium, 원자번호 94)과 같은 무거운 원자핵이 외부에서 중성자를 흡수하여 쪼개지는 현상이 발생할 수 있으며 결합에너지의 차이만큼 원자핵은 작아지면서 Cs-137과 같이 양성자 수가 작은 방사성 동위원소를 만들게 된다. 동시에 에너지와 2~3개의 중성자가 함께 생성됨으로 인해 이 중성자들이 다른 원자핵들에 흡수되면서 핵분열이 연속적으로 발생하게 되며 이것이 핵분열의 기본적인 원리가 되고 원자력 발전에 이용된다. Cs-137은 반감기가 30년 가량 되며 최종적으로는 안정적인 물질인 바륨(Ba, 양성자 56)의 동위원소 Ba-137m으로 변화한다. Cs-137은 자연계에 노출된 이후 일단 방사능에 대해 안전하다고 판단되기 까지는 최소 60년이 필요한 것으로 알려져 있다.

6.3.3 방사선의 종류

모든 물질이 방사능을 띠는 것은 아니며 방사능을 가진 원자핵, 즉 방사성 핵종(核種)을 함유하는 특정한 물질만이 방사선을 방출한다. 한편, 의료행위 또는 사고와 같은 인공방사선들을 제외하고 우주에서 지구로 날아오는 방사선, 지표면이나 건물에서 나오는 지각방사선, 우리가 섭취하는 음료나 음식에 포함된 방사선, 공기 중에 포함된 방사선이 호흡을 통해 흡입되는 방사선들은 자연방사선이라고 한다. 자연방사능 물질은 우라늄이나 라듐과 같이 비교적 원자번호가 큰 약 40종에 이르는 원소를 의미하며 인공방사능 물질은 원자핵반응에 의해서 인공적으로 방사능을 띠게 한 것으로서 원자번호 1인 수소에서 104번 원소인 쿠르차트븀(kurchatvium)에 이르는 약 1,000종의 방사성 핵종이 존재한다. 인공방사선과 자연방사선을 합하여 환경방사선이라고 부른다.

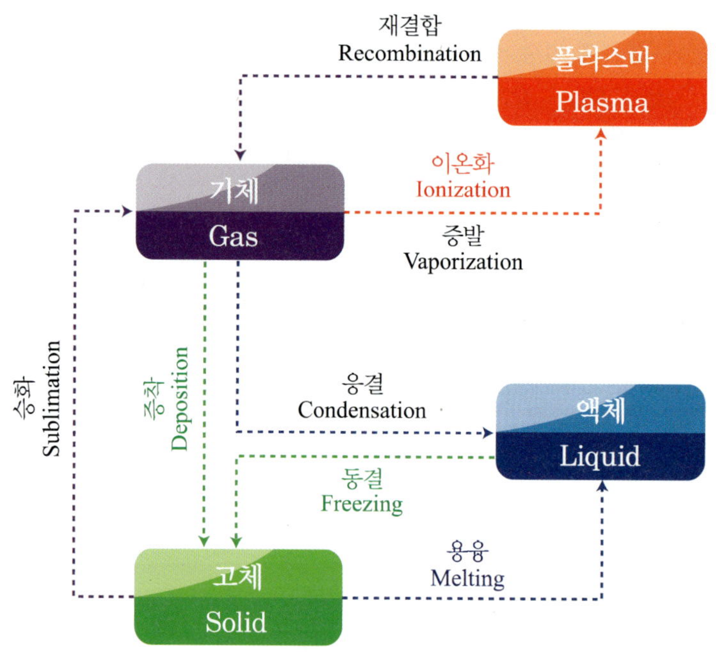

그림 6.8 물질의 상(Phase)의 변화 몇 주요 과정

전리(ionization)는 그림 6.8에 나타난 바와 같이 물질간의 전자기적 상호작용을 통해 원자나 분자가 전자를 얻거나 잃으면서 각각 음성 및 양성을 띠게 되는 현상을 말한다. 여기서 발생하는 전하를 가지는 원자나 분자를 이온이라고 부른다. 또한 전리작용은 방사성물질이 붕괴되면서 물질의 원자로부터 전자를 제거하는 과정에서도 발생하며 방사선의 방출을 동반한다. 전리 작용은 방사선을 검출하는 수단으로도 사용된다.

방사선은 크게 이온화 방사선과 비이온화 방사선으로 구분된다. 이온화 방사선은 전리 방사선이라고도 부르며 우리가 통상적으로 부르는 방사선을 의미한다. 방사선은 종류에 따라 알파선, 베타선, 감마선, 중성자선, 엑스선 등으로 구분되며 표 6.3에 나타난 바와 같다. 비이온화 방사선은 자외선 근처 가시광선, 적외선 그리고 전자파 등을 의미한다.

표 6.3 전리방사선의 종류

방사선 명	특 징
Alpha Rays 알파선	• 높은 원자번호의 핵종에 의해 방출 • 피부를 통과하지 못하나 체내에 유입되면 유해 • 종이와 같은 얇은 물질로 보호 가능
Beta Rays 베타선	• 불안정한 원자의 핵으로부터 방출 • 피부를 투과할 수 있으며 상피와 상피 하에 손상 • 얇은 금속판이나 알루미늄을 통과할 수 없음.
Gamma Rays 감마선	• 파장이 짧고 따라서 에너지가 높음. • 투과력이 커서 밀도가 높은 납이나 철판으로 보호
Neutron 중성자선	• 중성자가 빛처럼 나아가는 방사선의 종류 • 원자로를 가동할 때나 중성자폭탄이 폭발할 때 발생 • 수소와 충돌했을 때 에너지를 잃어버리는 특성에 따라 물 또는 콘크리트로 보호
X-rays 엑스선	• 엑스선은 투과성이 강하여 물체의 내부를 볼 수 있음. • 의료 분야 및 비파괴 검사 등에 널리 사용 • 납이나 콘크리드로 보호

* 방사선 투과능력 : 한국원자력연구원(https://kaeri.re.kr 분류체계 참고)

6.3.4 방사능의 세기

방사능의 강도는 원자핵이 붕괴하면서 방사선을 방출하는 세기를 의미하며 방사능 (R)은 단위시간 당 핵의 붕괴 수(N)로 나타낸다.

$$R = -dN/dt \tag{6-2}$$

이 식을 적분하면 다음과 같이 임의 시간의 핵의 숫자를 나타낼 수 있다

$$N(t) = N_0 - R_t \tag{6-3}$$

여기서, N_0 : 초기 핵의 숫자

방사능의 단위는 퀴리 부인과 함께 노벨상을 수상한 앙리 베크렐(Becquerel)의 이름을 따라 1초에 방사성 붕괴가 한 번 일어날 때 1베크렐(Bq)로 국제표준을 정하였다.

$$1\ \text{Bq (becquerel)} = 1\text{붕괴/sec} \tag{6-4}$$

그러나 실제로는 mega (백만), giga (10억) 또는 tera (1조) Bq를 사용한다. 방사선에 의하여 생성된 공기의 단위 질량(kg)당 생성된 전하량(coulomb, C)은 조사선량이라고 부르며(C/kg) 또는 렌트겐(roentgen, R)의 단위를 사용한다. 1 R은 2.58×10^{-4} C/kg의 조사선량과 같다.

방사선량의 종류는 적용되는 경우에 따라 다소 다른 용어로 불리며, 우리나라 원자력안전위원회의 "방사선방호 등에 관한 기준"에 의한 몇 가지 관련 용어의 정의는 표 6.4에 나타난 바와 같다.

한편 물질의 단위 질량당 흡수된 방서선의 에너지량을 흡수선량이라고 부르며 단위로 그레이(gray, Gy)를 사용한다. 1 Gy의 단위는 다음과 같다.

$$1\ \text{Gy} = 1\ \text{J/kg} = 1\ \text{m}^2/\text{s}^2 \tag{6-5}$$

인체의 피폭선량을 나타낼 때 흡수선량에 해당 방사선의 방사선가중치를 곱한 양으로 나타내며 이를 등가선량(dose equivalent)이라고 부르고 단위로 시버트(sievert, Sv)가 사용된다. 이때 사용되는 방사선가중치는 국제방사선방어위원회(International

표 6.4 방사선방호 등에 관한 기준 용어의 정의(원자력안전위원회 고시)

용어	정 의
조사선량	엑스선 또는 감마방사선(또는 감마선)에 의하여 공기 단위 질량당 생성된 전하량(C/kg 또는 Roentgen, 뢴트겐, R)
흡수선량	물질의 단위 질량당 흡수된 방사선의 에너지(Gray, 그레이, Gy = J/kg)
등가선량	인체의 피폭선량을 나타낼 때 흡수선량에 해당 방사선의 가중치를 곱한 양(J/Kg * 방사선가중치 = sV).
유효선량	인체 내 조직간 선량분포에 따른 위험 정도를 하나의 양으로 나타내기 위하여 각 조직의 등가선량에 해당 조직의 가중치를 곱하여 이를 모든 조직에 대해 합산한 양. 유효선량의 단위로 시버트(sV)가 사용, 인체의 조직 또는 장기에 따라 사용하는 방사선가중치는 별도로 정함.
집단선량	다수의 사람이 피폭되는 경우에 그 집단의 개인피폭방사선량의 합계. 집단선량의 단위로 맨 시버트(man-Sv)가 사용
예탁선량	체내에 존재하는 방사성핵종으로 인하여 그 사람이 일정기간 받게 되는 내부피폭방사선량. 피폭을 고려하는 일정기간은 성인은 50년, 아동은 70년으로 함.

Commission on Radiological Protection, ICRP)의 권고에 따라 광자와 전자에는 1을 적용하고 중성자, 양자 그리고 알파입자는 5~20의 범위의 값을 적용한다.

시버트는 유효선량 또는 선량한도(dose limit)라고 불리는 허용치를 정하는 단위를 나타낼 때 사용한다. 유효선량은 인체 내 조직간 선량분포에 따른 위험 정도를 하나의 양으로 나타내기 위해 각 조직의 등가선량에 해당 조직의 가중치를 곱하여 이를 모든 조직에 대해 합산한 양을 의미한다. 예를 들어, 유효선량이 1 mSv/yr라면 1년 동안 일상생활을 하면서 몸에 누적되는 방사선의 양이 1 mSv를 넘지 않아야 한다는 뜻이 된다. 유효선량의 단위로 시버트(sV)가 사용되며 인체의 조직 또는 장기에 따라 사용하는 가중치는 별도로 정해져 있다.

세계 각국은 병의원 등 의료기관에 설치된 방사선 의료기기에서 발생되는 방사선의 위험으로부터 방사선 관계 종사자들을 보호하기 위해, 종사자의 방사선 피폭선량을 국제방사선방어위원회의 권고에 따라 주기적으로 모니터링하고 관리해야 한다. 표 6.5는 우리나라 질병관리청에 의해서 발표된 X-선을 일시에 전신에 받았을 경우 발생하는 유효선량에 따른 증상을 나타내고 있다. 표 6.6은 방사선 관계 종사자 및 일반인들에 대해 우리나라 질병관리청에서 정하는 방사선량의 한계치를 나타내고 있다.

표 6.5 유효선량이 인체에 미치는 영향(질병관리청)

피폭선량	증 상
0.25 Sv	임상적 증상이 거의 없음
0.5 Sv	백혈구(임파구) 일시 감소
1 Sv	구역질, 구토, 전신권태, 임파구 현저히 감소
2 Sv	5%의 사람이 사망
4 Sv	30일간 50%의 사람이 사망
6 Sv	14일간 90%의 사람이 사망
7 Sv	100%의 사람이 사망

표 6.6 방사선 선량한도(질병관리청)

구분	방사선 관계 종사자	수시/운반 종사자	일반인*
유효선량	5년간 100 mSv (단, 특정 1년에 한하여 50 mSv까지 허용)	연간 12 mSv	연간 1 mSv
특정 장기의 등가선량 • 수정체 • 손, 발, 피부	 연간 150 mSv 연간 500 mSv	 연간 15 mSv 연간 50 mSv	 연간 15 mSv 연간 50 mSv

* 자연방사선, 직업상 피폭, 의료 상 피폭을 제외

대한민국 자연방사선량은 약 3.0 mSv/yr이며 세계평균 자연방사선량 2.4 mSv/yr이다(https://atomic.snu.ac.kr).

방사선 피폭을 줄이기 위해서는

① 방사선원 인근에 머무르는 시간을 최소화고,
② 가능한 한 방사선원에서 먼 거리로 대피하며,
③ 방사선원과 피폭자 사이에 차폐물을 이용하여 피폭선량을 가능한 한 낮게 유지해야 한다.

6.3.5 양성자와 융합

주기율표에 나타난 원소번호는 양성자의 수를 나타낸다. 만약 어떠한 양성자의 수를 바꿀 수 있다면 다른 물질로 바꿀 수 있다. 예를 들어, 중성자가 1개와 2개씩 더 붙어 있는 중수소(2H, Deuterium)와 삼중수소(3H, Tritium)를 융합시키면 다음과 같이 양성자가 4개인 헬륨(helium)을 만들 수 있다.

$$2\mathrm{H} + 3\mathrm{H} \rightarrow 4\mathrm{He} + n + \mathrm{E} \tag{6-5}$$

마찬가지의 이론을 이용하면 두 개의 헬륨으로 양성자가 8개인 베릴륨(B, berilium)을 만들 수 있으며 기타 융합을 통해서 탄소(C, carbon)와 마그네슘(Mg, magnesium)을 만들 수도 있다.

$$4\mathrm{He} + 4\mathrm{He} \rightarrow 8\mathrm{Be} \tag{6-6}$$

$$8\mathrm{Be} + 4\mathrm{He} \rightarrow 12\mathrm{C} \tag{6-7}$$

$$12\mathrm{C} + 12\mathrm{C} \rightarrow 24\mathrm{Mg} \tag{6-8}$$

그러나 이러한 융합은 엄청난 양의 에너지를 요구하며 반응에 정확하게 요구되는 조건이 성립되어야만 가능한 것으로서 자연적으로 이루어지기는 어렵다.

07

부유물질과 미세플라스틱

7.1 부유물질(Suspended Solid)

총부유물질(total suspended solids, TSS)은 물속에 존재하는 부유(suspended) 및 콜로이드(colloid) 형태로 존재하는 고체상의 모든 물질을 통칭하며 시료 내부의 건조중량(mg/L)으로 나타낸다. TSS는 유역의 토양이나 고형폐기물 및 동식물 잔재 등에 의해 지표수로 유입되거나 녹조현상 등에 의한 물속의 조류(algae)의 성장 그리고 지표수 바닥에 축적되어 있던 고형물질의 재부상 등에 의해서 발생한다. TSS는 탁수현상을 동반하여 물고기의 서식처와 산란장을 교란하고 햇빛의 전달을 방해하여 수중 및 바닥의 광합성을 방해하여 생태계의 서식여건에 심각한 문제를 발생시킬 수 있다.

부유물질은 병원균, 유기물, 영양염류, 미량오염물질 및 중금속 등을 포함한 각종 오염물질을 함유하고 있다. 기존 상태보다 부유물질이 증가하는 경우 하천변의 모래사장이 짧은 시간에 식생으로 뒤덮일 정도로 녹지화 되는 경우가 많다. 부유물질은 흡착(adsorption)에 의해 흡착제처럼 작용하여 오염물질을 흡수 제거하기도 하지만 탈착(desorption)현상에 의해서 물속에 오염물질을 방출하기도 한다. 또한 바닥에 침적된 퇴적물 내의 오염물질은 물리적인 재용출 또는 확산작용에 의해 수층으로 이동하여 영양염류 농도를 증가시키거나 산소농도를 감소시키는 등의 수질오염의 원인이 되기도 한다.

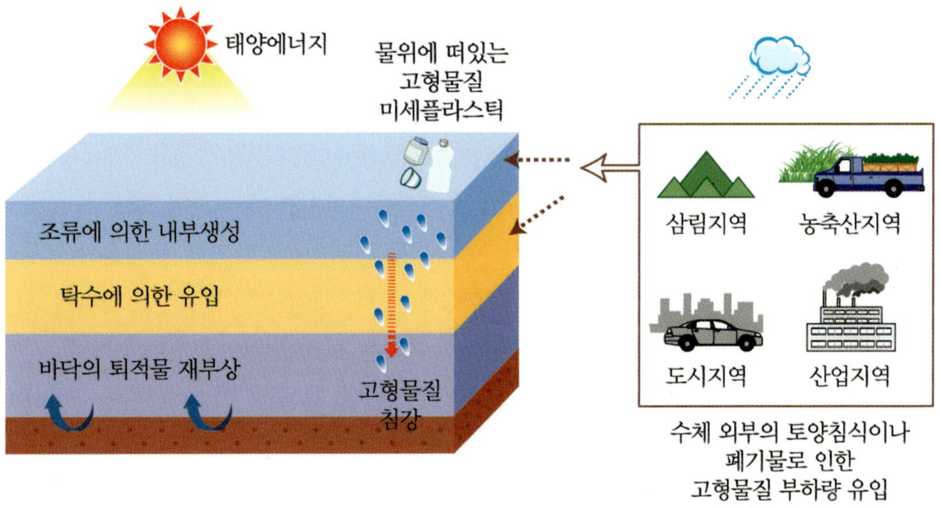

그림 7.1 **수체에 전달되거나 발생되는 고형물질의 원인**

그러나 상류의 댐건설 등으로 인해 부유물질의 공급이 감소하는 경우에는 하천변의 모래사장이 줄어들고 모래의 역할에 적응되어 있던 기존의 생태계에 심각한 변화를 초래하는 경우도 있다. 그림 7-1은 지표수에서 발견되는 부유물질 또는 미세플라스틱의 외부유입원 및 이동특성을 나타내고 있다.

7.1.1 부유물질의 구성

물속의 고형물질은 통상 입자의 크기에 따라 1μm 이하는 콜로이드성 물질로 부르며 표 7.1에 나타난 바와 같이 진흙, 실트 그리고 모래로 구분하여 부른다. 그러나 이 기준은 단순히 입자의 크기로 구분한 물리적인 구분에 불과하다. 실제 고형물질은 무기물뿐만 아니라 유기물 성분도 함께 포함되어 있으며, 유역에서 발생하는 각종 고형폐기물과 그 분쇄된 잔재로 이루어져 있으므로 그 성상과 조성은 매우 다양하다.

미국환경부는 표 7.1에 나타난 바와 같이 63μm 이하의 입경을 가지는 mud (clay and silt)에 해당하는 부분과 250μm 이하의 fine sand로 구성되어 있는 것으로 설명하고 있다(https://www.epa.gov/caddis-vol2/sediments). 우리나라 수질오염공정시험기준(국립환경과학원2022)에 의하면 총부유물질(TSS)은 2 mm 금속망에 통과하는 작은 입자물질을 대상으로 1.5μm 유리섬유여과지를 통과하여 105~110°C에서 2시간 건조하여 측정한 것을 말한다. 여과지를 통과하는 그 외의 물질은 용존물질로 구분한다.

부유물질은 다시 500~600°C에서 15~20분간 태우면 여과지에 남아있는 물질과 휘발된 물질로 나눌 수 있으며 남아있는 물질은 무기물질에 해당하는 강열잔류부유물질(fixed suspended soilds, FSS), 휘발된 물질은 휘발성부유물질(volatile suspended soilds, VSS)이라고 부른다.

표 7.1 고형물질의 입경별 구분 기준

Size Range	Classification 1	Classification 1
< 1μm	colloid	mud
1.0~3.9μm	clay	mud
3.9~62.5μm	silt	mud
62.5~125μm	very fine sand	sand
125~250μm	fine sand	sand
0.25~0.5 mm	medium sand	sand
0.5~1 mm	coarse sand	sand
1~2 mm	very coarse sand	sand
2~4 mm	granule	gravel
4~64 mm	pebble	gravel
64~256 mm	cobble	gravel
> 256 mm	boulder	gravel

7.1.2 부유물질의 발생원인

부유물질은 표 7.2에 나타난 바와 같이 수체 외부에서 발생하여 유입되는 물질(allochthonous 또는 brown solid)과 수체 내부의 광합성에 의해 발생하는 물질(autochthonous 또는 green solid)로 구분할 수 있다. 수체 외부에서 발생하는 brown solid는 토양침식에 기인하는 sand, silt 및 clay 등을 포함한 무기물이 주종을 이루며 그 크기와 성상이 매우 다양하다. 이 물질들은 분해가 잘 이루어지지 않고 주로 침강에 의해서 제거된다. 수체 내부에서 발생하는 물질은 광합성에 의한 1차 생산에 의한 것들로서 수분함량이 많은 유기물 성분이 대부분으로서 대부분 밀도가 낮고 미세한 편으로서 제거하기가 매우 어렵다.

그림 7.2는 입자의 크기 및 하천의 유속에 따른 침식가능성과 이동특성을 나타낸다, 유속이 침식을 위한 속도보다 작은 경우는 바닥의 전단력이 퇴적물을 재부상 시킬 정도의 크기가 되지 않는다. 이 속도보다 유속이 커지는 경우 입자는 침식되어 부유상태가 된다. 바닥의 곡선은 부유상태로 머물 수 있는 최대 유속을 나타낸다. 이 곡선보다 작은 유속에서는 입자가 퇴적층 내에 머무르게 된다.

표 7.2 부유물질의 발생원인

외부에서 유입(토양침식)	하천 내 발생
경작	하천 내 준설
가축 방목	하천 내 선박운행
노출된 하안이나 호안	준설 또는 그물작업
삼림벌채	저류조 침식
건축공사	하천 내 침식
도로공사	수로 변경
지반붕괴	하안의 침식 및 붕괴
삼람화재	얕은 뿌리 식물들
계곡이나 도랑의 침식	저서생물의 영향
저장된 토양이나 폐기물	

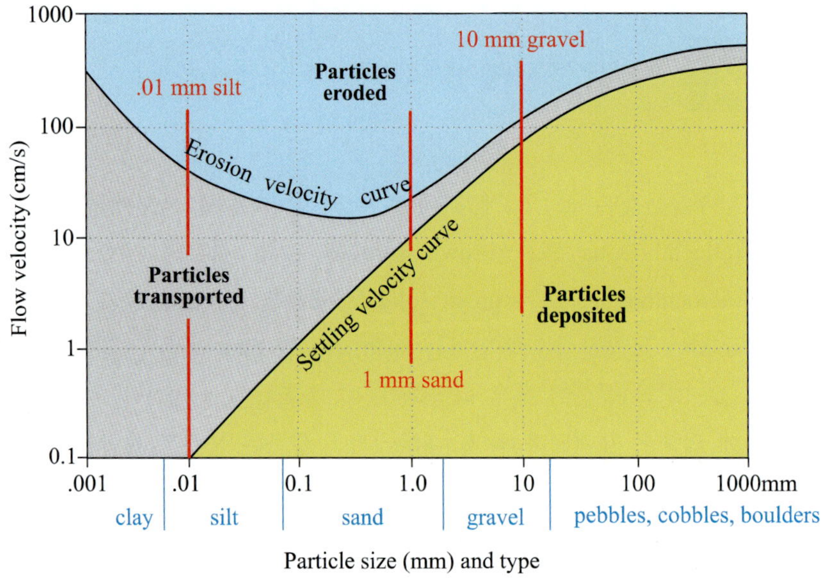

그림 7.2 **하천 유속분포에 따른 고형물질 침식 및 이동특성**
https://opentextbc.ca/geology/chapter/13-3-stream-erosion-and-deposition

7.1.3 부유물질의 침강속도

호수와 같이 고요한 수역에서의 입자는 식(3-13)에 나타난 Stoke's 법칙을 따라 침강속도를 계산할 수 있다. 그러나 난류현상이 심한 하천의 경우에는 이 수식을 사용할 수 없다. 미국 환경부에서 개발한 WASP8 모델의 경우 입자의 침강속도(W_s)를 계산하기 위해 다음과 같은 Van Rijn (1984)이 제안한 다음과 같은 수식을 사용한다.

$$\frac{W_s}{\sqrt{g' D}} = \begin{cases} \dfrac{R_d}{18} & D \le 100\,\mu\text{m} \\ \dfrac{10}{R_d}\left(\sqrt{1+0.01R_d^2}-1\right) & 100\,\mu\text{m} \le D \le 1000\mu\text{m} \\ 1.1 & D > 1000\mu\text{m} \end{cases} \tag{7-1}$$

여기서, $R_d = \dfrac{D_s\sqrt{g' D_s}}{\mu/\rho_w}$, Reynolds number

$g' = g\left(\dfrac{\rho_s}{\rho_w} - 1\right)$

D_s : particle diameter [m]

g : 중력가속도, 9.807 [m/sec^2]

ρ_s : particle density [kg/m^3]

ρ_w : water density [kg/m^3]

μ : absolute viscosity, 0.001 [kg/m-sec] for water

7.2 탁도(Turbidity)

탁도는 물속의 탁한 정도를 나타내는 것으로서 부유물질과 상관이 있지만 부유물질과는 서로 다른 개념이라는 것에 주의해야 한다. 부유물질은 단위 부피당 고형물질의 질량으로서 농도(mg/L)단위로 나타내며, 탁도는 물체에 빛이 투과하기 어려운 정도이며 입자의 농도와는 무관한 광화학적인 현상을 나타내는 것으로서 NTU (Nephalometric Turbidity Unit)라는 단위를 사용한다. 탁도의 원인은 부유물질을 포함하여, 광물질, 박테리아, 조류, 유분 등 물속에 녹아서 색깔 등을 나타내는 물질들을 모두 포함한다. 부유물질의 농도가 높은 경우(예, 300 mg/L 이상) 탁도와 관계식을 제작하여 탁도의 측정으로 부유물질 농도를 추정하는 데 사용할 수 있다. 그러나 저농도에서는 탁도와 부유물질 농도의 상관관계가 우수하지 않으므로 이 방법의 사용에는 주의를 요한다.

탁도는 육안으로 수질을 판단할 수 있는 기본적인 지표이며 과거로부터 흔히 사용되어 왔다. 미국 환경부의 경우는 먹을 수 있는 물은 0.15 NTU 이하일 것으로 정하고 있다.

7.2.1 탁도의 측정

탁도의 측정은 육안으로 측정하는 방법과 탁도계를 이용하여 측정하는 방법이 있다. 육안 측정법은 눈금이 있는 메스실린더 아래에 양초와 같은 광원을 두고 그 안에 시료를 넣어 육안을 통해서 촛불이 보이는 눈금을 읽어 그 값을 탁도 측정값으로 하는 것이며 이 방법은 고안자의 이름을 따서 Jackson Candle Method라고 부른다. 그러나 오늘날 편리한 탁도계가 보급되어 이 방법을 거의 사용하지 않는다.

탁도의 측정에 가장 널리 사용되는 방법은 탁도계를 사용하는 것이다. 탁도계는 현장에서 사용하는 탁도 센서를 이용하는 방법이 주로 사용되며 실험실에서는 빛을 입사시켜 부유물질에 의해 산란된 정도를 광학적으로 측정한다. 그림 6.5는 탁도계의 두 가지 측정원리를 보여 주고 있으며 탁도계의 측정원리는 분광광도계의 원리와 유사하다. Nephelometer는 광원과 측정부가 90도로 배치되어 산란광을 이용하여 측정하는 장치를 말한다. 물이 탁할수록 빛이 흩어지는 산란현상이 심해지며 측정부는 이러한 현상을 감지하게 된다.

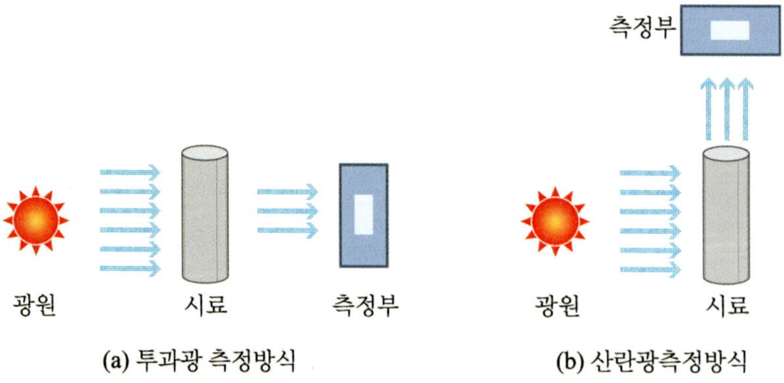

그림 7.3 탁도계의 측정 원리

7.2.2 투명도(Secchi Disk Depth)

호수의 투명도를 측정하기 위해서는 세키디스크(secchi disk, SD)라고 부르는 원형 판을 주로 사용한다. Secchi disk는 이 장치를 고안한 Angelo Secchi 신부의 이름을 따라 명명된 것이며 그림 7.4에 나타낸 것과 같은 20 cm (담수)와 30 cm (해수)의 직경을 가지는 판이다. 실험자는 선박에서 수심이 포시된 줄자 또는 끈을 이용하여 투명도 판을 수심방향으로 이동시키고 투명도 판이 보이지 않을 때의 수심을 투명도(SD, m)로 한다. 통상 물이 맑을수록 더 깊은 곳의 판을 볼 수 있으며, 우리나라 대청호와 같은 경우는 1~4 m 사이로 관찰된 바 있다. 미국의 Lake Tahoe에서는 64 m를 기록한 경우도 보고된 바 있다.

그러나 이 측정 방식은 관찰자의 선박의 크기, 구름, 주변 지형에 의한 그늘 그리고 측정자의 판단기준에 따라 차이가 있는 간접적이고 단순한 측정 방법이다.

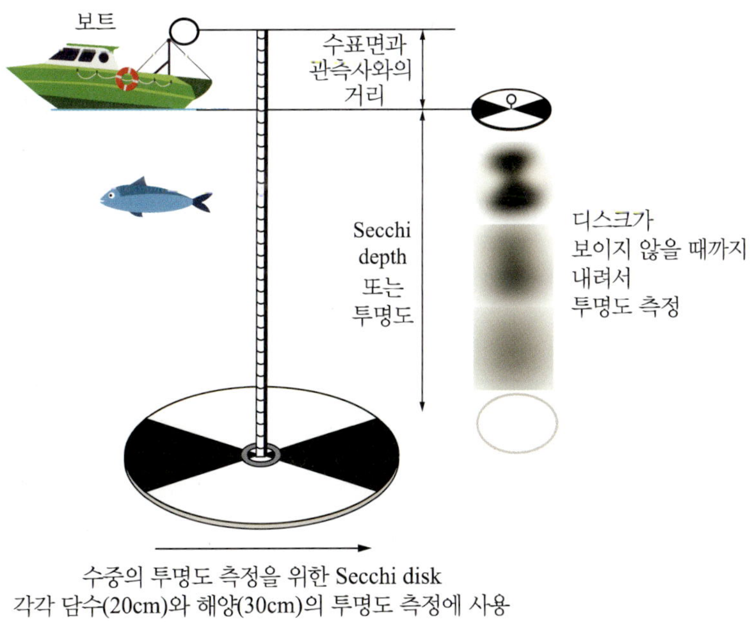

그림 7.4 **지표수의 투명도 측정을 위한** Secchi Disk **및 사용법**

7.3 전기전도도(Electrical conductivity)

전기저항(electrical resistance)은 도체에서 전류의 흐름을 방해하는 정도를 나타내는 물리량으로서 단위는 옴(Ohm, Ω)이고 저항이라고 부른다. 반대로 전기를 얼마나 잘 흐르게 하는 지를 나타내는 물리량은 전기전도도(electrical conductance)라고 하고 전기저항의 역수를 이용하여 모(mho, σ) 또는 지멘스(Siemens, S)로 나타낸다.

전기 전도도는 물체에 전류가 잘 흐르는 정도를 표시하는 양으로서 물질의 고유한 성질이다. 이 용어는 전기 전도율(conductance)과 유사하지만 전기 전도율은 구체적인 형태를 가진 도체에 실제 전기가 흐르는 정도를 뜻하고, G로 표시한다.

전기전도는 수중의 전기를 통하게 하는 이온의 함유량 또는 용존성 물질에 따라 값이 달라지므로 용액 중의 이온세기를 신속하게 평가할 수 있는 지표로서 사용된다. 물 중에 이온 함유량이 많으면 전기가 잘 통하고, 이온이 모두 제거되면 물은 전기를 통하지 않는 부도체가 된다.

한편 비전도도(specific conductivity)는 특정온도 하에서 단위길이나 단위면적을 갖는 물체의 전기 전도도를 나타내는 단위이다. 즉, 비전도도는 단위면적당 단위길이당 저항을 나타내는 전기비저항(resistivity, Ω · cm)의 역수이다. 비전기전도도는 보통 μS/cm로 나타낸다.

7.4 미세플라스틱의 정의 및 종류

미국의 국립해양대기청(National Oceanic and Atmospheric Administration, NOAA)과 유럽화학청(European Chemical Agency)은 미세플라스틱을 크기로 5 mm (또는 0.2 in) 이하인 플라스틱 조각으로 정의하고 있다(https://en.wikipedia.org/wiki/Microplastics). 미세플라스틱의 종류는 매우 다양하며 따라서 수계에 유입되는 경로와 방법 또한 매우 다양하다.

대표적인 미세플라스틱은 화장품, 치약, 의복 등에 포함된 플라스틱이나 플라스틱으로 만들어진 포장재, 음료용 컵이나 병 등이 잘게 부수어져 생성된 것들이며 그리고 수를 셀 수도 없는 산업용 플라스틱 제품들 또한 미세플라스틱의 원인 물질들이다.

미세플라스틱은 수계에 유입되기 이전에 이미 5 mm 이하로 파쇄된 1차 미세플라스틱(primary microplastics)과 수계에 일단 유입되어서 각종의 물리 화학적인 작용에 의해서 파쇄되어 작아진 2차 미세플라스틱(secondary microplastics), 그리고 위 두 가지에 포함되지 않은 기타미세플라스틱으로 구분하기도 한다. 예를 들어, 의복을 착용하면서 닳거나 파손되어서 발생하는 부산물이나 먼지와 같은 것이 이러한 범주에 속한다고 볼 수 있다. 미세플라스틱은 비중이 물보다 작은 물질이 많지만 물보다 큰 것들이 많아서 물 위에 완전히 부유하기도 하고, 물속에 섞여 있기도 하고 바닥에 가라앉아 있기도 한다. 경우에 따라서는 이물질들과 결합하여 비중이 커져서 점차 가라앉는 경우도 있다. 표 7.3은 대표적인 미세플라스틱의 종류 및 밀도를 보여주고 있다.

표 7.3 대표적인 플라스틱의 밀도 분포(예) (g/cm^3) *

Polymer Name		Min	Max
ABS	(Acrylonitrile Butadiene Styrene)	1.000	1.250
ASA	(Acrylonitrile Styrene Acrylate)	1.050	1.250
CA	(Cellulose Acetate)	1.220	1.340
CAB	(Cellulose Acetate Butyrate)	1.150	1.220
CP	(Cellulose Propionate)	1.170	1.240
ETFE	(Ethylene Tetrafluoroethylene)	1.700	1.700
EVA	(Ethylene Vinyl Acetate)	0.920	0.940
EVOH	(Ethylene Vinyl Alcohol)	1.100	1.200
FEP	(Fluorinated Ethylene Propylene)	2.100	2.200
HDPE	(High Density Polyethylene)	0.940	0.970
LCP	(Liquid Crystal Polymer)	1.400	1.800
LDPE	(Low Density Polyethylene)	0.917	0.950
PA	(Polyamide)	1.020	1.770
PBT	(Polybutylene Terephthalate)	1.300	1.600
PC	(Polycarbonate)	1.140	1.520
PCL	(Polycaprolactone)	1.140	1.140

(표 7.3 계속)

PCTFE	(Polymonochlorotrifluoroethylene)	2.100	2.200
PE	(Polyethylene)	1.200	1.280
PEEK	(Polyetheretherketone)	1.260	1.540
PEI	(Polyetherimide)	1.270	1.600
PEKK	(Polyetherketoneketone)	1.270	1.280
PESU	(Polyethersulfone)	1.370	1.600
PET	(Polyethylene Terephthalate)	1.300	1.600
PFA	(Perfluoroalkoxy)	2.100	2.200
PGA	(Polyglycolides)	1.400	1.600
PHB	(Polyhydroxybutyrate)	1.300	1.500
PI	(Polyimide)	1.310	1.430
PLA	(Polylactide)	1.230	1.260
PMMA	(Polymethylmethacrylate/Acrylic)	1.100	1.250
PMP	(Polymethylpentene)	0.835	1.600
PP	(Polypropylene)	0.900	2.000
PS	(Polystyrene)	1.040	1.250
PSU	(Polysulfone)	1.240	1.60
PTFE	(Polytetrafluoroethylene)	2.100	2.300
PVC	(Polyvinyl Chloride)	1.150	1.700
SAN	(Styrene Acrylonitrile)	1.060	1.400
SMA	(Styrene Maleic Anhydride)	1.050	1.200
SMMA	(Styrene Methyl Methacrylate)	1.050	1.130
XLPE	(Crosslinked Polyethylene)	0.915	1.400

* source : https://omnexus.specialchem.com/polymer-properties/properties/density

7.5 미세플라스틱이 환경에 미치는 영향

플라스틱은 제조과정에서 기능의 확보 및 강화를 위해 BPA 등과 같은 각종 유해한 화학물질을 첨가하게 된다. 일반적으로 플라스틱 조각은 농축된 합성유기물을 포함하기 때문에 난분해성유기오염물질(persistent organic pollutants, POPs)로 분류된다. 미세플라스틱은 POP를 각종 생물체에 전달하는 매개체의 역할을 한다.

플라스틱은 수중에 장시간 노출되거나 분해되는 과정에서 환경과 인체에 유해한 각종 오염물질을 유출시킬 수 있다. 석유를 이용하여 만들어진 플라스틱이나 고분자 물질들은 생물학적 분해가 거의 불가능하며 자연계에서 분해되지 않거나 분해속도가 매우 느리기 때문에 수계에 체류하는 시간이 매우 길다. 미세플라스틱은 작은 크기로 인해 잘 보이지 않고 먼 거리를 이동할 수 있으며 바다의 동물에 의해 쉽게 섭취될 수 있다. 민물 및 바다의 물고기들은 인간들에게 중요한 단백질 공급원이지만 이들이 서식이나 성장과정에서 흡입된 미세플라스틱이 인간의 식탁에 오를 수 있는 가능성이 점차 증가할 것으로 예상되며 결과적으로 인간들의 식생활에도 영향을 미칠 수 있다.

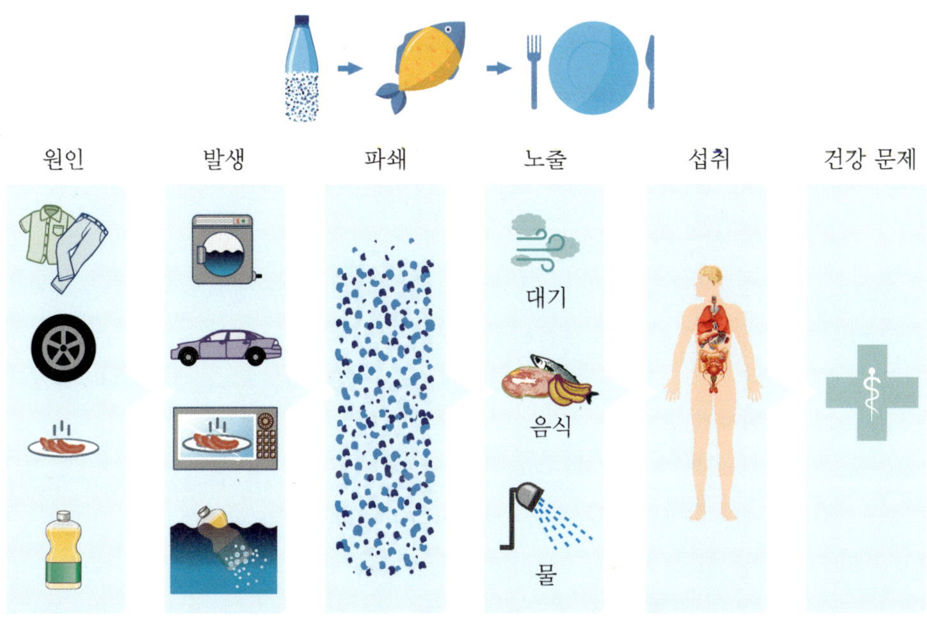

그림 7.5 수중의 미세플라스틱, 물고기 및 식탁의 연계(예)

수계의 바닥에 서식하는 갯지렁이(lugworm)와 같은 환형동물(annelied species)의 내장기관에는 미세플라스틱이 발견된다고 보고되고 있다. 또한 연안에 서식하는 게(shore crabs)의 호흡기관과 소화기관에서도 미세플라스틱이 발견된다고 한다. 바닥에 서식하는 해삼류(sea cucumbers), 산호(corals) 및 동물성플랑크톤도 미세플라스틱을 섭취하고 배설하는 것으로 보고되고 있다. 이러한 호흡, 섭생 및 배설 과정에서 미세플라스틱은 물고기나 동물이 먹이를 취하는 과정에서 체내에 유입되어 축적되거나 고정되면서 내장기관이나 정상적인 운동기능에 심각한 장애를 발생시키기도 한다.

우리의 일상적인 식탁에 자주 사용되는 소금(salt)에도 미세플라스틱과 함께 내분비계 교란물질의 일종인 PET (polyethylene tetraphthalate)와 같은 오염물질이 섞여있는 것으로 보고되고 있으며, PET는 의복의 섬유나 물병 등의 재료로 널리 사용되는 물질이다.

7.6 미세플라스틱의 발생, 이동 및 처리

미세 플라스틱은 토양, 폐기물 등에 다량 분포하지만, 강우유출 또는 직접투기 등을 통해서 하천과 호수 등 지표수에 유입되며 대부분 해양으로 방출된다. 경우에 따라서는 실내와 실외의 대기 중에도 먼지와 같은 형태의 미세플라스틱이 발견되는 것으로 보고되고 있다.

표 7.4는 미세플라스틱이 발생하여 인체의 건강에 영향을 미치기까지의 단계 및 영향요소는 정리하여 보여주고 있다. 각 단계에 영향을 미치는 요소는 표에 나타난 것보다 매우 다양하겠지만 이 표는 개략적인 흐름을 잘 나타내고 있다.

미세플라스틱은 여타의 오염원과 마찬가지로 발생원을 제어하는 것이 가장 바람직한 처리 방법이다. 따라서 플라스틱 제품의 사용을 최소화하고 사용 후 플라스틱 제품의 재이용 또는 재활용을 권장하는 동시에 이동 경로에 따라 처리할 수 있도록 해야 한다. 상당 부분의 미세플라스틱은 하수처리장에서 제거가 가능하지만, 강우에 의한 표면유출수에 의해 이동하는 미세플라스틱에 대한 관리 및 처리방법이 수립되는 것이 바람직하다.

표 7.4 미세플라스틱에 의한 건강 영향 순서표

process (과정)	종류
source (원인물질)	의복, 자동차, 물병, 포장재, 개인용품
emission (배출)	세탁, 여행, 조리, 폐기물
fragmentation (파쇄)	파쇄, 분해,
exposure (노출)	공기중, 음식, 물
dose (흡수)	체내에 흡수
health effect (건강영향)	건강에 지장

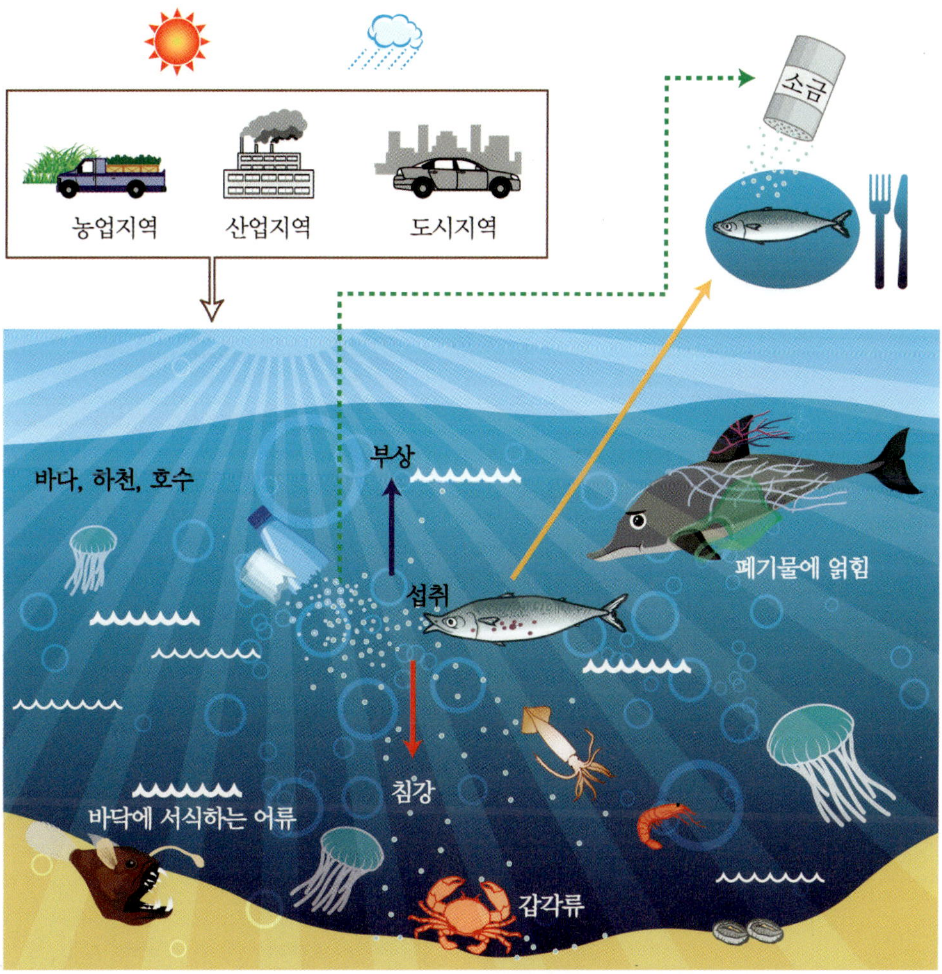

그림 7.6 물속의 미세플라스틱의 원인 및 이동 특성 개념도

제3부 지표수의 현장 조사 및 수질기준

환자의 치료 방법을 결정하기 전에 병원에서는 각종의 검사 결과에 따라 의사에 의한 정확한 진단이 필요하듯, 수질에 문제가 있는 하천이나 호소의 경우에도 검사, 진단 및 처방이 필요하다. 수계의 수질 문제를 해결하기 위한 관리계획을 수립하기 위해서는 다음과 같은 세 가지의 단계가 필요하다. 첫째는 현장의 수질문제가 무엇인지를 파악하는 것이다. 즉, 유기물과 산소의 문제인지, 부영양화와 녹조현상의 문제인지, 독성물질 등에 의한 것인지 또는 여타의 오염물질에 의한 것인지 등을 파악해야 한다. 두 번째는 오염현상의 원인이 무엇인지 파악하는 것이다. 수계의 오염물질은 특정 장소 또는 특정 시간에 유입될 수 있으며 연속적으로 발생할 수도 있고 간헐적으로 발생할 수도 있다. 오염물질의 성상은 액체의 형태로 유입될 수도 있지만, 폐기물이나 토양과 같은 고형물질과 함께 유입될 수도 있고 경우에 따라서는 먼지와 낙진의 형태로 대기를 통해서 유입되거나 기체 형태로 유입될 수도 있다. 마지막으로 수질관리 계획은 위와 같은 현상 상황에 대한 정확한 이해를 바탕으로 가장 효율적인 방법을 선택하여 수립되어야 한다. 여기서 효율이란 단순히 오염물질을 저감하는 것뿐만 아니라 경제, 사회, 문화 및 기술적인 측면에서 지속가능한 방법이어야 하며 주변의 생태계 및 환경에 부작용이 발생하지 않아야 한다.

08

현장 수질 조사

하천의 수질 조사는 하천의 대표적인 수질 현상을 파악하는 것이므로 기본적으로 대표성 있는 시료를 채취하기 위한 적절한 위치와 시기를 선택하는 것이 매우 중요하다. 현장 조사는 현장 및 실험실의 인력 및 장비가 적절하게 지원되어야 하므로 경우에 따라서는 상당한 수준의 비용이 발생한다. 현장의 본격적인 조사에 앞서서 해당 지역에 대한 조사 자료, 측정소 위치 및 지도 등을 이용해서 사전에 충분한 조사를 실시하고 간단한 답사 등을 통해서 전체적인 정보를 미리 파악해 두는 것이 비용 및 조사의 효율 제고를 위해 매우 중요하다.

유역의 강우는 표면 유출을 통해 오염물질을 수계로 전달하는 데에 중요한 역할을 하며 수체 내의 물은 오염물질을 하류로 이동시키는 역할을 한다. 따라서 수질 조사에 앞서서 기상 및 물의 이동상황을 포함한 수문학적 요소를 우선적으로 고려하는 것이 매우 중요하다. 지천 또는 오염원의 유입 및 희석조건 그리고 하천의 물리생화학적 반응 등을 포함한 자정작용 등을 우선적으로 고려하는 것이 중요하다.

그리고 하천의 오염물질은 침강, 여과와 같은 물리적인 방법 흡착, 탈착 및 광화학 반응과 같은 물리화학적인 방법과 분해, 섭취, 배설 등 생화학적 요소가 복잡하게 작용하는 장소로서 오염물질은 자연계의 각종 자정작용에 따라 지속적으로 변화하는 특성을 나타내므로 이를 고려하여 공간적인 수질 조사 지점을 선정하는 것 또한 중요하다.

8.1 수질조사 지점의 선정

수질조사의 목적은 오염원의 유입에 따른 하천의 반응에 따라 관리 대책을 수립하는 것이므로 주요 오염물질 유입원이나 주요 지천은 유입되고 난 후 본류와 순간적으로 완전하게 혼합되는 것이 아니므로 수질 시료 지점을 결정할 때 특별하게 주의를 기울여야 한다.

수질조사는 각 수질사업의 특성에 따라 시공간적 범위가 다르다. 수질 시료는 오염원의 유입위치, 상류의 댐 등에 의한 방류조건, 주요 지류 등의 유입에 따른 물의 흐름과 혼합 상태, 하천의 자정작용 등에 의한 생화학적 반응 등을 고려하여 시료의 채취 위치를 결정해야 한다. 하천과 호소의 물리적 크기가 큰 경우에는 수심과 하폭 방향에 대해 복수의 지점에 대해 시료를 채취할 필요도 있다.

그림 8.1(a)는 조석간만의 영향을 받는 한강하류의 두 가지 하수처리장의 방류수가 유입되는 경우 하천 내의 방류수의 이동 분포를 예측한 결과를 나타내고 있다. 서동일과 유하나(2007)는 대형하천의 수질을 해석할 때 지류 또는 오염물질이 유입하는 경우에 대해서는 하천의 횡방향에 대해서 오염물질의 혼합특성에 대해서 특별히 주의를 기울여야 하는 것을 강조한 바 있다. 그림 8.1(b)는 하천에 오염물질이 유입되었을 경

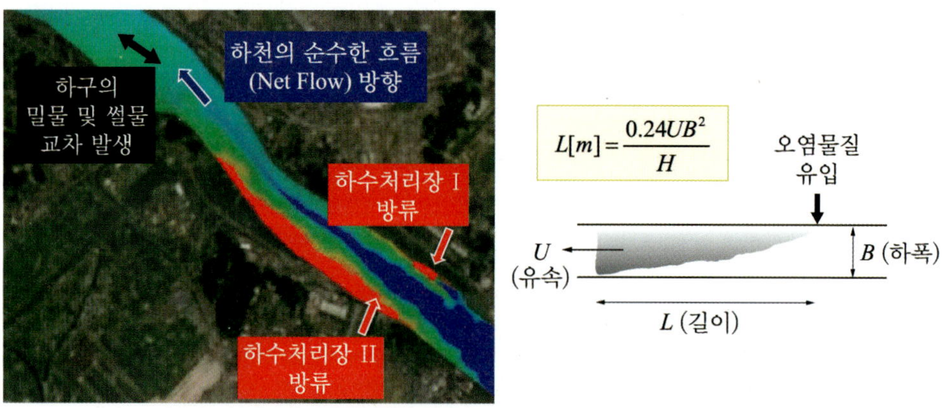

(a) 하구의 오염물질 이동현상 모델링(예) (b) 하천 유입 오염물질 이동 개념도

그림 8.1 하천에 유입된 오염물질의 확산 이송 특성

우 즉시 완전혼합되는 것이 아니며 오염물질이 하천을 따라 이동하는 데 있어서 완전하게 혼합되는 데에는 일정한 거리가 필요한 것을 나타낸다. Yosukura (1968)는 오염물질이 하천변에 유입되고 난 후 완전혼합하는 데 필요한 거리(L)를 계산하기 위해 다음과 같은 식을 제안한 바 있다.

$$L(m) = \frac{0.24UB^2}{H} \tag{8-1}$$

여기서, U : 유속(m/sec)
B : 하폭(m)
H : 수심(m)

Yotsukura는 또한 오염물질이 방류시설을 이용하여 하천의 중앙에서 배출될 경우 완전혼합에 필요한 거리는 절반으로 감소된다고 보았다.

한편 수계의 수질은 하폭을 가로지르는 횡방향 뿐만 아니라 수심(수직)방향 또한 수질의 차이가 있을 수 있으며 이는 수심이 깊어서 성층현상(stratification)이 발생하는 수체의 경우 특히 그러하다. 물의 수온에 따른 밀도는 식(8-2)와 같이 나타낼 수 있다.

$$\begin{aligned}\rho_T\,[\mathrm{kg/m^3}] = 999.842594 &+ 6.793952\times10^{-2}T - 9.095290\times10^{-3}T^2 \\ &+ 1.001685\times10^{-4}T^3 - 1.120083\times10^{-6}T^4 \\ &+ 6.536332\times10^{-9}T^5\end{aligned} \tag{8-2}$$

그림 8.2는 우리나라 대청호에서 사동측정상치를 이용해 5년간 연속으로 관측된 수심별 수온 및 용존산소의 분포의 변화를 나타내고 있다(Seo et al., 2009). 매년 여름 호수의 상층은 태양열에 의해서 수온이 25°C 이상으로 상승하나 약 최대 수심이 40~45 m 가량 되는 깊은 곳의 수온은 10°C 이하로서 상층과 하층의 온도가 큰 차이를 보이고 있다. 이러한 경우 수층의 밀도가 서로 달라짐에 따라 상층과 하층은 마치 기름과 물처럼 분리되는 성층현상이 나타나기 시작한다. 앞서 유기물과 용존산소의 관계에서 설명한 바와 같이 수중의 용존산소는 대기 중에서 녹아들어 온다. 성층현상이 발생하는 경우 대기 중에서 유입된 산소를 포함한 용존물질이 제한된 확산현상으로 인해 상층에만 머물고 하층으로 전달되지 못하게 된다. 결과적으로 하층에서는 유기물의 산화 등에 의해 지속적인 산소소모현상이 발생하고 산소 농도가 점차 고갈되어 혐기성 상태가 발생하여 퇴적물의 오염물질을 용존상태로 변화시켜 재용출에 의한 내

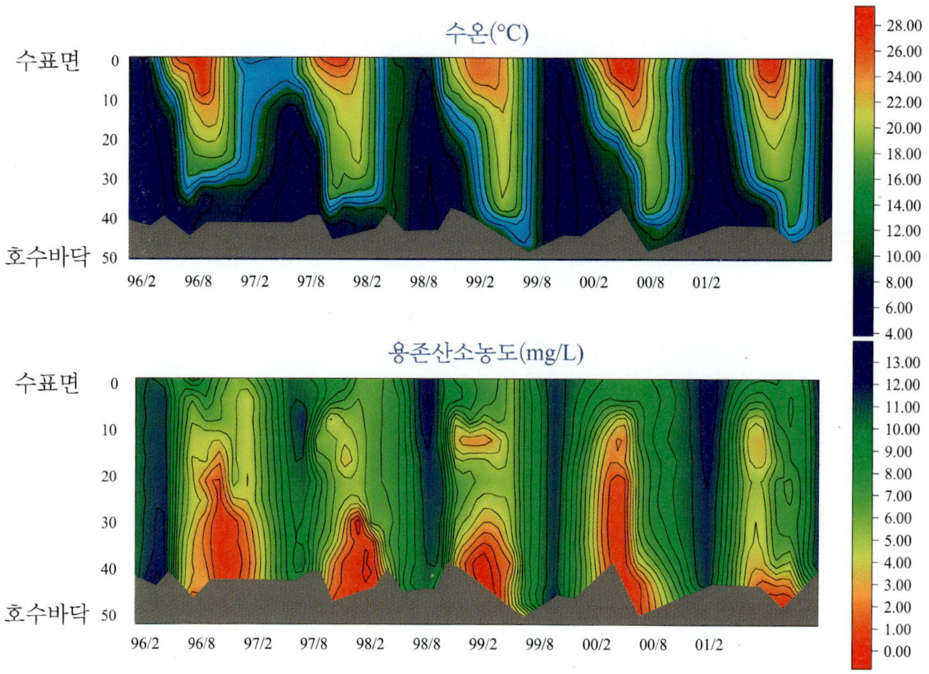

그림 8.2 **대청호 댐축 인근의 수심별 수온 및 용존산소 농도의 연속측정자료**

부오염이 발생할 수도 있다. 대청호의 수온에 따른 성층현상에 의해 하층에서 매년 산소고갈 현상이 반복적으로 발생하는 것을 또한 보여주고 있다. 따라서 호소나 저수지와 같이 수심이 깊은 수체에 대해서는 상층과 하층의 각종 수질농도도 서로 다르다는 점을 고려하여 수질 시료 채취계획을 세워야 한다.

한편 환경부의 수질오염공정시험기준(2021)에는 하천의 단면에서 수심의 가장 깊은 지점과 그 지점을 중심으로 좌우로 수면 폭을 2 등분한 각각의 수면으로부터 수심 2 m 미만일 때에는 수심의 1/3 지점에서, 수심이 2 m 이상일 때에는 수심의 1/3 및 2/3에서 각각 채수하도록 정하고 있다(그림 8.3 참조).

하천에 유입되는 주요 지천의 영향을 파악하기 위해서는 지천의 유량과 수질을 측정해야 한다. 그러나 경우에 따라서 본류의 수위가 지류보다 높은 때가 있으며 이러한 상황에서는 그림 8.4에 나타난 바와 같이 본류가 지류에 거꾸로 역류되어 밀려들어오거나 부분적으로 희석되는 현상이 발생할 수 있다. 따라서 본류와 지류의 특성을 파악하기 위한 시료의 채취는 이러한 영향이 발생하지 않는 곳에서 실시해야 한다.

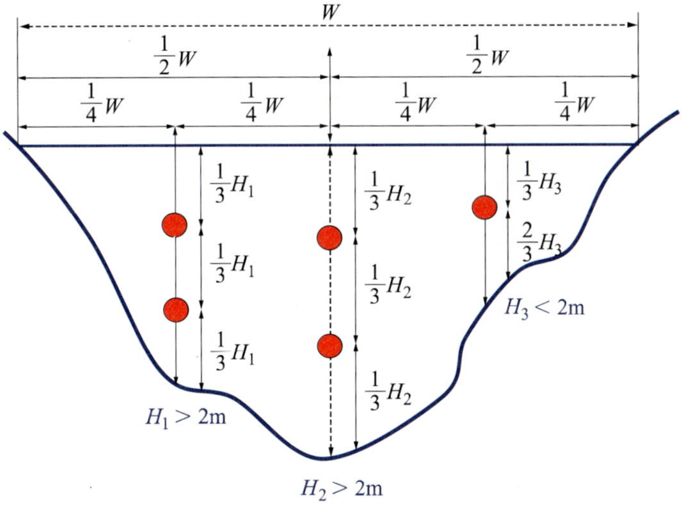

그림 8.3 하천의 수질시료 채취 지점 선정 기준

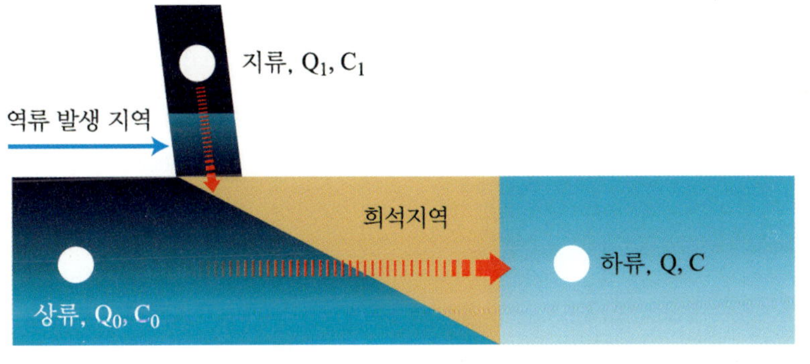

그림 8.4 지천 유입시 역류와 희석을 고려한 채수위치의 결정

이러한 경우 하류의 유량은 질량 보전의 법칙(물의 경우는 연속방정식이라고도 부른다)에 의해 다음과 같이 결정된다.

$$Q = Q_0 + Q_1 \tag{8-3}$$

지천이 유입되고 난 경우는 앞서 그림 8.1과 식(8-1)에 언급한 바와 같이 완전히 혼합되기에는 일정 거리 이상 이격이 되어야 한다. 식(8-1)은 경험식의 일종이므로 실제

각 현장의 희석 여건은 다를 수밖에 없다. 따라서 하류는 따로 시료를 채취하기 보다는 질량보전의 법칙을 이용하여 다음과 같이 구할 수 있다.

$$(Q_0 + Q_1)C = QC = Q_0 C_0 + Q_1 C_1 \tag{8-4}$$

$$C = \frac{Q_0 C_0 + Q_1 C_1}{Q_0 + Q_1} \tag{8-5}$$

이상의 결과를 종합하여 보면 하천이나 호수의 수질 시료 채취는 대표성 있는 시료를 확보하기 위하여 수체의 흐름 방향, 폭 방향 그리고 수심 방향, 즉 x, y 및 z 방향의 3가지 모두의 지점에 대해 수체와 오염물질의 혼합특성을 고려하여 지점을 선정해야 한다.

수질 시료의 채취와 유속 조사를 위해 규모가 작은 수체의 경우 사람이 직접 걸어 들어가서 시료병을 이용하여 채취할 수도 있으나, 수심이 깊고 물살이 센 경우 사람이 직접 들어가는 것은 적극적으로 피해야 한다. 인력으로 측정할 수 없는 경우 하천을 가로지르는 다리, 취수탑 또는 댐 또는 보와 같은 구조물을 이용하여 실시할 수도 있다. 경우에 따라서는 선박이나 원격자동장비 또는 그림 8.5에 나타난 바와 같은 케이블 장비를 이용해서 실시할 수도 있다. 그러나 각 경우에 있어서 대표적인 시료를 채취할 수 있는 지점을 택해야 하는 것은 반드시 고려해야 할 사항이며, 수질 시료를 채취할 경우 반드시 유속 및 유량을 동시에 측정하여 부하량의 측정이 가능하도록 해야 한다.

그림 8.5 하천의 수질시료 채취 방법의 예(자료: www.usgs.gov)

8.2 주기적 조사

대표성 있는 수질 조사를 위해서는 유역의 수문학적 특성, 수체 내의 생화학적 수질 변화, 그리고 오염부하의 유입 특성 등을 적정하게 고려하는 것이 매우 중요하다.

수질 조사의 주기는

① 일회성 또는 간헐적으로 이루어지는 임의 조사(spot check)
② 주간, 월간 등 일정 주기로 이루어지는 주기적 조사(routine check)
③ 지속적으로 시행되는 연속조사(continuous check)
④ 단기간 집중조사(short term intensive survey)

등으로 구분될 수 있다.

수질 조사는 현장 뿐 아니리 실험실의 장비와 인력을 고려한 각종 여건을 고려하여 조사 일정 및 시료의 채취량을 사전에 결정해야 하며 현장 및 실험실에서의 각종 상황에 대한 자세한 사진과 기록이 필수적이다. 시료는 정확한 분석을 위해 요구되는 방법과 채취도구를 사용하여야 하며, 냉장고 또는 아이스박스 등을 이용하여 적절하게 보관하되 될수록 빨리 실험실로 이송할 수 있도록 헤야 한다. 경우에 따라서는 수질 시료뿐만 아니라 플랑크톤이나 퇴적물 등과 같은 시료를 채취할 필요도 있다. 또는 그러나 무엇보다도 측정의 정확도에 앞서 현장 및 실험 요원의 안전과 건강에 미치는 영향에 대헤 각별한 주의가 필요하다.

대규모 및 장기간의 조사를 결정하기 사전에 현장을 방문하여 조사하는 일은 필수적인 과정이다. 그러나 일회성의 방문으로는 충분한 정보를 얻을 수 없으므로 임의 조사는 추후 시행하여야 할 조사 및 관리계획을 설계하기 위한 기본단계로 보는 것이 좋다.

오염물질의 유입주기는 산업체의 가동시간이나 하수처리장 방류수와 같이 오염원의 방류 주기가 예측 가능한 경우 대표적인 시료 채취 주기 또는 시기를 선택하는 것이 가능하다. 그러나 강우에 의한 경우와 같이 시간적으로 불규칙하게 발생하거나 발생하더라도 변동이 매우 심한 경우 매우 짧은 주기 또는 연속적인 조사가 필요하다. 강우에 의한 영향을 고려해야 하는 경우는 수량의 변화율이 급격한 경우 짧은 간격으로 실시해야 하며, 변화율이 감소되는 경우 채취 간격을 점차 증가시킬 수 있다. 그러나 이러한 경우의 시료 채취는 강우의 영향이 완전히 끝날 때까지 실시하는 것이 바람직하다. 또한 조석간만의 영향을 받는 하구역의 경우는 해당 물때를 고려하여 채수 계획을 수립해야 한다. 그러나 조사 빈도가 증가할수록 수질 조사의 장비, 인력 및 비용이 더 많이 필요하게 되므로 현실적인 상황을 고려하여 적정 수준의 빈도를 선택하는 것이 바람직하다.

우리나라 환경부는 지표수의 수질관리를 위해서 수질일반측정망, 수질총량측정망, 수질자동측정망 및 퇴적물측정망 등을 운영하고 있다(표 8.1 참조).

우리나라 환경부의 수질일반측정망에서는 하천수, 호소수, 농업용수 및 기타하천(산단하천 또는 도시하천)을 대상으로 하고 있다. 일반적 수질항목은 월 1회를 측정 기본으로 하고 있으며 기타 중금속이나 독성물질들은 1~4회/년으로 정하고 있다. 그러나 하절기 녹조현상이 발생하거나 수질오염현상이 발생하는 경우에는 측정빈도를 일주일 단위 또는 그 이하로 단축하여 측정하기도 한다. 수질오염총량제를 위한 수질측정지점에서는 8일 간격의 수질측정이 되며 자료들은 환경부의 물환경정보시스템(https://water.nier.go.kr/web)에 수록되어 있다. 표 8.2는 2015년 현재 환경부의 수질측정망 조사 지점을 나타내고 있으며 표 8.3은 조사지점 별 측정 주기를 나타내고 있다.

표 8.1 환경부 수질측정망의 종류(자료관리 및 평가-국립환경과학원)

명칭	수질일반측정망	수질총량측정망	수질자동측정망	퇴적물측정망
목적	• 하천 호소 등 공공수역에 대한 수질현황 및 추세파악 • 주요 환경정책의 효과분석 및 정책수립을 위한 기초자료 확보	• 오염총량관리 시행지역의 수질현황 및 총량제 이행사항 평가 • 단위유역의 수질, 유량 등 총량관리에 필요한 기초자료 확보	• 수질오염 사고 시 신속한 대응조치를 위한 수질감시 경보 체계 운영 • 수질예보제 운영 지원 등 수질 일반측정망의 보완 기능	• 수저 퇴적물의 환경질(Sediment Quality) 평가 • 퇴적물이 수질과 수생태계에 미치는 영향에 대한 기초자료 확보
조사기관	• 유역(지방) 환경청 • 4대강 물환경연구소 • 시도보건환경연구원 • 한국수자원공사 • 한국농어촌공사	• 4대강 물환경연구소	• 유역 환경청 • 4대강 물환경연구소 • 한국환경관리공단	• 4대강 물환경연구소

표 8.2 환경부 수질측정망 조사 지점(환경부, 2015)

구분		계	일반측정망						총량 측정망 (일반병행)	자동 측정망	퇴적물 측정망	
			소계	하천	호소	농업용수	도시관류	산단하천			하천	호소
계		2423	1825	574	189	955	37	70	270 (150)	70	174	84
환경청	소계	450	980	229	81	–	–	70	–	70	–	–
	한강유역	69	55	30	7	–	–	18	–	14	–	–
	낙동강유역	42	35	18	2	–	–	15	–	7	–	–
	금강유역	70	58	30	20	–	–	8	–	12	–	–
	영산강유역	68	59	32	19	–	–	8	–	9	–	–
	원주지방	95	86	57	24	–	–	5	–	9	–	–
	대구지방	68	51	40	2	–	–	9	–	17	–	–
	새만금지방	38	36	22	7	–	–	7	–	2	–	–
4대강 물환경 연구소	소계	579	51	44	7	–	–	–	270 (150)	–	174	84
	한강	142	17	12	5	–	–	–	62 (48)	–	39	24
	낙동강	182	17	17	-	–	–	–	93 (27)	–	60	12
	금강	127	9	8	1	–	–	–	58 (17)	–	37	23
	영산강	128	8	7	1	–	–	–	57 (13)	–	38	25
시·도	소계	331	331	271	23	–	37	–	–	–	–	–
	서울	23	23	23			-					
	부산	22	22	5	–	–	17	–	–	–	–	–
	대구	7	7	3	2	–	2	–	–	–	–	–
	대전	17	17	14	–	–	3	–	–	–	–	–
	인천	4	4	2	–	–	2	–	–	–	–	–
	광주	4	4	2	2	–	-	–	–	–	–	–
	울산	20	20	16	–	–	4	–	–	–	–	–
	경기	68	68	50	18	–	–	–	–	–	–	–
	강원	19	19	19	–	–	–	–	–	–	–	–
	충북	33	33	33	–	–	–	–	–	–	–	–
	충남	31	31	31	–	–	–	–	–	–	–	–
	전북	20	20	15	–	–	5	–	–	–	–	–
	전남	13	13	13	–	–	-	–	–	–	–	–
	경북	10	10	10	–	–	-	–	–	–	–	–
	경남	40	40	35	1	–	4	–	–	–	–	–
	제주	–	–	–	–	–	–	–	–	–	–	–
한국수자원공사		108	108	30	78	–	–	–	–	–	–	–
한국농어촌공사		955	955	–	–	955	–	–	–	–	–	–

표 8.3 환경부 수질측정망 조사항목, 횟수 및 주기 1/2 (환경부, 2015)

<table>
<tr><th colspan="2">구분</th><th>조사항목</th><th>일반 지점</th><th>총량지점</th><th>중권역 대표</th><th>주요 지점</th><th>보 지점</th><th>예보지원</th></tr>
<tr><td rowspan="14">일반·총량측정망</td><td rowspan="9">하천수</td><td>페놀류, 분원성대장균군수, 총대장균군수</td><td rowspan="4">12회/년 (매월)</td><td>–</td><td rowspan="4">12회/년 (매월)</td><td rowspan="4" colspan="2">48회/년 (매월 4회)</td><td>*</td></tr>
<tr><td>TOC</td><td rowspan="2">36회 이상 /년 (평균 8일)</td><td>*</td></tr>
<tr><td>pH, DO, BOD, COD, SS, 총질소, 총인, 수온, 전기전도도</td><td rowspan="3">36회 이상 /년 (평균 8일)</td></tr>
<tr><td>NH_3-N, NO_3-N, DTN, DTP, PO_4-P, 클로로필a</td><td>–</td></tr>
<tr><td>유량</td><td>–</td><td>36회 이상 /년 (평균 8일)</td><td>–</td><td>–</td><td>–</td></tr>
<tr><td>Cd, CN, Pb, Cr^{6+}, As, Hg, 안티몬, ABS</td><td>4회/년 (3, 6, 9, 12월)</td><td>–</td><td>4회/년 (3, 6, 9, 12월)</td><td colspan="2">12회/년 (매월)</td><td>*</td></tr>
<tr><td>TCE, PCE, 사염화탄소, 1.2-디클로로에탄, 디클로로메탄, 벤젠, 클로로포름, 1.4-다이옥세인, 포름알데히드, 헥사클로로벤젠</td><td>–</td><td>–</td><td colspan="2">2회/년 (3,9월)</td><td>–</td><td>–</td></tr>
<tr><td>PCB, 유기인</td><td>–</td><td>–</td><td colspan="2">1회/년(7월)</td><td>–</td><td>–</td></tr>
<tr><td>디에틸헥실프탈레이트(DEHP)</td><td>–</td><td>–</td><td>1회/년 (10월)</td><td>–</td><td>–</td><td>–</td></tr>
<tr><td rowspan="5">호소수</td><td>TOC, 페놀류, 분원성대장균군수, 총대장균군수, 투명도</td><td rowspan="2">12회/년 (매월)</td><td>–</td><td rowspan="2" colspan="2">12회/년 (매월)</td><td>–</td><td>12회/년 (매월)</td></tr>
<tr><td>pH, DO, BOD, COD, SS, 총질소, DTN, NH_3-N, NO_3-N, 총인, DTP, PO_4-P, 수온, 전기전도도, 클로로필a</td><td>–</td><td>–</td><td>36회 이상 /년 (평균 8일)</td></tr>
<tr><td>Cd, CN, Cr^{6+}, As, Hg, 안티몬, ABS</td><td>4회/년 (3, 6, 9, 12월)</td><td>–</td><td colspan="2">4회/년 (3, 6, 9, 12월)</td><td>–</td><td>4회/년 (3, 6, 9, 12월)</td></tr>
<tr><td>TCE, PCE, 사염화탄소, 1.2-디클로로에탄, 디클로로메탄, 벤젠, 클로로포름, 1.4-다이옥세인, 포름알데히드, 헥사클로로벤젠</td><td>–</td><td>–</td><td>–</td><td>2회 /년 (3, 9월)</td><td>–</td><td>–</td></tr>
<tr><td>PCB, 유기인</td><td>–</td><td>–</td><td>–</td><td>1회, (7월)</td><td>–</td><td>–</td></tr>
</table>

표 8.3 환경부 수질측정망 조사항목, 횟수 및 주기 2/2 (환경부, 2015)

<table>
<tr><th colspan="2">구분</th><th>조사항목</th><th>일반 지점</th><th>총량 지점</th><th>중권역 대표</th><th>주요 지점</th><th>보 지점</th><th>예보 지원</th></tr>
<tr><td rowspan="7">일반·총량측정망</td><td>농업용수</td><td>pH, DO, BOD, COD, TOC, SS, 총질소, 총인, 수온 Cu, Pb, Cd, As, Hg, Cl^-, 전기전도도, 클로로필a, Cr^{6+}, CN</td><td>4회/년
(2, 5, 8, 10월)</td><td>–</td><td>–</td><td>–</td><td>–</td><td></td></tr>
<tr><td>도시관류</td><td>'하천수'와 같음</td><td></td><td></td><td></td><td></td><td></td><td></td></tr>
<tr><td rowspan="5">산단하천</td><td>pH, DO, BOD, COD, TOC, SS, 수온, 전기전도도</td><td>24회/년
(매월 2회)</td><td>–</td><td>–</td><td>–</td><td>–</td><td>–</td></tr>
<tr><td>Cd, CN, Pb, Cr^{6+}, As, Hg, Cu, Zn, Cr, F, 안티몬, ABS, 색도, 총질소, 총인, 페놀, N-핵산, 용해성Mn, 용해성Fe, 총대장균군수</td><td>12회/년
(매월)</td><td>–</td><td>–</td><td>–</td><td>–</td><td>–</td></tr>
<tr><td>TCE, PCE, 사염화탄소, 1,2-디클로로에탄, 디클로로메탄, 벤젠, 클로로포름, 1,4-다이옥세인</td><td>1회/년
(11월)</td><td>–</td><td>–</td><td>–</td><td>–</td><td></td></tr>
<tr><td>PCB, 유기인</td><td>1회/년
(7월)</td><td></td><td></td><td></td><td></td><td></td></tr>
<tr><td>디에틸헥실프탈레이트(DEHP)</td><td>1회/년
(10월)</td><td></td><td></td><td></td><td></td><td></td></tr>
<tr><td colspan="2">자동 측정망</td><td>(기본) 수온, pH, DO, EC, TOC
(선택) TN, TP, NH_3-N, NO_3-N, PO_4-P, 탁도, 클로로필-a, 페놀, Cu, Pb, Zn, Cd, VOCs (9종 10개 항목), 생물감시(물벼룩, 조류, 미생물 등)</td><td colspan="6">실시간 측정</td></tr>
<tr><td rowspan="2">퇴적물측정망</td><td>하천</td><td>최고 수심, 표층 현장항목(수심, 수온, DO, pH, 전기전도도), 저층 현장항목(수심, 수온 DO, pH, 전기전도도), 입도, 함수율, 완전연소가능량, CODsed, TOC, 총질소, 총인, 수용성인(SRP), Pb, Zn, Cu, Cr, Ni, As, Cd, Hg, Al, Li</td><td colspan="6">2회/년
(상반기 3~6월, 하반기 9~11월)</td></tr>
<tr><td>호소</td><td>하천 항목 외에 투명도, PCBs (10동족체), PAHs (16종), DDTs (6종), VOCs (12종)</td><td colspan="6">1회/년
(상반기 3~6월)</td></tr>
</table>

그러나 환경부의 수질측정망은 총량측정망을 제외하고 모든 지점에서 유량측정이 함께 실시되지 못한다는 중요한 문제점이 있다. 식(8-7)에 나타나난 바와 같이 수질농도, C (mg/L 또는 g/m^3)는 오염물질의 질량, M (g)을 물의 부피, V (m^3)로 나눈 상대적인 값이다. 그리고 식(8-8)에 나타난 바와 같이 동일한 시간의 수질 농도, C와 유량, Q (m^3/sec)을 곱해야만 오염부하량 W (g/sec)를 산정할 수 있다. 따라서 수질 농도(C), 유량(Q) 그리고 오염부하량(W)은 모두 같은 시간에 측정된 것이어야 한다.

$$C(\mathrm{g/m^3}) = \frac{M(\mathrm{g})}{V(\mathrm{m^3})} \tag{8-7}$$

$$W(\mathrm{g/sec}) = C\frac{(\mathrm{g})}{(\mathrm{m^3})}\ Q\frac{(\mathrm{m^3})}{(\mathrm{sec})} \tag{8-8}$$

이에 따라 수질오염총량제를 위한 측정 지점에서는 수질농도와 유량이 함께 측정되나, 홍수기와 같이 접근이 어려울 경우에는 주변의 자료를 이용한 간접적인 방법을 사용할 수밖에 없으며, 이러한 경우 오염총량의 계산에 큰 오차가 발생할 가능성이 높다. 우리나라 주요 지점의 수위 및 유량은 국가수자원종합관리시스템(WAMIS, www.wamis.go.kr)에서 찾아볼 수 있다. 그러나 우리나라의 공식 수질 측정망과 유량 측정망은 시기와 위치가 다른 경우가 대부분이다. 이 두 가지의 국가측정망의 자료들을 어떻게 잘 연결해서 사용할 수 있는 지에 대한 과학적인 고민이 필요하다.

8.3 자동 또는 원격조사

8.3.1 수질원격감시체계

한편 물환경보전법에서는 환경관리공단을 통해 수질원격감시체계(Tele-Monitoring System, TMS)를 운영하도록 정하고 있다. 이 제도에서는 700 m^3/일 이상의 공공하수처리시설 및 공공폐수처리시설 그리고 폐수배출량 200 m^3/일 이상의 1～3종 공동방지시설에 대해 자동측정기기를 부착하여 운영하도록 정하고 있다. 하수처리장 방류수 등 TMS 측정망은 5분 단위 자료를 기준으로 1시간 자료를 적산 및 평균하고, 이 1시간 간격자료를 3시간 단위로 이동 평균하여 수질 평가에 사용한다. 자동측정 대상 수질항목은 pH, COD, SS, TN 및 TP 등이다. TMS 자료는 환경관리공단의 수질원격감시체계(https://www.soosiro.or.kr)를 통해서 열람이 가능하다. 자세한 측정 내용과 운영방법 등에 대한 내용은 수질 TMS 업무편람(환경관리공단, 2019)을 참조하기 바란다. 그러나 TMS는 오염물질 처리장의 배출수를 감시하기 위한 것이며 표 8.4에 소개되어 있는 수질자동측정망은 일반 하천과 호소에 설치되어 있는 것으로서 모두 환경관리공단이 관리하지만 서로 다른 별도의 시스템들이다.

표 8.4 환경부 수질자동측정망의 측정항목

설치목적	측정항목	
	공통	선택
수질감시	수온, pH, DO, EC, TOC	탁도, TN, NH_3-N, NO_3-N, TP, PO_4-P, 페놀, chl-a, 중금속(Cu, Pb, Zn, Cd), VOCs*, 생물감시**
수질관리		탁도, TN, TP

* VOCs (Benzene, Carbon Tetrachloride, Ethylbenzene, Toluene, (o,m,p-)Xylene, Dichloromethane, Tetrachloroethylene, Trichloroethylene, 1.1.1-trichloroethane)

** 생물감시(물벼룩, Daphnia Magna) 이용

8.3.2 환경부의 국가수질자동측정망

환경부의 국가수질자동측정망은 그림 8.6에 나타난 바와 같이 전국의 주요 하천과 호소의 지점에 설치되어 있다. 이 장치들은 실시간으로 수질오염 상태를 감시하고 오염사고 발생 시 상수원 보호 및 하천 수질관리를 방법을 적용하기 위하여 수질오염방제정보시스템(https://www.waterkorea.or.kr)을 운영하고 있으며 관련 자료는 환경부의 물관리정보스템에 제공되고 있다(https://water.nier.go.kr). 일부 항목은 센서를 이용하여 실시간으로 측정되나 센서로 측정할 수 없는 여타의 항목은 현장에 설치되어 있는 자동측정장치를 이용하여 측정되고 있다. 그러나 VOC (휘발성유기물질, volatile organic compound) 등과 같은 물질의 정밀한 측정을 위한 자동측정장치는 수동의 측정과정을 자동화한 것으로 실험실의 조건과 동일한 시약과 고가의 측정장비가 필요하며 고도로 숙련된 관리인력에 의하여 주기적으로 시약을 교체하고 장비를 점검하는 것이 필요하다. 특히 생물감시의 경우 물벼룩(water flea 또는 daphnia magna)의 활동성을 감지하는 장치를 사용하나 생물은 독성 물질이 유입되지 않아도 수온이 낮아지는 등 생장여건이 불리해지는 경우 활동성이 저하되는 특성이 있고, 활동이 저하되어 경보가 울려도 어떠한 물질이나 상황에 의한 것인지 알 수 없는 문제점이 있다. 따라서 경보 장치가 오작동 되는 경우가 있다.

자동수질측정장치를 운영하는 데 있어서 가장 중요한 부분 중의 하나는 시료를 채취하는 지점이다. 대부분의 자동수질측정장치는 하천변과 같은 일정 지점에서 펌프를 통해 취수를 실시하고 있다. 따라서 하폭이 매우 넓은 대형 하천에서 수질 사고가 건너편 하안에서 발생하였을 경우 시료가 전혀 채수되지 않아 감지가 불가능한 경우가 있을 수도 있다. 또한 기름 성분과 같이 물에 잘 섞이지 않는 물질이 수표면에서 부유된 상태로 이동하거나 그와 반대로 밀도가 큰 오염물질의 경우는 하천 바닥 또는 수심이 깊은 곳에서 이동할 수 있기 때문에 고정된 취수구로 감지하는 데에 어려움이 있을 수도 있다. 따라서 자동장치가 적절하게 활용될 수 있도록 오염물질의 특성과 현장의 여건에 따라서 취수, 분석 및 기기 관리 등에 특별한 주의를 기울여야 한다.

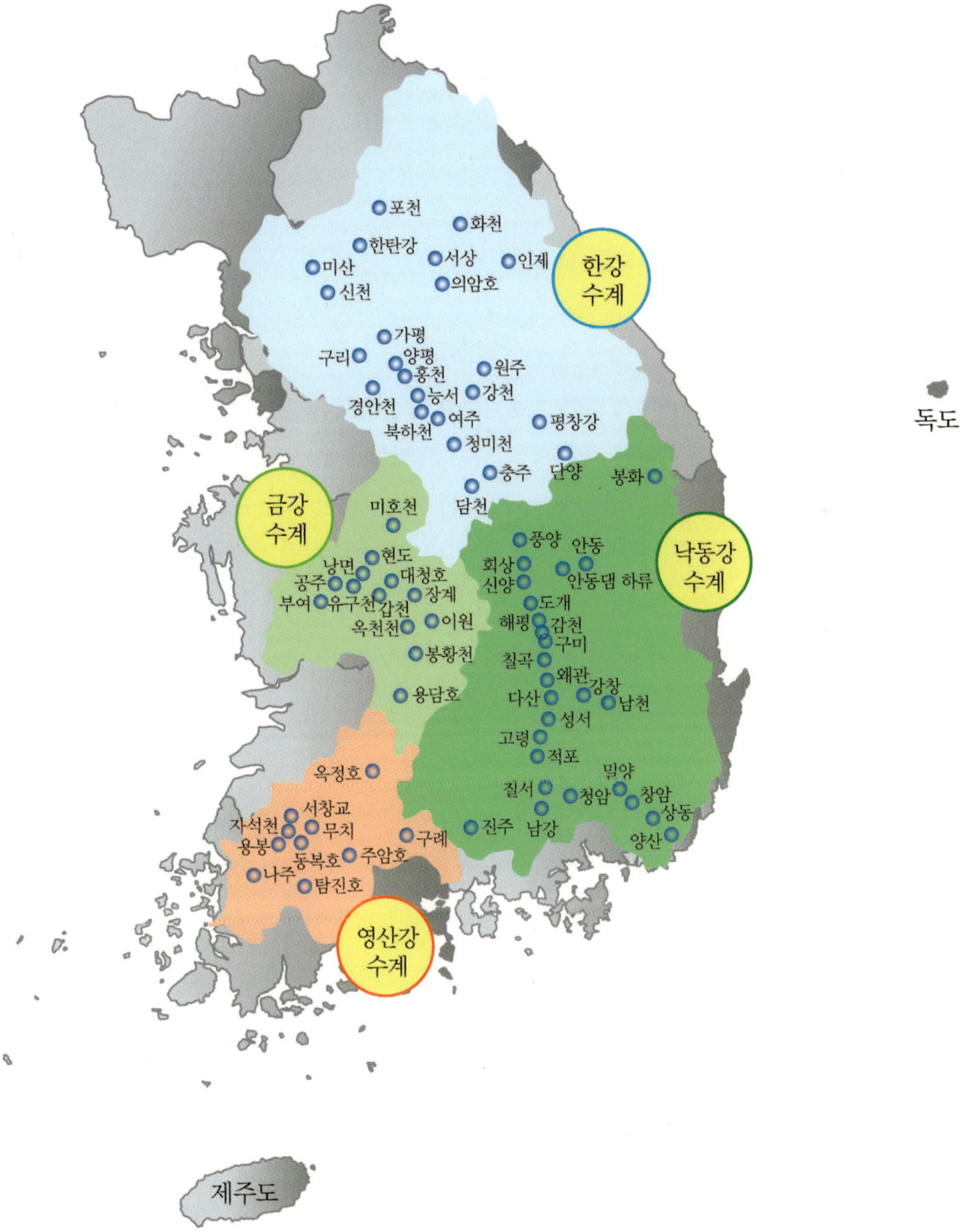

그림 8.6 국가 수질자동측정망 설치 운영 지점(2022년 현재 하천 64, 호소 8개소)

8.4 강우에 의한 유출수 유량 및 수질의 자동 측정

한편 강우에 의해 유역에서 빗물과 함께 수계로 유입되는 오염부하의 중요성이 점차 증가되고 있는 추세이다. 그러나 실제로 2022년 현재 우리나라에서 강우 시 오염물질의 시간별 유입특성 변화를 측정하는 것은 일부 특수 목적의 연구 사업에 불과하고 실제로는 거의 측정이 실시되지 못하는 상태이다. 그림 8.7은 유역에 강우가 일정시간 발생하였을 경우 유역출구에서 발생하는 표면유출유량(Q)과 임의의 오염물질(C)의 농 분포를 예시한 것이다. 이 그림에서 관찰할 수 있는 가장 큰 특징은 강우에 의한 유량의 변화와 수질의 변화가 극명하게 다르다는 것이다. 유량의 변화는 강우량의 변화에 상대적으로 유사하게 반응하는 반면, 수질은 강우 초기에 급격하게 증가했다가 감소되며 이후 강우량이 지속되어도 증가하지 않는다. 이는 평상시에 도로 및 대지 표면에 축적되어 있던 오염물질이 강우 초기 세척효과(wash off effect 또는 first flush effect)로 인해 하천으로 우선 이동하기 때문에 발생하는 현상이다. 이 때 농도, 오염부하 및 유량의 변화를 나타내는 그림을 오염도곡선(pollutograph), 오염부하도곡선(loadograph) 및 유량도(hydrograph)라고 부른다. 그림 8.8은 대전시의 신도시 지역을 관류하는 관평천 유역의 분류식 우수 토구에서 각각 측정한 강우량, 유량과 수질의 연속 측정 자료를 나타내고 있으며(서동일 등, 2016) 위에서 설명한 내용을 잘 나타내

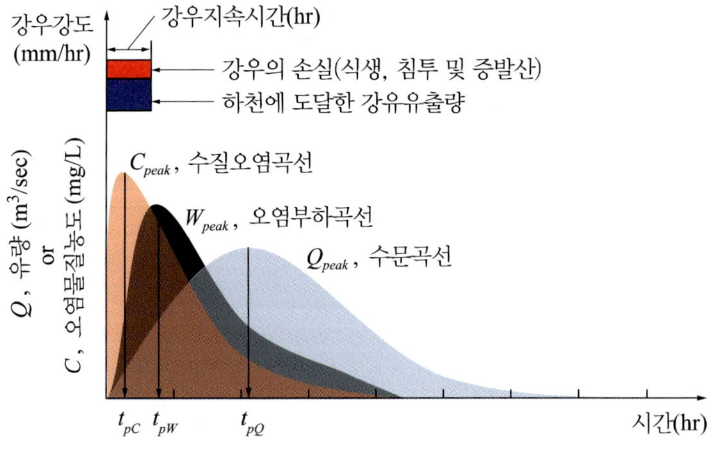

그림 8.7 강우 시 수문곡선, 농도곡선 및 부하곡선의 예

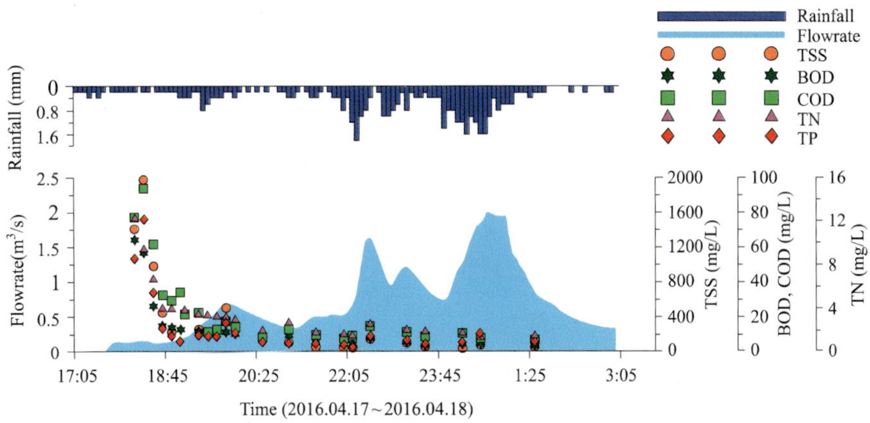

그림 8.8 대전 관평천 유역의 강우량, 유출유량 및 수질 실측자료(서동일 등, 2016)

그림 8.9 대전 관평천 유역의 유수지 및 빗물 유출수 자동모니터링시스템 위치

주고 있다. 그림 8.9는 위 시설이 설치되어 있는 유역의 우수가 유입되는 우수구와 유수지 그리고 빗물자동모니터링 시스템의 설치예를 보여주고 있다.

환경관리공단의 TMS 또는 자동수질측정시스템에서는 현장에 분석장비를 설치하여 측정이 이루어진다. 서동일 등(2016)은 그림 8.10은 빗물자동측정장치에 가격이 비교적 저렴하고 운용이 편리한 간단한 센서(강우량, 초음파수위계, 용존산소, 전기전도도,

탁도 및 pH)를 설치하여 직접 측정하고 정확도를 기해야 하거나 현장에서 측정하기 어려운 항목은 냉장고 기능이 탑재된 자동채수장치를 이용하여 자동 또는 원격으로 채수한 후 실험실로 이송하여 측정을 실시하였다. 이러한 경우 중앙에 실험시설을 두고 다수의 장소에 대한 자동수질 및 유량 모니터링이 가능한 장점이 있다.

그림 8.10 대전 관평천 빗물 자동모니터링시스템(Seo at al., 2017)

8.5 호수 수질의 자동 측정

하천과 다르게 호수는 홍수기를 제외하고 흐름을 측정할 수 없을 정도로 유속이 작은 경우가 대부분이다. 그러나 저수지 또는 호수는 수직방향으로 온도차에 의한 성층현상에 따라 수층이 상층과 하층으로 분리되는 성층현상이 발생한다. 이 성층현상은 계절의 변화에 의해 시시각각으로 변화하는데 이러한 현상을 인력에 의해 측정하는 것은 불가능하다. 서동일(Seo et al, 2009)은 그림 8.11에 나타난 바와 같은 호수의 수심별 수온 및 수질을 자동으로 측정하는 장치(VErtically Moving Automatic monitoring System, VEMAS)를 개발하였으며, 충주호, 대청호 및 시화호 등에 적용한 바 있다. 이 장치는 낮에는 태양전지로 밤에는 태양전지로 충전된 축전지를 이용하여 상시 구동이 가능하며 측정 수심 간격과 각 수심별 체류시간을 결정할 수 있는 등의 프로그램을 내장하여 구동할 수 있다. 그러나 대청호와 같은 대형 호수에는 다수의 측정 장치를 사용하여 종합적으로 측정하는 것이 바람직하다. 그림 8.12는 하천 및 호수의 자동 수질 감시시스템 및 원격제어 시스템의 개념도를 나타내고 있다. 그림 8.13은 대청호를 예로 한 호수수질 자동측정 장치의 설치 제안 위치, CCTV를 이용한 감시시스템 및 측정 자료분석 시스템을 포함한 사용자편의시스템의 예를 보여 주고 있다.

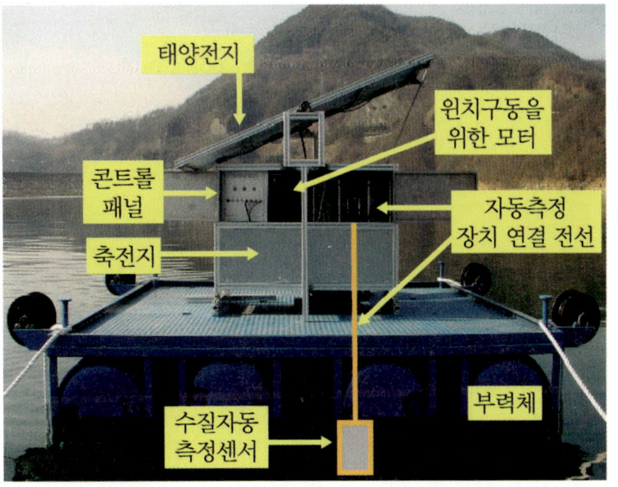

그림 8.11 대청호에 설치된 수질자동측정장치(Seo, 2009)

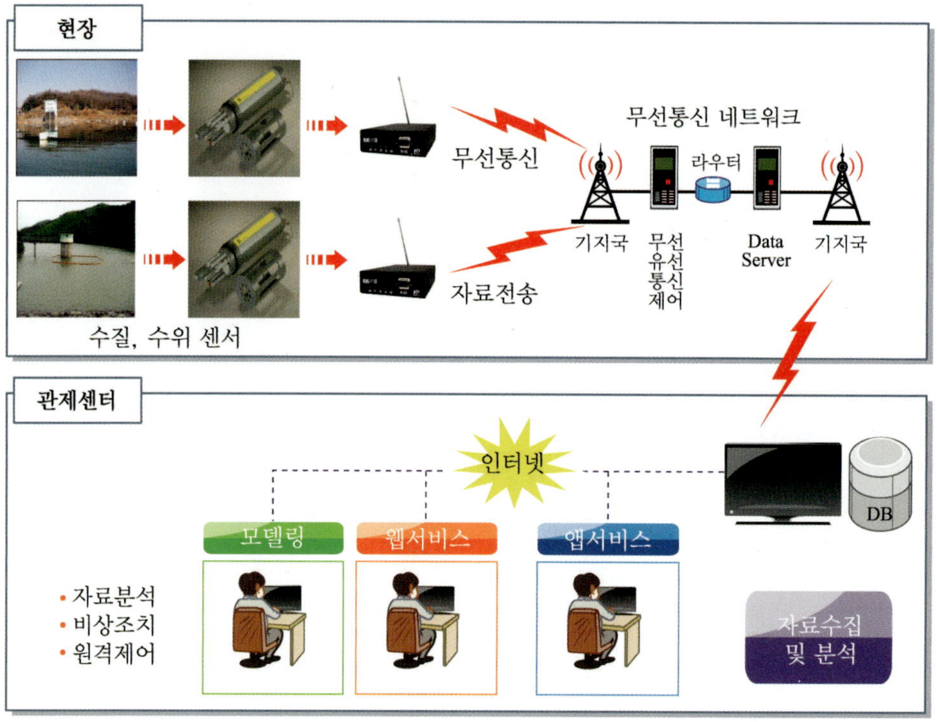

그림 8.12 호수 또는 하천 현장 자동모니터링 및 수질관리 원격제어 개념도

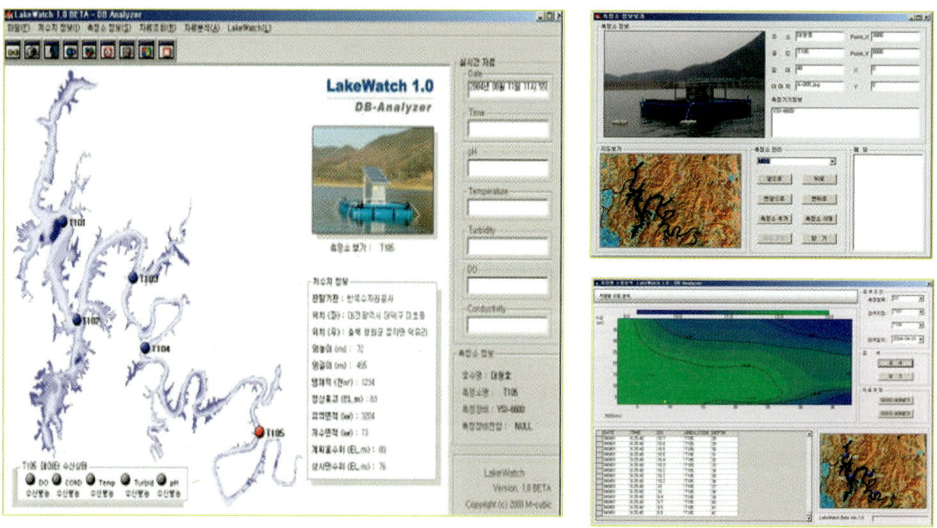

그림 8.13 대청호 자동수질 모니터링장치의 원격제어 및 자료 분석 사용자 편의 시스템 예시(Seo, 2009)

Essex Robotic Fish
Essex Univ., UK

Robo Fish
MIT, USA

Tai-robot-kun,
Japan

그림 8.14 수중 모니터링을 위해 사용되는 물고기 로봇의 예

한편 미국, 영국 및 독일을 포함한 유럽 그리고 일본 등에서는 물고기 로봇을 이용한 수질 측정 방법이 제안된 경우들이 있다. 2012년 영국의 Essex 대학은 그림 8.14에 나타난 바와 같은 잉어 모양을 한 약 1.8 m 크기의 Essex Robotic Fish에 수질 센서를 탑재하고 영국의 해안 수질 조사에 사용된 바 있다. 우리나라에서도 하천에서 물고기 로봇을 적용하기 위한 계획이 적극적으로 검토되어 각종 국책연구기관과 대학 등에서 물고기 로봇을 개발한 바 있다. 그러나 물고기 로봇은 기본적으로 소형 잠수함에 센서를 부착한 것으로 보는 것이 타당하다. 잠수함과 로봇 물고기는 수체 내에서 움직임을 위한 모터와 에너지원이 필요하나. 그리고 각종 수질 측정을 위한 센서들이 장착되어야 하고, 자료를 저장하고 처리하는 장치 그리고 외부와 통신을 위한 장치도 필요하다. 따라서 물고기 로봇은 Essex 대학의 경우가 그러하듯 길이가 1 m 이상으로 상당히 큰 편으로서 연속적인 운용시간에는 제한이 있다. 그리고 수중에서는 전파가 이동되지 않음에 따라 무선 통신은 불가능하며 음파탐지기만이 사용 가능하다. 따라서 수중에서 실시간 수질자료 전송은 사용할 수 없으며, 전파를 이용한 자료전송은 수면 위로 부상하여야만 가능하다. 그러나 기술의 발달에 따라 각종 기기가 소형화되고 수중의 통신이 가능해질 것으로 추정되며, 효율적인 측정이 점차 개선될 것으로 보인다. 따라서 물고기 로봇의 개념은 수상이나 수중 드론과 같은 형태로 발전되어 실제로 운용이 가능해질 날이 조만간 도래할 것으로 보인다.

그러나 물고기 로봇은 상기한 취약점 이외에 홍수기 또는 극심한 가뭄 시에는 운용이 불가능하다는 문제점이 존재한다. 따라서 호수와 하천의 자동모니터링 시스템이 효율적으로 활용되기 위해서는 그림 8.15에 나타난 바와 같은 고정형과 이동형을 조합한 형태의 시스템이 제안된다. 고정형 시스템은 앞서 그림 8.11에 나타낸 수질자동

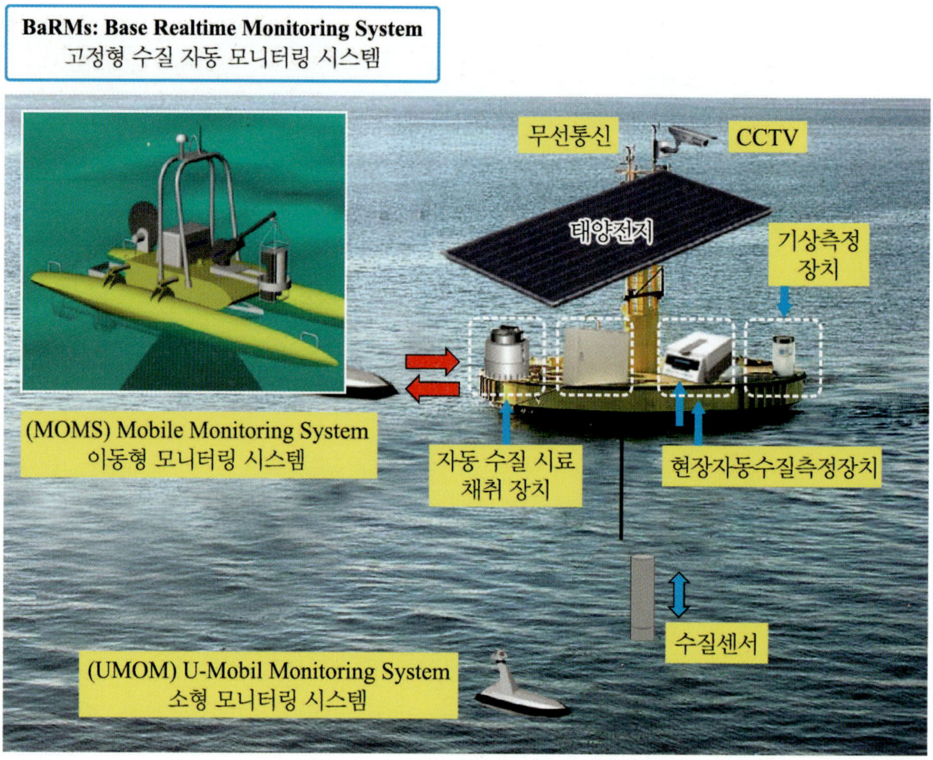

그림 8.15 고정형 및 이동형 자동 수질 모니터링 시스템 개념도(서동일)

측정장치에 수질자동시료채취기와 수질자동측정장치, 강우 등 기상자료 수집 장치, 현장 녹화장치 및 통신장치를 갖춘 시스템이다. 특히 자동시료채취기는 일정간격으로 수심별 수질시료를 채취하고 수질분석에 시설과 인원을 정식으로 갖춘 본부에 주기적으로 또는 필요에 따라 이송할 수 있도록 할 수 있도록 할 수 있다. 고정형 모니터링 시스템은 저자에 의해 BaRMS (Base Realtime Monitoring System)으로 명명된 바 있다.

한편 이동형 모니터링 시스템은 선박드론 개념을 활용한 MOMS (Mobile Monitoring System)과 물고기 로봇 또는 잠수함의 개념을 활용하여 수표면 및 수중을 자유롭게 이동할 수 있는 UMOMS (Ubiquitous Mobile Monitoring System)를 조합하는 방법이 제안된다.

8.6 원격탐사 및 분광기술을 이용한 수질 자동 측정

원격탐사(remote sensing)란 인공위성이나, 항공기 또는 드론과 같은 무인항공기를 이용하여 지표의 상황을 조사하는 데 사용하는 기술이다. 특정 물질들은 전자기적 분광영상(spectrum image) 중에 고유의 흔적(fingerprints)을 남기게 되는데, 이러한 인공위성이나 항공기에서 이러한 스펙트럼을 지상으로 발사하여 반사되는 스펙트럼을 이용하여 물체의 위치나 종류를 파악할 수 있다. 이러한 인공위성을 이용한 탐사 기술은 군사적으로나 민간적으로 널리 사용되고 있으며 계속적으로 발전하고 있다. 분광영상을 이용한 분석기술은 예술작품의 복원, 천문학 및 지구탐사 등 다양한 분야에 사용되고 있다. 환경 분야의 경우 토지피복, 식생 및 녹조현상 등을 포함한 수질분석에 활용하기 위한 연구가 활발하게 진행되고 있다.

보통의 카메라는 가시광선(visible) 영역에서 빨강(red), 초록(green) 그리고 파랑(blue)으로 구성되는 RGB라고 지칭되는 영역의 파장대만의 자료를 얻을 수 있으나 분광영상은 가시광선 영역은 물론 적외선(infrared), 자외선(ultraviolet), X-ray 및 이들의 혼합된 영역의 자료를 확보할 수 있다. 인공위성을 이용한 분광영상은 각각의 대역(band)이 존재하며 이 대역이 자세할수록 더욱 정확한 정보를 얻을 수 있다. 분광영상은 측정방식, 밴드의 수, 그리고 파장 영역에 저장된 데이터의 연속성에 기초하여 초분광영상(hyperspectral image)과 다중분광영상(multispectral image)으로 나눌 수 있다. 다중분광영상 기법에서는 가시영역과 중적외선(mid infrared) 영역에서 평균 3~15개 범위의 밴드에서 이미지를 얻을 수 있다. 초분광영상 기법은 가시영역, 근적외선(near infrared), 중적외선, 그리고 열적외선(thermal image) 영역에 걸쳐 수십, 수백 개의 연속적인 밴드에서 이미지를 얻을 수 있다. 초분광영상에서는 각 픽셀로부터 전체 스펙트럼이 추출될 수 있으므로 영상육면체(image cube)라고도 부르며 다중분광영상에 비해 연속적인 따라서 훨씬 풍부한 자료를 확보할 수 있는 장점이 있다.

초분광센서를 이용한 연구들은 1999년 최초로 인공위성을 활용한 MODIS (Moderate Resolution Imaging Spectrometer) 그리고 최초로 항공기를 이용한 AVIRIS (Airborne Visible Infrared Imaging Spectrometer)을 포함하여 AISA (Airborne Imaging Spectrometer for Applications), CASI (Compact Airborne Spectrographic Imager) 등이 있다.

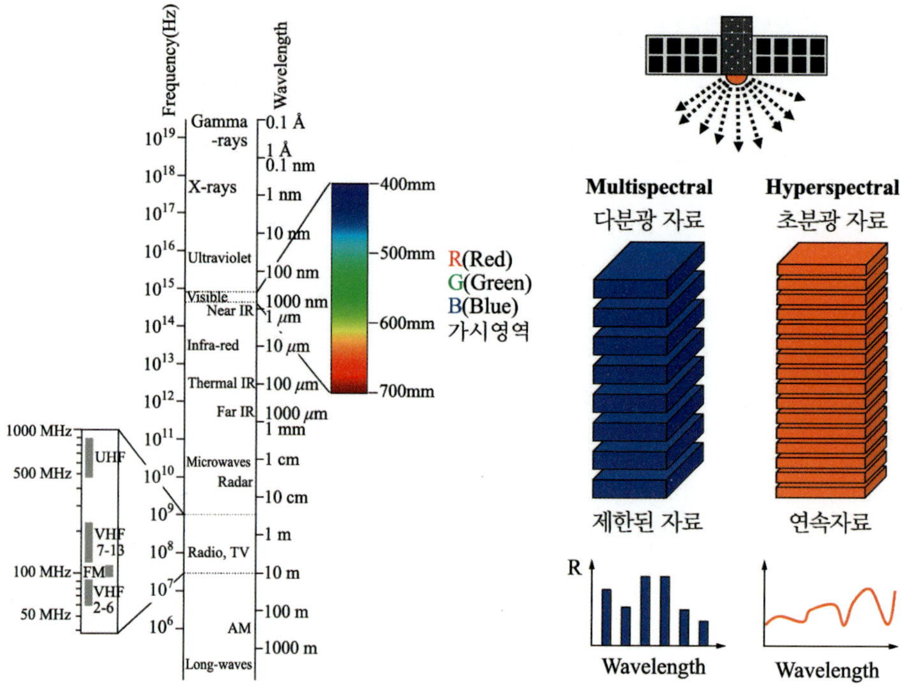

(a) 전자기적 분광 대역

(b) 다중분광자료와 초분광자료의 차이

그림 8.16 원격탐사 및 분광자료를 이용한 수질 조사 방법
https://en.wikipedia.org/wiki/File:Electromagnetic-Spectrum.svg

초분광 센서를 이용한 수질 분석은 동시에 여러 장소의 수질 자료 확보가 가능하다는 장점이 있다. 아직까지는 특정 항목에 대한 정확도가 공식적으로 인정된 바는 없으나 점차 그 적용 범위가 확대되는 추세에 있다. 다만 원격탐사 기술은 지표면 또는 수표면의 자료를 대상으로 하므로 지하 또는 수중의 정보를 분석하는 데에는 한계가 있다는 단점이 있다. Kim and Seo (2024)는 대청호의 수질에 대한 수표면 초분광 자료와 호 내 수심별 실측자료를 기계학습을 통하여 상관관계를 이용하는 호수의 3차원 수질자료를 추정하는 방법을 개발한 바 있다.

09

유량의 측정

9.1 유속의 측정

하천의 유속에 가장 큰 영향을 미치는 인자는 유역의 강우량에 영향을 미치는 기상학적 요소와 유역과 하천 사이를 흐르는 표면유출과 관계되는 수문학적 요소 그리고 하천의 흐름을 포함하는 수리학적 요소이다. 기상학적 요소는 지역의 기후 및 계절 등과 깊은 관계가 있으나 전 지구적인 기후변화의 영향으로 인해 바람과 구름의 이동현상이 계속 달라지면서 각국의 가뭄 및 홍수상황이 크게 변화하면서 기존의 자료를 활용하는 기상예측이 더욱 어려워진 경향이다. 특히 우리나라에서도 국지성 호우에 의해 심각한 재산과 인명에 피해가 최근 더욱 빈번해지는 추세이며 이에 대한 대책의 수립 또한 매우 중요한 문제이다.

하천의 유속은 오염물질의 이동에 절대적으로 중요한 요소로서 하천 수질의 시공간적 변화에 결정적으로 기여한다. 하천의 유량이 일정한 경우 유속은 Bernoulli 정리에 의해 하폭이 좁은 곳에서는 빨라지고 하폭이 넓은 곳에서는 느려지는 특징이 있다. 하천의 유량 조건은 자연적인 강우뿐만 아니라, 상류의 댐에 의한 방류, 주요 지류의 유입, 수중보나 교량과 같은 하천 내의 주요 구조물 그리고 하구지역의 조석간만 등에 크게 영향을 받는다. 또한 강우 시 유역의 표면 유출은 해당 지역의 도로 및 건물 등에 포장 면적의 분포, 우수거나 하수관거의 매설 밀도, 비 도시 지역의 경우 수로나 작은 하천의 개수(정비)율, 삼림의 제거 또는 토지이용의 변화 등에 의해 영향을 받는다. 정확한 유량의 측정은 홍수 등에 의한 재해의 측면뿐만 아니라 오염물질의 이동 특성을 파악하여 관리계획을 수립하는 데에도 매우 중요하다. 따라서 지천이나 오염원이 유입되는 곳 또는 취수원으로 인해 유속 및 수질에 영향을 받는 경우가 있을 수 있으므로 대표성 있는 구간을 선정하여 측정을 실시하는 것이 바람직하다.

하천 유속을 측정하기 위해서는 될수록 횡단면이 고른 모양을 직선 구간을 선택하는 것이 필요하다. 그러나 하천이 너무 깊거나 유속이 빠른 경우에는 안전문제로 인해 인력에 의한 직접적인 측정은 지양하는 것이 좋다. 흐름이 빠른 물은 깊지 않아도 거동이 불편하고 물속에서 넘어지는 경우 일어나기 쉽지 않아서 매우 위험할 수도 있다. 따라서 물속에서 작업을 하는 경우에는 2인 1조 또는 3인 1조로 작업하면서 하천 내에서 작업하는 요원의 안전에 만전을 기해야 한다.

하천을 가로 지르는 교량이 있는 경우 수질 시료의 채취는 물론 유속의 측정에 활용할 수도 있으나 교량에서의 작업은 차량 통행에 의한 안전에 또한 매우 조심하도록 해야 한다. 특히 야간과 같이 시야 확보가 어려운 경우에는 작업자에 대한 안전장치를 강화하는 등 더욱 주의를 필요로 한다.

거의 모든 액체들은 분자들 간의 결합에 의해 서로 잡아당기는 힘이 있으며 이는 해당 액체의 점성(viscosity)을 유발하는 원인이 된다. 물엿이나 꿀과 같은 물질들은 물 보다는 더 끈적끈적한 성질을 가지고 있으며 이러한 경우 점성이 높다고 한다. 점성은 점성계수[dynamic viscosity, μ, kg/(m · sec)]를 이용하여 나타낸다. 물의 점성은 앞서 그림 1.11에 나타난 바와 같이 온도가 낮을수록 높아진다.

점성이란 액체들의 분자간의 결합력에 의해 발생하는 현상이며 물 또한 약한 수소결합을 가지고 있으므로 점성을 가지고 있다. 물이 수평 방향을 흐를 때 물의 표면과 아래면 사이에는 흐르고자 하는 힘과 점성에 의해 당기는 힘이 동시에 발생한다. 그림 9.1에 나타낸 바와 같이 수심 dy 사이의 두 개의 수층 사이에는 횡방향 흐름의 수직방향으로 작용하는 마찰력의 일종인 전단력(Shear stress, τ)이 발생하면서 힘의 균형이 이루어진다. 이렇게 발생하는 전단력은 식(9-1)과 같이 나타낼 수 있으며, 결과적으로 이러한 현상은 수직방향으로 유속의 차이를 일으키는 원인이 된다. 수리동역학(hydrodynamics)에서는 이러한 특성을 가지는 흐름을 Newtonian Flow라고 부른다.

$$\tau\,(\mathrm{m^2/sec}) = \frac{F}{A_w} = \mu\frac{d\nu}{dy} \qquad (9\text{-}1)$$

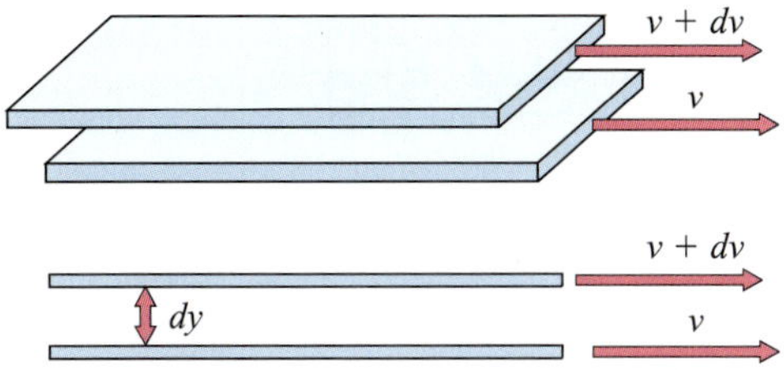

그림 9.1 물의 흐름을 얇은 층의 연속으로 가정했을 때의 가상도

예제 9.1

그림 9.1과 같이 두 개의 판이 있고 사이에는 물이 칠해져 있다. 아래층의 판은 고정되어 속도가 0으로 제 자리에 있는 상태에서 위층의 판에 힘 60 N을 가하여 0.3 m/sec의 속도가 발생하였다고 한다. 두 판 사이에 발생한 전단력을 계산하고 관련 식을 이용하여 물의 점성계수 및 동점성계수를 각각 구하라. 단, 판의 너비는 0.2 m^2로서 동일하고, 두 판 사이의 거리는 2 mm 그리고 온도는 4°C로 가정한다.

$$\tau = \frac{F}{A} = \frac{60\,\mathrm{N}}{0.2\,\mathrm{m}^2} = 120\,[\mathrm{N/m^2}]$$

$$\mu = \tau\frac{dy}{dv} = 120\,[\mathrm{N/m^2}]\,\frac{0.002\,\mathrm{m}}{0.3\,\mathrm{m/sec}} = 0.8\,[\mathrm{N-s/m^2}]$$

$$v = \frac{\mu}{\rho} = \frac{0.8\,[\mathrm{kg/sec\cdot m}]}{1000\,[\mathrm{kg/m^3}]} = 8\times10^{-4}\,[\mathrm{m^2/sec}]$$

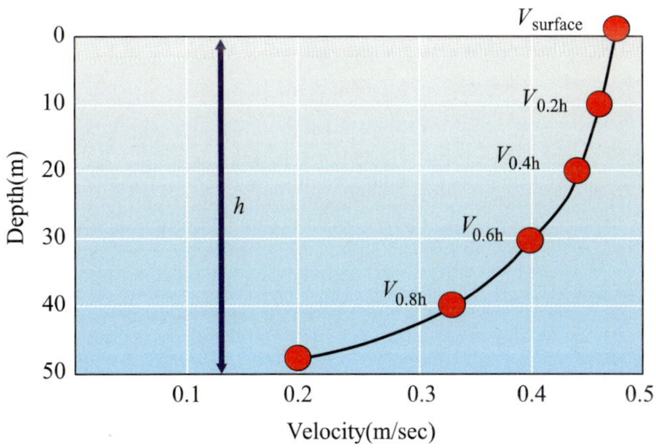

그림 9.2 하천 유속의 수심별 분포(예)

9.2 하천 유속의 산정 방법

하천의 유속을 측정하는 방법은 물에 뜨는 물건(부자, 浮子, float)과 각종 유속계 등 다양한 측정장치를 사용할 수 있다. 하천의 평균 유속(v_m)을 산정하는 방법은 현장의 자료측정 여건에 따라 수직 방향으로 서로 다른 유속 자료를 이용하여 다음과 같은 방법으로 산정한다.

표 9.1 하천의 평균 유속 산정 방법의 종류

측정방법	평균 유속 계산식	식 번호
표면유속($v_{surface}$) 측정법	$v_m = 0.85 \times v_{surface}$	(9-2)
1점법	$v_m = v_{0.6h}$	(9-3)
2점법	$v_m = \dfrac{v_{0.2h} + v_{0.8h}}{2}$	(9-4)
3점법	$v_m = \dfrac{v_{0.2h} + 2v_{0.6h} + v_{0.8h}}{4}$	(9-5)
4점법	$v_m = \dfrac{1.5v_{0.2h} + v_{0.4h} + v_{0.6h} + 1.5v_{0.8h}}{5}$	(9-6)

9.2.1 표면 부자(浮子, Float) 사용 방법

현장에서 특별한 장비가 없을 경우 나무 조각 또는 빈병 등을 사용하여 표면유속을 측정할 수 있다[그림 9.3(a)]. 이 방법은 홍수 시 유속 측정에 사용이 가능하며, 바람이 강하게 불어서 표면 부자가 물과 함께 흐르는 것이 방해되거나 하구 지역과 같이 상하층의 유향이 서로 다를 때에는 사용할 수 없다. 통상 수면의 평균유속에 0.8~0.9 (평균 0.85)를 곱하여 사용하며 수심에 비하여 하폭이 클수록 0.9에 가깝게 결정되는 경향이다. 이 방법은 하천의 직선부가 하폭의 2~3배 또는 30~200 m 이상인 곳에서 사용하는 것이 좋다. 그러나 이 방법은 직선 구간에서 하천이 비교적 빠르게 이동하는 경우가 아니면 오차가 큰 방법으로서 유속을 효과적으로 측정할 수 있는 방법이 없는 경우에만 사용하도록 한다.

9.2.2 막대부자(Float Rod) 사용 방법

표면 부자는 현장에 강한 바람이 부는 경우 유속의 방향과 관계없이 바람에 의해 이동하는 경우가 있으므로 막대부자와 같이 외부에서 관찰이 가능한 한 부자 몸체의 상당 부분을 하천에 잠기게 하여 측정하는 경우 더욱 정확한 관측이 가능하다[그림 9.3(b)]. 막대부자는 봉부자라고도 하며 플라스틱 관에 무게가 나가는 모래 등을 담아서 간단하게 제작할 수 있다. 야간의 경우 전지와 전구를 이용해서 측정을 실시하는 경우도 있다. 경우에 따라 임시방편으로 플라스틱 병에 물을 담아서 봉부자 대신 사용할 수도 있다. 각 소구간별 평균 유속은 식(9-7)을 이용하여 산정할 수 있다(전일권 등, 1997).

$$v_m = v_r \left(1.102 - 0.116\sqrt{\frac{h'}{h}}\right) \tag{9-7}$$

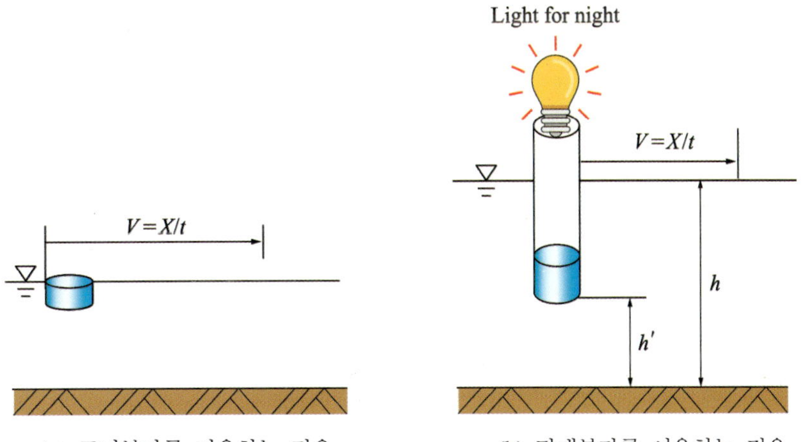

(a) 표면부자를 이용하는 경우 (b) 막대부자를 이용하는 경우

그림 9.3 부자를 이용한 하천의 유속 측정 개념도

여기서, v_r : 실제 측정된 유속(m/sec)

h : 수심(m)

h' : 하천 바닥에서 봉부자 아래 부분까지 높이(m)

9.2.3 유속계 사용법

하천의 유속은 보통 유속 측정을 위한 장치를 이용하여 이루어진다. 과거에는 흐름 방향에 따라 설치된 일련의 컵이 회전하는 속도를 이용하는 프라이스 유속계(Price current meter) 또는 회전형 유속계를 많이 사용하였다[그림 9.4(a)]. 회전형 유속계는 1회전 당 신호음을 내며 1분 등의 단위시간에 발생한 신호음의 수를 측정하여 속도로 환산하여 사용하였다. 그러나 이 장비는 상당히 무겁고 수심별 측정을 위해 유속계를 로프로 연결하여 물속에 드리워서 사용하게 되나 수류에 의해 장비가 유속방향으로 이동하기 때문에 정확한 깊이에서 측정하기 어려운 어려움이 있다.

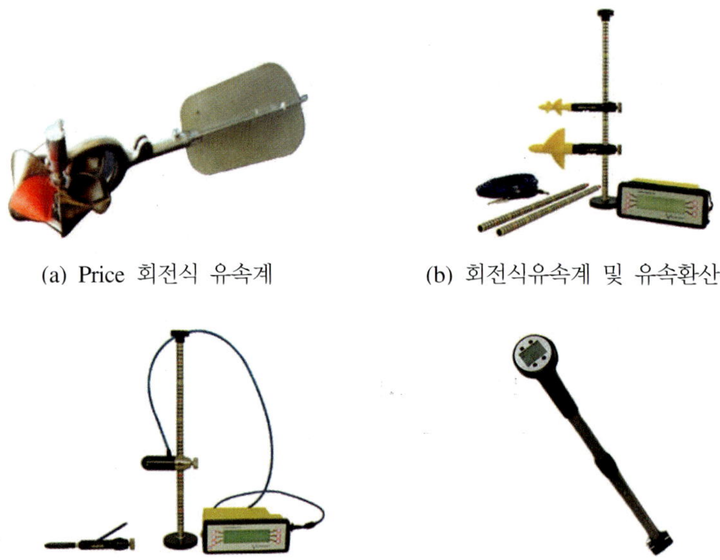

(a) Price 회전식 유속계 (b) 회전식유속계 및 유속환산장치

(c) 자기식 유속계 및 유속환산장치 (d) 자기식 유속계 및 유속표시장치

그림 9.4 하천의 유속 측정 기기의 여러 가지

기술의 발달에 의해 현장에서 전자장비를 이용하여 측정이 가능하며 소형화된 유속계[그림 9.4(b)]가 널리 사용되기 시작하였으며, 현재는 자기장을 이용한 마그네틱 또는 자기식[그림 9.4(c)) 및 그림 9.4(d)] 또한 널리 사용된다. 자기식 유속계는 "도선 주변에서 자기장을 변화시키면 도선에 자기장의 변화 크기에 비례한 전류가 유도된다"는 Faraday의 전자유도의 법칙(Fadaray's law of induction)을 이용한 것이다. 자기식 유속계는 자계(자석) 속을 횡단하여 흐르는 도전성이 있는 유체(물) 속에서 나타난 (induced) 전압을 검출하여 유속으로 환산해내는 장치이다. 그림 9.5는 우수관거 및 하천 현장에서 유속계를 사용하여 유속을 측정하는 모습이다.

(a) 우수관거에서의 유속 측정

(b) 하천의 유속 측정

그림 9.5 유속계를 이용한 하천의 유속 측정

9.3 수위측정 방법

9.3.1 막대눈금자(Staff Gage) 사용방법

가장 간단하며, 사람이 걸어서 진입할 수 있는 하천에 적당하나 수심이 깊고 변화가 심한 경우에는 사용할 수 없다. 그림 9.6의 수위계를 거치하는 막대는 눈금이 그려져 있어서 수위측정도 동시에 가능하다. 또한 다리 교각이나 하천 중에 설치하여 수위를 파악할 수 있도록 설치하는 경우도 있다.

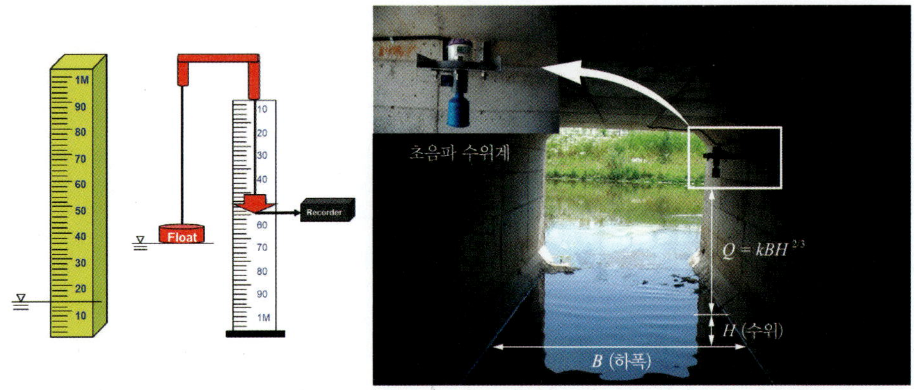

그림 9.6 하천 수위 측정 장치(좌로부터 눈금자, 부표측정장치, 초음파측정장치)

9.3.2 부표를 이용하는 방법(Float Gage)

물이 통하는 파이프 내에 물에 뜨는 장치의 움직임을 기록하여 수위를 연속적으로 측정할 수 있는 장치이다. 일반적인 자동 수위 측정장치에 널리 사용되어 왔다. 이 방법은 물 또는 유체를 저장하는 탱크의 수위를 측정하는 데에도 주로 사용된다. 하천과 같은 경우 교량이나 인공구조물에 대형 실린더 모양을 한 원통 안에 하천의 물이 유입되도록 하고 부표의 움직임을 자동으로 기록하는 장치와 연결하여 자료를 수집하며 및 전송장치를 갖추어 실시간으로 유량 측정을 할 수 있도록 한다.

9.3.3 초음파탐지기(Ultrasonic Water Level Meter)를 이용하는 방법

초음파 탐지기는 하천 외부에서 초음파를 이용하여 물과는 접촉하지 않는 비접촉상태로 수위를 측정할 수 있다. 이 장치는 그림 9-6의 오른 편에 나타난 바와 같으며, 단기간에 다수의 초음파를 발생시킴으로써 정확하고 연속적인 자료를 획득할 수 있다는 장점이 있다.

9.4 하천유량의 산정 방법

하천의 유량은 유속과 하천의 횡단면적을 곱하여 나타낸다. 그러나 폭이 넓은 하천의 경우, 그림 9.7과 같이 하폭을 일정 간격으로 나누고 각각의 구간에 대해 별도의 평균 유속을 측정하고 각각의 하폭을 곱한 후 식(9-4)를 이용하여 하천의 유량(Q_{river})을 산정한다. 작은 구간의 개수는 3~8개 중에서 현장 상황과 하폭에 따라 조정하여 선택하는 것이 일반적이다.

$$Q_{river} = A_1 v_{m1} + A_2 v_{m2} + \cdots + A_n v_{mn} = \sum_{i=1}^{n} (A_i \times v_{mi}) \tag{9-8}$$

그러나 현장에 출동하여 유속을 측정하는 일은 많은 인력과 장비 그리고 시간을 필요로 하는 작업이다. 따라서 실제 유량의 측정에서는 직접적인 측정법 대신 간접적인 측정 방법을 많이 사용한다.

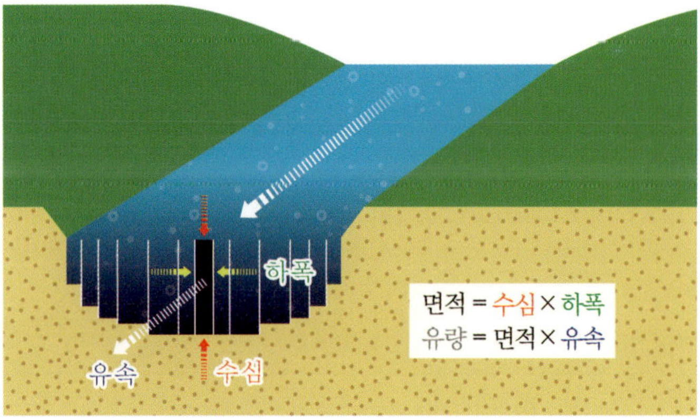

그림 9.7 하폭이 넓은 하천의 산정을 위한 소구간별 측정 방법

9.4.1 농도비교 방법

그림 9.8에 나타난 바와 같은 상황에서 본류의 유량(Q_0)을 구하고자 하는 경우, 유량(Q_1) 및 농도(C_1)를 알고 있는 염료(dye), 방사성 물질 혹은 또는 소금(salt)과 같은 추적물질(tracer)을 이용하여 실험을 실시함으로써 추정이 가능하다. 이러한 실험에서는 지천을 이용하기보다는 본류의 임의의 직선 구간에서 일정량의 tracer를 주입함으로써 실시할 수 있다. 이때, 본류, 주입지점 그리고 하류의 tracer농도는 측정이 가능하다고 가정한다. 이러한 경우 식(9-11)을 이용하여 본류의 유량을 구할 수 있다. 그러나 전술한 바와 같이 주입된 tracer는 순간적으로 완전 혼합되는 것이 아니므로 충분한 이격 거리와 시료의 양을 확보하여 측정 오차를 최소화 하는 것이 필요하다.

$$Q = Q_0 + Q_1 \tag{9-9}$$

$$(Q_0 + Q_1)C_2 = Q_0 C_0 + Q_1 C_1 \tag{9-10}$$

$$Q_0 = Q_1 \frac{C_1 - C_2}{C_2 - C_0} \tag{9-11}$$

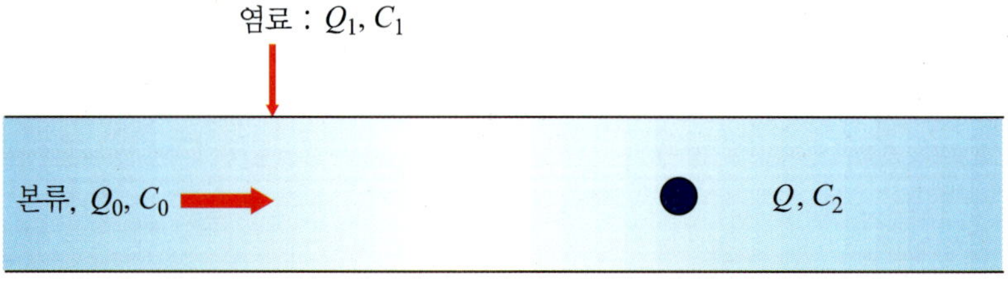

그림 9.8 염료를 이용한 농도의 측정 방법 예시

9.4.2 수중보(Weir)를 이용하는 방법

수중보(weir)는 수중보는 하천의 물을 가두어 수위를 높게 유지하여 유량의 관측, 조절 및 배분 등을 위해 하천을 가로질러 설치되는 인공구조물이다. 수중보는 댐보다는 낮은 구조물이며 댐과 수중보를 구분하는 정의는 없지만 일반적으로 구조물의 높이가 5 m 이상인 경우에는 대댐 또는 큰 댐(large dam)으로 부른다.

수중보는 물을 가로막는 벽체와 수문으로 구성되어 있으며 자연유하형 수문을 이용하여 유량을 측정할 수 있다. 이 방법은 매우 간단하나 하천의 유량을 정확하게 측정할 수 있는 방법으로 알려져 있다. 그러나 이 방법은 침강성 고형물질을 다량 포함한 경우에는 퇴적물이 weir의 뒷면에 축적되어 측정의 정확도를 저하시킬 수 있으므로 사용에 유의해야 한다. 유량의 관측에 사용되는 수문은 크게 그림 9.9에 나타난 바와 같이 사각위어(rectangular weir)와 삼각위어(triangular weir)로 구분할 수 있다.

$$Q = k_R L H^{3/2} \tag{9-12}$$

$$Q = k_T H^{5/3} \tag{9-13}$$

여기서, Q : 개수로의 유량(m^3/sec)
L : 위어의 폭(m)
H : 수두의 높이(m)
k_R : 사각위어 계수(1.84를 주로 사용)
k_T : 삼각위어의 계수(1.39를 주로 사용)

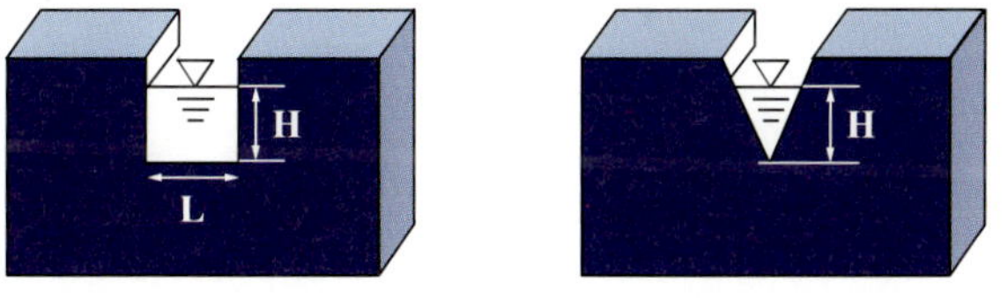

(a) 사각위어 (b) 삼각위어

그림 9.9 개수로 유량측정을 위한 위어의 사용 방법

위 두 가지의 식에서 유량은 면적과 유속의 합이며, 소구간 dh에 대한 사각위어의 면적은 $L \times dh$ 유속은 $\sqrt{2gh}$ 로서 소구간 유량, $dQ = Ldh \times \sqrt{2gh}$ 이다. 수심 H에 대한 유량 Q는 다음과 같이 h에 대하여 0부터 H까지 적분함으로써 구하게 된다.

$$Q = L\sqrt{2g}\int_0^H h^{1/2}dh = \frac{2}{3}\sqrt{2g}\,LH^{3/2} \tag{9-14}$$

그러나 위의 식은 이론적인 식이며 실제로는 마찰 손실 등에 의해서 다소 차이가 있음에 따라 위어의 유량계수를 이용하여 $Q = C_d\sqrt{2g}\,LH^{3/2} = k_R\,LH^{3/2}$로 표현하는 것이 일반적이다. C_d는 위어의 유량계수로서 0.58~0.66 범위의 상수이다. 삼각위어 또한 유사한 방법으로 유도할 수 있으며 90도 삼각 위어의 경우 $Q = C_d\frac{8}{15}\sqrt{2g}\,H^{5/2} = k_T\,H^{5/2}$로 나타낼 수 있다(손광익, 2013).

예제 9.2

어느 수조에서 흘러나오는 사각 위어의 유량은 0.1 m³/sec이라고 한다. 위어의 너비가 3 m인 경우 수두의 높이를 계산하라. 단, $k_R = 1.84$이다.

$Q = 1.84LH^{3/2}$

$H = \left(\frac{Q}{1.84L}\right)^{2/3} = \left(\frac{0.1\,\mathrm{m}^3/\mathrm{sec}}{1.84 \times 3\,\mathrm{m}}\right)^{2/3} = 0.2\,\mathrm{m}$

예제 9.3

원형의 침전조의 지름은 10 m이며 유량은 2 m³/sec라고 한다. 이 원형 침전조는 길이 90도의 폭 20 cm의 삼각위어를 장착하려고 했을 때, 필요한 위어의 개수를 산정하라. 그리고 유지해야 하는 수두의 높이를 결정하라. 단, $k_T = 1.39$이다.

위어의 길이 $= \pi(10) = 31.4\,\mathrm{m}$

위어의 개수 $= 31.4\,\mathrm{m}/0.2\,\mathrm{m} = 157$개

삼각위어 개당 유량 $= 2\,\mathrm{m}^3/\mathrm{sec}/157 = 0.1274\,\mathrm{m}^3/\mathrm{sec}$

$Q = 1.39H^{5/2}$

$H = \left(\frac{Q}{1.39}\right)^{2/5} = \left(\frac{0.1274\,\mathrm{m}^3/\mathrm{sec}}{1.39}\right)^{2/5} = 0.153\,\mathrm{m}$ 또는 15.3 cm

9.4.3 Parshall Flume을 이용하는 방법

Parshall Flume이란 1920년대 Parshall이 개발한 유량측정 기구로서 그림 9.10에 나타난바와 같이 양쪽 입구가 V자 모양으로 벌어진 금속, 목재 또는 콘트리트로 만들어진 수로 모양을 한 틀을 말한다. 이 장치는 설치비가 다소 요구되지만 부유물의 침적이 없고 유지비가 들지 않는다는 장점이 있다. 그러나 하천의 경우 홍수기와 같이 유량이 시설의 용량을 초과하는 경우에는 사용할 수 없다. 하수처리장의 방류수와 같은 일정한 유량이 방류되는 지점에는 자동계측을 위해 많이 사용되고 있다.

유량의 측정은 장치 내에서 좁은 수로부분(throat section)의 폭(W)이 약 25 cm (9 inch) 이하인 경우 모여드는 곳(converging section) 수심 H_a만 측정해서 다음과 같은 식을 이용하여 계산한다.

$$Q = cH_a^d \tag{9-15}$$

여기서, c, d : throat width (W)에 따라 사전에 정해진 계수

한편 throat section의 폭이 약 30 cm ~ 2.4 m (또는 1 ~ 8 ft)의 경우에는 식에 W를 추가해서 다음과 같은 식을 사용한다.

$$Q = e\,WH_a^{(f\,W)^g} \tag{9-16}$$

여기서, e, f, g : 사전에 결정된 계수

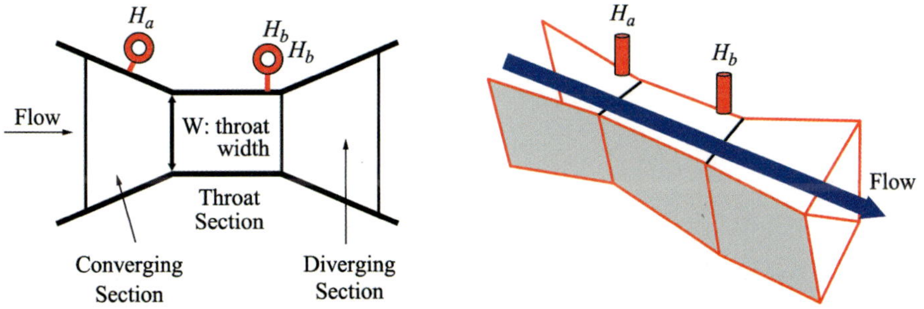

그림 9.10 Parshall Flume 의 개념도 및 각 부위 명칭

한편 W가 30 cm 이하이면서 $H_b/H_a > 0.6$인 경우와 W가 30 cm ~ 2.4 m이면서 $H_b/H_a > 0.7$인 경우는 침수(submerged)되었다고 하고 역류(backwater) 현상이 발생한다. 이러한 경우에는 상기의 공식을 이용하여 유량을 계산한 후 미리 준비된 H_b/H_a의 비에 해당하는 표나 그림을 이용하여 보정하도록 정하고 있다. 그러나 대부분의 경우 각종 계수와 보정치는 미리 정해져 있으므로 현장에서 직접 측정하지 않고 일반시설에서 판매하는 경우 대부분 자동변환장치를 통해 유량을 환산하여 보여줄 수 있을 것으로 본다. 각 계수는 제품의 제원에도 표시되어 있을 것이므로 본서에서는 개괄적인 형상과 계산 방법만 제시하고자 한다.

9.4.4 수위-유량 곡선(Rating Curve)을 이용하는 방법

하천의 유량을 측정하기 위해 가장 일반적으로 사용하는 방법이다. 이 방법에서는 미리 하천의 수위와 유량 간의 관계를 측정하여 수식을 수립하고

$$Q = aH^b \tag{9-17}$$

또는 위 식의 양변에 로그를 취하여 다음과 같이 나타내기도 한다.

$$\log(Q) = \log(a) + b \cdot \log(H) \tag{9-18}$$

여기서, a와 b는 실측자료에 대해 최소자승법(the least squares method)을 이용하여 산정한 회귀분석식의 계수이다. 그리고 H는 하천의 수심(m)을 나타내며 경우에 따라서 수위와 구분하기 위해 수표면 고도(H)와 하천바닥고도(H_0)의 차이($H-H_0$)를 사용하기도 한다.

1) 최소자승법(The Least Squares Method)

다음의 그림에서 (x_i, y_i)는 실측값을 나타내며 이 실측값을 하나의 직선식으로 표시하면 다음과 같이 나타낼 수 있다.

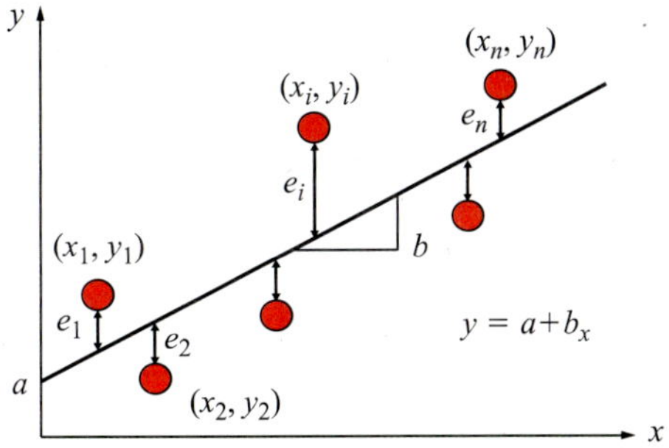

x_i	y_i	$y(x_i)$	$y(x_i)-y_i=e_i$
x_1	y_1	$a+bx_1$	$a+bx_1-y_1$
x_2	y_2	$a+bx_2$	$a+bx_2-y_2$
·	·	·	·
·	·	·	·
x_n	y_n	$a+bx_n$	$a+bx_n-y_n$

그림 9.11 측정자료 (x_i, y_i)와 직선식 $y=a+bx$ 및 오차 e_i

$$y = a + bx \tag{9-19}$$

여기서, a : 절편(intercept)

b : 기울기(slope)

각 x 지점에서 실측값과 직선식의 값의 차이는 오차로서 다음과 같이 나타낼 수 있다.

$$e_i = y_i - (a + bx_i) \tag{9-20}$$

식(9-15)는 식(9-16)에 나타낸 오차를 최소로 할 수 있는 것이 이상적이다. 그러나 이에 대해서는 살펴보아야 할 문제들이 있다. 예를 들어, n개의 실험자료에 대한 오차의 산술적인 합은 $\sum_{i=1}^{n} e_i$이나 각 e_i의 값은 양수인 경우도 있고 음수인 경우도 있으므로 이들을 단순하게 합산하는 경우는 양수값과 음수값이 서로 상쇄되어 $\sum_{i=1}^{n} e_i$의 값이 0에 가깝거나 또는 매우 낮게 나타날 가능성이 있다. 그럼에도 불구하고 각 x 지점에서의 오차는 상당히 클 수가 있으므로 이 방법은 적절하다고 볼 수 없다.

이에 대한 대안으로 오차의 절대값의 합 $\sum_{i=1}^{n} |e_i|$을 최소로 하는 방법을 생각해 볼 수 있다. 그러나 우리의 목표는 a와 b라는 두 가지의 미지수를 구해야 하는 것이므로 우리는 두 개의 방정식이 필요한데 이 상황에서는 두 가지의 식을 만들어 낼 수가 없다.

또 다른 방법으로 오차의 제곱의 합 $\sum_{i=1}^{n} e_i^2$을 최소로 하는 방법을 생각해 볼 수 있다. 예를 들어, $\sum_{i=1}^{n} e_i^2$와 S라고 보고 다음과 같이 다시 정리해 보기로 한다.

$$S = \sum_{i=1}^{n} e_i^2 = \sum_{i=1}^{n} (y_i - a - bx_i)^2 \tag{9-21}$$

또는

$$S = \sum_{i=1}^{n} \left\{ y_i^2 - 2(a + bx_i)y_i + a^2 + 2abx_i + b^2 x_i^2 \right\} \tag{9-22}$$

로 표현할 수 있다. 여기에서 생각의 각도를 약간 바꾸어서 S를 a의 함수와 b의 함수로 각각 생각해 보자. 이러한 경우 S는 그림 9.12에 나타난 바와 같이 각각 a와 b에 대한 2차 함수, 즉 포물선으로 나타낼 수 있다. 포물선은 오차의 제곱의 합, S값을 나타내며 각각의 경우 S를 최소로 하는 a와 b 값은 꼭지점에 해당하는 부분이다. 이 지점은 식(9-22)를 각각 a와 b로 미분하였을 때 0이 되는 지점들이다.

따라서 각 꼭지점에서는 다음과 같은 관계가 성립된다.

$$\frac{\partial S}{\partial a} = -2 \sum_{i=1}^{n} \{ y_i - a - bx_i \} = 0 \tag{9-23}$$

$$\frac{\partial S}{\partial b} = -2 \sum_{i=1}^{n} \{ (y_i - a - bx_i) x_i \} = 0 \tag{9-24}$$

식(9-23)과 식(9-24)를 동시에 만족시키는 a와 b를 구하면 오차의 제곱의 합을 최소화시킬 수 있는 직선을 구할 수 있으며 이 방법을 최소자승법(the least squares

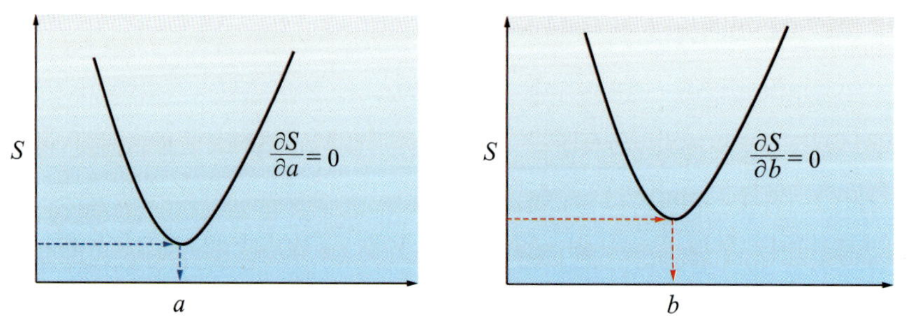

그림 9.12 S를 각각 a와 b의 함수로 보고 나타낸 그림(최소자승법)

method)이라고 부른다. 위 식들은 다음과 같이 정리될 수 있다

$$\sum_{i=1}^{n} y_i - \sum_{i=1}^{n} a - b\sum_{i=1}^{n} x_i = 0 \tag{9-25}$$

$$\sum_{i=1}^{n} \{(y_i - a - bx_i)x_i\} = 0 \tag{9-26}$$

위 두 식은 다음과 같이 a와 b에 대해 정리할 수 있다

$$na + \left(\sum_{i=1}^{n} x\right)b = \sum_{i=1}^{n} y_i \tag{9-27}$$

$$\left\{\sum_{i=1}^{n} x_i\right\}a + \left\{\sum_{i=1}^{n} x_i^2\right\}b = \sum_{i=1}^{n} x_i y_i \tag{9-28}$$

위 두 식은 연립방정식으로 풀이해도 되고 다음과 같이 행렬의 형태로 정리하여 풀이하여도 된다.

$$\begin{vmatrix} n & \Sigma x_i \\ \Sigma x_i & \Sigma x_i^2 \end{vmatrix} \begin{bmatrix} a \\ b \end{bmatrix} = \begin{bmatrix} \Sigma y_i \\ \Sigma x_i y_i \end{bmatrix} \tag{9-29}$$

여기서 a와 b는 다음과 같이 구할 수 있다.

$$a = \frac{\sum_{i=1}^{n} y_i - b\sum_{i=1}^{n} x_i}{n} \tag{9-30}$$

$$b = \frac{n\sum_{i=1}^{n} x_i y_i - \sum_{i=1}^{n} x_i \sum_{i=1}^{n} y_i}{n\sum_{i=1}^{n} x_i^2 - \left(\sum_{i=1}^{n} x_i\right)^2} \tag{9-31}$$

한편 다음과 같이 두 가지 통계량(statistics) S_r과 S_t를 정의하였을 때 상관계수(Correlation coefficient 또는 r^2)는 다음과 같이 정의된다.

$$S_r = \sum_{i=1}^{n} (y_i - a - bx_i)^2 \tag{9-32}$$

$$S_t = \sum_{i=1}^{n}\left(y_i - \frac{\sum_{i=1}^{n} y_i}{n}\right)^2 \tag{9-33}$$

$$r^2 = \frac{S_t - S_r}{S_t} = \frac{n\sum_{i=1}^{n} x_i y_i - \sum_{i=1}^{n} x_i \sum_{i=1}^{n} y_i}{\sqrt{n\sum_{i=1}^{n} x_i^2 - \left(\sum_{i=1}^{n} x_i\right)^2}\sqrt{n\sum_{i=1}^{n} y_i^2 - \left(\sum_{i=1}^{n} y_i\right)^2}} \tag{9-34}$$

예제 9.4

다음의 표는 대전의 관평천 동화울교의 하천수위와 유량의 실측자료를 보여주고 있다. 이 자료를 이용하여 유속과 수위의 상관관계식을 계산하라.

i	H(cm)	Q(m^3/sec)	$\log(H) = x$	$\log(Q) = y$	x^2	xy
1	28.0	0.063	1.447	−1.201	2.094	−1.738
2	33.0	0.070	1.519	−1.152	2.306	−1.750
3	33.0	0.074	1.519	−1.129	2.306	−1.715
4	33.5	0.101	1.525	−0.994	2.326	−1.516
5	34.0	0.077	1.531	−1.113	2.345	−1.705
6	34.0	0.081	1.531	−1.091	2.345	−1.671
7	35.0	0.057	1.544	−1.243	2.384	−1.920
8	35.0	0.080	1.544	−1.097	2.384	−1.694
9	36.0	0.085	1.556	−1.071	2.422	−1.666
10	38.0	0.085	1.580	−1.070	2.496	−1.690
11	40.6	0.129	1.608	−0.889	2.586	−1.430
12	45.0	0.154	1.653	−0.813	2.733	−1.345
13	46.0	0.150	1.663	−0.824	2.765	−1.369
14	47.0	0.140	1.672	−0.854	2.796	−1.428
15	47.5	0.143	1.677	−0.846	2.811	−1.418
16	48.0	0.151	1.681	−0.821	2.827	−1.380
17	49.0	0.175	1.690	−0.757	2.857	−1.279
18	50.0	0.199	1.699	−0.701	2.886	−1.191
19	51.0	0.208	1.708	−0.681	2.916	−1.163
20	57.0	0.409	1.756	−0.388	3.083	−0.682
21	59.0	0.455	1.771	−0.342	3.136	−0.605
22	62.0	0.407	1.792	−0.391	3.213	−0.701
23	71.0	0.680	1.851	−0.167	3.427	−0.310

24	72.0	0.553	1.857	−0.257	3.450	−0.477
25	74.0	0.590	1.869	−0.229	3.494	−0.428
26	74.0	0.631	1.869	−0.200	3.494	−0.374
27	75.0	0.642	1.875	−0.192	3.516	−0.361
28	75.0	0.495	1.875	−0.306	3.516	−0.573
29	76.0	0.492	1.881	−0.308	3.537	−0.579
30	77.0	0.597	1.886	−0.224	3.559	−0.422
31	79.0	0.671	1.898	−0.173	3.601	−0.328
		SUM=	52.528	−21.525	89.611	−34.909

위 자료를 log 변환을 하고 $\log H = x$ 그리고 $\log Q = y$로 놓고 상기한 최소자승법을 이용하여 a와 b를 구하면 다음과 같다.

$$b = \frac{n\sum_{i=1}^{n} x_i y_i - \sum_{i=1}^{n} x_i \sum_{i=1}^{n} y_i}{n\sum_{i=1}^{n} x_i^2 - \left(\sum_{i=1}^{n} x_i\right)^2} = \frac{31(-34.909) - (52.528)(-21.525)}{31(89.611) - (52.528)^2} = 2.593$$

$$a = \frac{\sum_{i=1}^{n} y_i - b\sum_{i=1}^{n} x_i}{n} = \frac{(-21.525) - (2.593)(52{,}528)}{31} = -5.089$$

한편 상관계수(r^2)는 식(9-24)를 이용하여 0.955로 산정되며, 유도된 식을 그림으로 나타내면 그림 9.13과 같다.

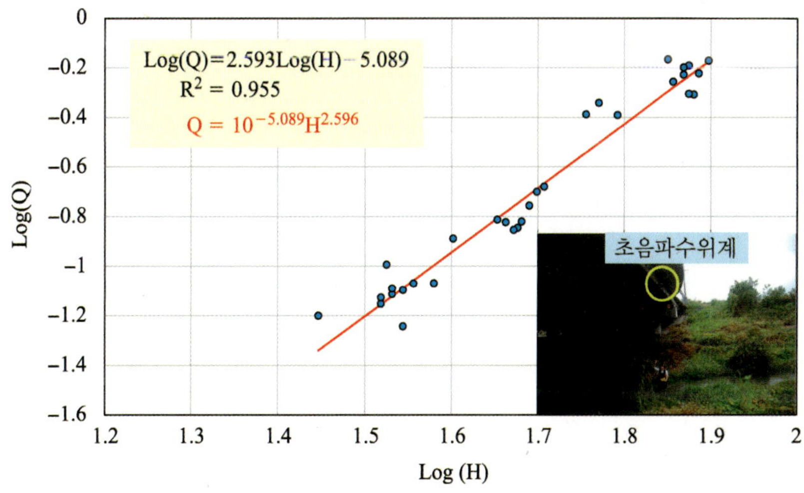

그림 9.13 하천 유속과 유량과의 관계식 예(대전 관평천)

10

수질 및 수생태에 관한 기준

수질 기준이란 사람이나 생태계가 이용하거나 생명을 유지하는 데 필요한 수질의 척도를 말한다. 수질은 상식이나 과학에 근거한 판단의 기준(criteria)이 될 수도 있고 이것이 제도화 되어 구속력을 가지게 되면 행정적인 기준(standard) 또는 지침(guide line)이 될 수 있다. 수질 기준은 사람의 건강 보호를 위해 각종 역학조사 임상조사와 같은 자료를 통해 결정될 수도 있으며 이용 목적에 따라 먹는 물, 산업용, 농업용 또는 환경 보전 등으로 구분하여 결정할 수도 있다.

우리나라 물관련 법령은 크게 재해 관련 법령과 물관리 관련 법령으로 구분되며 재해 부분에서는 행정안전부의 자연재해 대책법(2021), 농림축산식품부의 방조제관리법(2013)과 농림축산식품부와 해양수산부가 함께 관리하는 농어업재해대책법(2021) 등이 있다.

그리고 물관리관련 법령은 많은 부분을 환경부가 관리하고 있으나 행정안전부는 소하천정비법(2016)과 온천법(2021)을, 농림축산식품부와 해양수산부는 농어촌정비법(2021)을, 그리고 해양수산부는 공유수면매립관련법(2016)과 해양심층수관련법(2021)을 관리하고 있다. 2018년 이전까지는 수량은 국토교통부가 수질은 환경부가 나누어 담당하고 있었으나 2018년 물관리일원화에 따른 정부조직의 개편에 따라 수량과 수질 분야가 모두 환경부로 이관되어 관리되고 있다. 그림 10.1은 2022년 현재 관리되고 있는 우리나라 부처별 물관련 법령을 보여주고 있다.

우리나라 환경부의 수질관련 법령은 1960년 공해 방지법이 제정된 이후 지속적으로 보완되었으며 그림 10.1에 나타난 바와 같이 다양한 법령으로 발전하였다. 시기별

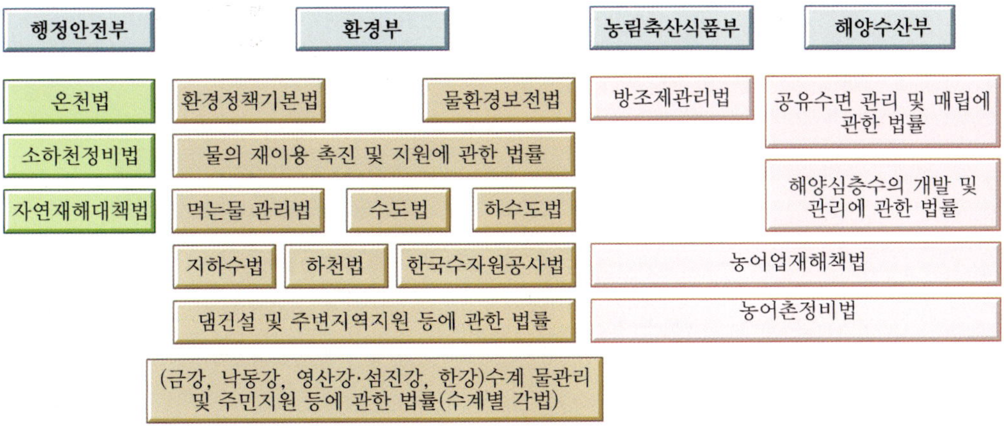

그림 10.1 우리나라 물관련 법령 및 담당 부처

변화 특성은 표 10.1과 같이 다섯 가지로 대별해 볼 수 있다.

우리나라 환경정책기본법(환경부, 2020)에 의하면 일반 하천이나 호소와 같은 지표수에 대해서는 사람의 건강보호기준과 생활환경기준이라는 두 가지 기준을 사용한다. 사람의 건강보호 기준은 하천이나 호수에서 수영이나 물놀이 등을 통해 사람이 물을 섭취하거나 피부접촉이 발생할 경우에 대해 안전성을 확보하기 위해 수립한 제도라고 볼 수 있다. 생활환경기준은 하천과 호소 그리고 해역의 수질에 대해서 정하고 있으며 행정적인 수질 목표를 수립하는 데에 기준으로 제시되는 경향이 있다. 한편 지하수 환경기준 항목 및 수질기준은 먹는물관리법과 수도법에 의한 수질기준을 적용하고 있다.

표 10.1 우리나라 수질 관련 법령의 시기별 구분 및 주요 내용

명칭 및 개략적 기간	주요 내용
공해방지법 시기 (1960～1979)	• 보건사회부 환경위생과 공해계(1967) • 소극적 방어적 제도
환경보전법 시기 (1980～1990)	• 환경청발족(1980), 적극적 물환경관리, 공장폐수관리, 수질감시
수질환경보전법 시기 (1991～2005)	• 환경부발족(1994) • 수질오염총량제도, 비점오염관리
수질 및 수생태계보전법 시기 (2006～2019)	• 수생태계관리 • 수계영향권별 물환경관리
물환경보전법 시기 (2020～)	• 물관리 일원화에 의한 통합관리 • 지속가능정책 시기

표 10.2 사람의 건강 보호 기준(환경부, 환경정책기본법 시행령, 2020)

항목	하천 및 호소(mg/L)	해역(mg/L)
카드뮴(Cd)	0.005	0.01
비소(As)	0.05	0.05
시안(CN)	검출한계 0.01 이하	0.01
수은(Hg)	검출한계 0.001 이하	0.0005
유기인	검출한계 0.0005 이하	
폴리클로리네이티드비페닐(PCB)	검출한계 0.0005 이하	0.0005
납(Pb)	0.05	0.05
6가 크롬(Cr^{6+})	0.05	0.05
음이온 계면활성제(ABS)	0.5	0.5
사염화탄소	0.004	
1,2-디클로로에탄	0.03	
테트라클로로에틸렌(PCE)	0.04	0.01
디클로로메탄	0.02	
벤젠	0.01	0.01
클로로포름	0.08	
디에틸헥실프탈레이트(DEHP)	0.008	
안티몬	0.02	
1,4-다이옥세인	0.05	
포름알데히드	0.5	
헥사클로로벤젠	0.00004	
아연(Zn)		0.1
구리(Cu)		0.02
다이아지논		0.02
파라티온		0.06
밀라티온		0.25
1,1,1-트리클로로에탄		0.1
트리클로로에틸렌		0.03
디클로로메탄		0.02
페놀		0.005

10.1 사람의 건강 보호 기준

환경정책기본법에서 정하고 있는 해역을 포함한 하천과 호소에 대한 사람의 건강 보호 기준은 표 10.2에 나타난 바와 같다. 하천 및 호소에 대한 사람의 건강 보호 기준은 동일하며 해역에 대한 건강 보호 수질 기준은 하천 및 호소에 비해 상대적으로 항목이 적은 편이다. 이 기준에서 제시되는 수질 항목들은 표 10.7에 표시된 먹는물관리법에 의한 먹는 물 수질 기준과 유사한 면이 있으나 두 가지는 별도의 법령으로서 적용 수질 항목과 수질 기준이 다소 다르다.

10.2 생활환경 기준

우리나라 환경부는 하천과 호소 등 지표수의 일반적 수질 및 수생태계 환경기준을 "생활환경 기준"이라고 부르며 하천 및 호소에 각각 수질 항목과 수질 기준은 표 10.3과 표 10.4에 각각 나타난 바와 같다. 주목할 만한 것은 2016년부터 하천 및 호소의 수질 기준에 공히 COD가 삭제된 것이다. COD와 BOD는 수중의 유기물 또는 산소를 소모할 수 있는 능력을 각각 생화학적 및 화학적인 방법을 이용하여 측정하였으나 엄밀한 의미에서 이들은 간접적인 수치일 뿐 유기물의 양을 직접 측정하는 변수들이 아니다.

하수처리장으로 유입되는 고농도 유기물을 함유한 폐수에서는 BOD, COD 및 TOC 농도가 상대적으로 서로 일정한 상관성을 나타내는 것과 달리 하수처리장의 배출수나 일반적인 하천이나 호소와 같이 저농도의 유기물 농도를 나타내는 경우는 위 세 가지 변수간의 상관관계가 불확실한 경향이 있다.

표 10.3 우리나라 하천 생활환경 기준(환경정책기본법 시행령 별표 1, 2020)

등급 \ 기준	BOD (mg/L)	TOC (mg/L)	SS (mg/L)	DO (mg/L)	총인 (mg/L)	총대장균
매우좋음(Ia)	< 1	< 2	< 25	> 7.5	< 0.02	< 50
좋음(Ib)	2	3	25	5.0	0.04	500
약간좋음(II)	3	4	25	5.0	0.1	1,000
보통(III)	5	5	25	5.0	0.2	5,000
약간나쁨(IV)	8	6	100	2.0	0.3	**
나쁨(V)	10	8	*	2.0	0.5	
매우나쁨(VI)	> 10	> 8		< 2.0	> 0.5	

* 쓰레기 등이 떠 있지 않을 것
** 대장균 군수/100mL

표 10.4 우리나라 호소 생활환경 기준(환경정책기본법 시행령 별표 1, 2020)

등급 \ 기준	TOC (mg/L)	SS (mg/L)	DO (mg/L)	총인 (mg/L)	총질소 (mg/L)	Chl-a (mg/m^3)
매우좋음(Ia)	2	< 1	> 7.5	< 0.01	< 0.2	< 5
좋음(Ib)	3	5	5	0.02	0.3	9
약간좋음(II)	4	5	5	0.03	0.4	14
보통(III)	5	15	5	0.05	0.6	20
약간나쁨(IV)	6	15	2	0.10	1.0	35
나쁨(V)	8	*	2	0.15	1.5	70
매우나쁨(VI)	> 8		< 2	> 0.15	> 1.5	> 70

* 쓰레기 등이 떠 있지 않을 것
** 대장균 군수/100mL

그림 10.3은 우리나라 하수처리장 배출수 96가지를 대상으로 측정한 TOC와 BOD 그리고 TOC와 COD의 상관계수가 각각 0.013 및 0.740인 것으로 보고하고 있다(박종수, 2014). 이 시료들에서 BOD와 COD는 TOC에 비해서 유기탄소의 비율이 각각 12.4%와 68.7%인 것으로 나타냄으로써 BOD는 유기물의 지표로 사용하기 거의 불가능한 수준인 것을 알 수 있다.

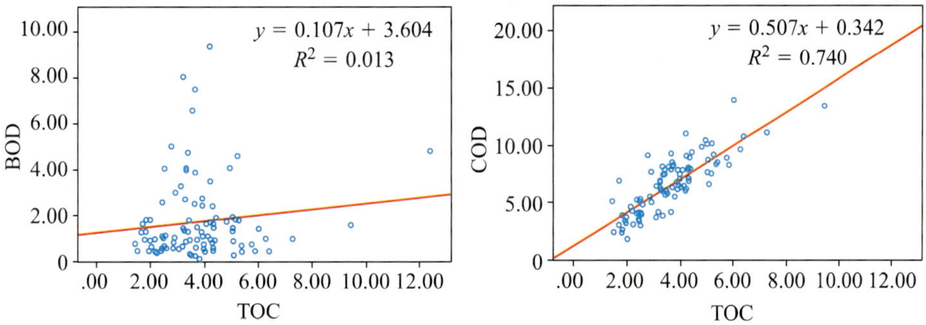

그림 10.2 우리나라 하수처리장 96개 TOC와 BOD 및 COD의 상관성(박종수, 2014)

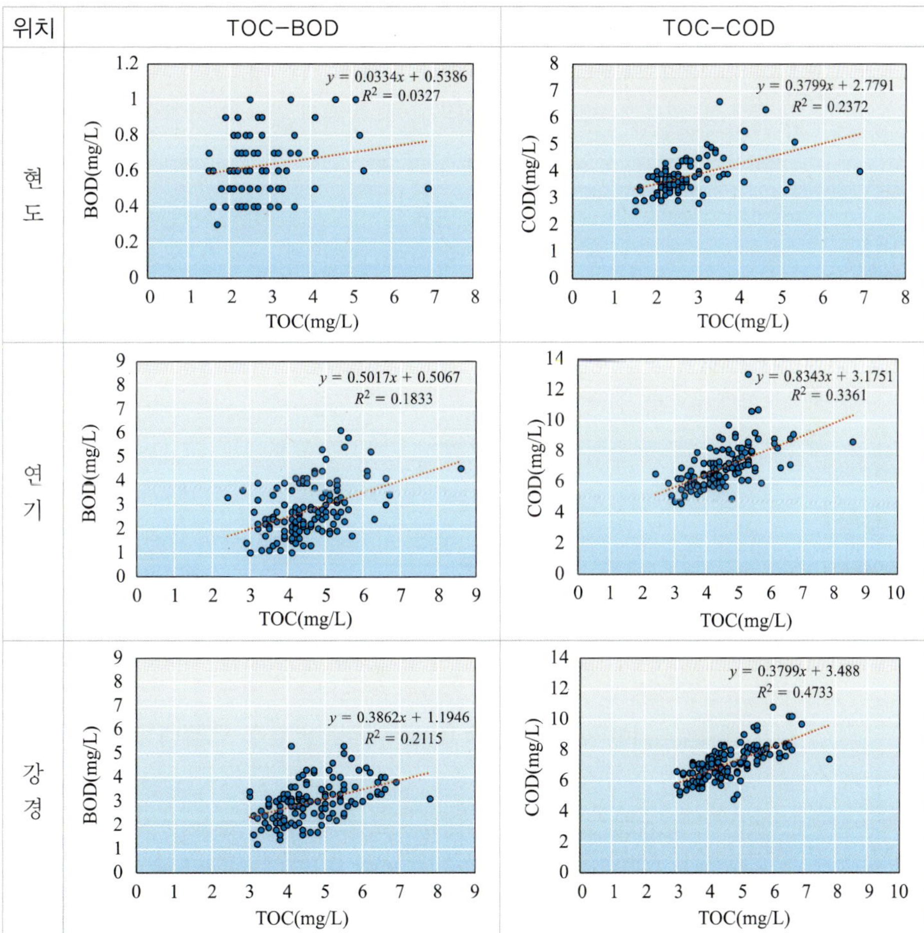

그림 10.3 금강의 주요지점의 TOC와 BOD 및 COD의 상관성(환경부 물환경정보시스템 수록자료)

한편 그림 10.3은 환경부의 물환경정보시스템에 수록된 자료를 이용하여 금강의 주요지점에서 TOC와 BOD 그리고 COD의 상관성을 나타낸 그림들이다. TOC와 BOD의 상관관계는 상류로부터 각각 0,03, 0.18, 0.21을 그리고 TOC와 COD의 상관관계는 각각 0.24, 0.34 그리고 0.47의 값을 보인다. 이 값들은 그림 10.3의 하수처리장 방류수의 경우에 비하여 BOD는 상관성이 상대적으로 높고 COD는 상대적으로 낮은 편이다. 그러나 특기할 만한 것은 수질이 악화되는 하류로 갈수록 전반적으로 상관성이 높아지고 있다는 것이다.

또한 우리나라 호소 및 하천의 수질 기준에서 사용되는 COD 분석에서는 산화제로서 망간(Mn)을 사용하였으나 침출수의 COD 측정을 위해서는 크롬(Cr) 산화제를 사용하고 있다. 그러나 이 두 가지 산화제의 산화력의 차이에 의해 두 가지 COD 값이 다르며, 화학반응의 조건과 방해물질 등의 유무에 따라, 두 가지 자료가 일관성 있는 유기물의 지표로 사용될 수 있는가에 대해서는 지속적인 문제가 제기되어 왔다.

BOD 또한 분석의 정확도 문제가 제기되어 왔으나 현행 오염총량관리제 및 공공하수처리시설 및 산업폐수 배출 허용기준에 포함되어 있는 관계로 단기간 내에 제외하기는 어려운 것으로 보인다. 따라서 BOD는 하천의 수질기준에 계속 사용되고 있으나 다만 호소의 수질 기준에서는 삭제된 것을 알 수 있다.

유기탄소를 직접 정량할 수 있는 총유기탄소(Total Organic Carbon, TOC)는 측정이 상대적으로 쉬운 BOD 또는 COD를 사용하였으나 최근에는 분석기기의 보급이 확대되면서 직접 측청이 어렵지 않게 되었다. 향후에는 BOD와 COD 대신 TOC를 사용하여 수질관리를 실시하게 되는 경우가 점차 증가될 것으로 예상된다.

한편 호소의 수질기준에는 하천기준에는 존재하지 않는 총질소(TN)와 엽록소-a (chl-a)가 포함되어 있다. 그러나 하천의 녹조현상이 지속적으로 문제되는 현재의 상황에서는 chl-a의 농도기준이 포함되는 것이 필요할 것으로 보인다. 다만 chl-a 농도는 식물성플랑크톤의 전체적인 양을 대표하며 하천과 호소의 녹조현상은 남조류 (cyanobacteria)에 의한 것으로서 남조류를 별도로 나타낼 수 있는 기준 또한 검토되는 것이 필요하다. 녹조현상의 기준에 대해서는 본장의 뒷부분에 조금 더 자세하게 언급하기로 한다.

또한 SS의 농도기준은 하천에서는 25 mg/l가 1등급의 기준인 반면, 호소에서는 1등급의 기준이 5 mg/l 이하로서 상대적으로 매우 낮은 편이다. pH는 하천과 호소에 대해 모든 등급의 수역에서 6.5～8.5 사이로 정해져 있으며 따라서 두 가지의 표에 별도로 표시하지 않았다. 표 10.6은 환경부가 정한 생활환경 기준별 수역의 수질 및 생물 특성을 나타내고 있으며 수질 상태의 개략적인 상태를 파악할 수 있다. 하천 및 호소의 생활환경기준의 수질항목 및 농도는 시대의 변천에 따라 계속 변화해 오고 있는 특징을 보이며 향후에도 변경이 필요할 것으로 예상된다.

한편 해역에 대한 생활환경기준은 수소이온농도 6.5~8.5 사이, 총대장균 1,000균수/100 ml 이하 그리고 용매추출유분 0.01 mg/L 이하의 세 가지로서 비교적 단순한 편이다. 해역의 생태기반 해수 수질기준은 표 10.5에 나타난 바와 같으며 다음과 같은 식으로 산정되는 수질평가지수값(water quality index, WQI)을 사용한다.

$$\begin{aligned}\text{수질평가지수} = &\ 10 \times [\text{저층산소포화도(DO)}] \\ &+ 6 \times [\{\text{식물플랑크톤 농도(chl-a)} + \text{투명도(SD)}\} / 2] \\ &+ 4 \times [\{\text{용존무기질소 농도(DIN)} + \text{용존무기인 농도(DIP)}\} / 2]\end{aligned}$$

표 10.5 생태기반 해수 수질기준

등급	수질평가지수값
I (매우 좋음)	23 이하
II (좋음)	24~33
III (보통)	34~46
IV (나쁨)	47~59
V (아주 나쁨)	60 이상

<table>
<tr><th>표 10.6</th><th colspan="2">우리나라 하천 생활환경 기준별 수역의 수질 및 생물특성(환경부, 2020)</th></tr>
<tr><th>생물등급</th><th>생물 지표종, 저서생물(어류)</th><th>서식지 및 생물 특성</th></tr>
<tr><td>매우 좋음</td><td colspan="2">용존산소(溶存酸素)가 풍부하고 오염물질이 없는 청정상태의 생태계로 여과·살균 등 간단한 정수처리 후 생활용수로 사용할 수 있음.</td></tr>
<tr><td>매우 좋음
~좋음</td><td>옆새우, 가재, 뿔하루살이, 민하루살이, 강도래, 물날도래, 광택날도래, 띠무늬우묵날도래, 바수염날도래(산천어, 금강모치, 열목어, 버들치 등)</td><td>• 물이 매우 맑으며, 유속은 빠른 편임
• 바닥은 주로 바위와 자갈로 구성됨
• 부착 조류(藻類)가 매우 적음.</td></tr>
<tr><td>좋음</td><td colspan="2">용존산소가 많은 편이고 오염물질이 거의 없는 청정상태에 근접한 생태계로 여과·침전·살균 등 일반적인 정수처리 후 생활용수로 사용할 수 있음.</td></tr>
<tr><td>약간 좋음</td><td colspan="2">약간의 오염물질은 있으나 용존산소가 많은 상태의 다소 좋은 생태계로 여과·침전·살균 등 일반적인 정수처리 후 생활용수 또는 수영용수로 사용할 수 있음.</td></tr>
<tr><td>좋음
~보통</td><td>다슬기, 넓적거머리, 강하루살이, 동양하루살이, 등줄하루살이, 등딱지하루살이, 물삿갓벌레, 큰줄날도래(쉬리, 갈겨니, 은어, 쏘가리 등)</td><td>• 물이 맑으며, 유속은 약간 빠르거나 보통임.
• 바닥은 주로 자갈과 모래로 구성됨.
• 부착 조류가 약간 있음.</td></tr>
<tr><td>보통</td><td colspan="2">보통의 오염물질로 인하여 용존산소가 소모되는 일반 생태계로 여과, 침전, 활성탄 투입, 살균 등 고도의 정수처리 후 생활용수로 이용하거나 일반적 정수처리 후 공업용수로 사용할 수 있음.</td></tr>
<tr><td>보통~
약간 나쁨</td><td>물달팽이, 턱거머리, 물벌레, 밀잠자리(피라미, 끄리, 모래무지, 참붕어 등)</td><td>• 물이 약간 혼탁하며, 유속은 약간 느린 편임.
• 바닥은 주로 잔자갈과 모래로 구성됨.
• 부착 조류가 녹색을 띠며 많음.</td></tr>
<tr><td>약간 나쁨</td><td colspan="2">상당량의 오염물질로 인하여 용존산소가 소모되는 생태계로 농업용수로 사용하거나 여과, 침전, 활성탄 투입, 살균 등 고도의 정수처리 후 공업용수로 사용할 수 있음.</td></tr>
<tr><td>약간 나쁨
~
매우 나쁨</td><td>왼돌이물달팽이, 실지렁이, 붉은깔따구, 나방파리, 꽃등에(붕어, 잉어, 미꾸라지, 메기 등)</td><td>• 물이 매우 혼탁하며, 유속은 느린 편임
• 바닥은 주로 모래와 실트로 구성되며, 대체로 검은색을 띰.
• 부착 조류가 갈색 혹은 회색을 띠며 매우 많음.</td></tr>
<tr><td>나쁨</td><td colspan="2">다량의 오염물질로 인하여 용존산소가 소모되는 생태계로 산책 등 국민의 일상생활에 불쾌감을 주지 않으며, 활성탄 투입, 역삼투압 공법 등 특수한 정수처리 후 공업용수로 사용할 수 있음.</td></tr>
<tr><td>매우 나쁨</td><td colspan="2">용존산소가 거의 없는 오염된 물로 물고기가 살기 어려움.</td></tr>
</table>

10.3 먹는 물 수질 기준

우리나라 환경부의 먹는물관리법에 의한 먹는 물의 정의는 먹는 데에 통상 사용하는 자연 상태의 물, 자연 상태의 물을 먹기에 적합하도록 처리한 수돗물, 먹는샘물, 먹는염지하수(鹽地下水), 먹는해양심층수(海洋深層水) 등을 말한다. 먹는 물의 수질 기준은 체중 60 kg의 성인이 하루 2 L씩 평생 동안 물을 마셨을 때 인체에 위해하지 않는 수준으로 설정된 먹는 물 중 해당물질의 농도를 말한다. 먹는 물 종류별 수질기준 항목은 미생물, 건강상 유해영향 무기물질, 건강상 유해영향 유기물질, 소독제 및 소독부산물질, 심미적 영향물질 그리고 방사능에 관한 기준 등 6가지가 있으며 자세한 사항은 표 10.7에 나타난 바와 같다. 먹는물 수질해설서(국립환경과학원, 2017)는 각 물질의 인간에 대한 건강영향 등을 포함한 자세한 특성들을 소개하고 있다.

표 10.7 우리나라 먹는물 종류별 수질기준

1. 미생물에 관한 기준		
일반세균	100	CFU/ml
총내장균	0	100ml
분원성대장균	0	100ml
저온일반세균(샘물 및 염지하수)	20	CFU/ml
중온일반세균(샘물 및 염지하수)	5	CFU/ml
저온일반세균(샘물 및 염지하수 병입 후 4°C, 12시간 이내)	100	CFU/ml
중온일반세균(샘물 및 염지하수 병입 후 4°C, 12시간 이내)	20	CFU/ml
총대장균(샘물 및 염지하수)	0	250ml
분원성 연쇄상구균 등	0	250ml
아황산환원혐기성포자형성균	0	50ml
2. 건강상 유해영향 무기물질		
납	0.01	mg/L
불소	1.5	mg/L
불소(샘물 및 염지하수)	2	mg/L
비소	0.01	mg/L
비소(샘물 및 염지하수)	0.05	mg/L
셀레늄	0.01	mg/L

셀레늄(샘물 및 염지하수)	0.05	mg/L
수은	0.001	mg/L
시안	0.01	mg/L
크롬	0.05	mg/L
암모니아성질소	0.5	mg/L
질산성질소	10	mg/L
카드뮴	0.005	mg/L
붕소	1	mg/L
브롬산염(염지하수 제외)	0.01	mg/L
스트론튬(먹는염지하수 및 먹는해양심층수)	4	mg/L
우라늄	0.03	mg/L
3. 건강상 유해영향 유기물질		
페놀	0.005	mg/L
다이아지논	0.02	mg/L
파라티온	0.06	mg/L
페니트로티온	0.04	mg/L
카바릴	0.07	mg/L
1,1,1-트리클롤에틸렌	0.1	mg/L
테트라클로로에틸렌	0.01	mg/L
트리클로로에틸렌	0.03	mg/L
디클로로메탄	0.02	mg/L
벤젠	0.01	mg/L
톨루엔	0.7	mg/L
에틸벤젠	0.3	mg/L
크실렌	0.5	mg/L
1,1-디클로로에틸렌	0.03	mg/L
사염화탄소	0.002	mg/L
1,2-디브로모-3-클로로프로판	0.003	mg/L
1,4-다이옥산	0.05	mg/L
4. 소독제 및 소독부산물질에 관한 기준		
잔류염소(유리잔류염소)	4	mg/L
총트리할로메탄	0.1	mg/L
클로로포름	0.08	mg/L
브로모디클로로메탄	0.03	mg/L

디브로모클로로메탄	0.1	mg/L
클로랄하이드레이트	0.03	mg/L
디브로모아세토니트릴	0.1	mg/L
디클로로아세토니트릴	0.09	mg/L
트리클로로아세토니트릴	0.004	mg/L
할로아세틱에시드	0.1	mg/L
포름알데히드	0.5	mg/L
5. 심미적(審美的) 영향물질에 관한 기준		
경도	1000	mg/L
경도(수돗물)	300	mg/L
경도(먹는염지하수 및 먹는해양심층수)	1200	mg/L
과망간산칼륨 소비량	10	mg/L
냄새와 맛	소독 냄새와 맛 이외 없을 것	
동	1	mg/L
색도	5	도
음이온계면활성제(ABS)	0.5	mg/L
ABS (샘물・먹는샘 물, 염지하수・먹는염지하수 및 먹는해양심층수)	0	mg/L
pH	5.8~8.5	
pH (샘물, 먹는샘물 및 먹는물공동시설)	4.5~9.5	
아연	3	mg/L
염소이온	250	mg/L
증발잔류물(수돗물)	500	mg/L
철	0.3	mg/L
망간	0.3	mg/L
망간(수돗물)	0.05	mg/L
탁도	1	NTU
탁도(수돗물)	0.5	NTU
황산이온	200	mg/L
알루미늄	0.2	mg/L
6. 방사능에 관한 기준		
세슘(Cs-137) (염지하수만)	4	mBq/L
스트론튬(Sr-90)	3	mBq/L
삼중수소	6	Bq/L

10.4 재이용수의 수질기준

환경부의 물의 재이용 촉진 및 지원에 관한 법률(물재이용법)에 의하면 물의 재이용은 빗물, 오수(汚水), 하수처리수, 폐수처리수 및 발전소 온배수를 물 재이용시설을 이용하여 처리하고, 그 처리된 물을 생활, 공업, 농업, 조경, 하천 유지 등의 용도로 이용하는 것으로 정의된다. 위 법령은 국가 및 지방자치단체는 빗물이용시설, 중수도, 하·폐수처리수 재이용시설을 설치하는 자에게 설치에 필요한 비용의 일부를 보조하거나 융자할 수 있도록 정하고 있다. 또한 지방자치단체는 빗물이용시설 또는 중수도를 설치한 시설물의 소유자 또는 관리자나 하·폐수처리수 재처리수를 공급받는 자에 대하여 수도 요금 또는 하수도 사용료를 경감할 수 있도록 정하고 있다.

다음의 표 10.8은 이 법령에서 정의하고 있는 재이용수 관련 용어의 일부를 발췌하여 소개한 것이다.

표 10.8 물의 재이용 촉진 및 지원에 관한 법률의 관련용어 정의(환경부, 2022)

용어	내 용
물 재이용시설	빗물이용시설, 중수도, 하·폐수처리수 재이용시설 및 온배수 재이용시설
빗물이용시설	건축물의 지붕면 등에 내린 빗물을 모아 이용할 수 있도록 처리하는 시설
중수도	개별 시설물이나 개발사업 등으로 조성되는 지역에서 발생하는 오수를 공공하수도로 배출하지 아니하고 재이용할 수 있도록 개별적 또는 지역적으로 처리하는 시설
하수처리수	「하수도법」 제2조 제9호에 따른 공공하수처리시설에서 처리된 물
폐수처리수	「물환경보전법」 제2조 제17호에 따른 공공폐수처리시설에서 처리된 물
발전소 온배수	취수한 해수를 발전소(원자력발전소는 제외한다)의 발전과정에서 발생한 폐열을 흡수하는 냉각수로 사용하여 수온이 상승된 상태로 방출되는 배출수

10.4.1 빗물이용시설

물재이용법에 따라 2013년부터 종합운동장, 실내체육관, 공공청사, 공동주택, 학교, 골프장 및 대규모점포를 신축 또는 증개축하는 경우는 빗물이용시설을 설치·운영하여야 한다. 빗물이용시설은 ① 집수시설, ② 초기빗물 처리시설, ③ 저류시설, ④ 수처리 시설 및 ⑤ 송수·배수시설로 구성되며 자세한 설명은 표 10.9와 그림 10.4에 나타난 바와 같다.

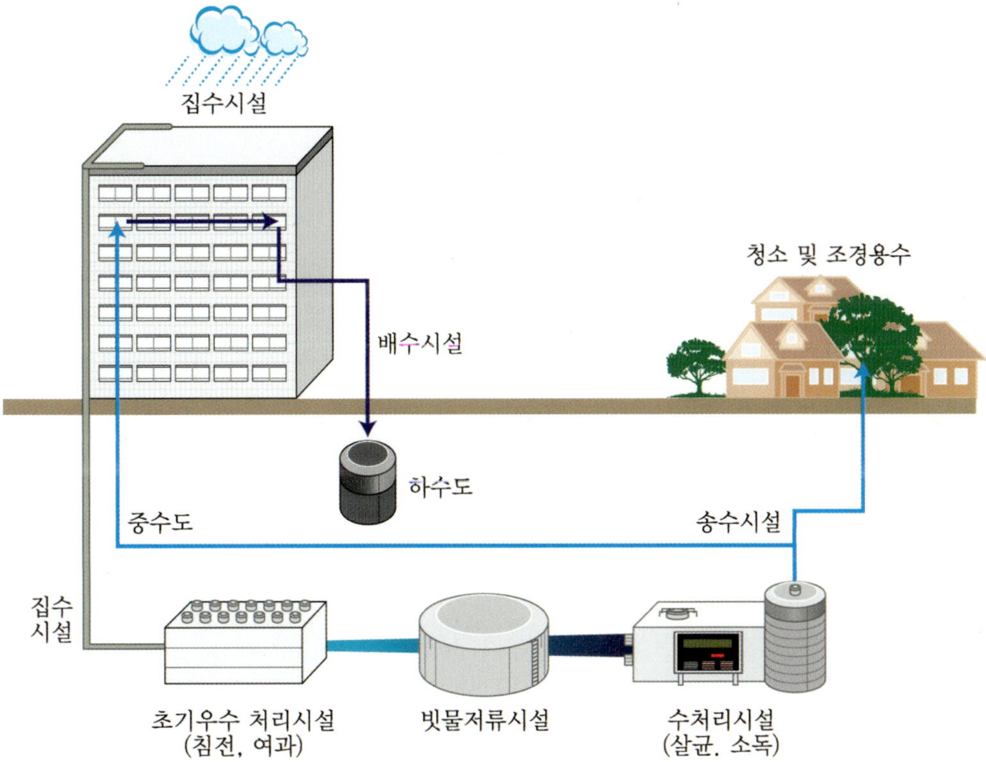

그림 10.4 빗물이용시설 및 물재이용 개념도

표 10.9 빗물이용시시설 명칭 및 내용

시설명	설 명
집수시설	집수관, 루프드레인, 홈통받이 등 대상 집수면에 내리는 빗물을 보다 효과적으로 모으기 위해 활용하는 시설
초기빗물 처리시설	초기 집수면으로부터 유출되는 오염도 높은 초기 빗물을 처리 또는 관리하는 시설
저류시설	수한 빗물을 활용 용도에 맞도록 적합한 용량으로 빗물을 저장하는 시설
수처리시설	빗물의 사용용도에 적합한 목표수질을 유지하기 위해 활용되는 여과, 소독 등의 방법으로 처리하는 시설
송수·배수시설	장한 빗물을 활용처로 보내거나 안전상의 이유로 하천 및 공공하수도로 방류하는 시설(빗물이용시설의 계측 및 제어설비를 포함)

10.4.2 중수도

중수도란 먹는물을 처리하고 공급하는 상수도 시설 그리고 사용한 물을 처리하는 사용한 하수도에 비하여 수돗물을 음용수 이외의 생활용수 및 공업용수 등으로 재활용할 수 있도록 설치되는 처리시설, 송배수시설 및 이용시설의 전체를 의미한다. 중수도는 먹을 수 없는 것을 원칙으로 하며 고도의 수질이 필요하지 않은 곳의 허드렛물로 사용하는 용도로 사용할 수 있으므로 절수 및 에너지 절감효과가 큰 것이 특징이다. 중수도는 수세식 화장실 용수, 공조 냉각용수, 자동차 등의 세차용수, 도로나 수목의 살수용수, 소화용수, 융설용수, 연못이나 분수의 유지용수 및 도로나 주차장의 청소용수 등에 사용될 수 있다.

물재이용법에 따라 2013년부터 건축 연면적이 60,000 m^2 이상인 숙박업 또는 목욕장업에 사용되는 시설, 공장 또는 발전시설로서 1일 폐수배출량이 1,500 m^3 이상인 시설물 그리고 국가, 지방자치단체, 공기업 등이 시행하는 관광단지, 도시개발사업, 산업단지개발사업, 택지개발사업 등에 대해서는 단독 또는 공동으로 물 사용량의 10퍼센트 이상을 재이용할 수 있도록 중수도를 설치·운영하여야 한다. 다만, 물 사용량의 10퍼센트 이상을 하·폐수처리수 재처리수로 공급받거나 빗물을 이용하는 자의 경우에는 그렇지 않아도 된다. 중수도는 다음의 표 10.10과 같이 세 가지 이용방식이 있다.

표 10.10 중수도의 이용방식

이용방식	내 용
단독이용 방식	단독 건축물이나 공장의 폐수를 자체적으로 처리
복합이용 방식	하나의 중수처리시설로 인접한 복수의 시설물에 중수를 공급
공공이용 방식	하수처리수나 공단폐수를 용도에 맞게 한 번 더 처리한 후 중수로 이용

중수도의 이용이 확대되는 경우 이론적으로는 하수발생량의 감소에 의해 하천의 오염부하가 경감되어 수질개선에 기여할 수 있으며, 한정된 수자원을 재활용한다는 측면에서 바람직할 수 있다. 중수도를 처리하는 기술은 상수 또는 하수처리에서 사용하는 기술들이 동일하게 사용되며 집수 및 급수를 위한 배관의 설치 및 유지관리가 필요하다. 일반적으로 중수도는 공공 하폐수 처리시설에 비해 규모가 작은 관계로 설치 및 유지관리의 경제성은 매우 불리한 실정이다. 또한 중수도의 특성상 유해물질이나 미생물 등이 완전히 제거되지 않을 수 있으므로 사용상에 피부접촉이나 실수로 인한 섭취를 방지할 수 있는 적절한 대책도 필요하다. 중수도의 용도별 수질기준은 다음의 표 10.11에 나타난 바와 같으며 공업용수는 제품의 생산 공정에 사용하는 경우만 적용한다.

표 10.11 중수도의 용도별 수질기준

구분	청소 · 화장실용수	세척 · 살수용수	조경용수	친수용수	하천 등 유지용수
총대장균군수(개/100ml)	불검출	1,000	1,000	불검출	1,000
결합잔류염소(mg/L)	0.2 이상	–	–	0.1 이상	–
탁도(NTU)	2 이하	2 이하	2 이하	2 이하	–
BOD (mg/L)	5 이하	5 이하	5 이하	3 이하	5 이하
냄새	불쾌하지 않을 것				
색도(도)	20 이하	–	–	10 이하	–
총질소(mg/L)	–	–	–	10 이하	20 이하
총인(mg/L)	–	–	–	0.5 이하	0.5 이하
pH	5.8~8.5				
염화물(mgCl/L)	–	–	250 이하	–	–

10.5 수질예보제와 조류경보제

환경부는 우리나라 하천 및 댐 주요지점의 수질관리를 위해, 수질모델링에 의한 예측 결과를 이용하여 시행하는 수질예보제와 현장의 실측결과를 이용하여 실시하는 조류경보제를 운영하고 있다. 그러나 두 가지의 다른 법령에서 녹조현상이라는 특정 현상에 초점을 맞추어 시행되며 실측과 예측이 모두 필요하므로 통합하여 운영하는 것이 바람직하다. 본 절에서는 각각의 제도의 내용에 대해서 소개하고자 한다.

10.5.1 수질예보제

수질예보제는 2012년 4대강의 보구 간의 수질관리를 위해 도입되었으며 현재는 수질예보 및 대응조치에 관한 규정(환경부, 2018)에 의해 시행되고 있다. 이 제도는 표 10.12에 나타난 바와 같이 4대강의 수중보가 설치된 지역의 16개 보 지역을 중심으로 시행되고 있다. 조류경보제와의 가장 큰 차이점은 수질예측을 기준으로 관심, 주의, 경계, 심각의 4가지 단계로 발령하게 되며 현장의 실측치를 기준으로 단계를 조정한다.

표 10.12 수질예보제의 대상수역

수계	세부구간
한강	충주댐 및 청평댐 방류지점부터 팔당댐까지
낙동강	안동댐 방류지점부터 낙동강 하구언까지
금강	대청댐 방류지점부터 금강 하구언까지
영산강	광주광역시 북구 우치동 용산교부터 영산강 하구언까지
기타	수질관리상 환경부장관이 필요하다고 인정하는 구간

수질예보는 7일 단위의 단기수질예보와 3개월 단위의 장기수질예보로 구성되어 있다. 수질예보는 4대강의 수질에 영향을 미치는 기상 정보와 유역의 정보가 기본적으로 필요하다. 기상 정보는 단기간의 경우는 일기예보를 사용할 수 있으며 유역정보를 제공하기 위해서는 강우에 따른 유역의 유출유량과 오염부하를 산정할 수 있는 유역모델을 사용하여야 한다.

수질예보의 결과에 따라 chl-a 농도 70 mg/m^{3}과 같은 수질관리 강화기준 초과비율, 지속기간, 남조류 세포수에 따라 표 10.13에 나타난 바와 같이 관심, 주의, 경계, 심각의 4단계로 구분한다. 다만, 남조류 세포수가 10,000세포/mL 이상일 경우 수질관리 강화기준을 35 mg/m^{3}로 강화한다. 여기서 남조류(*Cyanobacteria*) 세포수는 유해남조류인 *Anabaena*, *Aphanizomenon*, *Microcystis*, *Oscillatoria* 속 세포수의 합으로 한다.

표 10.13 수질예보제 결과에 따른 수질관리 단계

클로로필-a 예측 농도(mg/m^3) \ 남조류 세포수 (세포/mL)	10,000 미만 [1]	10,000 이상	50,000 이상	2×10^5 이상
35 mg/m^{3}을 초과하고 7일 중 4일 이상 유지	–	관심단계[2]	주의단계	경계단계
70 mg/m^{3}을 초과하고 7일 중 4일 이상 유지	관심단계	주의단계	경계단계	심각단계
105 mg/m^{3}을 초과하고 7일 중 4일 이상 유지	주의단계	경계단계	심각단계	심각단계
140 mg/m^{3}을 초과하고 7일 중 4일 이상 유지	경계단계	심각단계	심각단계	심각단계
175 mg/m^{3}을 초과하고 7일 중 4일 이상 유지	심각단계	심각단계	심각단계	심각단계

비고)
1. 남조류 세포수는 유해남조류인 *Anabaena*, *Aphanizomenon*, *Microcystis*, *Oscillatoria*속 세포수의 합으로 한다.
2. 클로로필-a 농도가 70 mg/m^{3}을 초과하여 수질관리 단계 최초 발령 시에는 초과한 날 이후 전반적으로 농도 상승이 예상될 경우 발령한다.
3. [1] 남조류 세포수가 10,000 미만일 경우, 수질관리 단계 발령을 위한 클로로필-a 농도 기준은 각각 70 mg/m^3, 120 mg/m^3, 160 mg/m^3, 200 mg/m^3 초과 시로 완화한다.
4. [2] 남조류 세포수가 10,000 초과 시에는 클로로필-a 예측 농도 값과 관계없이 "관심"단계를 발령한다.

수질관리단계 발령절차는 다음과 같다

가. 1단계(평상시) : 클로로필-a 농도, 남조류 세포수를 포함한 주 1회 수질모니터링 실시 및 주 2회 수질예보 발표(월요일과 목요일)

나. 2단계(수질관리 단계 발령) : 클로로필-a 예측 농도값과 남조류 세포수 측정값이 모두 수질관리 단계 발령 기준을 만족할 때 그 정도에 따라 관심~심각 단계 발표. 단, 남조류 세포수가 10,000세포/mL 이상으로 출현 시 클로로필-a 농도 예측결과와 관계없이 관심단계 우선 발령

다. 3단계(모니터링 강화) : 수질관리 단계 발령 시 모니터링을 주 2회로 강화

라. 4단계(수질관리 단계의 조정) : 클로로필-a 예측 농도 및 남조류 세포수 기준을 모두 만족 시 상위 단계로 격상하고, 한 항목이라도 기준 미만 시 하위 단계로 격하

마. 5단계(수질관리 단계의 해제) : 수질관리 단계 발령 기간 중 남조류 세포수가 10,000 미만일 경우에는 클로로필-a 예측 농도가 '관심'단계 발령기준(70 mg/m^3을 초과하고 4일 이상 유지)을 만족하지 못할 때 수질관리 단계 해제. 반대로 남조류 세포수가 1회라도 10,000세포/mL 이상일 경우에는 클로로필-a 예측 농도가 '관심'단계 발령기준(35 mg/m^3을 초과하고 4일 이상 유지)을 만족하지 못하면서 동시에 남조류 세포수가 연속 2회 10,000세포/mL 미만인 경우에 해제

유역환경청장은 공공수역의 수질예보와 공동대응 방안 등의 사항을 협의·조정·의결하기 위한 수질관리협의회를 수계별로 설치·운영하도록 규정되어 있다.

10.5.2 조류경보제

우리나라에서는 1998년 팔당호, 대청호, 충주호 및 주암호등 주요 4개 호수에 대하여 조류경보제를 도입하였으며 2020년 현재 전국 29개 하천 호소의 상수원구간과 한강 잠실대교와 행주대교 사이 친구활동 구간을 대상으로 운영하고 있으며 2020년부터 16개의 보대표지점이 또한 포함되었다. 조류경보제는 상수원 구간과 친수활동 구간에 대하여 각각 다른 기준을 적용하고 있다. 조류경보의 발령기준은 chl-a 농도가 포함되

지 않으며 남조류 세포의 수만을 기준으로 한다. 조류 경보의 발령기준은 표 10.14에 나타난 바와 같으며 표 10.15와 표 10.16은 각각 상수원 구간과 친수공간에 대한 기관별 대응 사항의 내용을 나타내고 있다.

표 10.14 단계별 조류경보 발령기준(국립환경연구원, 2017)

경보단계		발령 및 해제 기준
상수원 구간	관심	2회 연속 채취 시 남조류 세포수가 1,000세포/mL 이상 10,000세포/mL 미만인 경우
	경계	2회 연속 채취 시 남조류 세포수가 10,000세포/mL 이상 1,000,000세포/mL 미만인 경우
	조류대발생	2회 연속 채취 시 남조류 세포수가 1,000,000세포/mL 이상인 경우
	해제	2회 연속 채취 시 남조류 세포수가 1,000세포/mL 미만인 경우
친수활동 구간	관심	2회 연속 채취 시 남조류 세포수가 20,000세포/mL 이상 100,000세포/mL 미만인 경우
	경계	2회 연속 채취 시 남조류 세포수가 100,000세포/mL 이상인 경우
	해제	2회 연속 채취 시 남조류 세포수가 20,000세포/mL 미만인 경우

표 10.16 단계별 조류경보 발령에 따른 기관별 대응사항(친수구간)

조류모니터링 (수질조사기관)	남조류 20,000 cells/ml (주 1회 이상 분석)	남조류 100,000 cells/ml (주 2회 이상 분석)
경보발령권자 (환경청/지자체)	• 2회 연속 기준 초과 시 관심경보발령 • 수상스키, 수영 낚시 취사 등 활동자제 권고 및 이에 대한 공지(현수막 설치 등) • 필요한 경우 조류 제거제 살포 등 조류 제거 조치 • 2회 연속 기준 미만 시 해제	• 경계경보발령 • 수상스키, 수영 낚시 취사 등 활동자제 금지 및 이에 대한 공지(현수막 설치, 언론홍보 등) • 필요한 경우 조류 제거제 살포 등 조류 제거 조치

표 10.15 단계별 조류경보 발령에 따른 기관별 대응사항(상수원 구간)

<table>
<tr><th>조류모니터링
(수질조사기관)</th><th>남조류
1,000 cells/ml
(주 1회 이상 분석)</th><th>남조류
10,000 cells/ml
(주 1회 이상 분석)</th><th>남조류
1,000,000 cells/ml
(주 2회 이상 분석)</th></tr>
<tr><td>경보발령권자
(환경청/지자체)</td><td>• 2회 연속 기준 초과 시 관심경보발령
• 주변오염원지도단속
• 2회 연속 기준 이하 시 해제</td><td>• 경계경보발령 및 대중매체 홍보
• 주변오염원 단속강화
• 수상스키, 수영 낚시 취사 등 활동자제 권고
• 어패류 어획 식용 및 가축 방목자제 권고</td><td>• 조류대발생 경보발령 및 대중매체 홍보
• 추가조치 : 어패류 어획 식용 및 가축 방목 금지</td></tr>
<tr><td>관계기관
(수면관리자)</td><td colspan="2">• 취수구와 조류가 심한 지역에 방어막 설치 등 조류제거조치실시</td><td>• 추가조치 : 황토 등 흡착제 살포, 조류 제거선 등을 이용한 조류 제거 실시</td></tr>
<tr><td>취정수장</td><td colspan="2">• 정수처리강화
• 활성탄 처리 및 오존처리</td><td>• 추가조치 : 취수구 수심 이동
• 정수독소분석</td></tr>
<tr><td>홍수통제소
한국수자원공사</td><td>• 댐 보 이용량 확인 통보</td><td>• 기상상황, 하천 수문 등을 고려한 방류량 산정</td><td>• 댐 보 방류량 조정</td></tr>
<tr><td>한국환경공단</td><td>• 환경기초시설 수질자동측정자료 모니터링 실시
• 하천구간 조류예방 제거에 관한 사항 지원</td><td colspan="2">• 환경기초시설 및 폐수배출 사업장 관계기관 합동 점검 지원
• 하천구간 조류예방 제거에 관한 사항 지원
• 환경기초시설 수질자동측정자료 모니터링 강화</td></tr>
</table>

제4부 강우와 지표유출

우리가 통상 수질에 대해서 얘기할 때에는 우리 주변의 하천이나 강 그리고 호수나 저수지와 같이 눈에 잘 보이는 수체를 대상으로 하는 경우가 많다. 하천과 호수 등은 지표에서 흐른다고 하여 지표수(surface water 또는 surface flow)라고 부르며 땅속 또는 지하에서 흐르는 물은 지하수(subsurface water 또는 base flow)라고 부른다. 대지와 지하수의 위치에너지에 따라 지표수와 지하수의 성격을 모두 보여주는 흐름은 중간유출 또는 복류수(interflow)라고 부른다.

하늘에서 지표로 내리는 빗물은 일정하지 않다. 강우는 시간적 공간적으로 집중되면 홍수를 일으키고 그 반대의 경우에는 가뭄이 발생한다. 홍수 시 물이 단시간에 장소에 집중되어 배수가 잘되지 않으면 침수로 인해 재산 및 인명에 위해가 발생하는 반면 장기간 동안 비가 오지 않으면 물을 필요로 하는 농작물과 생태계가 심각한 타격을 입는다. 강우에 의해 지표에 도달한 빗물은 폐기물이나 토양에 포함되어 있는 물질들을 수계로 이동시켜 각종의 오염현상을 유발할 수 있다. 호수 또는 비교적 흐름이 약한 정체수역과 같은 경우 침전이 가능한 퇴적물들이 축적되고 지속적인 오염원의 역할을 하게 된다.

이 모든 물은 빗물의 흐름과 함께 서로 연관되어 있으며 지구의 중력과 압력 등 물에 작용하는 힘의 균형에 의해서 수위 및 이동 방향이 결정된다. 다시 말해서 지표수의 수질 문제는 빗물과 지하수와 밀접하게 관련이 있으며, 지표수의 수질 오염문제는 유역과 대기의 오염물질과 복잡하게 연관되어 있다. 지표수의 수질 문제를 관리하기 위해서는 물과 오염물질의 양과 질적인 이동 및 연관관계를 차례로 짚어 나가면서 상관관계를 이해하는 것이 가장 중요하다.

11

강우의 물질 수지

강우와 유출의 관계는 매우 복잡한 과정들을 포함하며, 예측하기 매우 어렵다. 지면에 도달한 빗물은 일부는 지하수로 스며들고, 일부는 증발하여 다시 대기로, 그리고 나머지는 유역 표면에서 흘러서 가까운 하천이나 호소 등 지표수에 유입된다. 그림 11.1은 SWAT (Neitsch et al., 2011) 모델에서 제시하는 강우 시 빗물의 흐름 경로를 나타낸다.

수자원을 효과적으로 관리하기 위해서 지면에 도달한 강우가 유역 공간 내부에서 어떻게 이동하는지에 대해 시간적 및 공간적인 변화를 사전에 예측하는 것이 필요하다. 인간의 영향을 크게 받지 않는 미개발지역의 경우 강우에 표면유출량과 유출률은 자연적인 표면 저류, 토양의 투수 특성, 유역의 흐름 방향에 다른 배수 특성, 토양의 특성, 토지 피복 및 지형에 따라 달라진다. 그러나 강우는 유역 전역에서 일정하게 발생하지 않으며 광대한 유역에 대한 정보를 모두 입력하는 것은 불가능한 일이다.

일반적으로 하천의 유동을 표현하는 수리학적인 요소들은 유체역학을 기본으로 하여 잘 발달되어 있음에 따라 비교적 예측이 정확한 반면, 수문학의 경우 광범위한 지역에서 시공간적으로 존재하는 다양한 불확실한 요소들로 인해 아직도 경험적인 또는 통계적인 요소에 의존하는 경우가 상대적으로 많다.

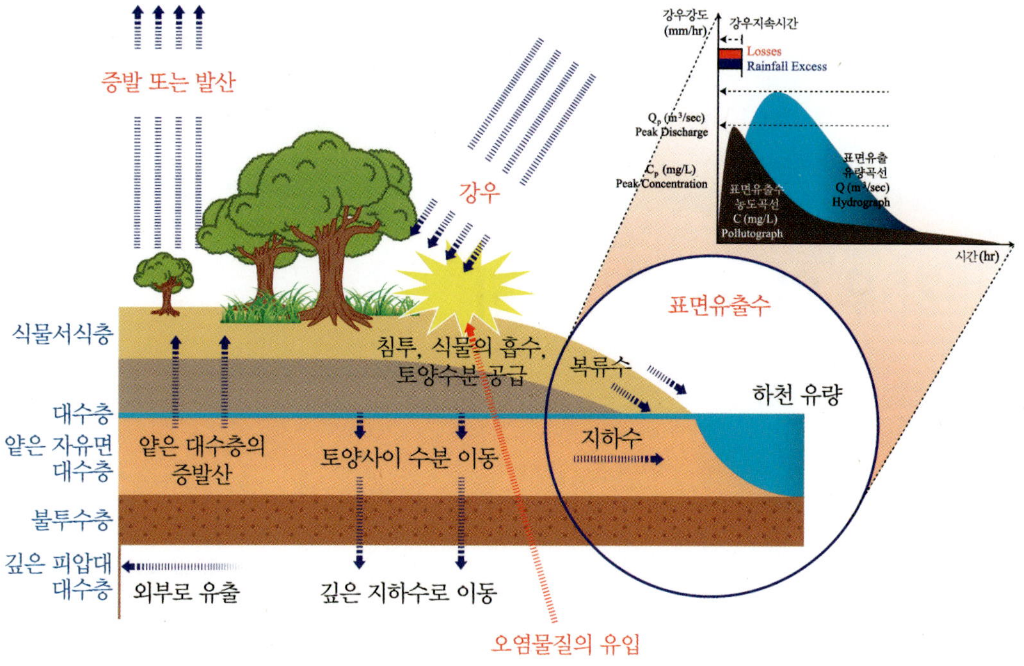

그림 11.1 SWAT 모델의 물순환 및 유역오염부하 유입 개념도

11.1 강수(Precipitation)와 바람(Wind)

대기 중에는 어느 정도의 수분이 존재하기 마련이며 수분량이 증가할 경우 강수의 형태로 지표면으로 내려오게 된다. 강우가 발생하기 위해서는 대기 중의 액체로 변화하거나 고체에 엉겨 붙어야 하며, 이러한 과정은 대기의 온도가 낮아져서 액체 및 고체화 되거나 대기 중의 먼지 등 작은 입자에 흡수되면서 발생한다. 물 입자들이 점차 커지면서 점차 밀도가 커지는 경우 중력을 이기지 못하는 경우 지상으로 떨어져 강수가 된다. 이러한 특성을 이용하여 dry ice 또는 요오드화은(silver iodide) 등을 이용하여 인공강우를 시도하기도 한다.

강수는 대기권에서 지상으로 떨어지는 수분의 총합으로서 강수는 비(rain) 또는 부슬비(drizzle)와 같은 액체상태의 강우와 눈(snow), 우박(hail), 진눈깨비(sleet) 등과 같은 강설형태로 구성된다. 액체상태의 강우는 지상에 닿자마자 흐르기 시작하는 특성이 있다. 강우는 지름이 0.5 mm 이상인 경우는 빗물(rain)로, 그 이하인 경우는 보슬비(drizzle)로 구분하기도 한다. 고체상태의 강수는 지상에서 녹을 때까지 한 장소에 머무는 특성이 있으며, 동절기 강수는 저장되어 봄에 수원의 역할을 할 수도 있다, 눈은 얼음결정체이며, 우박(hail)은 지름이 5~125 mm 정도의 고체얼음조각이며, 진눈깨비(sleet)은 눈과 빗물이 섞여 있는 것이다. 대륙에서 강수량의 2/3 가량이 증발에 의해 대기 중으로 복귀되며 나머지는 해양으로 유출된다.

또한 안개(fog)는 중력의 영향이 무시될 정의 매우 작은 수분 입자로서 입자간의 유착에 의하여 점점 커지면 지상으로 떨어지거나 태양에너지에 의해 증발되기도 한다. 이슬은 맑은 날 밤, 지각으로부터의 열 손실에 의해 주변의 공기가 냉각되면서 수증기의 응결이 발생되는 것으로서 건조한 지역에서는 식생에 중요할 수도 있다.

바람은 대기 중 기체의 이동에 의해서 발생하며 풍속과 풍향이 중요한 요소이다. 바람은 대기 중의 수분이 이동할 수 있는 원동력이 된다. 기체와 액체는 밀도차이가 발생하는 경우 밀도가 높은 곳에서 낮은 곳으로 이동하는 특성이 있으며 이는 대기 중이나 해양에서 모두 발생하는 현상이다. 여름철 따듯한 육지에서 상대적으로 차가운 해역으로 바람이 이동하는 경우가 그 대표적인 예이다. 이상적인 경우 지구의 바람은 온도가 따듯하고 공기의 밀도가 작은 적도 방향으로 불게 될 것이다.

그림 11.2에 나타난 바와 같이 무역풍(trade wind)은 남북회귀선 가까이에서 적도 방향으로 연중 일성한 방향으로 부는 바람이며, 중위도고압대에서 적도저압대로 향해 부는 바람이다. 이 바람은 북반구에서는 북동풍, 남반구에서는 남동풍의 형태로 발생한다. 북반구의 경우 대륙전반에 기압대가 형성되면서 고기압의 경우는 시계방향으로 저기압의 경우는 반시계방향으로 회전한다.

무역풍이 가장 뚜렷한 지역은 대서양으로서 콜럼버스가 이 바람을 타고 대서양을 횡단하여 아메리카대륙을 발견했다고 한다. 그러나 태평양은 구역이 넓어 대서양에 비해 무역풍도 복잡하게 발생한다. 북태평양의 중위도고기압이 겨울철 서부에서는 아시아대륙의 고기압에 겹쳐지고, 동부에서는 아메리카대륙의 고기압 대에 겹쳐져서 동서로부터 중앙 태평양을 쐐기 모양으로 뻗어나가나, 여름철에는 태평양고기압으로서 하나로 되는데, 중심이 동부에 있기 때문이다. 인도양은 무역풍이 계절풍에 의해서 흩

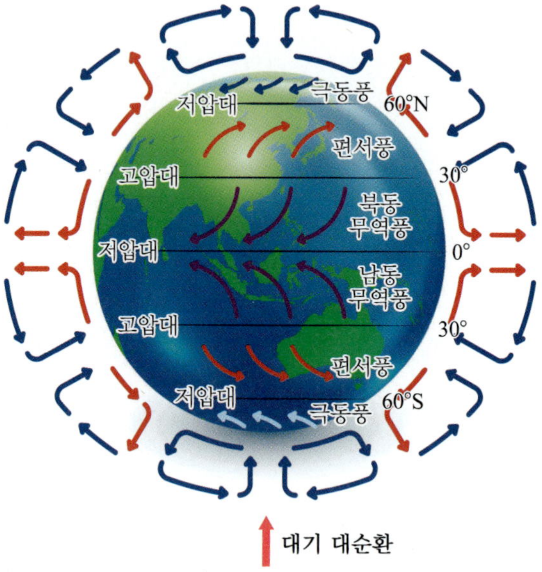

그림 11.2 **대기의 순환과 중요한 바람**(https://www.visang.com)

어지는 정도가 태평양보다 뚜렷한데 적도 이북에서는 가을부터 이듬해 봄까지 히말라야산맥 남쪽에서 냉각된 공기가 북동풍을 형성한다. 6~9월경에는 남인도양으로부터 남서풍이 불어 들어오므로 북동무역풍은 존재하지 않는다.

한편 위도 30~60도 사이에서는 기압 차이와 지구의 자전에 의해 편서풍(westerly wind)의 형태로 바람이 불게 된다. 지구상의 속도와 방향은 태양에너지와 지구의 자전에 의해 발생하는 두 가지의 힘의 조합에 의해 결정되며 이는 해류의 움직임에도 영향을 미친다.

11.2 강우의 종류

서로 다른 온도의 공기 덩어리가 만나는 경우 경계지역에서 전선(front)을 형성하며 강우가 발생할 수 있다. 차가운 공기가 따듯한 공기를 밀어내는 경우 한랭전선이 발생하며, 따듯한 공기가 이동하는 경우 온난전선이 발생할 수 있다. 따듯한 공기가 하늘로 올라가면 냉각이 발생하며 강우가 발생할 수 있으며, 크게 다음과 같은 세 가지 경우를 생각해 볼 수 있다.

11.2.1 산악형 강우(Orographic Storms)

따듯한 공기가 산악의 지형을 따라 상승하다가 차가운 공기를 만나서 냉각되어 발생하는 강우를 얘기한다. 산의 바람맞이 부분은 강수가 작고 반대편은 강수량이 매우 적다. 우리나라의 경우 강원도 용평과 같은 태백산맥의 서쪽 지역은 이와 같은 현상에 의해 강수 또는 강설이 많은 반면, 강릉과 같이 산맥의 동쪽에 위치한 지방은 강수량이 매우 적은 특징이 있다.

그림 11.3 산악형 강우의 개념도

11.2.2 대류형 강우(Convective Storms)

지표면의 가열된 공기가 대류 현상에 의해 차가운 공기를 뚫고 상승하는 경우 공기에 포함된 수분이 이슬점 온도 정도로 급속히 냉각되어 발생하는 강우를 말한다. 지표면의 가열은 매우 불규칙하기 때문에 여름의 간헐적 소나기(isolated thunderstorm)는 이와 같은 현상에 의해서 발생하는 경우가 많다. 도시의 경우 토지피복, 포장상태, 건물 등에 따라 열에너지의 분포가 달라질 수 있으며, 바람의 방향과 강우의 발생에 영향을 미칠 수도 있다.

그림 11.4 대류형 강우의 개념도

11.2.3 선풍형 강우(Cyclonic Storms)

두 개의 전선이 서로 만날 때 찬 공기는 아래로, 따듯한 공기는 위로 이동하게 되며, 위로 이동하는 공기는 냉각되면서 강우가 발생한다. 차가운 공기가 따듯한 공기 아래로 밀려들어오면 작은 지역에 매우 다량의 강우가 발생하며, 차가운 공기는 따듯한 공기보다 빠르게 움직이므로 따듯한 공기 또한 더욱 빠르게 상승하여 강우강도가 증가하게 된다. 이는 토네이도(tornado)의 원인이 되기도 한다. 반대로 따듯한 공기가 차가운 공기의 위로 이동하는 경우 강우강도는 상대적으로 상당히 약하며 넓은 지역에 강우가 발생하는 경향이 있다.

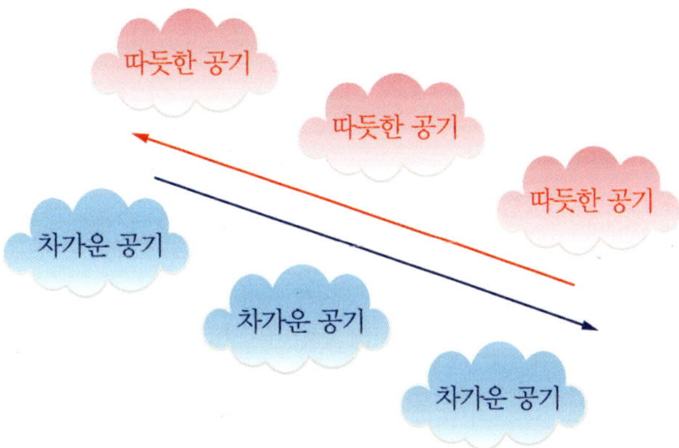

그림 11.5 선풍형 강우의 개념도

11.2.4 열대성 저기압(Tropical Cyclons)

열대성 저기압은 수표면의 수운이 29°C 이상으로 고온인 열대지방에서 발생하는 현상으로서 120 km/hr의 강풍과 함께 하루 동안 25 cm 이상 다량의 강우를 동반하는 열대성 폭풍우를 일으키는 현상이다. 이 현상은 열대지역에서 수온과 바람의 차이에 따라 기상적인 불균형이 발생함에 따라 열대성 저기압이 발생하고 결과적으로 폭풍우 현상을 발생시킨다. 이 현상은 극동지방에서는 태풍(typoon), 인도양에서는 사이클론(cyclone) 그리고 북미지역에서는 허리케인(hurricane)이라는 서로 다른 이름으로 불리나 발생 특성은 유사한 현상이다.

11.3 강우량도(Hyetograph)

강우량이란 빗물로서 지표에 도달한 액체의 양을 의미하며 깊이의 단위를 사용한다. 이 깊이의 단위에 일정 면적을 곱하게 되면 전체적으로 해당 면적에 내린 빗물의 양을 계산할 수 있다. 그림 11.6은 강우량을 측정하기 위한 우리나라의 측우기와 현대적인 강우량계의 예시를 나타내고 있다.

그림 11.6 우리나라의 측우기와 현대의 강우량계의 예

강우가 계속되는 기간을 강우지속시간(rainfall duration)이라고 부른다. 그러나 강우지속시간은 연속적인 경우와 불연속적인 경우가 혼재하므로 명확하게 정의할 수는 없다. 강우량을 지속시간으로 나눈 것은 단위시간에 얼마나 많은 비가 내렸는지를 판단할 수 있는 척도로 사용되는 강우강도(rainfall intensity)라고 부른다. 그림 11.7에 나타난 바와 같이 강우강도와 시간의 관계를 나타낸 그림을 강우량도 또는 우량분포도(hyetograph)라고 한다. 한편 그림 11.8은 누적강우 분포도를 나타내고 있으며 각각 단위가 있는 경우와 없는 경우를 보여주고 있다.

강우강도는 1일, 12시간 또는 1시간 등 시간 기준에 따라 다양하게 변화할 수 있다. 최근의 일기예보는 1일 또는 3시간을 기준으로 실시되고 있으며, 경우에 따라 더욱 자세한 시간 간격의 예보가 필요한 경우도 있다. 그러나 시간에 따른 강우강도의 변화를 예측하는 일은 매우 어려운 일이나 간단한 경험적인 방법을 이용하여 추정하기도 한다.

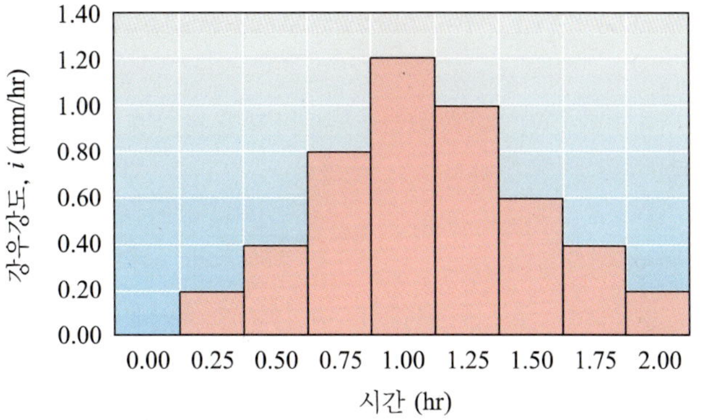

그림 11.7 **시간별 강우강도 변화를 나타낸 강우량도(예)**

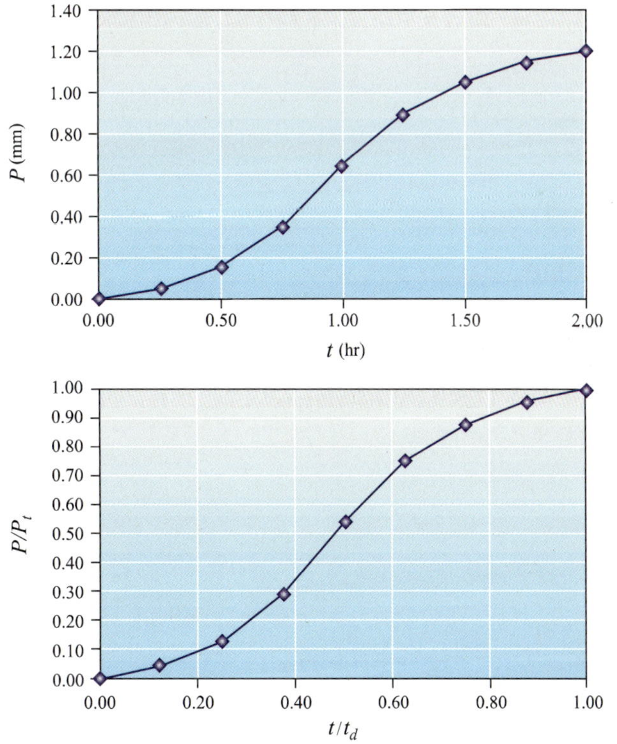

그림 11.8 **누적강우도 및 누적무차원강우도**

11.3.1 Yen and Chow의 삼각형 강우량도

Yen and Chow (1983)는 그림 11.9에 나타난 바와 같이 강우 분포도가 삼각형의 형태를 나타낸다고 가정하고 예측하는 방법을 제안하였다. 이 그림에서 강우 지속시간(t_d)와 최대강우량 발생시간(t_p), 그리고 최대강우강도(I_p) 및 평균강우강도(I_a)를 이용하여 $t_p/t_d = 0.33$, $I_p/I_a = 2.0$으로 각각 가정하여 사용된다.

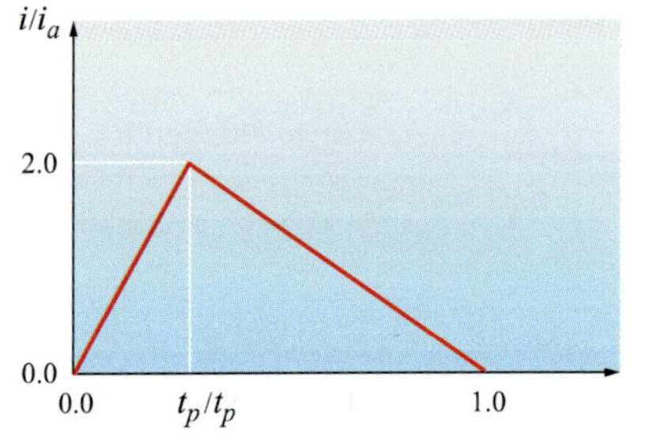

그림 11.9 Yen and Chow 방법에 의한 무차원 삼각형 강우량도

예제 11.1
어느 지역에서 3시간 동안 평균 강우강도가 25 mm/hr인 경우 최대 강우강도와 최대 강우강도 발생 시간을 산정하라.

$I_p = 2 \times 25 = 100\,\mathrm{mm/hr}$
$t_p = 0.33 \times 3\,\mathrm{hr} = 60\,\mathrm{min}$

11.3.2 Huff의 강우량도

Huff는 강우강도 분포를 그림 11.10에 나타난 바와 같이 최대 강우강도가 나타나는 시점에 따라 네 가지로 구분하고 제안한 바 있으며, 이 방법은 ILLUDAS와 SWMM

수문 모형에 사용되는 등 널리 사용되고 있다.

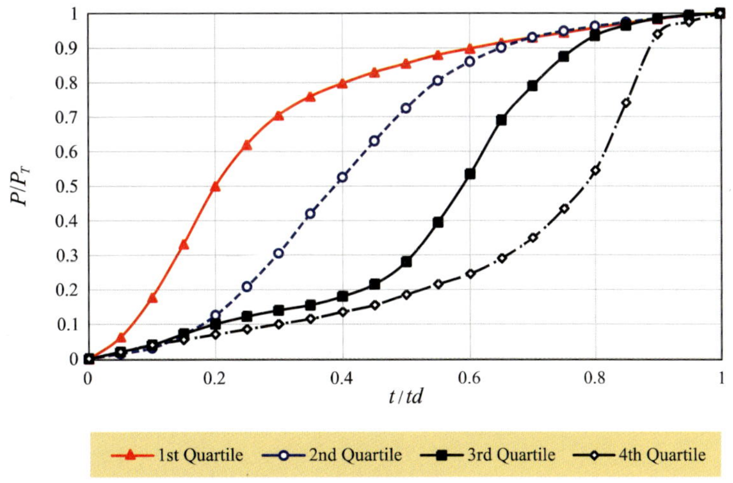

그림 11.10 Huff의 4가지 강우량도

예제 11.2

어느 지역의 강우 분포가 Huff의 2번째 분포를 따른다고 하고 3시간 강우의 평균 강우 강도가 0.93 mm/hr라고 보았을 때 총 강우량은 0.93 mm/hr × 3 hr = 2.8 mm가 된다. 이를 표로 나타내면 다음과 같으며, 그림 11.11은 산정된 우량도를 나타낸다.

표 11.1 Huff의 강우량도를 이용한 우량도의 산정

t_1	t_2	t_1/t_d	t_2/t_d	P_1/P_T	P_2/P_T	P_1	P_2	$\Delta P = P_2 - P_1$	$i = \Delta P/\Delta t$
0.0	18.0	0.0	0.1	0.00	0.08	0.00	0.22	0.22	0.74
18.0	36.0	0.1	0.2	0.08	0.16	0.22	0.45	0.22	0.74
36.0	54.0	0.2	0.3	0.16	0.29	0.45	0.81	0.36	1.21
54.0	72.0	0.3	0.4	0.29	0.51	0.81	1.42	0.61	2.05
72.0	90.0	0.4	0.5	0.51	0.70	1.42	1.95	0.53	1.77
90.0	108.0	0.5	0.6	0.70	0.81	1.95	2.26	0.31	1.02
108.0	126.0	0.6	0.7	0.81	0.88	2.26	2.46	0.20	0.65
126.0	144.0	0.7	0.8	0.88	0.93	2.46	2.59	0.14	0.47
144.0	162.0	0.8	0.9	0.93	0.97	2.59	2.71	0.11	0.37
162.0	180.0	0.9	1.0	0.97	1.00	2.71	2.79	0.08	0.28

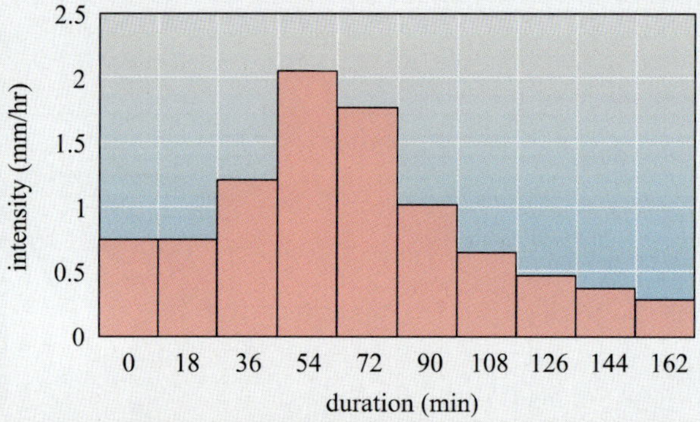

그림 11.11 Huff의 방법으로 작성된 강우량도

11.4 강우강도와 강우재현기간(Return Period)

11.4.1 강우강도와 지속시간

일반적으로 강우 강도는 지속시간을 이용하여 수식으로 표현하여 사용한다. 일반적으로 강우강도가 클수록 강우가 지속되는 시간은 짧으며 우수거 설계, 암거(暗渠,

표 11.2 우리나라 도시별 강우강도 사용 예

형태	수식	적용지역
Talbot 형	$I=\frac{a}{t+b}$	광주
Sherman 형	$I=\frac{c}{t^n}$	서울, 목포, 부산
Japanese 형	$I=\frac{d}{\sqrt{t+e}}$	대구, 인천, 추풍령, 여수, 포항, 강릉

여기서, I = 강우강도(mm/hr), t = 지속시간(min)
a, b, c, d, e ; 지역적 상수로서 최소자승법(最小自乘法)에 의해 결정된다.

culvert) 설계, 비행장의 배수 설계에 사용된다. 강우강도를 나타내는 식의 대표적인 유형과 우리나라의 도시별 사용 예는 표 11.2에 나타난 바와 같다.

11.4.2 강우재현기간

강우재현기간(T_r)은 특정 강우량 또는 그 이상 발생하는데 소요되는 평균 연수를 말한다. 예를 들어, 24시간 동안 100 mm 이상의 강우가 과거 100년간 4번 발생하였을 경우 이에 대한 재현기간은 100년/4 = 25년으로 산정되며, 반대로 24시간 발생하는 25년 재현기간의 강우량은 100 mm가 되는 것이다.

강우 재현 기간의 역수를 초과확률(exceedance probability, P)라고 부르며, 이는 임의의 연도에 특정 강우지속기간 중 특정 강우량 및 그 이상의 강우가 발생할 확률을 의미한다. 초과확률(P)과 재현기간은 다음과 같은 역수관계에 있다.

$$P = \frac{1}{T_r} \tag{11-13}$$

예제 11.3
만일 재현기간이 25년, 지속시간 24시간인 경우의 강우량이 100 mm일 경우의 초과확률을 계산하라.

식(11-13)에 따라 24시간 동안 100 mm 또는 그 이상의 강우가 내릴 확률은 $P = 1/25 = 4\%$로 산정된다.

1) 수문학적 위험도(Hydrologic Risk)

수문학적 위험도는 측정기간 동안 일정 수준 이상 강우가 한 번 이상 발생할 확률을 의미하며 다음의 식을 이용하여 산정할 수 있다.

$$J = 1 - (1 - P)^n = 1 - q^n \tag{11-14}$$

여기서, P는 일정 수준 이상의 강우가 발생할 확률을 의미하며 $q=1-P$는 일정 수준 이상의 강우가 발생하지 않을 확률을 q^n은 일정 수준 이상의 강우가 n년 연속 발생하지 않을 확률을 의미한다.

예제 11.4

어느 고속도로의 암거(culvert)는 강우재현빈도 25년의 강우에 30년간 견딜 수 있도록 설계되었다고 하면 이 상황의 수문학적 위험도를 계산하라.

$$J=1-\left(1-\frac{1}{T_r}\right)^n=1-\left(1-\frac{1}{25}\right)^{30}=0.71$$

예제 11.5

수문학적 위험도를 10%로 감소시키기 위해서는 어떠한 재현빈도의 강우를 계산하라.

$$0.1=1-\left(1-\frac{1}{T_r}\right)^n,\ \ T_{r=285}\mathrm{yrs}$$

11.5 빗물의 물질 수지(Water Budget)

강 또는 호수와 같은 일정 수치의 유역(basin, watershed, catchment)이란 그림 11.12에 나타난 바와 같이 최종적으로 유량을 측정하는 상류에서 유입되는 지류들이 이루는 지역을 의미하며, 인접한 유역과는 분수령(divide)에 의하여 분리된다. 지도에서는 능선(ridge)으로 판별되는 지역으로 볼 수 있다.

만일 일정 유역을 주차장과 같은 지역으로서 지하수에 스며들거나 주차장 내부에 저류되지 않는다면 강우유출량(rainfall excess)은 총강우량과 같아야 한다. 그러나 실제로는 주차장에는 움푹 패인 곳들에 의해서 수분이 모두 유출되지 못할 경우가 발생하며, 이때의 강우유출량은 총강우량에서 저류량(storage)을 뺀 값이 될 것이다. 한편 지하수의 흐름은 지표수의 이동 방향과 다를 수 있으며 많은 양의 물이 지하수에 의해서 다른 유역으로 이동할 수도 있다.

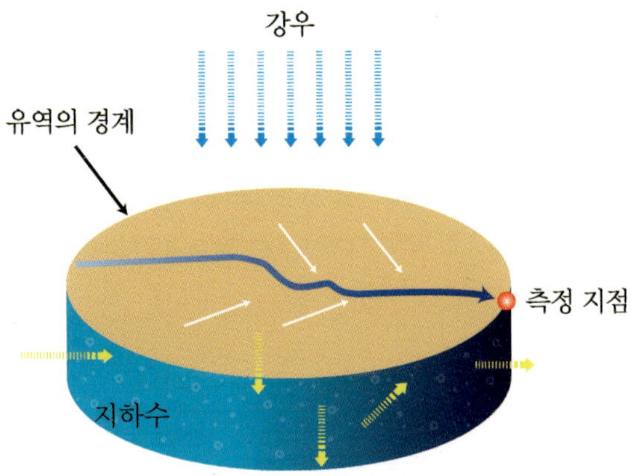

그림 11.12 **하천과 유역의 강우량의 이동 경로 예시**

일정 유역의 물 수지는 은행의 잔고와 유사하다. 즉, 저축량보다 인출량이 많으면 잔고가 증가할 것이다. 유역의 물 수지는 유역을 마치 하나의 저수지와 같이 보고 계산하기도 한다. 즉, 유역의 또는 저수지의 유입 유량이 유출 유량보다 많으면 수위가 증가할 것이고 반대의 경우에는 수위가 하강할 것이다.

그림 11.13은 빗물의 물질수지에 중요한 요소들을 나열한 것으로서 강우에 의해서 유역에 저류된 물의 총량(S, m^3)은 다음과 같이 결정된다. 참고로 이 예시는 이해를 돕기 위해 저수지의 개념을 도입한 것이지 실제로는 유역전체에 존재하는 빗물의 양을 나타내는 것이다. 물론 저수지의 물질수지의 분석에도 사용될 수 있다.

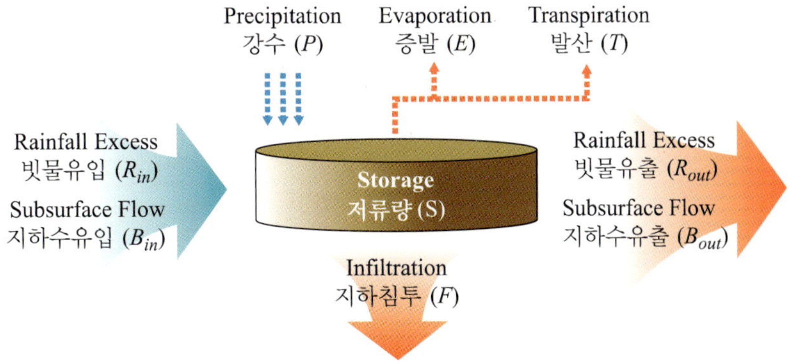

그림 11.13 **빗물의 물질수지를 분석하기 위한 개념도**

기본적으로 저수량의 변화는 유입량과 유출량의 차이이며 다음과 같은 식으로 표시할 수 있다.

$$\text{Change in storage}\ (\Delta S) = \text{Inputs} - \text{Outputs} \tag{11-15}$$

$$\begin{aligned}\Delta S &= S_{t+1} - S_t \\ &= [P + (R_{in} - R_{out}) + (B_{in} - B_{out}) - F - E - T - L_i]A_s\end{aligned} \tag{11-16}$$

시간에 따른 저수량은 다음과 같이 계산할 수 있다.

$$S_{t+1} = S_t + \Delta S \tag{11-17}$$

여기서 각 요소는 그림 11.13에 예시된 바와 같으며, L_i는 식생 또는 지형에 의한 차단(intercept) 등에 의한 손실량, 그리고 A_s는 유역의 면적이다.

11.5.1 증발(Evaporation)

증발은 수체의 수분이 공기 중으로 이동하는 현상이며 공기 중의 수증기압이 포화상태 일 경우에는 수분의 이동이 일어나지 않는다. 증발량의 측정은

① 증발접시를 이용하여 현장에서 실측하는 방법
② 수체의 물질 균형식을 이용하는 방법
③ 열에너지 식을 이용하여 산정하는 방법

등이 있다.

그림 11.14는 미국의 기상청(U.S. Weather Bureau)에서 사용하는 증발접시인 지름 4 ft, 깊이 10 inch의 Class A Pan이다. 이 접시는 16 inch 정도의 깊이에서 나무 얼개(timber grillage) 위에 얹어서 증발량 E_p (cm/day)를 측정한다. 이때 접시 내부의 수위는 주위에서 2~3 inch 아래에서 유지되도록 한다.

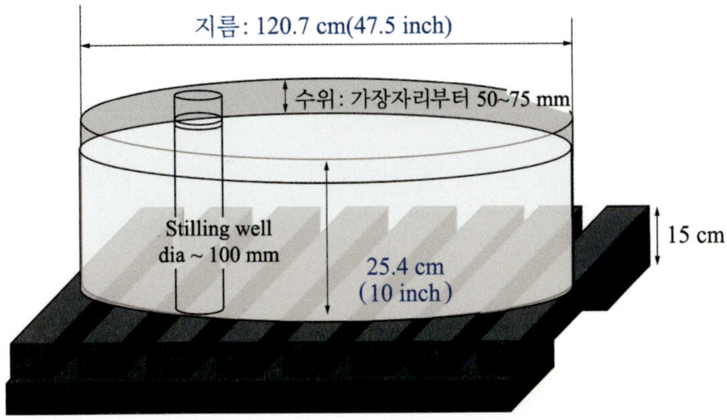

그림 11.14 미국의 기상청의 증발량 측정을 위한 Class A Pan

증발에 의해 대기 중으로 이동한 유량은 다음의 식으로 산정한다.

$$Q_e = 0.01 k_p E_p A_s \, [\mathrm{m^3/d}] \tag{11-18}$$

여기서, k_p : Pan coefficient (0.64 ~ 0.81)

A_s : 호수의 면적($\mathrm{m^2}$)

저수지와 같은 경우는 다음과 같은 식을 이용하여 증발량을 산정한다.

$$E_s = \frac{1}{A_s}\left(-\frac{\Delta V}{\Delta t} + Q_i - Q_o - PA_s\right) \tag{11-19}$$

여기서, ΔV : Δt day 동안 호수의 체적 변화[$\mathrm{m^3}$]

Q_i : 유입유량[$\mathrm{m^3/d}$]

Q_o : 유출유량

P : 강우량[m/day]

열에너지 수지 방정식을 이용하는 경우 다음과 같이 표현된다.

$$Q_e = E_e A_s \tag{11-20}$$

$$= 0.01 \frac{(19.0 + 0.95 U_w^2)(e_s - e_{air})}{L_e \rho_w} A_s$$

여기서, a, g, C : 상수

W : 일정 고도의 풍속[m/sec]

ρ_w : 물의 밀도(g/cm^3)

L_e : 잠재증발열(latent heat of vaporization, cal/g)

한편 L_e는 다음과 같이 산정할 수 있다.

$$L_e = 597.3 - 0.564\,T_o \tag{11-21}$$

여기서, T_o : 수표면 온도(°C)

예제 11.5

어느 호수가 다음과 같은 특성을 나타낸다고 할 때 증발에 의한 유량을 산정하라.

$A = 10^6\,\mathrm{m}^2$, $U_w = 2\,\mathrm{m/sec}$, $T =$ 25°C, T_D, Dew point temperature = 20°C

$L_e = 597.3 - 0.57(25) = 583.05\,\mathrm{cal/g}$

$f(U_w) = 19.0 + 0.95(2)2 = 22.8$

$e_s = 4.596\exp[17.27(25)/(237.3+25)] = 23.84$

$e_{air} = 4.596\exp[17.27(20)/(237.3+20)] = 17.59$

$$Q_e = 0.01\frac{(19.0+0.95\,U_w^2)(e_s - e_{air})}{L_e\rho_w}A_s = 0.01\frac{22.8(22.84-17.59)}{583.5(1)}10^6 = 2440.8\,\mathrm{m^3/day}$$

11.5.2 강우의 차단 손실(Interception)

지면에 도달한 강우는 표면 저류에 의한 지체량(surface retention), 식생에 의한 흡수차단(interception), 웅덩이나 개울 또는 움푹 파인 곳과 같은 지형의 저지대 저류(depression storage) 및 토양 수분(soil moisture)으로 흡수되는 등의 형태로 지표 또는 지하수와는 별도의 수분이동 특성을 보인다.

유역의 빗물 차단손실량을 측정하기 위해서는 다음과 같은 몇 가지의 실험적 수식들이 제안된 바 있다.

- Horton (1919)의 식

$$L_i = a + bP_T^m \tag{11-22}$$

- Kibler (1996)의 식

$$L_i = cP_T^n \tag{11-23}$$

여기서 P_T는 총강우량을 나타내며 나머지 a, b, c, m 및 n 등은 경험적으로 결정되는 상수이다. 예를 들어, 대부분의 식생에 대해 $n=1$로 가정되며 a와 b는 작물 또는 식물에 따라 매우 다양하다.

한편 Meriam (1960) 등은 다음과 같이 조금 더 복잡한 형태의 수식을 제안한 바 있다.

$$L_i = S\left((1-e^{-\frac{P}{S}}\right) + KEt \tag{11-24}$$

여기서, S : available storage

P : amount of rainfall during the storm

K : leaf area index (ratio of the surface area of the leaves to the projection of the vegetation on the ground)

E : evaporation rate during the storm

t : duration of the storm

예제 11.6

어느 소나무군락의 삼림 지역을 개발하여 상업지구로 개발하기 위해 해당 지역의 식물들을 모두 제거하고자 하는 계획이 있다고 한다. 강우강도 식이 다음과 같고 저수량 $S=6\text{mm}$, $K=7$, $E=0.2\text{mm/hr}$이며 20분간 강우가 지속되는 경우 차단량을 Meriam의 방법을 이용하여 차단량을 계산하라.

강우강도 식 : $i=\dfrac{2819}{t+16}$ [mm/h] (여기서, t는 min.)

$$i=\frac{2819}{t+16}=\frac{2819}{20+16}=78[\text{mm/h}]$$

$$P=78\left(\frac{20}{60}\right)=26\text{mm}$$

$$L_i=S\left(1-e^{-\frac{P}{S}}\right)+KEt=6\left(1-e^{-\frac{26}{6}}\right)+7\cdot 0.2\cdot(20/60)=6.4\text{mm}$$

예제 11.7

상기의 결과를 Horton의 식을 사용하였을 경우와 비교하라. 소나무 군락에 대한 a, b 및 n 값은 0.01, 0.19 및 1이라고 본다.

$L_i = 0.05 + 0.19(26) = 5\,\mathrm{mm}$

이 기간의 총강우량은 26 mm이므로 각각의 경우 유출량은 26−6.4 = 19.6 mm와 26−5 = 21 mm로 산정되며 각각 유출량이 33% 및 24% 증가하는 것으로 산정된다.
또한 강우 시 지면의 특성에 따라 표면유출에서 지연되거나 제외되는 양들이 존해 하며 이 손실형을 지면 저류(Depression Storage)라고 부른다. 도시 유역의 대표적인 지면 저류량의 예시는 다음의 표와 같다.

표 11.3 도시의 지면저류량(예)

Surface Type	Depression Storage (mm)
Pavement	
steep	0.5
flat	1.5~3.5
Impervious	1.3~2.5
Lawns	2.5~5.1
Pasture	5.1
Forest Litter	7.6

예제 11.8

어느 도시 주차장에 10분간 12 mm의 강우가 발생하였다. 이 중 유출된 양의 분율을 계산하라

주차장의 경우 표 11.1에 의하여 평균 1.9 mm의 지면 저류가 발생한다고 보면 표면유출량의 분율은 (12−1.9)/12 = 0.84로 산정된다. 즉, 12 mm 강우의 84%는 표면유출로서 주차장을 빠져나간다고 볼 수 있다.

11.6 침투(Infiltration)

빗물이 유역의 표면에 도달하면 가장 먼저 발생하는 일은 토양이 수분을 흡수하는 것이며 표면을 충분히 적신 이후 빗물은 토양 표층을 통과하는 침투(浸透)라는 과정을 시작한다. 침투는 기본적으로 토양의 입자 사이의 공간을 물이 채우는 과정이다. 이 때 유역의 표면이 도로나 주차장 또는 건물 등으로 피복되는 경우 빗물은 토양층으로 이동할 수 없으며, 대부분의 빗물은 표면에서 지형을 따라 표면유출(surface run-off)의 형태로 흘러나가게 된다. 유역 표면의 나무를 제거하거나, 땅을 평탄하게 하거나, 흙을 고르거나 또는 땅을 다지거나 하는 작업은 표면유출을 증가시키는 요인이 될 수도 있다.

또한 도시의 배수를 위해 우수관을 신설하거나 하천을 개수하는 경우, 유역을 통과하는 빗물의 유달 시간이 현저하게 짧아질 수가 있으며 고도가 낮은 곳으로 이동하는 물의 특성에 따라 저지대의 일부는 홍수 피해가 발생할 수도 있다. 결과적으로 도시화에 따라 빗물이 침투(infiltration) 현상이 급속히 감소하게 되며 상대적으로 표면유출량이 증가하게 된다.

침투과정은 상당히 복잡하여 수식으로 정확하게 나타내는 것은 어려운 일이다. 최대 침투속도는 침투용량(infiltration capacity)이라고 부르며 f_p로 표현한다. 강우 시 이 값을 알 수 있으면 강우에 의해 발생하는 침투량을 계산할 수 있다.

만일 강우 강도가 침투율보다 작다면 침투율은 강우강도와 같을 것이며 이 현상은 강우강도가 침투용량과 같아질 때까지 지속될 것이다. 그리고 이후 강우 강도가 증가하여도 토양층으로 물이 이동하는 속도는 최대치인 침투용량을 넘어설 수는 없으며 침투 속도는 f_p로서 일정해질 것이다

실제 유출 발생 속도, i_e는 다음과 같이 산정할 수 있을 것이다.

$$i_e = i - f \tag{11-25}$$

침투량을 산정하는 데에는 크게 Green-Ampt의 식을 이용하는 방법과 Horton의 식을 이용하는 방법이 널리 사용되며 주로 Green-Ampt의 방법이 사용되는 경향이다.

11.6.1 Green-Ampt 방법

지하수로 수분이 이동하는 경우 수분은 토양의 간격을 채우면서 점차 아래로 이동하게 된다. Green-Ampt는 실제로는 토양 깊이에 따라 지속적으로 변화하는 수분함량을 고려하는 대신 그림 11.15에 나타낸 것 같이 간단한 방법을 제시하였다. 즉, 토양층을 젖은 층(또는 물로 가득 찬 층)과 마른 층(강우가 아직 도달하지 않은 층)으로 두 가지로 구분하고 젖은 층의 깊이로 총 침투량을 계산하는 방법이다.

예를 들어, 강우 시작하기 전에 토양층에 공극의 일정 부분(예를 들어, 20% 또는 $S_i \times 100\%$)가 물로 차 있었다면 공극에는 20% 또는 $S_i \times 100\%$만큼 물이 있었다는 이야기가 된다. 지속되는 강우로 공극의 100% 또는 $S_f \times 100\%$가 물로 차 있게 될 것이다. 여기서 토양의 공극률을 ϕ로 가정하면 실제로 물이 존재할 수 있는 공간은 이에 따라 작아지게 된다. 따라서 ϕS_i는 강우로 인해 포화된 토양 중에서 강우 초기에 물로 채워진 공간의 분율을 ϕS_f는 최종적으로 물로 채워진 공간의 분율을 각각 나타낸다.

따라서, 총침투량 F는 포화토양층의 깊이 Z를 곱하여 다음과 같이 나타낼 수 있다.

$$F(\mathrm{mm}) = Z\phi(S_f - S_i) = Z\phi\Delta S - nZ \tag{11-26}$$

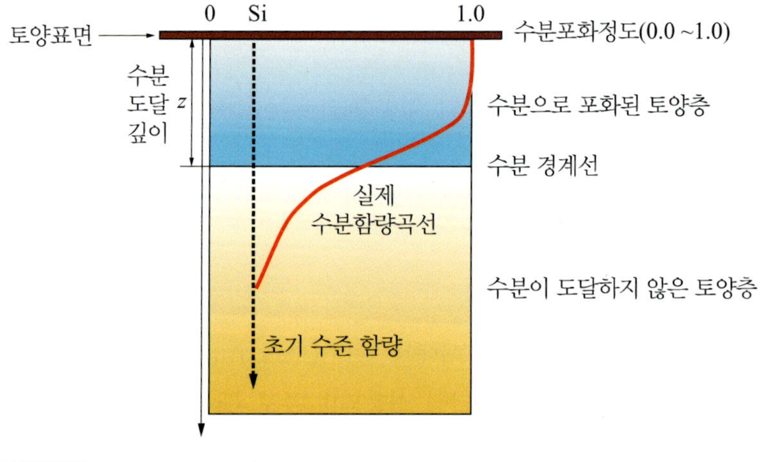

그림 11.15 Green-Ampt 방법의 강우에 따른 수분의 토양 침투 개념도

한편 위 식은 다음과 같이 강우 시 t시간 동안의 침투량 F가 발생하였을 경우 토양층의 포화지역이 Z만큼 깊어진 것에 대해 다음과 같이 고쳐 쓸 수 있다.

$$\Delta F\,(\mathrm{mm}) = \Delta Z\phi(S_f - S_i) = \Delta Z\phi\Delta S = n\Delta Z \tag{11-27}$$

여기서, 단위 시간의 침투율 또는 침투 속도를 f (mm/hr)라고 놓으면 t시간 동안의 침투량은 다음과 같이 다시 쓸 수 있다.

$$\Delta F\,(\mathrm{mm}) = ft = \Delta Z\phi\Delta S \tag{11-28}$$

또는

$$\Delta Z = \frac{f\Delta t}{\phi(S_f - S_i)} = \frac{f\Delta t}{\phi\Delta S} \tag{11-29}$$

한편 침투용량 f_p는 Darcy의 법칙에 의해 다음과 같이 표현하기도 한다.

$$f_p = \frac{K(Z + P_t)}{Z} \tag{11-30}$$

여기서, f_p : infiltration capacity

K : hydraulic conductivity of soil (cm/sec)

P_f : characteristic suction head of the soil

Z : depth of the wetted (saturated) zone measured from the soil surface

예제 11.9

어느 지역의 토양이 Sandy Clay Loam으로서 $\phi = 0.40$, $K = 0.30$, $P_f = 22$ cm, $S_i = 0.70$, $S_f = 1.0$이라고 할 경우 표 12.1의 (1)~(5) 열의 실측자료를 이용하여 Green−Ampt에 의한 침투량과 표면유출량을 산정하라.

(6)번 열은 식(12-15)에 의하여 산정되며, (7)번 열은 강우강도 i와 (6)번 열의 침투용량 f_p 중 작은 값을 택하여 선정된다. (8)번 열은 식(12-14)에 의해 산정되며, (9)번 열은 (8)번 열의 값을 누적시켜 가면서 산정된다. 끝으로 (10)번 열은 강우강도 i와 (7)번의 실제 침투율 f 중 작은 값을 택하여 선정된다.

각 열의 가장 마지막 행에는 5분(1/12 시간)간격으로 측정된 열별 합계를 나타내고 있다. 시간 간격이 1/12 시간이므로 (7)번 열의 합계 16.83은 다음과 같이 총침투량 F를 계산하는 데에 사용된다.

F (mm) = 16.83 (cm/hr) · (1/12)(hr) = 1.40 cm

표 11.4 Green－Ampt 방법에 의한 침투량 및 표면유출 계산 예

(1)	(2)	(3)	(4)	(5)	(6)	(7)	(8)	(9)	(10)
Time	t_1	t_2	i	Z_2	f_p	f	ΔZ	Z_2	I_e
step	(min)	(min)	(cm/hr)	(cm)	(cm/hr)	(cm/hr)	(cm)	(cm)	(cm/hr)
1	0	5	2.00	0.00	∞	2.00	1.39	1.39	0.00
2	5	10	2.00	1.39	5.05	2.00	1.39	2.78	0.00
3	10	15	2.00	2.78	2.68	2.00	1.39	4.17	0.00
4	15	20	5.0	4.17	1.88	1.88	1.31	5.48	3.12
5	20	25	5.00	5.48	1.51	1.51	1.05	6.52	3.49
6	25	30	5.00	6.52	1.31	1.31	0.91	7.43	3.69
7	30	35	3.00	7.43	1.19	1.19	0.83	8.26	1.81
8	35	40	3.00	8.26	1.10	1.10	0.76	9.02	1.90
9	40	45	3.00	9.02	1.03	1.03	0.72	9.74	1.97
10	45	50	2.00	9.74	0.98	0.98	0.68	10.42	1.02
11	50	55	2.00	10.42	0.93	0.93	0.65	11.06	1.07
12	55	60	2.00	11.06	0.90	0.90	0.62	11.69	1.10
			$\Sigma = 36.00$		$\Sigma = 16.83$		$\Sigma = 19.17$		

총유출유량은 행 (10)의 합계를 이용하여 다음과 같이 산정된다.

$\Sigma i_e = \Sigma i - \Sigma f =$ (36.0 − 16.83 = 19.17) (cm/hr) · (1/12) hr = 1.60 cm

한편 그림 11.16은 표 11.2를 그림으로 나타낸 것이며, 시간별 강우강도와 침투율을 나타내 주고 있다.

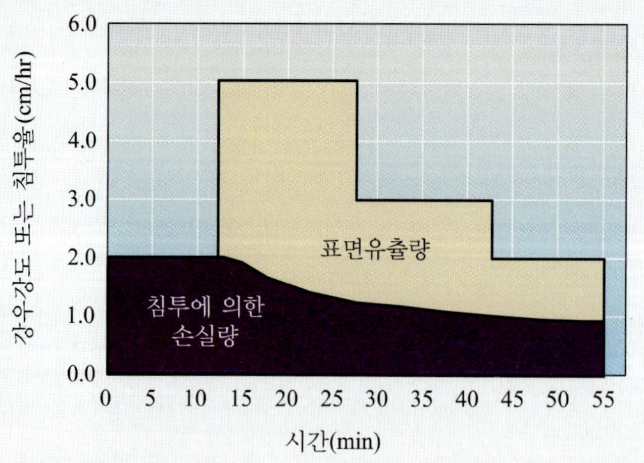

그림 11.16 Green Apmt **침투량과 표면유출량 예시**

11.6.2 Horton의 방법

지하의 토양 사이를 이동하는 물의 속도를 수리학적 전도도 또는 수리전도도(hydraulic conductivity)라고 부르며 cm/sec와 같은 속도의 단위가 사용된다. 경우에 따라서는 이를 투수능(permeability) 또는 투수계수(coefficient of permeability)로 부르기도 한다. 본서에서는 모두 같은 것으로 취급한다.

침투작용으로 토양 속으로 들어간 물은 침루(浸漏, percolation)를 통해 토양 속에서 이동한다. 토양 속에서 물이 이동하는 속도 또는 투수계수는 모래층이라도 진흙(clay)의 함량에 따라 10^{-7} cm/sec (sandy clays)부터 10^{-2} cm/sec (loose sand)까지 다양하다. 따라서 토양 내로 이동하는 침투 계수는 시간과 공간에 따라 다양하게 변화하게 된다. Horton은 토양 내 물의 이동 속도가 시간에 따라 다르며 초기에는 f_i로 상대적으로 빠르다가 점점 느려져서 최종적으로는 f_f로서 안정상태에 이르는 것으로 보고 다음과 같은 식을 제안하였다.

$$f_p = f_f + (f_o - f_f)e^{-kt} \tag{11-31}$$

여기서, f_o : initial value of infiltration capacity − soil permeability

f_f : final infiltration capacity

k : exponential decay constant

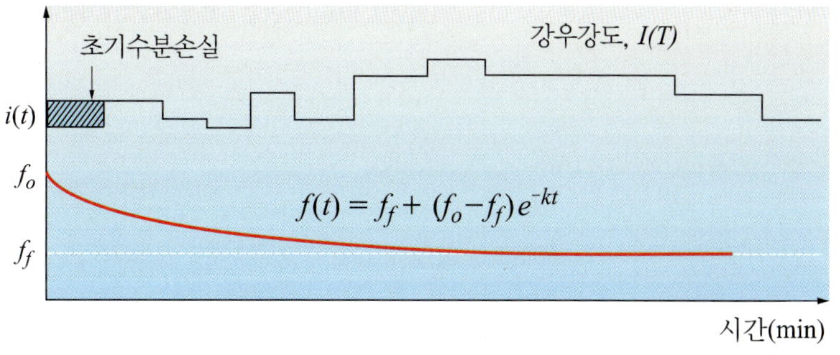

그림 11.17 Horton에 의한 침투속도 변화 개념도

그러나 강우 중에는 강우강도가 침투용량보다 낮을 가능성이 높고 넓은 지역에서는 동일한 계수를 적용하는 데에는 다소 무리가 있다고 보는 견해가 지배적이다. 침투 용량과 강우강도는 지역에 따라 매우 다르며 중간유출(interflow)이 전체 유출량의 상당 부분을 차지하는 경우도 흔히 발생한다.

Horton의 방법에서는 식(11-31)을 이용하여 시간에 따른 총 침투량을 다음과 같이 산정할 수 있다.

$$F(t) = \int_0^t f_p d\tau = \int_0^t \left[f_f + (f_o - f_f) e^{-k\tau} \right] d\tau \tag{11-32}$$

$$= f_f t + \frac{f_o - f_f}{k} \left(1 - e^{-k\tau} \right)$$

최초 및 최종 침투 속도는 토양 등 각종 요건에 따라 달라진다.

예제 11.10

어느 지역의 강우가 표 11.2의 (4)번 행처럼 기록되었다고 보았을 때 Horton의 방법을 이용하여 침투속도 및 표면유출량을 산정하라. (여기에서 매개변수의 값은 f_o = 3.0 cm/hr, f_f = 0.5 cm/hr 및 k = 1.0 /hr로 가정한다.)

(5)행의 f_p는 식(11-31)의 식을 사용해서 산정하며, (6)행은 (3)번의 강우강도와 (5)번의 침투용량 중 작은 값을 택하여 산정되며, (7)행은 (3)번에서 (6)번 행을 뺐을 때 양수로 나타나는 부분을 표시한 것이다.
총침투량은 (7)행 하단의 합계와 시간 간격을 고려하여 다음과 같이 산정한다.
$F(t) = \Delta t \Sigma f = (0.05\,\mathrm{hr})(43.50\,\mathrm{cm/hr}) = 2.18\,\mathrm{cm}$

표 11.5 Horton 침투식을 이용한 침투량 산정 예제

(1)	(2)	(3)	(4)	(5)	(6)	(7)
t_1	t_2	i	t	f_p	f	i_e
(hr)	(hr)	(cm/hr)	(hr)	(cm/hr)	(cm/hr)	(cm/hr)
0.00	0.05	1.00	0.025	2.94	1.00	0.00
0.05	0.10	1.00	0.075	2.82	1.00	0.00
0.10	0.15	1.00	0.125	2.71	1.00	0.00
0.15	0.20	1.00	0.175	2.60	1.00	0.00
0.20	0.25	1.00	0.225	2.50	1.00	0.00
0.25	0.30	2.00	0.275	2.40	2.00	0.00
0.30	0.35	2.00	0.325	2.31	2.00	0.00

(표 11.5 계속)

(1)	(2)	(3)	(4)	(5)	(6)	(7)
t_1	t_2	i	t	f_p	f	i_e
(hr)	(hr)	(cm/hr)	(hr)	(cm/hr)	(cm/hr)	(cm/hr)
0.35	0.40	2.00	0.375	2.22	2.00	0.00
0.40	0.45	2.00	0.425	2.13	2.00	0.00
0.45	0.50	2.00	0.475	2.05	2.00	0.00
0.50	0.55	2.00	0.525	1.98	1.98	0.02
0.55	0.60	2.00	0.575	1.91	1.91	0.09
0.60	0.65	2.00	0.625	1.84	1.84	0.16
0.65	0.70	2.00	0.675	1.77	1.77	0.23
0.70	0.75	2.00	0.725	1.71	1.71	0.29
0.75	0.80	3.00	0.775	1.65	1.65	1.35
0.80	0.85	3.00	0.825	1.60	1.60	1.40
0.85	0.90	3.00	0.875	1.54	1.54	1.46
0.90	0.95	3.00	0.925	1.49	1.49	1.51
0.95	1.00	3.00	0.975	1.44	1.44	1.56
1.00	1.05	1.50	1.025	1.40	1.40	0.10
1.05	1.10	1.50	1.075	1.35	1.35	0.15
1.10	1.15	1.50	1.125	1.31	1.31	0.19
1.15	1.20	1.50	1.175	1.27	1.27	0.23
1.20	1.25	1.50	1.225	1.23	1.23	0.27
1.25	1.30	1.00	1.275	1.20	1.00	0.00
1.30	1.35	1.00	1.325	1.16	1.00	0.00
1.35	1.40	1.00	1.375	1.13	1.00	0.00
1.40	1.45	1.00	1.425	1.10	1.00	0.00
1.45	1.50	1.00	1.475	1.07	1.00	0.00
		$\Sigma=52.50$			$\Sigma=43.50$	$\Sigma=9.00$

한편 그림 11.18은 각각 유역의 유출유량과 수질오염부하량을 산정하는 데 널리 사용되는 HSPF 모델에서 각각 가정하는 물의 순환에 대한 주요 요소와 빗물의 흐름도를 나타내고 있다. 모델에 따라 고려하는 요소의 수와 종류가 다소 다르기는 하지만 근본적으로는 모두 강우량을 입력자료로 이용하여 순환에 대한 주요 요소를 나타내고 있다.

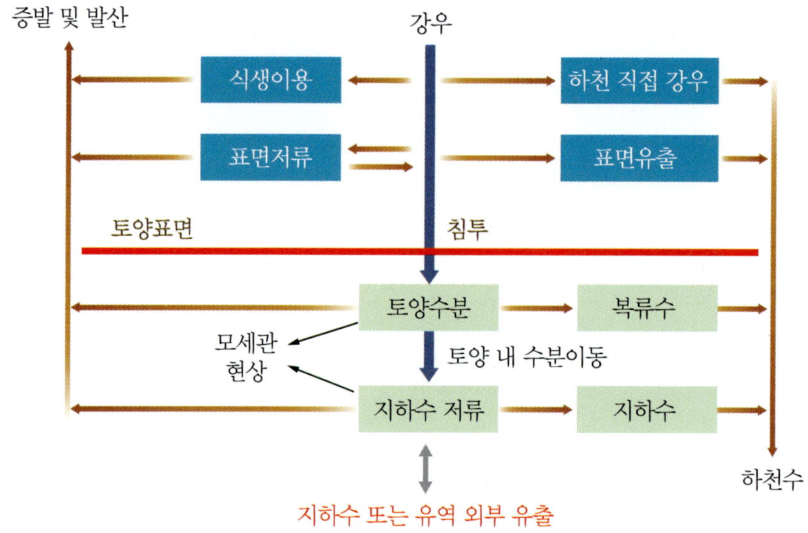

그림 11.18 HSPF **유역 모델의 수문학적 요소 및 빗물 흐름도**

12

강우와 지표유출

유역을 저수지와 같다고 보았을 때 물의 유입 및 유출 과정은 그림 12.1에 나타난 바와 같다. 지표의 표면 유출은 앞서 나타낸 증발 및 침투를 포함한 각종 요소를 제하고 난 양으로서 강우유출량(rainfall excess)이라고 부른다. 강우유출량은 유역에서 유출된 총량(m^3)이지만 이를 시간으로 나누게 되면 지표유출률(surface runoff rate)로 표현할 수 있다. 지표 유출은 표면 유출(overland flow)과 중간유출(interflow)을 합한 양으로 보기도 한다.

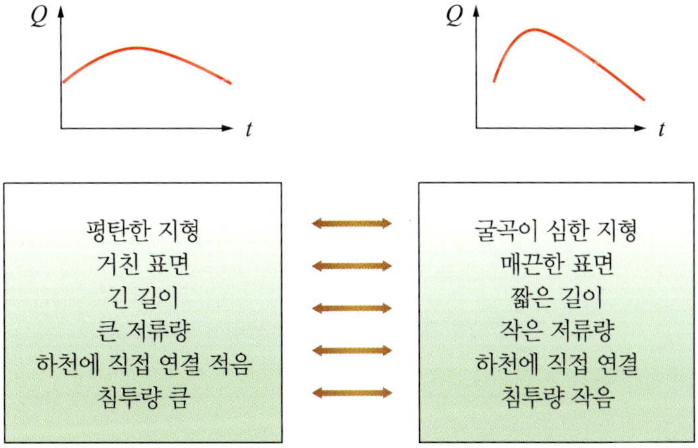

그림 12.1 유역의 수문곡선의 모양에 영향을 미치는 주요 인자

또한 유역에는 강우가 언제나 지역적으로 균일하게 내리지 않을 경우가 많으며, 그림 12.2에 나타난 바와 같이 수문곡선의 모양에도 차이가 있을 수 있다.

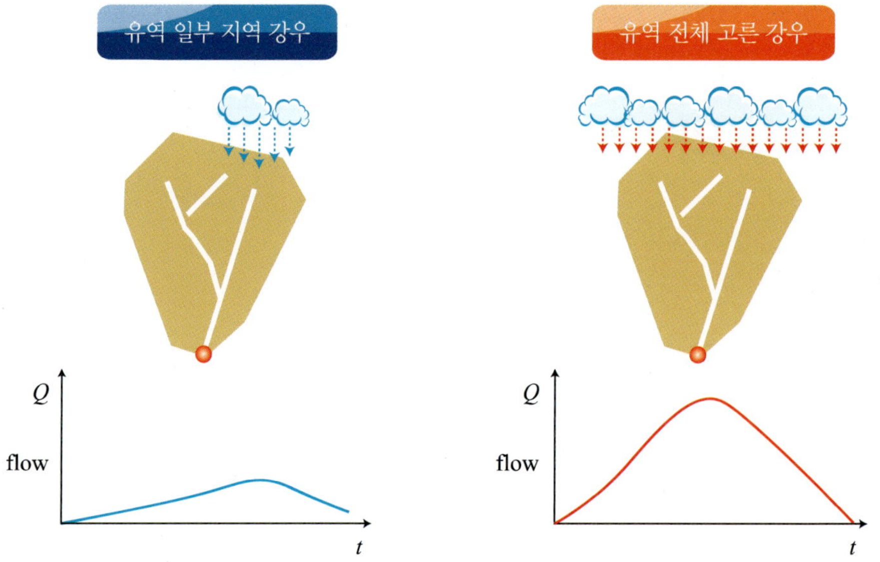

그림 12.2 유역의 지역적 강우 분포에 따른 수문곡선 모양의 변화 예시

하천의 유량은 그림 12.3에 나타난 바와 같이 유역에서 지하수 등에 의해 지속적으로 공급되는 기저유량(base flow)과 강우에 의해서 나타나는 직접유출 유량(direct flow)의 합이다. 본서에서는 직접유출 유량에 대해서 다루기로 하며 지하수의 흐름에 대해서는 지하수의 수문학 과목에서 별도로 학습하기를 바란다.

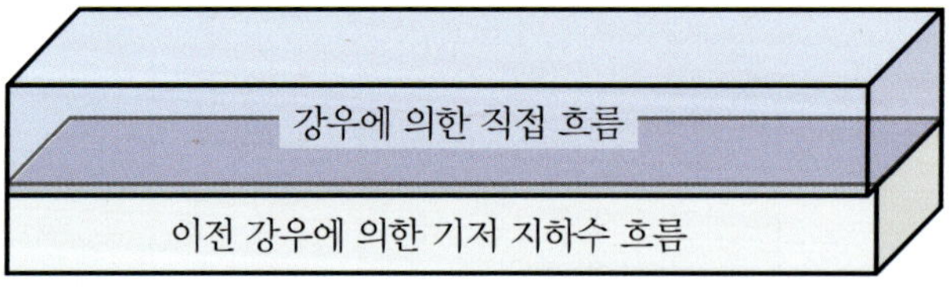

그림 12.3 하천의 유량 구성 개념도

12.1 유출계수를 이용한 지표유출의 산정

일정 유역에서 강우 시 표면유출량 또는 강우유출량(R)은 강우량에서 유역 내의 빗물손실량을 제하여 다음과 같이 표현할 수 있다.

$$R = P - E - T - F - L_i \tag{12-1}$$

여기서, E = Evaporation, T = Transpiration, F = Infiltration, L_i = other losses 등을 표현하며 강우 기간 또는 대상 기간 중의 총량으로 표시한 양이다. 시간적인 변화를 고려할 경우에는 해당 시간으로 양변을 나누어서 표현하면 된다.

또한 식(12-1)은 강수량의 함수만으로 다음과 같이 축약하여 간단하게 표현할 수도 있다.

$$R = CP \tag{12-2}$$

여기서 C는 유출계수(runoff coefficient)로서 $0 < C < 1$ 범위의 숫자이다. 즉, 일정 유역에서 유출량은 강우량에 직접적으로 비례하며 감소하는 정도는 유출계수로 간단히 나타낼 수도 있다고 보는 것이다. 이러한 가정은 다소 오차가 있을 수는 있지만, 강수량만으로 간단하게 유출량을 추정하는 데에는 매우 유용하게 사용될 수 있다.

한편 이 식은 일정유역의 강우 시 최고유량 또는 정상상태의 유량을 나타내는 합리식(rational formula)과 동일한 개념의 식이다.

$$Q\,[\mathrm{m^3/sec}] = CIA \tag{12-3}$$

여기서 C는 유역의 유출계수, I는 강우강도(mm/day 또는 m/sec) 그리고 A는 유역의 면적(km^2 또는 m^2)을 나타낸다.

표 12.1 유역특성별 유출계수의 예	
Description of area	Runoff coefficients
Business	
Downtown	0.70~0.95
Neighborhood	0.50~0.70
Residential	
Single-family	0.30~0.50
Multiunits, detached	0.40~0.60
Multiunits, attached	0.60~0.75
Residential (suburban)	0.25~0.40
Apartment	0.50~0.70
Industrial	
Light	0.50~0.80
Heavy	0.60~0.90
Other	
Parks, cemeteries	0.10~0.25
Playgrounds	0.20~0.35
Railroad yard	0.20~0.35
Unimproved	0.10~0.30

예제 12.1

유역 면적이 65 km^{2}인 유역에서 2달간 강수량이 254 mm, 증발산량이 85 mm, 지하수 침투량이 20 mm라고 보았을 때, 유출량을 산정하라. 또한 인구 1인당 160리터의 물을 소비한다고 가정하였을 때 이 유출량으로 공급할 수 있는 수량은 얼마인가?

유출량은 다음과 같이 계산할 수 있다.

$R = P - ET - F = 254 - 85 - 20 = 149\,\text{mm}$

이때 총유출량은 다음과 같이 계산할 수 있다.

$149\,\text{mm} \times 65\ \text{km}^2 = 9.685 \times 106\ \text{liters}$

한편 두 달간 한 사람이 필요로 하는 유량은 다음과 같다.

$2\text{months} = 160 \times 30 \times 2 = 9600\ \text{liter/person}$

총유출량을 상기 필요량으로 나누면 공급 가능 인구는 1,009명으로 계산된다.

12.2 NRCS 방법을 사용한 지표유출의 산정

미국의 자연자원보전국(NRCS, Natural Resources Conservation Services)은 토양특성을 이용하여 간단하게 지표 유출량을 산정할 수 있는 식을 제안하였다. 이 방법은 NRCS의 전신인 SCS (Soil Conservation Service)에서 개발되어 SCS 방법으로 불리고 있기도 하다. 방법에서는 수문학적으로 토양을 A, B, C 및 D 그룹으로 나누고 토양특성에 따라 표 12.2에 나타난 바와 같은 유출곡선 지수(CN, Curve Number)를 부여하여 유출량 산정에 사용한다.

그러나 실제로 표 12.2에 나타난 수치는 평균적인 값이며 토양이 젖어 있을 때와 말라 있을 때의 경우는 수분흡수능력이 현저하게 달라지므로 다음의 식에 나타난 바와 같이 보정을 해서 사용한다. 여기서 토양은 I (dry), II (average moisture) 및 III (습윤) 군으로 구분되며, CN_{dry}, CN 및 CN_{wet} 는 각각의 경우에 대한 유출곡선지수를 나타낸다.

$$CN_{dry} = CN - \frac{20(100 - CN)}{100 - CN - \exp[2.533 - 0.0636(100 - CN)]} \tag{12-4}$$

$$CN_{wet} = CN[\exp 2.533 - 0.0636(100 - CN)] \tag{12-5}$$

표 12.2 도시의 토지이용별 유출곡선지수(Curve Number)

Cover description		Curve numbers for hydrologic soil group			
Cover type and hydrologic condition	Average percent impervious area	A	B	C	D
Open space (lawns, parks, golf courses, cemeteries, etc.)					
Poor condition (grass cover < 50%)		68	79	86	89
Fair condition (grass cover 50% to 75%)		49	69	79	84
Good condition (grass cover > 75%)		39	61	41	80

(표 12.2 계속)

Impervious areas					
Paved parking lots, roofs, driveways, etc.		98	98	98	98
(excluding right-of-way)					
Streets and roads					
Paved; curbs and storm sewers		98	98	98	98
(excluding right-of-way)		83	89	92	93
Paved; open ditches					
(including right-of-way)		76	85	89	91
Gravel (including right-of-way)					
Dirt (including right-of-way)		72	82	87	89
Western desert urban areas					
Natural desert landscaping (pervious areas only)		63	77	85	88
Artificial desert landscaping (impervious weed barrier, desert shrub with 1-to 2-in. sand or gravel mulch and basin borders)		96	96	96	96
Urban districts					
Commercial and busineww	85	89	92	94	95
Industrial	72	81	88	91	93
Residential districts by arerage lot size					
One-eighth acre or less (town houses)	65	77	85	90	92
One-quarter acre	38	61	75	83	87
One-third acre	30	57	72	81	86
One-half acre	25	54	70	80	85
1 acre	20	51	68	79	84
2 acre	12	45	65	77	82
Developing urban areas					
Newly graded areas (pervious areas only, no vegetation)		77	86	91	94

한편 위의 식들은 그림 12.4에 나타난 바와 같이 회귀분석식을 사용해도 정확한 결과를 얻을 수 있다.

$$CN_{dry} = 0.0095CN^2 - 0.081CN + 9.8841 \quad (r^2 = 0.9976) \tag{12-6}$$

$$CN_{wet} = -0.0056CN^2 + 1.4426CN + 1.531 \quad (r^2 = 0.9998) \tag{12-7}$$

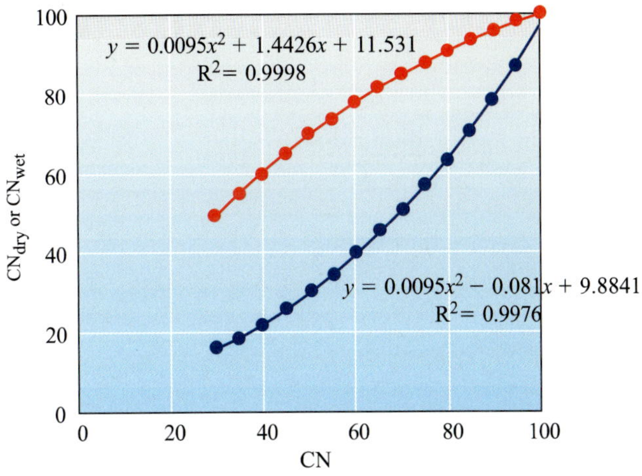

그림 12.4 토양의 습윤도를 고려한 유출곡선지수의 보정

한편, 토양습윤저류결핍계수, S_D (soil moisture storage deficit)는 0~100 사이의 지수로서 강우가 시작되는 시점에서의 토양수분이 모자라는 정도를 나타내는 지수이다. S_D는 CN이 작을수록 큰 값을 가지며 CN이 100인 경우 S_D는 0이 된다. S_D는 토양유출계수 CN을 이용하여 다음과 같이 정의되며 그림 12.5와 같이 나타낼 수 있다.

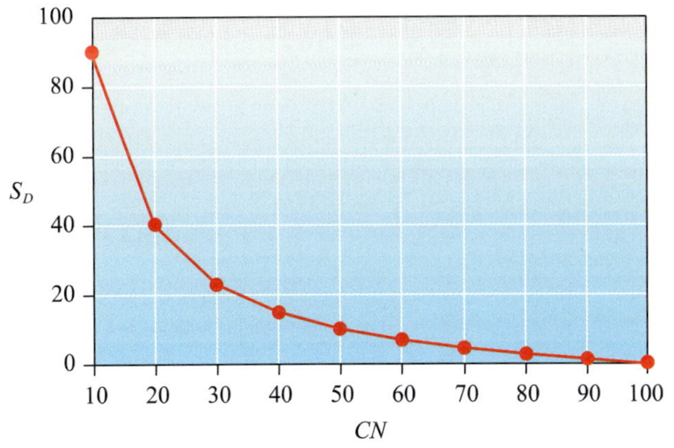

그림 12.5 CN과 S_D의 상관관계

$$S_D = \frac{1000 - 10CN}{CN} \text{ (in)}$$

또는 (12-8)

$$S_D = 2.54\left(\frac{1000 - 10CN}{CN}\right) \text{ (cm)}$$

임의의 강우상황에서 강우량 P, 지표유출량 R, 저류량 S 및 초기손실량(initial abstraction, 강우 초기 토양 습기 등으로 손실되는 빗물의 양) I_A 는 다음과 같은 비례관계에 있다고 볼 수 있다.

$$\frac{S}{S_D} = \frac{R}{P - I_A} \tag{12-9}$$

여기서 저류량 S는 다음과 같이 나타낼 수 있다.

$$S = P - R - I_A \tag{12-10}$$

식(12-10)을 식(12-9)에 대입하고 정리하면 다음과 같은 식을 얻는다.

$$R = \frac{(P - I_A)^2}{(P - I_A) + S_D} \tag{12-11}$$

일반적으로 강우량이 $0.2S_D$ 이하가 되는 경우 표면유출이 발생하지 않는다고 가정한다. 따라서 초기손실량 $I_A = 0.2S_D$와 같다고 보고 이를 식(12-11)에 대입하여 정리하면 다음과 같은 식을 얻을 수 있다.

$$R = \frac{(P - 0.2S_D)^2}{P + 0.8S_D} \tag{12-12}$$

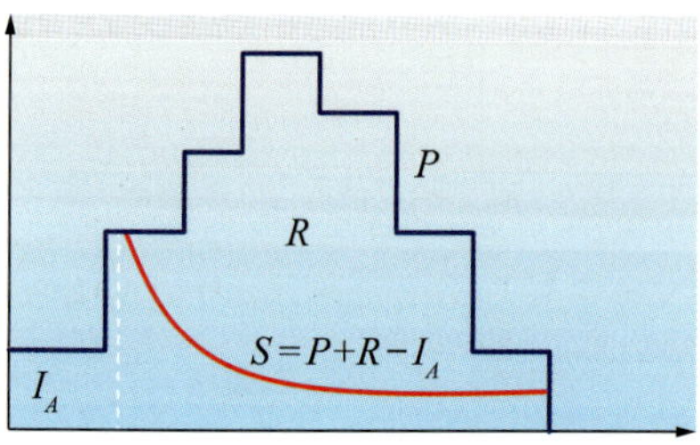

그림 12.6 강우량, 지표유출량, 저류량 및 초기손실량의 상관관계

예제 12.2

유역면적이 40,500 m^2인 어느 지역에 다음의 표와 같은 강우가 발생하였다. 침투량과 표면유출량을 계산하라. 단, $CN = 90$, $P = 63.5$ mm, 강우지속시간 = 4 hr이다.

Given Time (hr)	(1)	(2)	(3)	(4)	(5)
	P(in)	R	$r(t) = R/t$	Q	S
	mm	mm	mm/hr	m^3/sec	$P-R$
0	0.00	0.00			
1	17.78	3.65	3.65	0.04	14.13
2	40.64	19.37	15.72	0.18	21.27
3	53.34	29.96	10.59	0.12	23.38
4	63.50	38.89	8.92	0.10	24.61

$S_D = 25.4\,(1000 - 10 \times 90)\,/\,90 = 28.22$ mm

(1)행은 시간별 누적강우 기록이며, (2)행은 누적 유출량으로서 상기에서 계산한 S_D 값과 식 (4-32)를 이용하여 계산하며, (3)행은 mm/hr로, (4)는 m^3/sec로 환산한 표면 유출량이다. (5)번은 (1)강우량과 (2)유출량의 차이로서 누적침투량을 나타낸다.

토양의 습윤 정도를 나타내는 경우는 정량적인 기준이 필요하다. 이를 선행강우 지수(antecedent precipitation index, API)라고 부르며 강우 자료를 이용하여 다음과 같이 표현할 수 있다.

$$P_{aN} = bP_{aN-1} + P_N \tag{12-13}$$

여기서, P_{aN-1} : precipitation index on the previous day

P_N : precipitation recorded on the Nth day

b : 0.85 ~ 0.98

만일 강우량 P_o인 상황에서 m일간 비가 오지 않았다고 하면 API는 다음과 같이 계산할 수 있다.

$$P(m) = P_0 b^m \tag{12-14}$$

예제 12.3

다음과 같은 강우에 대해 API를 계산하라. 단, 초기 API는 100으로 $b = 0.85$로 본다.

1일째의 경우 $b = 0.85$, $m = 1$이므로 1일 후의 API는 0일의 100에서 0.85가 곱하여진 85가 된다. 비가 오지 않는 경우 매일 15%씩 감소하게 되고, 3일 째에서 20의 강우가 발생하는 경우 식(4-28)에 의해 조정하여 계산하며 이 과정을 반복하게 된다.
API의 산정 결과는 그림 12.7의 표와 그림에 나타난 바와 같다.

Day	API	Rainfall	Day	API	Rainfall
0	100.00	100	11	46.75	
1	85.00		12	39.74	
2	72.25		13	33.78	
3	81.41	20	14	28.71	
4	69.20		15	104.40	80
5	58.82		16	88.74	
6	50.00		17	75.43	
7	42.50		18	64.12	
8	76.12	40	19	54.50	
9	64.70		20	46.32	
10	55.00				

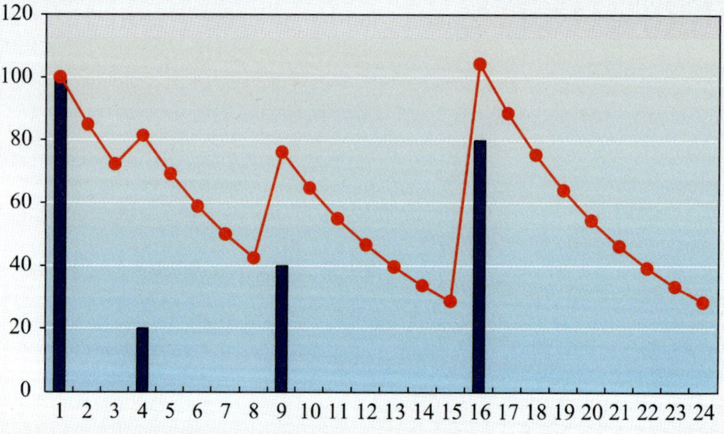

그림 12.7 선행강우지수 계산 결과표 및 그림

12.3 유달시간(Time of Concentration)

어느 유역에 강우가 발생하였을 경우 전 지역에 내린 강우가 한 번에 유출지점에서 빠져나가는 것이 아니라 출구에 가까운 유출 유량이 먼저 통과하게 되며 여타의 지표유출은 출구까지 도달하는 데에 시간이 소요된다. 이때 출구에서 가장 먼 곳의 물방울이 출구까지 오는 데 소요되는 시간을 유달시간(time of concentration)이라고 한다.

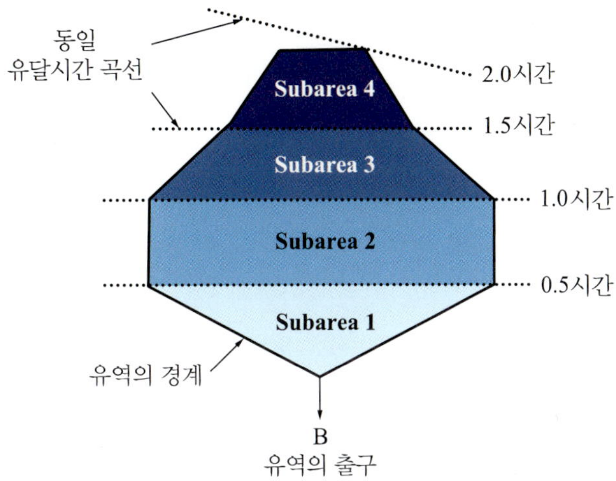

그림 12.8 유역의 유달시간 설명을 위한 예시

유달시간은 일정 강도의 강우가 지속되는 동안 유역의 유출량이 유역의 출구에 함께 나타나는 시간으로서 그림 12.9의 2시간과 2.5시간에 나타 난 바와 같이 유역의 유출유량이 일종의 평형상태에 도달하는 시간으로 볼 수 있다.

여기서 각 소유역(Subarea) 내에서 표면에 도달한 강우의 유달시간은 모두 0.5시간으로 동일하다고 본다. 즉, Subarea 1의 유출은 0.5시간 사이에 일어나며 이때 여타의 지역 표면에 내린 강우는 계속 출구 방향으로 이동하기는 하여도 아직 출구에 도달한 것은 아니다. 이 상황은 그림 12.9의 0.5시간 또는 표 12.3의 0.25~0.75 (평균 0.5)시간에 IA_1만큼의 유량이 도착한 상황을 설명하는 것이다. 다시 0.5시간이 흘러 1시간이 되었을 때에는 0.5~1.0시간 사이에 Subarea 1에 내린 강수의 유출량과 0~0.5시간

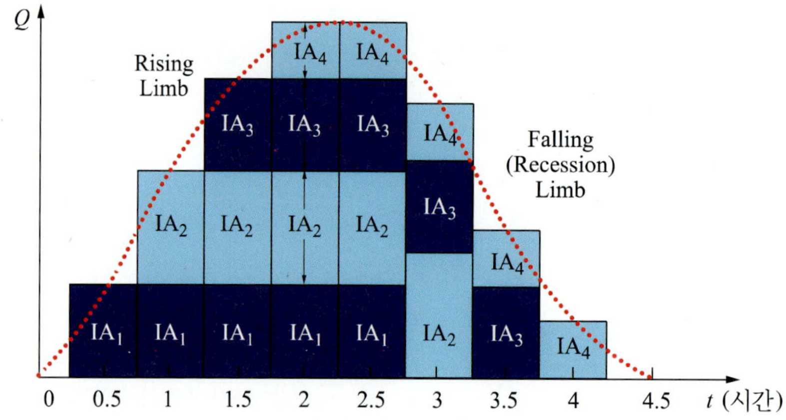

그림 12.9 **유역의 소유역별 유달시간 및 수문곡선**

사이에 Subarea 2에 내린 강수의 유출량이 합하여 출구에 나타나게 된다. 이러한 과정은 Subarea 4의 강수에 의한 유출량이 유역의 출구에 도달하는 2시간까지 계속되면서 수문곡선의 유량은 계속 증가하게 된다. 이때 증가하는 부분을 상승기(rising limb)라고 하고 감소되는 경우 감소기(falling limb)라고 한다. 2.5시간 이후 강우가 종료되고 난 후에는 Subarea 1에서는 유출이 발생하지 않고 기타의 소유역에서 기존에 내린 강수에 의한 유출량만 도달하여 수문곡선의 유량은 감소세로 돌아서게 된다. 이러한 감소 현상은 Subarea 4의 유출량이 유역의 출구 지점에 도달할 때까지 지속된다. 유달시간은 일정 강도의 강우가 지속되는 동안 유역의 유출량이 유역의 출구에 함께 나타나는 시간으로서 그림 12.9의 2시간과 2.5시간에 나타난 바와 같이 유역의 유출 유량이 일종의 평형상태에 도달하는 시간으로 볼 수 있다. 유달시간은 지면유출시간, 하수나 우수관거에 유입되어 흐르는 시간 및 하천에서 유출지점까지 흐르는 시간을 합하여 나타낸다. 유출유량의 시간적 분포 또는 수문곡선의 모양에 크게 영향을 미치므로 이를 산정하는 방법이 다양하게 제시되어 있다. 이는 하천으로 유입하는 데까지 소요된 유입시간(time of inlet)과 하천 내를 흐르는 데 걸린 시간(time of flow)의 합으로도 종종 나타낸다.

NRCS (1975)에서는 유역의 유달시간을 다음과 같이 제안하였다.

표 12.3 수문유량도 작성을 위한 표

(1)	(2)	(3)	(4)	(5)	(6)
Time (hr)	From subarea 1	From subarea 2	From subarea 3	From subarea 4	Total Runoff
0.25~0.75	IA_1	–	–	–	$I(A_1)$
0.75~1.25	IA_1	IA_2	–	–	$I(A_1+A_2)$
1.25~1.75	IA_1	IA_2	IA_3	–	$I(A_1+A_2+A_3)$
1.75~2.25	IA_1	IA_2	IA_3	IA_4	$I(A_1+A_2+A_3+A_4)$
2.25~2.75	IA_1	IA_2	IA_3	IA_4	$I(A_1+A_2+A_3+A_4)$
2.75~3.25	–	IA_2	IA_3	IA_4	$I(A_2+A_3+A_4)$
3.25~3.75	–	–	IA_3	IA_4	$I(A_3+A_4)$
3.75~4.25	–	–	–	IA_4	$I(A_4)$

$$t_c\,(\mathrm{hr}) = 1.24L^{0.8}\frac{(S_D+1)^{0.7}}{1900S_o^{0.5}} \tag{12-15}$$

여기서, L : watershed hydraulic length (m)

S_D : Soil Moisture Storagc Deficit (cm) 식(12-8)에 소개된 바와 같음

S_o : land slope

Manning의 공식은 개수로(open channel)의 유속을 나타내는 데에 널리 사용되는 공식으로서 다음과 같이 나타낸다.

$$v\,[\mathrm{m/sec}] = \frac{k}{n}R_h^{2/3}S_o^{1/2} \tag{12-16}$$

여기서, A : 하천의 횡단면적(m^2)

P : 윤변, 물과 접하는 단면의 길이의 합(wetted perimeter, m)

R_h : A/P, 동수반경, hydraulic radius (m)

n : 하천 바닥 마찰계수(roughness coefficient)

표 12.4 하천 바닥 재질에 따른 Manning 계수

Channel material	Depth range		
	0~0.15 m (0~0.5 ft)	0.15~0.60 m (0.5~2.0 ft)	〉0.60 m (〉2.0 ft)
Concrete	0.015	0.013	0.013
Grouted riprap	0.040	0.030	0.028
Soil cement	0.025	0.022	0.020
Asphalt	0.018	0.016	0.016
Bare soil	0.023	0.020	0.020
Rock cut	0.045	0.035	0.025

표 12.5 유역지표의 Manning 계수

Surface type	n value
Concrete	0.01~0.013
Asphalt	0.01~0.015
Bare sand	0.01~0.016
Graveled surface	0.012~0.3
Bare clay-loam (eroded)	0.012~0.033
Fallow, no residue	0.008~0.012
Conventional tillage, no residue	0.06~0.12
Conventional tillage, with residue	0.016~0.22
Chisel plow, no residue	0.06~0.12
Chisel plow, with residue	0.10~0.16
Fall disking, with residue	0.30~0.50
No till, no residue	0.04~0.10
No till (20~40% residue cover)	0.07~0.17
No till (60~100% residue cover)	0.17~0.47
Sparse vegetation	0.053~0.13
Short grass prairie	0.10~0.20

유역 표면의 흐름과 유사하다고 볼 수 있는 얕은 도랑의 흐름에 대한 유달시간은 Manning의 공식을 이용하여 다음과 같이 나타낼 수 있다.

$$t_c\,[\text{hr}] = \frac{L}{3600\,v} \tag{12-17}$$

$$v\,[\text{m/sec}] = \frac{kR_h^{2/3}S_o^{1/2}}{n} = w\,S_o^{1/2} \tag{12-18}$$

여기서, k : 1.0 $m^{1/3}/s$

R_h = 0.12 m, n = 0.25 비포장 지역(pervious)지역, w = 4.91 m/s

R_h = 0.06 m, n = 0.025 포장된 지역(impervious) 지역, w = 6.19 m/s

예제 12.4

어느 도시의 공원에는 세 가지의 표면 흐름이 모두 관찰된다. 이 공원의 유달시간(Time of Concentration), t_c를 계산하라.

유역의 가장 긴 경로의 흐름의 구간의 L = 37 m, S_D = 25 mm, S_o = 0.01이며, 포장되지 않은 구간에서는 얕은 도랑(Shallow Concentrated Flow)이 형성되어 있고(L = 550 m, R_h = 0.12 m, n = 0.25, S_o = 0.015), 하천은 L = 1,500 m이며, 경사는 S_o = 0.005, 하천 단면은 사다리꼴로서 n = 0.025, A =2.5 m^2, P = 5 m이다.

For sheet flow

$$t_c\,(\text{hr}) = 1.24(37)^{0.8}\frac{(2.5+1)^{0.7}}{1900(0.01)^{0.5}} = 0.28$$

For shallow concentrated flow

$$v\,[\text{m/sec}] = \frac{(1)(0.12)^{2/3}(0.015)^{1/2}}{0.25} = 0.12$$

$$t_c\,[\text{hr}] = \frac{550}{3600(0.12)} = 1.27$$

For channel flow

$$v\,[\text{m/sec}] = \frac{(1)(2.5/5)^{2/3}(0.015)^{1/2}}{0.25} = 0.31$$

$$t_c\,[\text{hr}] = \frac{550}{3600(0.31)} = 0.49$$

따라서 이 유역의 총 유달시간은 0.28+1.27+0.49 = 2.04 hr이다.

12.4 수문곡선(Hydrograph)

수문곡선은 어느 관측지점에서 시간에 따른 지표수의 유량 변화를 나타낸 것이며, 강우와 유출 간의 관계를 지배하는 유역특성에 크게 영향을 받는다. 유역 특성에 영향을 주는 인자는 유역면적, 모양, 배수특성, 토지이용, 하천의 특성, 유역의 배수 경사, 토양의 침투능력 등이다.

수문곡선은 유역을 구성하는 소유역의 지체효과와 하도의 저류 효과를 복합적으로 받은 결과에 따른 유역출구 지점에서의 유량의 시간적 변화를 표시한 것으로도 볼 수 있다. 수문곡선은 유역의 지형특성과 토양에 따라 그 모양이 달라지며 그림 12.10은 수문곡선의 모양에 기여하는 요소들을 요약해서 보여주고 있다.

수문곡선은 지표수와 지하수로 구성될 수 있으며 지하수 유입은 시간에 따라 일정한 편으로 볼 수 있다. 지하수는 기저유량(base flow)과 지하수위에 따라 지표와 지하수에 나타나는 중간유출(interflow)로 구성되어 있다.

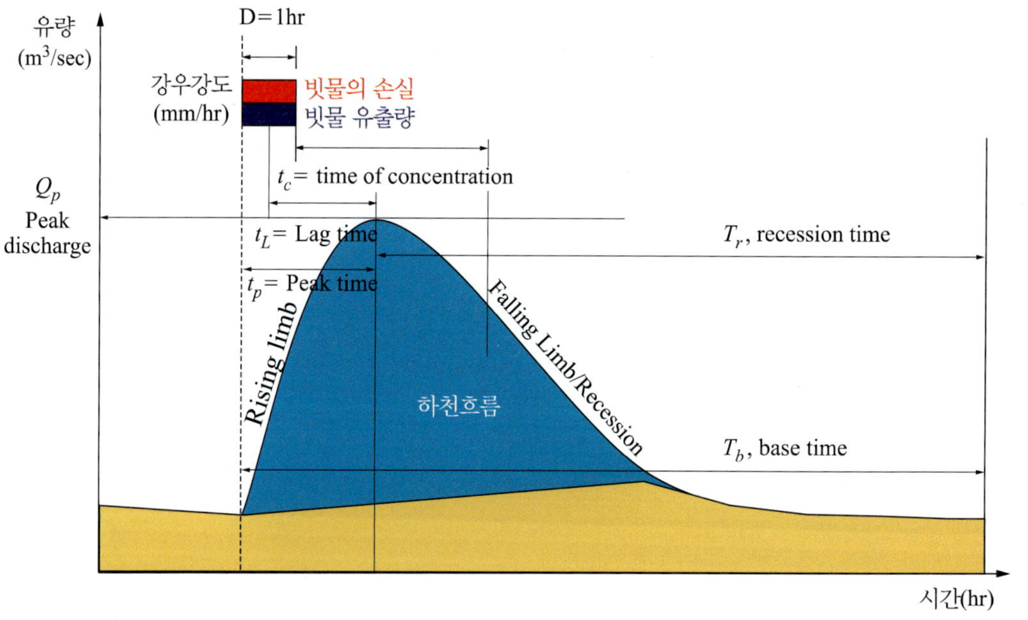

그림 12.10 수문곡선의 구성 및 구분

수문곡선은 다음의 세 가지 요소로 구성된다.

① 상승곡선 : rising limb 또는 concentration curve, 증가부
② 최고유출 : crest segment 또는 peak discharge, 정점부
③ 하강 곡선 : recession curve 또는 falling limb, 감소부

감소부는 증가부 동안, 하천에 저장되었던 물이 빠져나가는 것을 의미한다. 두 가지의 peak가 나타날 수도 있는데, 지형에 의하거나 강우의 기간이 두 가지 이상일 경우 이러한 현상이 가능하다.

수문곡선의 대표적인 형태는 그림 12.10에 나타난 바와 같으며, 각 요소의 주요 특성은 다음과 같다.

① Lag time (t_L, 지체시간) : 표면유출의 무게 중심이 수문곡선의 최고에 도달하는 데에 소요되는 시간
② Time to peak (t_p, 최고유량시간) : 강우 시작으로부터 수문곡선의 최대 지점까지 소요되는 시간
③ Time of concentration (t_c, 유달시간) : 강우종료시간부터 하강부 변곡점(inflection point)까지의 시간 또는 유역의 가장 먼 곳에서부터 유력의 출구까지 이동히는 데 소요되는 시간
④ Recession time (t_r, 감소시간) : 유량이 최고(peak)인 시간부터 표면유출이 끝나는 데까지 소요되는 시간
⑤ Time base (t_b, 기저시간) : 표면유출이 시작되어 끝나는 데까지 소요되는 시간

12.4.1 단위유량도(Unit Hydrograph)

일반적으로 한 유역의 물리적 특성은 변하지 않고 일정하므로 유사한 특성을 가지는 강우로 인한 수문곡선의 모양은 비슷할 것으로 볼 수 있다. 단위 유량도는 같은 배수 구역에 동일한 조건(지속 시간, 강도)의 강우가 발생하였을 경우 유역의 물리적 조건들(모양, 크기, 경사) 등은 일정하므로 유출 유량의 시간적인 변화 곡선을 나타낸다.

단위 유량도는 실측자료로 도출 가능하며 다음과 같은 차례에 따라 추출한다.

① 하천의 유량 자료를 사용하는 경우 기저 유량을 제하여 지표유출유량을 구한다.
② 유량을 유역 면적으로 나누면, 강우 깊이를 계산할 수 있다.

강우 지속시간과 수문 곡선의 기간이 일정하다고 가정하였으므로, 여러 강우 조건에 의한 유출 유량은 강우량에 비례한다고 가정한다. 이 과정들을 그림으로 나타내면 다음과 같다.

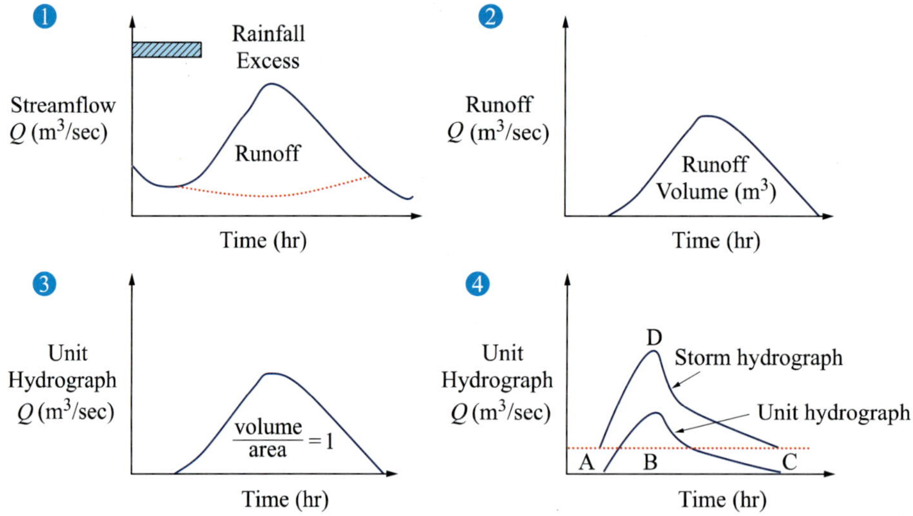

그림 12.11 단위유량도의 개념

1) 단위 유량도 이론의 세 가지 가정

(1) 일정 기저시간의 가정(Principle of equal base time)

동일한 유역에 균일한 강도로 비가 내린 경우, 지속시간은 같으나 강도가 다른 각종 강우로 인한 유출량은 그 크기는 다를지라도 유하 기간은 동일하다.

(2) 비례가정(Principle of proportionality)

동일한 유역에 균일한 강도로 비가 내린 경우, 동일지속시간을 가진 각종 강우로 인한 유출량(Y값)은 강우강도에 직접 비례한다.

(3) 중첩가정(Principle of superposition)

일정 기간 동안 균일한 강도를 가진 일련의 유효강우량에 대한 총 유출은 각 기간의 유효강우량에 의한 개개 유출량을 산술적으로 합한 것과 같다.
실제로는 토양이 포화되거나 표면 유출의 지속적인 증가에 따라 하천 유속이 증가할 경우, 단위 유량도의 모양은 변화될 수 있다.

예제 12.5

다음의 표는 3시간 간격으로 측정한 하천 유량을 이용하여 1 cm의 강우에 대해 작성한 단위 유량도 산출의 예를 나타낸다. 여기서 유역면적은 64 km^2으로 가정한다.

		(1)	(2)	(3)	(4)	(5)
Date	Hour	Total Q (m^3/sec)	Base flow	Direct runoff	U.G. Ordinate	hour after start
14	5	1.33	1.33	0	0	0
	8	3.4	1.33	2.07	0.37	3
	11	6.37	1.33	5.04	0.91	6
	14	8.26	1.33	6.93	1.25	9
	17	7.56	1.33	6.23	1.13	12
	20	5.83	1.33	4.5	0.81	15
	23	4.05	1.33	2.72	0.49	18
15	2	3.11	1.33	1.78	0.32	21
	5	2.58	1.33	1.25	0.23	24
	8	2.21	1.33	0.88	0.16	27
	11	1.92	1.33	0.59	0.11	30
	14	1.7	1.33	0.37	0.07	33

	17	1.53	1.33	0.2	0.04	36
	20	1.44	1.33	0.11	0.02	39
	23	1.42	1.33	0.08	0.02	42
SUM				32.75	5.93	
Total Area (A)				64	km^2	
Direct Runoff (V)				353,700	m^3	
V/A		5.53	cm		$= 3{,}507{,}000/(64 \times 10^6)(100)$	

(1)번 열은 유량 관측자료이며, (2)번 열은 기저 유량이다. (1)에서 (2)를 빼면 (3)번 열의 유량이 나온다. 이 유량의 합은 327.4 m^3/sec이다. 이 유량은 3시간 간격으로 측정되었으므로 여기에 시간을 곱해 주면 $V = 352{,}700\ m^3$으로 체적을 계산할 수 있다.
이것은 유역에 발생한 지표유출의 총량이므로 이를 전체면적(A) 64 km^2로 나누면 5.53 cm의 유출량이 산출된다. 본 예제는 강우량 1 cm의 유출에 대한 곡선을 찾는 것이 목적이므로 (3)열에서 5.53을 나누어 주면 (4)열과 같이 단위유량도의 값을 계산할 수 있다.

예제 12.6

만일 1 cm의 강우에 대한 단위 유량도를 계산하였다면 1.5 cm의 강우에 대한 유량도는 각 값에 1.5배를 곱하고 기저 유량을 더하여 다음과 같이 계산할 수 있다.

Hour	U.G. Q	Direct R.O.	Base flow	Total Q (m^3/sec)
4	0	0	570	570
7	337	506	530	1036
10	817	1226	500	1726
13	1128	1692	500	2192
16	1008	1512	500	2012
19	733	1099	500	1599
22	449	673	510	1183
25	298	446	520	966
28	209	313	530	843
31	147	220	540	760
34	98	147	550	697
37	58	87	560	647
40	27	40	570	610
43	9	13	580	593

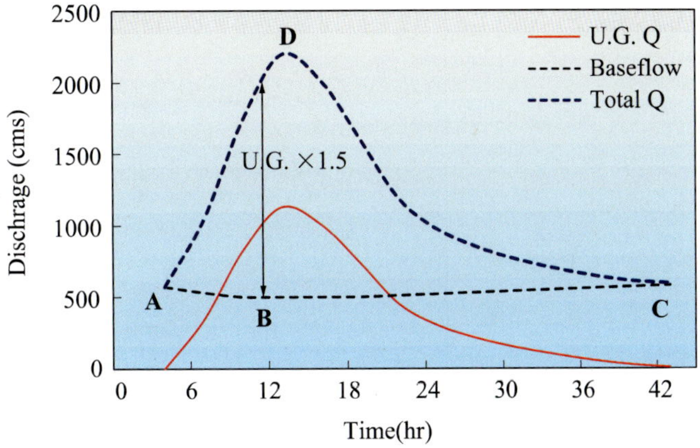

그림 12.12 예제 그림 단위유량도를 이용한 수문곡성의 작성예 1

예제 12.7

만일 어느 지역에 0.25 cm의 강우와 0.75 cm의 강우가 6시간 간격으로 다음과 같이 내린 경우의 총강우량은 다음과 같다.

Hour	0.25 × UG	0.75 × UG	Baseflow	Total Q
3	0	0	370	370
6	84	0	340	424
9	204	0	310	514
12	282	253	280	815
15	252	613	250	1115
18	183	846	220	1249
21	112	756	230	1098
24	74	550	250	874
27	52	336	270	659
30	37	223	280	540
33	24	157	290	471
36	14	110	300	424
39	7	73	310	390
42	2	43	320	366

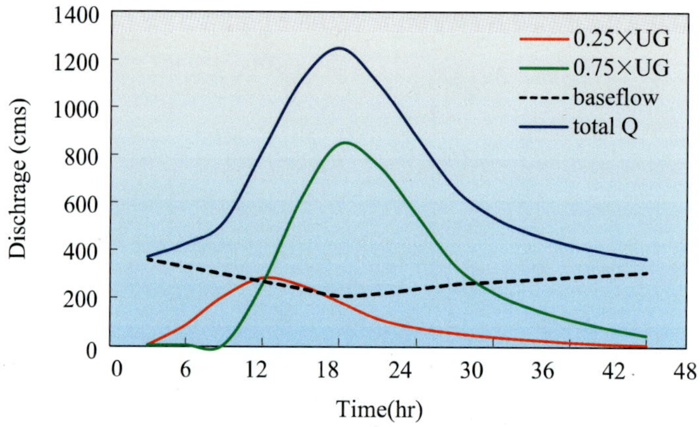

그림 12.13 예제 그림 단위유량도를 이용한 수문곡성의 작성예 2

12.4.2 NRCS의 무차원 단위 유량도

SCS (또는 NRCS)은 다양한 현장 자료를 이용하여 무차원 시간과 유량에 대한 관계를 다음과 같이 제안한 바 있다.

$$Q_{up} = \frac{2.08A}{t_p} \tag{12-19}$$

$$t_p = \frac{D}{2} + t_L \tag{12-20}$$

$$t_L = 0.6t_c \tag{12-21}$$

여기서, D : 강우지속 시간(hr)

예제 12.8

어느 도시 유역의 면적과 유달시간은 다음과 같다고 한다. 강우지속시간 10분에 대한 단위유량도를 작성하라.

$A = 1.5\ \text{km}^2$, $t_c = 1.25\ \text{hr}$

$t_L = 0.6(1.25) = 0.75\ \text{hr}$
$D = 10\ \text{min} = 0.17\ \text{hr}$
$t_p = 0.17 / 2 + 0.75 = 0.84\ \text{hr} = 50\ \text{min}$
$Q_{up} = (2.08)(1.5) / 0.84 = 3.71\ \text{m}^3/\text{sec/cm}$

장기간의 강우에 대한 수문곡선을 도출하기 위해 다양한 강우 기간에 대해 몇 개의 단위유량도을 이용할 수 있다. 일반적으로 25% 가량의 오차는 허용 범위 내에 있는 것으로 보는 경향이다. 예를 들어, 6시간 강우에 대한 단위 유량도는 4.5~7.5시간의 강우에 대해서도 적용 가능하다고 볼 수 있다. 유사한 강우 기간에 대한 단위 유량도는 평균을 이용하여 사용할 수 있다. 장기간 강우 강도가 다양하게 변하는 경우는 수문곡선의 정확도에 영향을 미칠 수 있으며 이러한 경우에는 상대적으로 짧은 기간의 단위유량도를 사용하는 것이 오차를 줄이는 데에 유리하다.

최적의 단위 유량도 강우 기간은 유량도 기저 길이의 1/4 정도 되는 것이며 이는 강우의 중심지점에서 수문곡선 최정점 사이의 거리와 같다. 단위유량도의 가장 중요한 가정은 비례의 법칙이나 이 가정이 언제나 맞는 것은 아니다. 단위유량도의 최대유량은 유출이 증가할수록 이른 시기의 유량이 더 빨리 증가하는 경향이 있기 때문이다. 이는 유량이 많은 경우 중간류와 지표흐름의 비율이 달라지거나, 하천의 수리학적 효율이 증가하기 때문에 발생하는 현상이다. 그러나 일반적으로 지표유출에서 비례관계가 달라지는 것은 크게 문제시되지 않는 경향이다.

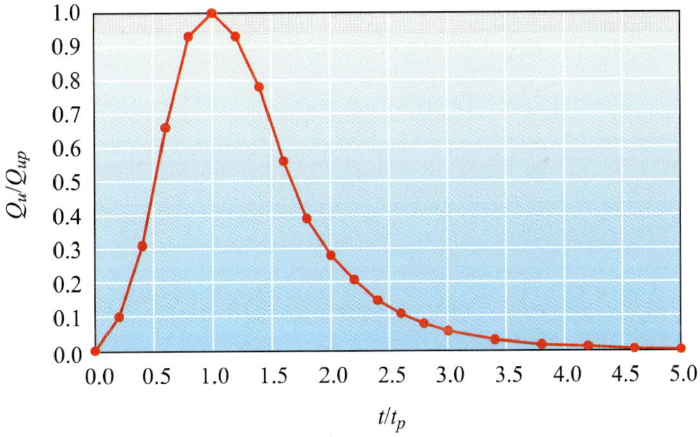

그림 12.14 SCS 방법을 이용한 수문곡선을 작성하기 위한 무차원 유량도

12.4.3 Gamma Function을 이용한 단위유량도

SCS (NRCS) 방법은 Gamma Function 단위유량도 방법의 하나이다. 여기서 최대유량 및 시간별 유량은 다음과 같이 나타낼 수 있다.

$$Q_{up} = \frac{P_r A}{t_p} \tag{12-22}$$

$$Q_u = Q_{up}\left[\frac{t}{t_p}\exp\left(1-\frac{t}{t_p}\right)\right]^{n-1} \tag{12-23}$$

$$1-\frac{t}{t_p}$$

여기서, P_r : 최대유량 계수(peak rate factor)

n : 형상 계수(shape factor)

표 12.6 Gamma Function 형상계수 및 최대유량계수

n	P_r (cfs-hr/mi^2-in.)	P_r (cms-hr/km^2-cm.)
1.5	156	0.67
2.0	237	1.02
2.5	298	1.28
3.0	349	1.50
3.5	393	1.69
4.0	433	1.86
4.5	470	2.02
5.0	504	2.17

예제 12.9

유역면적이 12 km^2인 도시 유역에서 유달시간(t_c)가 58 min (0.97 hr)이라고 한다. 최대유량계수 P_r이 1.60 cms-hr/km^2-cm라고 할 때 이 유역의 강우지속시간 10분의 단위유량도를 계산하라.

$t_L = 0.6t_c = 0.58$ hr

when $D = 10$ min $= 0.17$ hr

$t_P = 0.17/2 + 0.58 = 0.67$ hr $= 40$ min

Qup = (1.60)(1.2) / (0.67) = 2.87 cms/cm

표 12.6에서 P_r가 1.60 cms-hr/km^2-cm인 경우의 n은 interpolation을 통해 3.25로 산정할 수 있다. 또한 식(12-23)을 이용하여 단위 유량도를 작성할 수 있다.

(1)	(2)	(3)	(4)	(5)
t (min)	$\frac{t}{t_p}$	$1-\frac{t}{t_p}$	$rxp\left(1-\frac{t}{t_p}\right)$	Q_u(cms/cm)
0	0.00	0.00	1.000	0.00
10	0.25	0.75	2.117	0.69
20	0.50	0.50	1.648	1.86
30	0.75	0.25	1.284	2.64
40	1.00	0	1.000	2.87
50	1.25	−0.25	0.779	2.70
60	1.50	−0.50	0.607	2.32
70	1.75	−0.75	0.472	1.87
80	2.00	−1.00	0.368	1.44
90	2.25	−1.25	0.287	1.07
100	2.50	−1.50	0.223	0.76
110	2.75	−1.75	0.174	0.55
120	3.00	−2.00	0.135	0.32
130	3.25	−2.25	0.105	0.26
140	3.50	−2.50	0.082	0.17
150	3.75	−2.75	0.064	0.12
160	4.00	−3.00	0.050	0.07
170	4.25	−3.25	0.039	0.04
180	4.50	−3.50	0.030	0.03
190	4.75	−3.75	0.024	0.01
200	5.00	−4.00	0.018	0.00

12.5 유량곡선의 작성

12.5.1 단위유량도를 이용하는 방법

다음 그림과 같이 0.6, 1.0 그리고 0.4 cm/hr의 유량이 15분 간격으로 발생하였다고 가정하는 경우 각 강우에 대한 유량도는 단위유량도에 해당 강우강도를 곱하고 15분씩 이격하여 그림을 그린 후 각 시간에 대해 세 가지 그래프의 세로좌표값을 더하여 총수문곡선(total hydrograph)을 작성하게 된다.

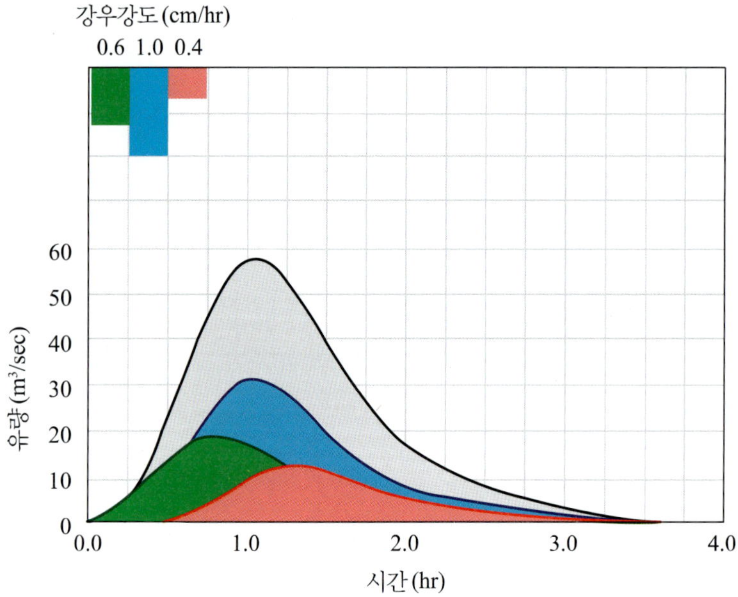

그림 12.15 15분 단위 유량도를 이용한 세 가지 다른 강우를 합성한 수문곡선

표 12.7의 (1)열은 단위 유량도의 시간별 유량(세로좌표 값)을 나타내고 있다. 위의 그림 12.15와 마찬가지의 방법으로 (2)열은 (1)열에 처음 단계의 강우강도 R_1 = 0.13을 곱한 값($U_i \times R_1$)을 나타낸다. R_2는 0.25시간 또는 15분 후에 시작되었으며 (3)열은 (2)열을 만들 때와 마찬가지로 R_2 = 0.15를 곱한 값($U_i \times R_2$)을 나타낸다. 마찬가

지 방법으로 (4)열이 작성될 수 있다. 끝으로 같은 시간대의 유량유량을 횡방향으로 더하면 총유출곡선을 작성할 수 있다.

표 12.7 단위유량도를 이용한 강우변동시 유출곡선의 작성

	(1)		(2)		(3)		(4)		(5)
	단위 수문 곡선		1차 강우		2차 강우		3차 강우		총 유출 곡선
hour	U		R_1U	$R_1=0.6$	R_2U	$R_2=1.0$	R_3U	$R_3=0.4$	Q
0.00	U_1	0.00	R_1U_1	0.00					0.00
0.25	U_2	9.45	R_1U_2	5.67	R_2U_1	0.00			5.67
0.50	U_3	22.88	R_1U_1	13.73	R_2U_2	9.45	R_3U_1	0.00	23.18
0.75	U_4	31.58	R_1U_4	18.95	R_2U_1	22.88	R_3U_2	3.78	45.61
1.00	U_5	28.23	R_1U_5	16.94	R_2U_4	31.58	R_3U_1	9.15	57.67
1.25	U_6	20.52	R_1U_6	12.31	R_2U_5	28.23	R_3U_4	12.63	53.17
1.50	U_7	12.56	R_1U_7	7.53	R_2U_6	20.52	R_3U_5	11.29	39.34
1.75	U_8	8.33	R_1U_8	5.00	R_2U_7	12.56	R_3U_6	8.21	25.76
2.00	U_9	5.84	R_1U_9	3.51	R_2U_8	8.33	R_3U_7	5.02	16.86
2.25	U_{10}	4.10	R_1U_{10}	2.46	R_2U_9	5.84	R_3U_8	3.33	11.64
2.50	U_{11}	2.74	R_1U_{11}	1.64	R_2U_{10}	4.10	R_3U_9	2.34	8.08
2.75	U_{12}	1.62	R_1U_{12}	0.97	R_2U_{11}	2.74	R_3U_{10}	1.64	5.35
3.00	U_{13}	0.75	R_1U_{13}	0.45	R_2U_{12}	1.62	R_3U_{11}	1.09	3.16
3.25	U_{14}	0.25	R_1U_{14}	0.15	R_2U_{13}	0.75	R_3U_{12}	0.65	1.54
3.50	U_{15}	0.00	R_1U_{15}	0.00	R_2U_{14}	0.25	R_3U_{13}	0.30	0.55
3.75					R_2U_{15}	0.00	R_3U_{14}	0.10	0.10
4.00							R_3U_{15}	0.00	0.00

이 과정을 수식으로 나타내면 다음과 같다.

$$Q_1 = R_1 U_1 = 0.13 \times 0 = 0$$

$$Q_2 = R_1 U_2 + R_2 U_1 = 0.13 \times 68 + 0.15 \times 0 = 8.84$$

$$Q_3 = R_1 U_3 + R_2 U_2 + R_3 U_1 = 0.13 \times 246 + 0.15 \times 68 + 0.20 \times 0 = 42.18$$

위 과정을 하나의 수식으로 나타내면 다음과 같다.

$$Q_i = R_1 U_i + R_2 U_{i-1} + R_3 U_{i-2} + \cdots + R_{i-1} U_2 + R_i U_1 \qquad (12\text{-}24)$$

식(5-54)를 행렬식을 이용하여 표현하면 다음과 같이 나타낼 수 있다.

$$Q = R \times U \qquad (12\text{-}25)$$

한편 식(12-25)의 각 요소는 행렬과 벡터의 형태로서 다음과 같이 나타낼 수 있다.

$$R = \begin{bmatrix} R_1 & 0 & 0 & \cdots & 0 \\ R_2 & R_1 & & \cdots & 0 \\ R_3 & R_2 & R_1 & \cdots & 0 \\ R_i & R_{i-1} & R_{i-2} & \cdots & R_i \end{bmatrix}$$

$$U = \begin{bmatrix} \mathrm{U}_1 \\ \mathrm{U}_2 \\ \mathrm{U}_3 \\ \vdots \\ \mathrm{U}_\mathrm{j} \end{bmatrix}$$

$$Q = \begin{bmatrix} \mathrm{Q}_1 \\ \mathrm{Q}_2 \\ \mathrm{Q}_3 \\ \vdots \\ \mathrm{Q}_\mathrm{k} \end{bmatrix}$$

여기서, the hydrograph has k values, $k = I + j - 1$

I : number of rainfall excess values

j : number of unit hydrograph

12.5.2 선형저수지 이론을 이용하는 방법

선형저수지이론(linear reservoir theory)은 유역의 유출유량(Q)의 변화가 저류량(S)의 변화에 비례하는 또는 선형 관계에 있다고 가정하는 데에서 출발한다. S를 유역의 저류량(m^3), I는 유입유량(m^3/sec), Q는 유출유량(m^3/sec)이라고 가정하면 단위 시간당 저수량의 변화는 Δt 동안의 평균 유입유량($\overline{I}$)과 평균 유출유량($\overline{Q}$)을 이용하여 다음과 같이 표현할 수 있다.

$$\overline{I} - \overline{Q} = \frac{\Delta S}{\Delta t} \cong \frac{dS}{dt} \tag{12-26}$$

여기서 Δt 시간 동안의 저류량의 변화는 다음과 같이 재배열할 수 있다.

$$\Delta S = S_2 - S_1 = \overline{I}\Delta t - \overline{Q}\Delta t = \frac{I_1 + I_2}{2}\Delta t - \frac{Q_1 + Q_2}{2}\Delta t \tag{12-27}$$

한편, 선형저수지에서 저수량 S와 유출량 Q는 다음과 같이 선형(또는 비례) 관계가 있다고 가정한다. 즉, 저수량이 많은 경우에 방류량이 많다고 보는 것이며, 상수 K는 현장의 자료를 이용하여 추정가능하거나 알고 있다고 가정한다.

$$S = KQ \tag{12-28}$$

여기서, 식(12-28)을 식(12-27)에 대입하여 정리하면 다음과 같이 되고,

$$[(I_1 + I_2) - (Q_1 + Q_2)]\,\Delta t = 2(S_2 - S_1) = 2K(Q_2 - Q_1) \tag{12-29}$$

위 식을 유출유량 Q_2에 대해서 정리하면 다음과 같이 나타낼 수 있다.

$$Q_2 = Q_1 + \frac{\Delta t}{2K + \Delta t}[(I_1 + I_2) - 2Q_1] \tag{12-30}$$

위 식은 측정이 가능한 유입량 자료(I_1 및 I_2)와 전 시간의 유출량 자료 Q_1 그리고 지역의 여건에 따라 정해지는 저수지 상수 K, 그리고 이용자가 결정하는 시간 간격 Δt 의해서 다음 시간의 유출량 Q_2를 결정할 수 있는 식으로서 수자원 분야에 널리 사용되는 방법이다.

12.5.3 Clark의 시간-면적 단위유량도를 이용하는 방법

Clark 방법에서는 유역에서 구간별 시간과 면적의 관계 곡선(TA curve, time-area curve), 유달시간 및 저류계수 등을 이용하여 유역의 특성을 표현한다. 단위유량도를 결정하기 위해서는 두 가지의 단계를 거친다. 첫 번째 단계는 유역의 시간과 누적면적의 관계 곡선(TA curve)을 작성하는 것이다. 시간과 면적의 관계 곡은 시간과 누적면적 Ac의 관계를 의미하며 유역의 저류계수와는 무관하다. 유역의 저류 효과는 저류계수 K로서 별도로 반영된다.

TA curve는 시간 0부터 총유달시간 사이의 시간 간격에 따라 전체유역면적에서 지면 유출에 기여하는 부분이 어느 정도인지를 결정함으로써 만들어 진다. 그리고 이 시간 간격은 유역에서 같은 시간대에 해당하는 등시간곡선을 그려서 작성된다. 유역의 총유달시간은 여러 개의 시간 간격으로 구분되며 각 간격에 대해 총유달시간과의 비율이 다음과 같이 결정된다.

$$T_i = t_i / T_c \tag{12-31}$$

여기서, T_i : 최대 유달시간과 비교한 유달시간 비

T_c : 최대 유달 시간

t_i : 지역별 유달시간(예, $t_1 = 1$ hr, $t_2 = 2$ hr, ⋯ , $t_7 = 7$ hr)

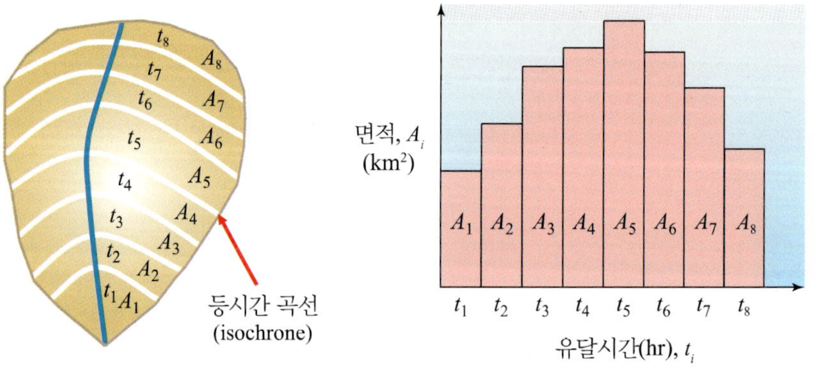

그림 12.16 Clark 방법의 Time Area Curve를 위한 등시간 곡선도(김형수, 2012)

그림 12.16의 오른편에 나타낸 시간과 면적에 관한 막대그래프는 유역 출구의 유량도를 산술적으로 나타낸 그림으로 볼 수 있다. 이것은 유역의 저류효과가 반영되지 않은 순간단위유량도(IUH, instant unit hydrograph)의 개념과 같은 것이며 Clark가 최초로 제안한 것으로 알려져 있다. 그리고 두 번째 단계는 선형저수지(linear reservoir) 이론을 이용하여 유량의 흐름을 추정하는 것이다.

어느 기간의 t_R의 강우에 대해서 단위유량도를 계산하기 위해서는 표면유출의 강도 i_e는 1 (in 또는 cm)$/t_R$을 사용한다. $1/t_R$의 강우강도의 강우가 t_R의 간격으로 무한으로 강우가 지속된다면 $1/t_R$의 강우강도의 유량도를 더해서 그림 12.17에 나타난 바와 같이 S-curve가 만들어진다. S-Curve는 유효강우강도 i_e가 무한의 강우지속기간 동안 내릴 경우 만들어지는 것을 말한다.

S-curve의 세로좌표에 해당하는 Q_s는 다음과 같이 계산된다.

$$Q_s = A_c \cdot i_e \tag{12-32}$$

S-curve를 t_R시간만큼 이동시키는 경우는 t_R시간부터 무한대의 강우지속시간으로 강우강도 i_e의 강우가 내린다는 것을 의미한다.

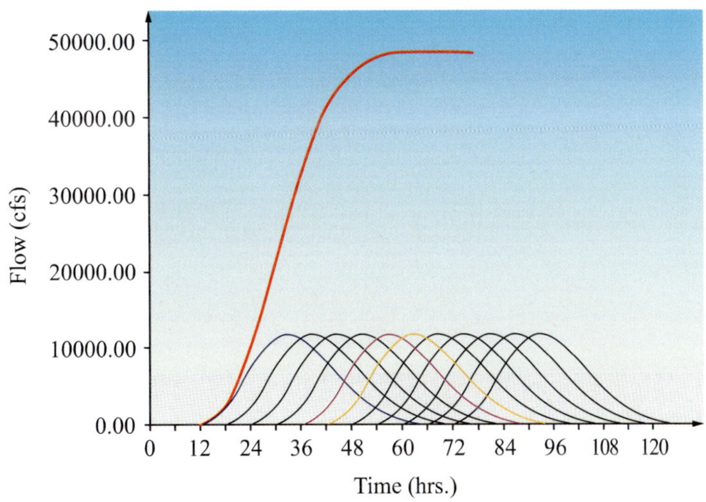

그림 12.17 **$1/t_R$의 강우강도를 가지고 t_R의 지속시간을 가지는 유량도를 계속 중첩하여 계산한** S-Curve

두 가지의 S-Curve의 차이는 t_R시간 동안 $1/t_R$의 강도로 내린 강우에 대한 유출곡선을 나타낸다.

$$U = Q_s - Q_{Sl} \tag{12-33}$$

단위유량도 U의 세로좌표는 유역의 저류 효과를 포함하지 않는 TA curve만을 이용하여 계산되었기 때문에 중간 단위유량도에 해당한다고 본다.

저류 효과를 반영하기 위해 U 유량도는 앞서 설명한 바 있는 선형저수지 이론을 이용하여 재산정된다.

$$S_t = KO \tag{12-34}$$

여기서, S_t : 유역의 저수능력
K : 유역의 저류계수
O : 유역의 유출 유량

결과적으로 두 개의 수문곡선은 다음과 같은 식으로 표현될 수 있으며 식 (12-29)와 표현만 다를 뿐 마찬가지의 식이 된다.

$$Q_{u,j} = Q_{u,j-1} + \frac{\Delta t}{2K + \Delta t}\left[U_{j-1} + U_j - 2Q_{u,j-1}\right] \tag{12-35}$$

TA curve가 만들어져 있지 않은 유역의 경우 다음과 같은 관계식을 이용하여 유량도를 만들 수 있다.

$$A_c = 1.414\left(\frac{t}{T_c}\right)^{1.5} \quad \text{for } 0 \le \frac{t}{T_c} \le 0.5 \tag{12-36}$$

$$A_c = A\left[1 - 1.414\left(\frac{t}{T_c}\right)^{1.5}\right] \quad \text{for } 0.5 \le \frac{t}{T_c} \le 1.0 \tag{12-37}$$

예제 12.10

어느 유역의 조건이 다음과 같을 때 Clark 방법을 이용하여 단위 유량도를 작성하라.

강우지속시간	D	10	min
강우강도	i_e	= 1/10 = 1/60,000	cm/min m/s
유역면적	A	200 2,000,000	ha m^2
총유달시간	T_c	30	min
저류계수	K	18	min
시간간격	Δt	5	min
계수	C	0.122	$\Delta t/(2K+\Delta t)$

(1)열과 (2)열은 주어진 자료이다. (3)열은 식(12-28)과 식(12-39)를 이용해서 계산하며, (4)열은 식(12-24)를 이용하여 계산한다. 예를 들어 $t = 5$ min의 경우,

$Q_s = 192{,}421\ m^2 \times 1/60{,}000\ m/s = 3.2\ m^3/sec$

시간 t가 $T_c = 30$ min보다 커지는 경우에는 일정한 수준을 유지하는 것을 유의하기 바란다. (5)열은 (3)열을 10분 지체하여 기록하며, (6)열은 (4)열에서 (5)열을 제하여 계산된다. (7)열은 식(12-27)을 이용하여 계산한다.

(1)	(2)	(3)	(4)	(5)	(6)	(7)
Time	t	A_C	Q_S	Q_{SL}	U	Q_u
step, j	(min)	m^2	m^3/sec	m^3/sec	m^3/sec	m^3/sec
1	0	0	0.0	0.0	0.0	0
2	5	192421	3.2	0.0	3.2	0.4
3	10	544249	9.1	0.0	9.1	1.8
4	15	999849	16.7	3.2	12.5	4.1
5	20	1455751	24.3	9.1	15.2	6.6
6	25	1807579	30.1	16.7	12.5	8.5
7	30	2000000	33.3	24.3	9.1	9.2
8	35	2000000	33.3	30.1	3.2	8.4
9	40	2000000	33.3	33.3	0.0	6.8
10	45	2000000	33.3	33.3	0.0	5.1
11	50	2000000	33.3	33.3	0.0	3.9

(1)	(2)	(3)	(4)	(5)	(6)	(7)
Time	t	A_C	Q_S	Q_{SL}	U	Q_u
step, j	(min)	m^2	m^3/sec	m^3/sec	m^3/sec	m^3/sec
12	55	2000000	33.3	33.3	0.0	2.9
13	60	2000000	33.3	33.3	0.0	2.2
14	65	2000000	33.3	33.3	0.0	1.7
15	70	2000000	33.3	33.3	0.0	1.3
16	75	2000000	33.3	33.3	0.0	1.0
17	80	2000000	33.3	33.3	0.0	0.7
18	85	2000000	33.3	33.3	0.0	0.5
19	90	2000000	33.3	33.3	0.0	0.4
20	95	2000000	33.3	33.3	0.0	0.3
21	100	2000000	33.3	33.3	0.0	0.2
22	105	2000000	33.3	33.3	0.0	0.2
23	110	2000000	33.3	33.3	0.0	0.1
24	115	2000000	33.3	33.3	0.0	0.1
25	120	2000000	33.3	33.3	0.0	0.1
			66.4			

12.6 유출유량의 분석

12.6.1 합리식을 이용하는 방법

가장 간단한 형태의 유역유출 모델은 다음과 같이 나타낼 수 있으며 단순하고 이해하기 쉬워서 합리식(rational formula)이라고 불리기도 한다. 이 유량은 강우가 일정하고 최소한 유달시간보다 길 때 적용 가능하며 해당 강우 시 최대유량에 해당한다.

$$Q\,(\mathrm{m^3/sec}) = CiA \tag{12-38}$$

여기서 i (mm/hr)는 강우강도로서 하천의 유속과 같은 단위를 사용하며 A는 유역면적($\mathrm{m^2}$)을 나타낸다. 즉, iA는 하늘에서 내려오는 유량을 의미하게 된다. C는 합리식 계수라고 불리나 앞서 식(12-2)에서 설명한 유출계수와 거의 동일한 개념의 계수이다. 여기서는 C는 양측의 단위를 통일하기 위한 단위 환산계수를 겸하여 사용하는 것으로 한다.

한편 식(12-2)는 물의 체적($\mathrm{m^3}$)으로 표현되었다고 하면 식(12-38)을 체적을 시간으로 나눈 유량의 단위($\mathrm{m^3/sec}$)를 나타내고 있다는 차이점이 있다. 실제로 식(12-38)은 강우가 일정 시간 동안 지속되어 유역의 모든 유출량이 측정 지점에 도달하기 시작한 또는 평형 상태에 다다른 경우의 유량을 의미한다. 일반적으로 합리식은 유달시간이 20분 이내로 짧은 지역에 대해 적용한다.

1) 강우지속시간이 유달시간과 같을 때($D = t_c = t_p$)

이러한 경우의 수문곡선은 다음과 같이 유추할 수 있다. 물론 이 그림은 설명을 위하여 이상적인 경우를 가정하여 예시하는 것이므로 기존에 증가부와 감소부가 있었던 그림 12.10의 수문곡선에 비하여 상당부분 간략화한 것이다.

우선 D시간 동안 일정하게 지표에 도달한 강우량의 총량은 $iAD\,(\mathrm{m^3})$으로 볼 수 있다. 이 총량은 지표유출에 기여하는 부분(C)과 지하수 등으로 유출에 기여하지 못하는 부분($1 - C$)으로 분류할 수 있다. 따라서 지표 유출에 기여하는 총량은 그림

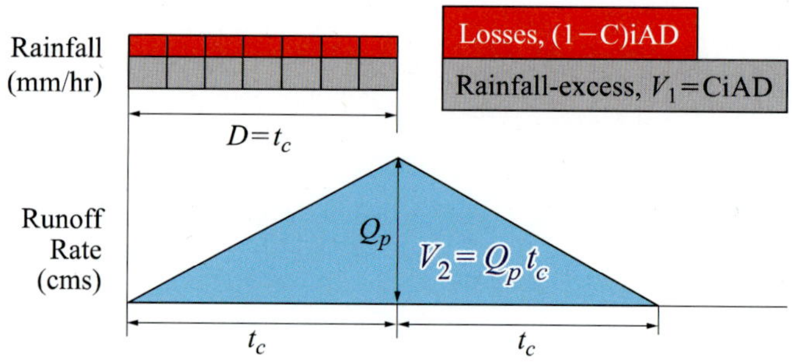

그림 12.18 합리식을 이용한 수문량 계산($D=t_c=t_p$)

12.18에 나타난 바와 같이 $CiAD$로 표현할 수 있다.

$$V_1 = CiA \times D \text{ (duration)} \tag{12-39}$$

한편 유역의 수문곡선이 그림에 나타낸 것처럼 강우가 계속됨에 따라 점진적으로 증가하여 강우지속시간 D에 이르러 최고유량 Q_p에 도달하고 이후 강우가 중단됨에 따라 다시 감소하는 것으로 보아 그림과 같은 이등변 삼각형으로 표현할 수 있다고 가정해 보자.

그림 12.18에서 삼각형 내부의 면적은 지표유출에 기여한 빗물의 총량과 같다. 삼각형의 면적은 다음과 같다.

$$V_2 = Q_p t_c \tag{12-40}$$

여기서, V_1과 V_2는 이론상 같아야 하고 $D=t_c$이므로 위 두 식을 연결하면 Q_p는 다음과 같이 결정되며, 이 식은 식(12-38)과 동일한 것을 알 수 있다.

$$Q_p\,(\mathrm{m^3/sec}) = CiA \tag{12-41}$$

2) 강우지속시간이 유달시간보다 길 때($D > t_c$)

D시간 동안 일정하게 지표에 도달한 강우량의 총량은 위에서 설명한 바와 같이 iAD ($\mathrm{m^3}$)으로 볼 수 있으며 지표유출에 기여하는 총량 또한 $CiAD$로 표현할 수 있다. 그러나 강우 지속시간이 유달시간보다 긴 경우 수문곡선의 정점부는 일종의 평형

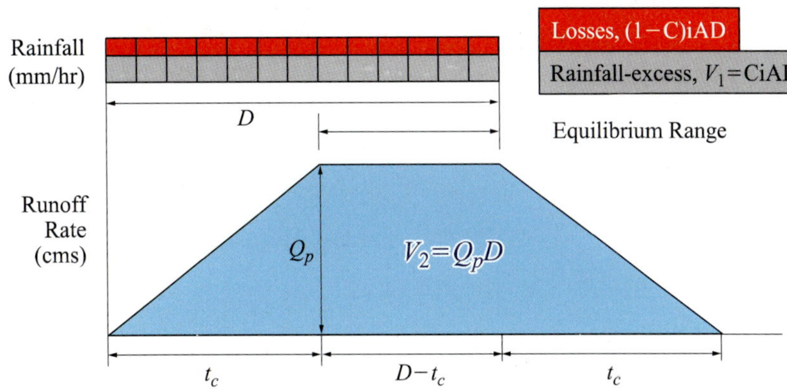

그림 12.19 **합리식을 이용한 수문량 계산($D>t_c$)**

상태에 도달하며 강우가 종료되는 경우 다시 감소하게 된다. 이러한 경우 수문곡선은 그림 12.19에 나타난 바와 같이 사다리꼴 모양을 하게 된다. 여기서 유출유량 V_1은 사다리꼴 면적 $V_2 = Q_p D$와 같게 된다. 이러한 경우에도 Q_p는 식(12-38)에 나타난 바와 같은 식으로 표현된다.

3) The SCS Hydrograph

상기한 두 가지의 수문곡선은 이상적인 경우를 가정한 것이며 실제로는 최대유량이 다소 작고 감소부가 조금 더 길게 형성되는 경향이다. SCS는 그림 12.20에 나타난 바와 같이 감소부의 길이가 $1.67t_c$ 정도인 수문곡선을 추천한 바 있다. 위의 그림에서 $V_1 = V_2$ (rainfall excess = volume of runoff)이므로, $CIA \times D = 1.34 Q_p t_c$ 이며 $t_c = D$로 가정하였으므로 Q_p는 다음과 같이 계산할 수 있다.

$$Q_p = 0.75\,CIA \tag{12-42}$$

만약 $D < t_p$ 인 경우는 다음과 같이 표현할 수 있다.

$$V_1 = V_2 \;\rightarrow\; CiAD = Q_p \frac{t_p + t_r}{2} \tag{12-43}$$

여기서 t_r은 그림 12.20에는 $1.67t_c$로 가정되었지만 유역의 지형 및 표면 특성에 따라 다를 수 있으므로 다음과 같이 일반적으로 표현된다.

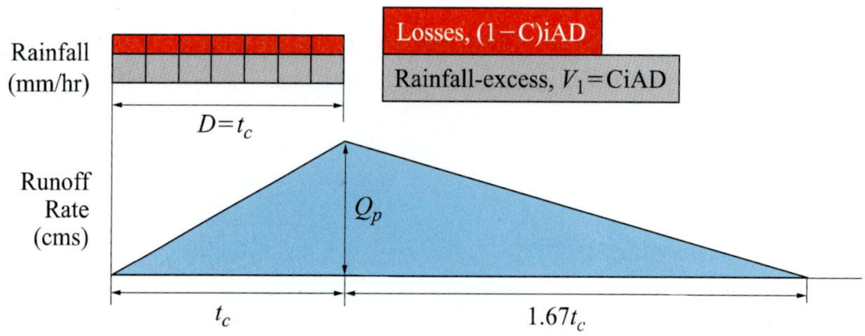

그림 12.20 합리식과 SCS Hydrograph 방법을 이용한 수문곡선($D=t_c$)

$$t_r = xt_c \tag{12-44}$$

여기서 x는 유역의 특성을 반영하여 결정되는 상수로서 감소계수(falling limb factor)라고 부르며 표 12.8에 예시된 바와 같다.

예를 들어, $x=3.33$인 경우 식(12-4)를 이용하여 다음과 같이 계산할 수 있다.

$$CiAD = Q_p \frac{t_p + 3.33t_p}{2}$$

$$Q_p = 0.46\,Ci\,A\,\frac{D}{t_p} \tag{12-45}$$

표 12.8 우유역 특성에 따른 x 값의 분포($t_r = xt_c$)

General Description	x
Rational Formula	1
Urban, Steep Slopes	1.25
Typical SCS	1.67
Mixed urban/rural	2.25
Rural, rolling hills	3.33
Rural, slight slopes	5.5
Rural, very flat	12

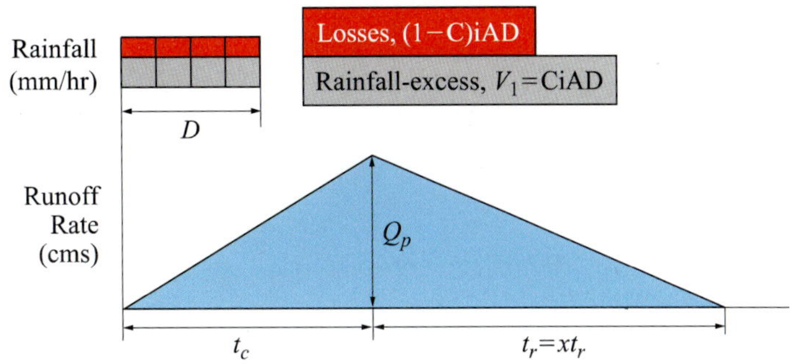

그림 12.21 합리식과 SCS Hydrograph 방법 이용한 수문곡선($D > t_c$)

12.6.2 수문곡선의 수학적 표현

그림 12.10에 나타난 수문곡선은 실측자료를 통하여 확보하는 것이 가장 정확하지만 개략적인 예측을 위하여 수학적인 요소를 이용하여 표현하기도 한다. 앞서 12.5.3절에서 선형저수지 이론을 이용하여 수문곡선을 수학적으로 표현해 보고자 한다.

선형저수지 이론의 가장 중요한 부분은 식(12-35)에 나타난 바와 같은 $S = KQ$라는 가정이다. 이 식의 양변을 미분하여 다음과 같이 재배열할 수 있다.

$$\frac{dS}{dt} = K\frac{dQ}{dt} \tag{12-46}$$

이 식을 식(12-32)에 대입하면 다음과 같다.

$$\frac{dS}{dt} = K\frac{dQ}{dt} = I - Q \tag{12-47}$$

이 식을 변수분리를 하여 Q와 t에 대한 항목을 각각 왼편과 오른편에 두고, 이를 정적분하여 Q에 대해 정리하면 다음과 같다($Q = 0$ when $t = 0$). 여기서 표면유출률 또는 유입유량 I는 일정하다고 가정한다.

$$\int_0^{Q(t)} \frac{1}{I-Q}\, dQ = \frac{1}{K}\int_0^t dt \tag{12-48}$$

위 식을 풀이하면 다음과 같이 나타낼 수 있다.

$$Q(t) = I\left(1 - e^{-\frac{1}{K}t}\right) \tag{12-49}$$

이 식은 t = 0에서부터 상승이 멈추는 t_p까지 수문곡선의 상승부(rising limb)에 적용할 수 있다. 한편 감소부(recession limb)에서 저류량과 유출유량의 선형관계는 다음과 같다고 가정한다.

$$S = K'Q \tag{12-50}$$

감소부에 대한 곡선은 식(12-45)에서 유입유량 I = 0으로 보고 다음과 같이 정리한다.

$$\frac{dQ}{Q} = -\frac{1}{K'}dt \tag{12-51}$$

위의 식을 풀이하여 $Q = Q_p$ when $t = t_p$ 또는 $t_r = t - t_p$로 보고 정적분하면 다음과 같다.

$$Q(t) = Q_p e^{-\frac{1}{K'}t} \tag{12-52}$$

12.6.3 Muskingum 방법을 이용한 유출유량의 산정

Muskingum 방법은 시간에 따른 유출량(Q)의 변화를 예측하기 위하여 실측되는 유입량(I)과 미리 알고 있는 이전 시간대의 유출량 및 저류량(S)을 이용하는 대표적인 방법이다.

어느 저수지의 저류량을 S라고 하면 단위 시간당 저류량의 변화는 다음과 같다고 볼 수 있다.

$$\frac{dS}{dt} = I - Q \tag{12-53}$$

Muskingum 방법에서 어느 순간의 저수지의 저류량은 유출량과 저류량은 비례한다는 선형저수지 이론을 이용하여 다음과 같이 유입량과 유출량을 가중평균한 값에 비례한다고 본다. 참고로 앞서 식(12-34)와 식(12-46)에서는 저수량(S)이 출량(Q)에 K라는 비례상수로 직접 비례한다고, 즉 $S = KQ$라고 가정한 바 있다. 두 가지의 차이는 저수량과 유출량의 관계에 대해 유사한 개념이지만 관계식을 서로 다르게 가정한 것으로 볼 수 있다.

$$S = K[XI + (1-X)Q] \tag{12-54}$$

여기서, K는 시간(hr) 단위의 계수로서 저수지의 특성에 따라 결정된다.

위 두 가지 식을 이용하여 재배열하면 다음과 같이 표현할 수 있다.

$$\frac{dS}{dt} \approx \frac{\Delta S}{\Delta t} = \frac{I_1 + I_2}{2} - \frac{Q_1 + Q_2}{2} \tag{12-55}$$

$$\Delta S = \left(\frac{I_1 + I_2}{2} - \frac{Q_1 + Q_2}{2}\right)\Delta t \tag{12-56}$$

$$= K[X(I_2 - I_1) + (1-X)(Q_2 - Q_1)]$$

이 식을 유출량에 대해 정리하면 다음과 같으며,

$$Q_2 = c_o I_2 + c_1 I_1 + c_2 Q_1 \tag{12-57}$$

여기서 계수들은 식(12-56)과 식(12-57)을 이용해서 다음과 같이 정리할 수 있다. 이들은 I_2, I_1 그리고 Q_1의 가중치로서 다음과 같으며 모두 합하면 1.0이 된다.

$$c_o = \frac{-KX + 0.5\Delta t}{K - KX + 0.5\Delta t}$$

$$c_1 = \frac{KX + 0.5\Delta t}{K - KX + 0.5\Delta t}$$

$$c_o = \frac{K - KX - 0.5\Delta t}{K - KX + 0.5\Delta t}$$

$$c_o + c_1 + c_2 = 1.0$$

예제 12.11

어느 저수지의 시간별 유입량 자료가 다음 그림 12.22와 표 12.9에 나타난 바와 같고 최초의 유량(Q_1)이 1.5 m^3/sec라고 할 때 Q_2를 계산하고 유입량과 유출량의 그림을 비교하라. 단, K = 5 hr이고 $x = 0.12$라고 본다.

표 12.9 Muskingum 방법을 이용한 하류 유량의 계산

(1)	(2)	(3)	(4)	(5)	(6)	(7)
Time step	t_1 (hr)	t_2 (hr)	Inflow (I_1) (m^3/sec)	I_2 (m^3/sec)	Outflow (Q_1) (m^3/sec)	Q_2 (m^3/sec)
1	0	2	1.5	2.5	1.5	1.57
2	2	4	2.5	4.5	1.57	2.07
3	4	6	4.5	8	2.07	3.23
4	6	8	8	11	3.23	5.22
5	8	10	11	12	5.22	7.43
6	10	12	12	11	7.43	9.05
7	12	14	11	9.5	9.05	9.66
8	14	16	9.5	7	9.66	9.42
9	16	18	7	5.5	9.42	8.41
10	18	20	5.5	4.5	8.41	7.26
11	20	22	4.5	3.5	7.26	6.16
12	22	24	3.5	3	6.16	5.14
13	24	26	3	2.5	5.14	4.31
14	26	28	2.5	2.2	4.31	3.62
15	28	30	2.2	2	3.62	3.08
16	30	32	2	1.75	3.08	2.66
17	32	34	1.75	1.5	2.66	2.30
18	34	36	1.5	1.45	2.30	2.00
19	36	38	1.45	1.4	2.00	1.79
20	38	40	1.4	1.4	1.79	1.65

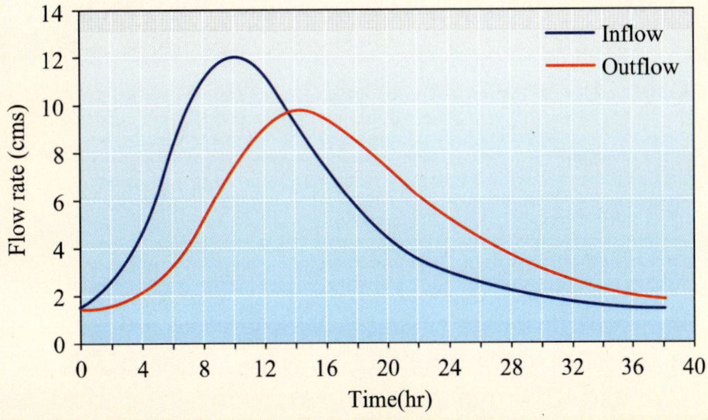

그림 12.22 예제 13.1의 유입유량과 유출유량 산정예

(1)~(4)열의 값은 주어진 값이고, (5)열은 (4)열의 2시간 늦춰진 유입량이다. (6)열의 최초 유출량은 50으로 주어져 있고, (7)열은 식(13-5)를 이용하여 계산한다. 그림 12.22은 (4)열과 (6)열을 그림으로 나타낸 것이다.

12.6.4 Muskingum 방법을 이용한 하류의 오염부하 추정

오염농도곡선(pollutograph)은 오염물질의 농도와 시간의 관계를 나타내는 그림을 말하며, 오염부하곡선(loadograph)은 오염부하량과 시간의 관계를 나타내는 그림을 말한다. 오염물질의 농도(g/m^3)와 부하량(g/day) 및 유량(m^3/day) 간에는 다음과 같은 관계가 있다.

$$C = \frac{W}{Q} \tag{12-58}$$

오염물질 부하량 또한 위에 설명한 바와 같은 Muskingum 방법을 사용하여 다음과 같이 추정하기도 한다.

$$Q_{Down,2} = c_o Q_{u\,Up,2} + c_1 Q_{Up,1} + c_2 Q_{Down,1} \tag{12-59}$$

$$W_{Down,2} = c_o W_{u\,Up,2} + c_1 W_{Up,1} + c_2 W_{Down,1} \tag{12-60}$$

그러나 이 방법은 오염부하가 유량에 의해 지배적인 영향을 받거나 오염물질의 농도가 일정하다는 가정에 기반한 경험식에 기반한 것이며, 오염물질의 농도변화가 심한 경우에는 질량 보전의 법칙을 준수하지 않게 되므로 실제 적용에는 주의를 요한다.

예제 12.12

수문곡선과 오염농도곡선의 세로좌표 값은 다음 표 12.10의 (2) 및 (3)열에 표시된 바와 같다. 유역 출구의 유출유량 및 오염부하율 초기 조건은 다음과 같다.

$Q_{Down} = 0.03$ cms and $W_{Down} = 100$ kg/hr and $t = 0$

Muskingum의 하도추적방법(channel-routing method) 계수는 다음과 같다.

$C_0 = 0.10$, $C_1 = 0.30$ and $C_2 = 0.60$

여기에서 유역출구의 수문곡선, 유출오염부하곡선 및 유출오염농도 곡선을 계산하라.

표 12.10 Muskingum 방법 예제의 자료 및 계산 예

(1)	(2)	(3)	(4)	(5)	(6)	(7)
	Upstream			Downstream		
t (hr)	Q_U (cms)	c_U (mg/L)	W_U (kg/hr)	Q_D (cms)	W_D (kg/hr)	c_D (mg/L)
0.0	0.03	1900	194.1	0.03	100.0	979.0
0.5	0.08	1850	529.1	0.03	171.13	1419.8
1.0	0.14	1760	862.9	0.06	347.69	1678.5
1.5	0.22	1610	1266.2	0.10	594.11	1697.4
2.0	0.29	1400	1444.3	0.15	880.77	1604.0
2.5	0.34	1170	1422.1	0.21	1103.96	1451.6
3.0	0.35	950	1183.8	0.26	1207.39	1276.9
3.5	0.33	770	920.2	0.29	1171.60	1104.6
4.0	0.31	645	711.5	0.31	1050.17	950.2
4.5	0.26	540	496.4	0.30	893.20	822.5
5.0	0.22	468	363.3	0.28	721.17	717.6
5.5	0.18	417	264.1	0.25	568.10	631.8
6.0	0.15	377	207.9	0.22	440.88	561.9
6.5	0.13	347	166.6	0.19	343.57	502.1
7.0	0.11	323	125.4	0.16	268.65	452.7
7.5	0.09	305	96.6	0.14	208.46	413.5
8.0	0.07	290	77.0	0.12	161.75	381.5
8.5	0.06	280	57.2	0.10	125.87	355.1
9.0	0.05	271	44.3	0.08	97.11	334.5
9.5	0.03	267	32.7	0.07	74.83	317.8
10.0	0.03	260	26.6	0.05	57.37	304.7

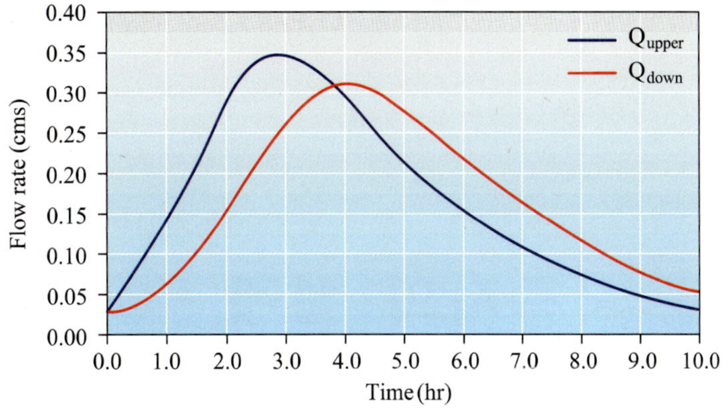

그림 12.23 Muskingum 방법 예제의 유입 및 유출유량

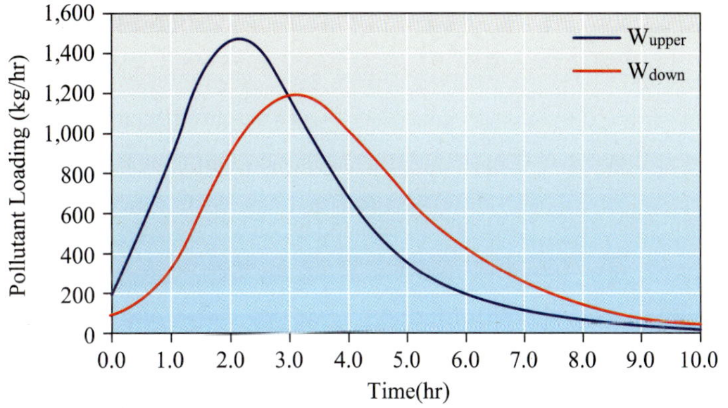

그림 12.24 Muskingum 방법 예제의 유입 및 유출부하량

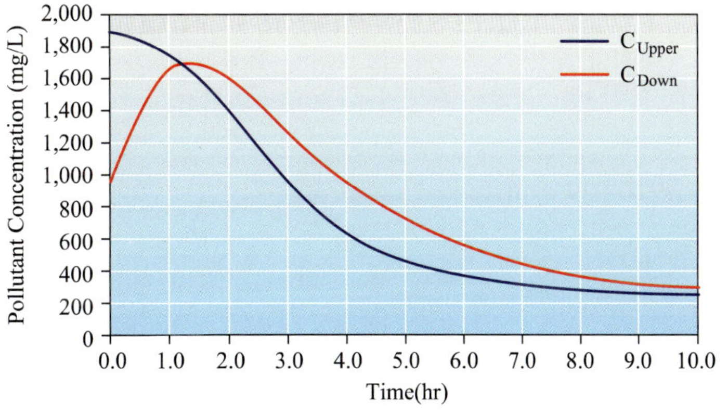

그림 12.25 Muskingum 방법 예제의 유입 및 유출 농도 변화

13

빗물 저류지의 설계

빗물 저류지는 홍수 시 집중강우에 의해 하류 지역이 침수되는 것을 방지하기 위해서 물을 일시적으로 저류하는 유수지(detention pond)와 빗물을 일시적으로 모아두었다가 천천히 방류하는 저류지(retention pond)로 대별된다. 저류지는 항상 비교적 규모가 커서 항상 물이 고여 있는 반면, 유수지는 강우 시에만 물을 저류하므로 평상시에는 빈 공간으로 존재하는 경우가 많다. 한편 저류지의 바닥으로 수분이 침투하도록 설계하는 침투저류지(infiltration basins)를 두는 경우도 있다.

우리나라의 도시계획시설의 결정·구조 및 설치기준에 관한 규칙에는 유수지를 다음과 같이 두 가지로 구분하고 있다.

> 제118조(유수지) "유수지"라 함은 다음 각호의 시설을 말한다.
> 1. 유수시설 : 집중강우로 인하여 급증하는 제내지 및 저지대의 배수량 조절 및 하천 방류를 위하여 일시적으로 저장하는 시설
> 2. 저류시설 : 빗물을 일시적으로 모아 두었다가 방류하는 시설

또한, 119조 유수시설의 결정기준 및 구조·설치기준은 유수시설의 세부사항을 다음과 같이 정하고 있다.

> 1. 하천변이나 주거환경을 저해하지 아니하는 저지대에 설치할 것
> 2. 유수시설은 원칙적으로 복개하지 아니할 것
>   다만, 다음 각 목의 어느 하나에 해당하는 경우에는 복개할 수 있다

1) 건축 이전의 유수용량 이상을 유지 및 재해예방시설 충분히 설치
2) 악취, 안전사고, 건축물 침수 등이 발생하지 아니하도록 할 것
3) 집중강우에 대비하여 사용자 및 주민의 안전확보 대책을 수립

3. 제2호 가목에 따라 복개된 유수시설은 도로·광장·주차장·체육시설·자동차운전연습장 및 녹지의 용도로만 사용할 것
   가. 배수펌프장 등 배수를 위한 시설
   나. 국가 또는 지방자치단체가 설치하는 대학생용 공공기숙사, 문화시설, 체육시설, 평생학습관
4. 퇴적물의 처분 및 하수도시설과 연계운영이 가능한 구조로
5. 오염물질이 포함된 빗물이 유입될 경우 유수시설의 기능에 지장을 주지 아니하는 범위에서 강우(降雨) 초기에 유입되는 빗물을 저류하거나 정화하는 시설을 설치하는 것을 고려할 것

그리고 120조 저류시설의 결정기준 및 구조·설치기준에서는 저류시설을 다음과 같이 정하고 있다.

1. 비가 올 때에 빗물의 이동을 최소화하여 빗물을 모아 둘 수 있는 공공시설·공동주택단지 등의 장소에 설치할 것
2. 집수 및 배수가 원활하게 이루어지도록 하고, 방류지점이 되는 하천·하수도·수로 등과의 연결이 원활하도록 할 것
3. 공원·운동장 등 본래의 이용목적이 있는 토지에 저류시설을 설치하는 경우에는 본래의 토지이용목적이 훼손되지 아니하도록
4. 빗물을 안전하게 모아 둘 수 있도록 다음의 구조로 할 것
   가. 원활한 배수를 위하여 원칙적으로 배수구를 설치할 것
   나. 방류구는 저류시설의 바닥면 이하에 설치 수량 전체 방류 가능
   다. 저류시설의 수심은 안전성 등을 감안하여 적정한 깊이로 할 것
   라. 저류시설 안에는 침수에 의해 장해 받을 수 있는 시설 설치금지
5. 개발행위 등으로 인하여 저류시설에 토사가 유입되어 강우량이 계획강우량에 미달하는 상태에서 빗물이 저류시설에서 흘러넘치지 아니하도록 할 것
6. 퇴적물의 처분이 가능하고, 하수도시설과 연계운영이 가능한 구조로 할 것

기본적으로 저류시설은 홍수로 인한 인명 및 재산의 피해를 방지하기 위한 시설이지만 최근에는 이러한 시설을 이용하여 강우 시 하천이나 호수로 유입되는 오염물질을 저감하도록 설계하수도 있으며 이에 대하여는 본서에서 추후에 거론하기로 한다.

13.1 저류지의 용량 결정

저류지(detention pond)는 강우 시 지표유출에 의해 다량의 빗물이 하류 지역 등 특정 지역의 수위가 급격하게 상승하여 하천 주위의 인명과 재산에 손실이 발생하는 것을 방지하기 위해 설치되는 시설이다. 이러한 시설은 강우에 의해 하천 등에 유입되는 비점오염물질을 제거하기 위해 사용될 수도 있으나 본 장은 유량의 측면에 대해서만 우선 거론하기로 하고 오염부하를 제어하기 위한 부분에 대한 설명은 본서의 뒷부분에서 설명하기로 한다.

그림 13.1은 Muskingum 방법에서 소개한 바와 같은 저수지의 유입유량과 유출유량의 차이를 보여 주고 있다. 저수지는 상류의 유량 또는 지표유출량을 일정시간 저류하여 방류함으로써 흐름을 시간적으로 분산시킴으로써 최대 유량을 감소시킬 수 있다. 저류지 또한 저수지의 일종이므로 지표유출에 의한 위험을 방지하기 위한 저류지의 필요한 용량 계산에 앞서 설명한 바와 유사한 개념을 사용할 수 있다.

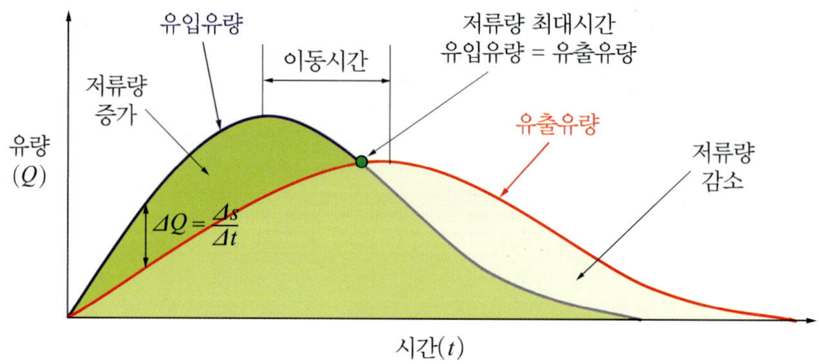

그림 13.1 저수지의 유입유량과 유출유량의 예시

유수지나 저류지는 강우에 의한 침수피해를 효과적으로 제어하기 위해 충분한 크기가 필요하나, 설치나 유지관리를 위해 적정 수준의 크기로 설치하는 것이 바람직하다. 강우 시 빗물을 저류하는 대표적인 시설은 표 13.1에 나타난 바와 같다.

표 13.1 강우 시 수해방지를 위해 적용되는 시설들

종류	설 명
Retention Basins (저류지)	• 유수지, 빗물을 저장하고 천천히 방류하기 위한 시설 • 물이 항상 고여 있음.
Detention Basins	• 저류지, 유수지보다 작은 저류시설(< 10,000 m^3) • 강우 시에만 저류
Rooftop storage	• 옥상저류지
Infiltration basin	• 침투형 저류지
Dry wells	• 비어있거나 자갈과 투수성 토양으로 구성된 우물 모양의 시설

13.1.1 수문곡선을 이용한 설계 방법

저류지의 규모를 결정하기 위해서 수문곡선을 이용할 수 있다.

① 목표로 하는 강우에 대해 저류지로 유입되는 유입유량도를 작성한다. 이때 강우 유출량을 산정할 수 있는 유역 모델을 사용하기도 한다.

② 추출된 유량도와 시설물의 물리적 특성을 이용하여 최대 유량 및 최대 수위를 결정한다.

③ 방류시설의 위치와 크기를 고려하여 저류지의 크기와 모양을 조정한다.

그림 13.2와 같이 유역 모델을 이용하여 지역의 개발 이후 상황에 대한 수문곡선이 예측되었다고 할 경우, 저류지를 이용하여 유출량이 유역 개발 전의 최대지표유출량 (Q_{peak}) 이하로 유지하기 위한 용량은 그림의 T_c 까지의 면적을 이용하여 계산할 수 있다.

간단히 계산하기 위해 이 체적은 그림 13-2에 나타난 사각형의 면적을 이용하여 다음과 같이 계산할 수 있다.

$$V_c = Q_{peak}\, T_{peak} \tag{13-1}$$

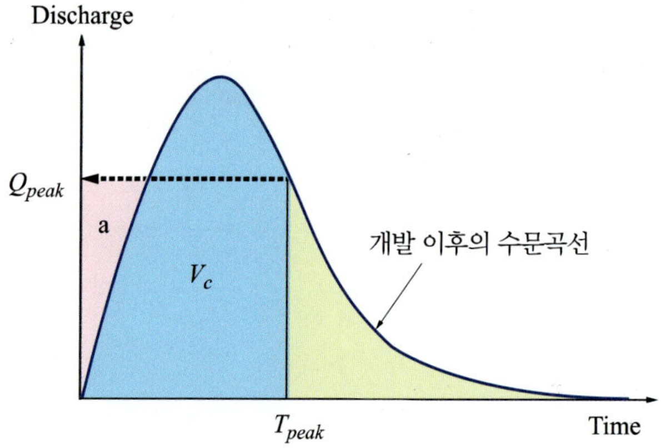

그림 13.2 저류지 용량설계를 위한 수문곡선 이용 방법

여기서, Q_{peak} : 개발 이전의 최대 유출유량(m^3/sec)

T_{peak} : Q_{peak}에 해당하는 시간(sec)

이 때, 수문곡선 아래의 면적과 식(13-1)을 이용하여 계산된 사각형의 면적은 차이가 있다. 본 계산에서는 개략적인 계산을 위해 그림에서 "a"에 해당하는 면적은 그래프에서 Q_{peak} 상부의 그림과 서로 크기가 유사하다고 가정한다. 여기서 산정된 용량은 포획체적(V_c, capture volume)이라고도 불린다.

예제 13.1

어느 지역의 개발 후의 수문곡선이 다음의 표 13.12와 그림 13.3과 같이 산정되었다고 가정해 보자. Q_{peak} = 1.0 m^3/sec라고 할 때 필요한 저류지의 용량(V_c)을 수문곡선 이용 방법을 이용하여 계산하라.

예제 그림 수문곡선을 이용한 저류량 계산

Q_{peak} = 1.0 m^3/sec, T_{peak} = 600 sec

$$V_c = \frac{600}{2}(0.00+1.0)+600(0.01+0.07+0.21+0.41+0.66)=1{,}117.32\ (\mathrm{m}^3)$$

표 13.2

시간(min)	Q(cms)	시간(min)	Q(cms)	시간(min)	Q(cms)
0	0.00	70	1.10	140	0.52
10	0.01	80	1.13	150	0.39
20	0.07	90	1.09	160	0.28
30	0.21	100	0.98	170	0.19
40	0.41	110	0.89	180	0.14
50	0.66	120	0.77		
60	0.94	130	0.64		

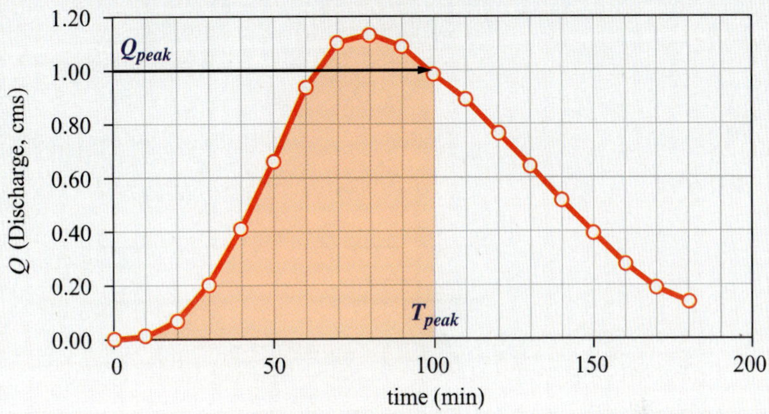

그림 13.3 예제 13.1 저류지 용량설계

13.1.2 저류지 유출구의 구성 및 설계

저류시설의 유출구는 그림 13.4에 나타난 바와 같이 크게 댐 상부의 보(Weir), 벽면의 개구부(orifice), 그리고 댐 내 수위에 따라 방류가 결정되는 연통형(Riser)의 세 가지의 종류로 대별된다.

위의 어느 형태이든 유량은 유속과 흐름의 횡단면적의 곱으로 나타낼 수 있다. 유출수의 유속을 계산하기 위해서는 위치에너지($E_p = mgh$)가 운동에너지($E_k = \frac{1}{2}mv^2$)로 전환되는 관계를 이용하여 다음과 같이 나타낼 수 있다.

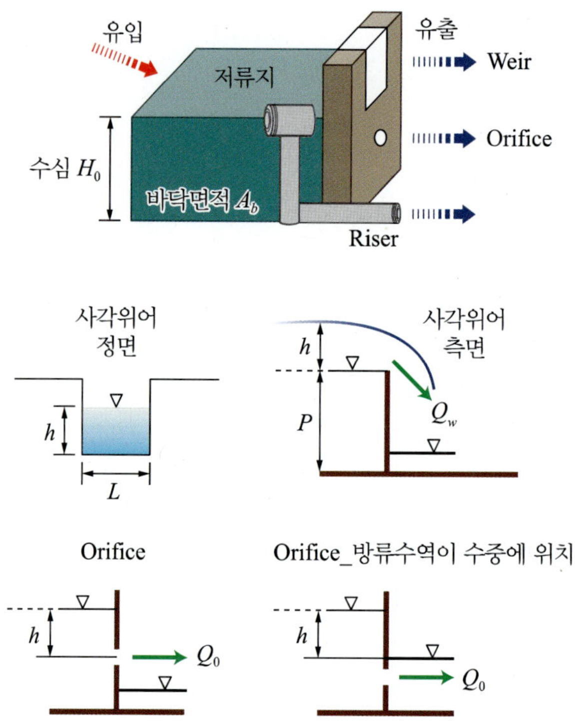

그림 13.4 **저류지 유출구의 종류**

$$mgh = \frac{1}{2}mv^2 \tag{13.2}$$

여기서, m : 질량(kg)
g : 중력가속도(m/sec^2)
h : 고도차이(m)
v : 속도(m/sec)

위의 식을 유속에 대해서 정리하면 다음과 같다.

$$v = \sqrt{2gh} \tag{13.3}$$

여기서 유출구의 면적이 A라면 해당 유량은 다음과 같이 계산할 수 있다

$$Q = A \times v = A\sqrt{2gh} \tag{13.4}$$

위어를 이용하는 경우 그림 13.4에 나타난 바와 같이 유출수가 형성하는 면적은 흐름의 폭(L)과 수심(h)의 곱으로 나타낼 수 있다. 오리피스의 경우에는 단면이 원형인 경우 지름을 이용하여 면적을 계산할 수 있다. 그러나 위치에너지가 운동에너지로 전환되는 과정에서 에너지 손실이 있으며 이를 고려하여 식(13.4)는 다음과 같이 표현할 수 있다.

• Weir의 경우

$$Q_w = k_w \, A \sqrt{2gh} \tag{13.5}$$

• Orifice의 경우

$$Q_o = k_o \, A \sqrt{2gh} \tag{13.6}$$

여기서 k_w와 k_o는 각각 위어와 오리피스의 에너지 손실 보정계수를 나타내며 0.4와 0.6 정도가 일반적으로 사용된다.

예제 13.2

어느 저류지의 유출구가 다음의 그림과 같은 위치와 모양으로 설치되어 있을 경우 수위별 유출 유량을 산정하라. 단, 오리피스의 발 35 m의 고도에 위치해 개구부의 지름은 0.3 m이다. 댐의 38 m 지점에 0.6 m 너비의 위어가 설치되어 있으며 해발 38.5 m에 0.5 m 너비의 위어가 추가로 설치되어 있다. 여기에서 오리피스와 위어의 에너지 보정계수는 각각 k_o = 0.6과 k_w = 0.4로 가정한다.

어느 저류지가 그림 13.5와 같이 직육면체로 가정할 수 있는 경우 저류용량(S_Q)은 다음과 같이 결정할 수 있다.

$$S_Q = A_b H_0 \tag{13-7}$$

여기서, A_b : 저류지의 바닥면적(m^2)

H_0 : 저류지의 수심(m)

저류지의 바닥에 오리피스가 설치되어 있을 경우 유출유량은 식(13.6)을 이용하여 계산할 수 있다.

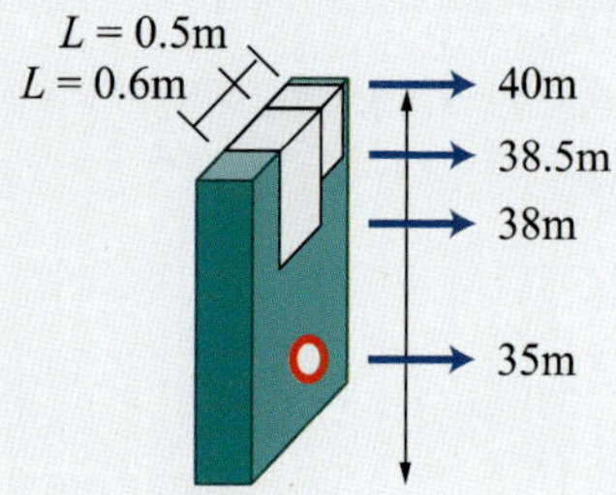

$$Q = k_w L \sqrt{2gh^{3/2}}$$

$$Q = k_0 a_0 \sqrt{2gh}$$

	Orifice		Lower weir		Upper weir		
Stage (m)	h (m)	Q (cms)	h (m)	Q (cms)	h (m)	Q (cms)	Total discharge (cms)
35.0	0.0	0.00					0.00
35.5	0.5	0.24					0.24
36.0	1.0	0.34					0.34
36.5	1.5	0.42					0.42
37.0	2.0	0.48					0.48
37.5	2.5	0.54					0.54
38.0	3.0	0.59	0.0	0.00			0.59
38.5	3.5	0.64	0.50	0.25	0.0	0.00	0.89
39.0	4.0	0.68	1.00	0.71	0.50	0.31	1.70
39.5	4.5	0.72	1.50	1.30	1.00	0.89	2.91
40.0	5.0	0.76	2.00	2.00	1.50	1.63	4.39
40.5	5.5	0.80	2.50	2.80	2.00	2.50	6.10
41.0	6.0	0.83	3.00	3.68	2.50	3.50	8.01
41.5	6.5	0.87	3.50	4.64	3.00	4.60	10.11
42.0	7.0	0.90	4.00	5.67	3.50	5.80	12.36
42.5	7.5	0.93	4.50	6.76	4.00	7.08	14.78
43.0	8.0	0.96	5.00	7.92	4.50	8.45	17.33

그림 13.5 위어와 오리피스 유출구의 예제

식(13-7)을 이용하여 저류지의 체적이 수심(h)에 따라 변한다고 보고 미분방정식을 이용하여 표현하면 다음과 나타낼 수 있다.

$$\frac{dS}{dt} = \frac{dA_b h}{dt} = -k_0 A_0 \sqrt{2gh} \tag{13-8}$$

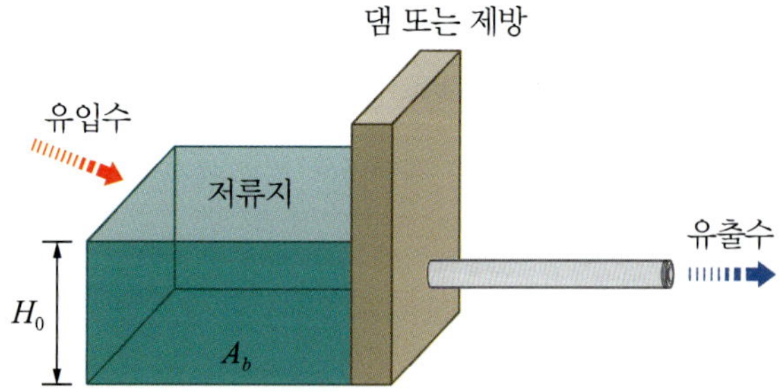

그림 13.6 수직형 댐이 설치된 직육면체 저류지의 개념도

식(13.6)의 양변을 각각 h와 t를 독립변수로 하는 식으로 변수 분리를 하고 적분하여 풀이하면 해당 저류지에 필요한 A_0를 다음과 같이 계산할 수 있다.

$$\frac{dh}{\sqrt{h}} = \int_0^{H_0} h^{-\frac{1}{2}} dh = -\frac{k_0 A_0 \sqrt{2g}}{A_b} dt \tag{13-9}$$

따라서 오리피스의 총면적은 다음과 같이 계산될 수 있다

$$A_0 = \frac{A_b}{k_0 T_d} \sqrt{\frac{2H_0}{g}} \tag{13-10}$$

여기서 T_d는 저류지의 수위가 H_0에서 0까지 되는데 소요되는 시간을 말한다. 오리피스는 여러 개의 객수를 설치할 수 있으므로 A_b의 면적에 상응하는 복수의 오리피스를 설치하여 사용하게 된다.

저류지의 모양 불규칙한 경우 수위 h_i에 상응하는 수표면적과 저유용량이 각각 A_i와 S_i라고 할 경우 S_2에 해당하는 체적은 다음의 관계를 이용하여 구할 수 있다.

$$S_2 = S_1 + (h_2 - h_1)\frac{A_1 + A_2}{2} \tag{13-11}$$

또는

$$S_2 = S_1 + \frac{h_2 - h_1}{3}\left(A_1 + A_2 + \sqrt{A_1 A_2}\right) \tag{13-12}$$

만일 저류지의 수위와 저류량의 관계식이 다음의 식(13-12)와 같이 알려져 있다면 위와 마찬가지의 방법으로 필요한 방류구의 면적을 구할 수 있다.

$$S = bH^c \tag{13-13}$$

$$dS = A(h)dh = bch^{c-1}dh \tag{13-14}$$

$$\frac{dS}{dt} = \frac{dbch^{c-1}dh}{dt} = -k_0 A_0 \sqrt{2gh} \tag{13-15}$$

$$A_0 = \frac{cbH_0^{(c-0.5)}}{(c-0.5)k_0 T_d \sqrt{2g}} \tag{13-16}$$

식(13-16)에서 직육면체의 경우 $C = 1.0$이고 $b = A_b$이므로 이 식은 식(13-10)과

같아진다.

한편 저류지의 모양은 위 예제처럼 직육면체가 아닐 수 있으며 제방을 따라 기울어진 구조를 가지는 경우가 대부분이다. 저류지의 제방이 그림 13.7과 같이 수평 : 수직의 비가 z : 1인 경우 저류량과 바닥 오리피스의 면적은 다음과 같이 각각 산정될 수 있다.

$$S = LWd + (L+W)zd^2 + \frac{3}{4}z^2d^3 \tag{13-16}$$

$$A_0 = \frac{2LWH_0^{0.5} - (4z/3)(L+W)H_0^{1.5} - (8z^2/5)H_0^{2.5}}{k_0 T_d \sqrt{2g}} \tag{13-17}$$

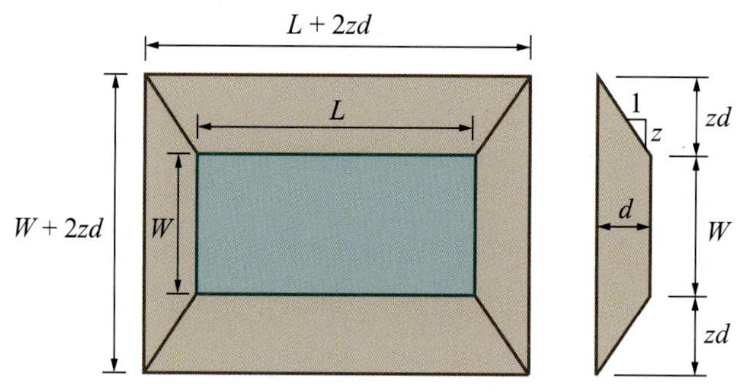

그림 13.7 사다리꼴 저류지의 평면 및 측면 개념도

예제 13.3

어느 확장저류지의 수질용량(S)은 500 m^{3}이며 40시간(T_d) 동안 저류하는 것이 필요하다고 한다. 이 저류지의 크기는 폭 10 m 및 길이 40 m이며 이 저류지는 제방의 수평 : 수직의 비율 (H : V)이 3 : 1인 사다리꼴 모양으로 설계될 예정인 경우 위 수질용량을 만족하는 저류지의 수심을 결정하라. 오리피스의 평균 설치 위치는 저류지 바닥으로부터 30 cm 위라고 가정한다.

다음과 같은 사다리꼴 저류지의 용량(S= 500 m^3)은 다음과 같이 산정될 수 있다.
여기서 z = 3이므로 식(16-11)은 다음과 같이 정리된다.

$$500 = (40)(10)d + (40+10)3d^2 + \frac{3}{4}3^2d^3$$

$$d = 1.05\,\text{m}$$

문제에서 오리피스의 평균 설치 위치는 저류지 바닥으로부터 0.3 m 떨어져 있으므로 H_0 = 1.05 − 0.3 = 0.75 m로 산정된다. 이때 필요한 오리피스의 전체 면적은 다음과 같이 산정된다.

$$A_0 = \frac{2(40)(10)0.75^{0.5} - (4(3)/3)(10+40)0.75^{1.5} - (8*3^2/5)0.75^{2.5}}{0.4(144{,}000)\sqrt{2(9.8)}} = 0.043\,\text{m}^2$$

여기서 오리피스 하나의 지름이 10 cm라고 가정하면 오리피스의 하나의 면적은

$$\frac{\pi}{4}D^2 = \frac{\pi}{4}0.1^2 = 0.00785\,\text{m}^2$$

이 되며, 필요한 오리피스의 개수는 5.4개로 계산되어 5개 또는 6개 정도 설치하는 것으로 설계할 수 있다.

13.1.3 합리식을 이용한 저류지 용량 설계

앞서 소개한 바와 같은 합리식($Q = CiA$)에서 유출계수(C)는 다음과 같이 지표의 유출량(Q)과 강우에 의한 대기 중에서 공급된 유량(iA)의 비로 나타낼 수 있다.

$$C = \frac{Q}{iA} \tag{13-18}$$

여기서 지표수의 최대유출량(저류지로 유입되는 최대유량)은 다음과 같이 다시 정의할 수 있다.

$$I_p = CiA \tag{13-19}$$

저류지로 유입되는 수문곡선은 그림 13.8에 나타난 바와 같이 사다리꼴 모양을 하고 강우가 그치는 경우 유출유량 또한 감소되기 시작한다고 본다. 이러한 경우 필요한 저류지의 체적은 다음과 같이 계산할 수 있다.

$$V_d = I_p t_d - Q_p\left(\frac{t_d + T_c}{2}\right) \tag{13-20}$$

여기서, t_d : 강우지속시간(hr)

T_c : 유달시간(hr)

Q_p : 최대유량(Q_{peak}) (m^3/hr)

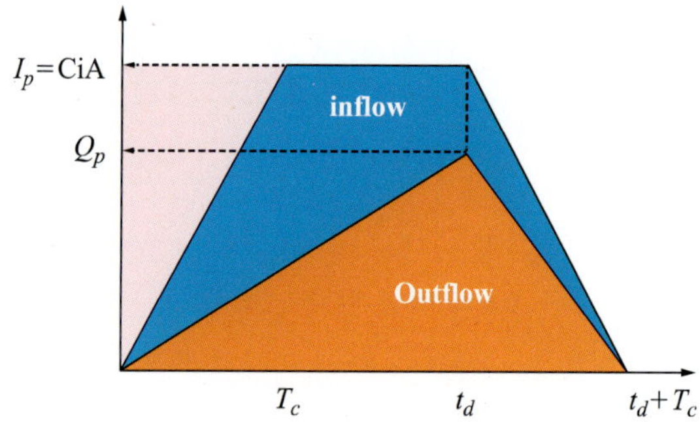

그림 13.8 합리식을 이용한 저류지 유입량 및 유출량 산정예

식(13-20)의 I_p는 식(13-19)에 의해 정의되는 최대유입량이며, i는 강우강도로서 다음과 같이 정의된다고 가정해 보자.

$$i = \frac{a}{t_d + b} \tag{13-21}$$

여기서, a와 b : 해당지역의 자료를 통해 결정되는 경험상수

식(13-3)과 식(13-5)를 식(13-4)에 대입하여 정리하면 다음과 같다.

$$V_d = C\left(\frac{a}{t_d + b}\right)A \cdot t_d - Q_p\left(\frac{t_d + T_c}{2}\right) \tag{13-22}$$

이 식을 t_d를 변수로 보고 1차 미분을 0으로 만드는 시간인 한계지속시간(t_{cr})을 다음과 같이 산정할 수 있다.

$$t_{cr} = -b + \sqrt{\frac{2abCA}{Q_p}} \tag{13-23}$$

따라서 한계지속시간(t_r)과 저류지로 유입되는 최대유입량(I_p), 최대유출량(Q_p) 및 유달시간(T_c)에 대해 필요한 저류지의 체적(V_{cr})은 다음과 같이 계산할 수 있다.

$$V_{cr} = I_p t_{cr} - Q_p\left(\frac{t_{cr} + T_c}{2}\right) \tag{13-24}$$

예제 13.2

어느 유역의 특성이 다음과 같다고 가정한다.

$A = 10$ ha, $C = 0.70$, $T_c = 30$ min (1800 s), $a = 6.1$, $b = 28.3$

어느 지역의 10년 주기 강우가 다음의 표와 같을 때, 이 때 발생하는 지표 유출에 대해 최대 유출 유량 $Q_p = 0.5\ \text{m}^3/\text{sec}$으로 조절할 수 있는 저류지의 용량을 계산하라.

표 13.3

(1)	(2)	(3)	(4)	(5)	(6)
t_d (min)	i (m/hr)	t_d (s)	i (m/s)	I_p (cms)	V_d (m^3)
30	0.10	1800	2.82E-05	1.60	1,980
40	0.09	2400	2.47E-05	1.40	2,310
60	0.07	3600	1.91E-05	1.08	2,538
90	0.05	5400	1.41E-05	0.80	2,521
120	0.04	7200	1.13E-05	0.64	2,363

(1)열과 (2)열은 측정된 자료를 수록하고 있다.

(3)열과 (4)열은 (1)열과 (2)열의 자료를 이용하여 단위 환상을 한 것이다.

유입유량의 최대치는 (5) 열에 나타내었으며 다음과 같이 계산한다.

$I_p = CiA = (0.7) \times i \times (10{,}000)\ \text{m}^3/\text{sec}$

최종적으로 (6)열은 다음과 같이 계산할 수 있다

$$V_d = I_p t_d - Q_p\left(\frac{t_d + 1{,}800}{2}\right)$$

위의 표에서 저류지의 용량은 최대 2,538 m^{3}으로 계산된다. 위의 표와 비교해 보면 $t_d = 90$ min 그리고 $i = 0.05$ m/hr 의 조건에서 V_c가 가장 커지는 것을 알 수 있으며 설계용량을 결정할 때 반드시 참고해야 하는 수치이다.

한편, 강우량 자료에 의해 이 지역의 강우강도는 다음과 같이 나타낼 수 있다고 가정해 보자. (1)열과 (2)열의 자료에 대하여 최소자승법을 이용하여 강우강도식의 계수를 구하면 $a = 6.05$와 $b = 28.7$로 결정할 수 있다.

$$i = \frac{6.05}{t_d + 28.7}\ (\text{m/hr})$$

여기서, t_d = 강우 지속시간(min)

제한시간 t_{cr}은 다음과 같이 계산할 수 있다. 단, 계산 시 다음과 같이 단위환산에 주의하여야 한다.

$$t_{cr} = -b + \sqrt{\frac{2abCA}{Q_p}} = -28.3 + \sqrt{\frac{2a(\text{m}/(\text{hr}/60\text{min})\,b(\text{min})\,CA(\text{m}^2)}{0.5\,\text{m}^3/\text{sec}}}$$

$$= -28.3 + \sqrt{\frac{2 \cdot 6.05(\text{m}/(\text{hr}(60\text{min}/hr))28.7(\text{min})0.7 \cdot 8100(\text{m}^2)}{0.5\,\text{m}^3/\text{sec}(\text{min}/60\text{sec})}} = 76\,\text{min}$$

이 시간에 대한 I와 I_p는 다음과 같이 계산된다.

$$i = \frac{6.05}{76 + 28.7}\ (\text{m/hr}) = 0.06\,\text{m/hr} = 1.61 \cdot 10^{-5}\,\text{m/sec}$$

$I_p = CiA = 0.91\ \mathrm{m^3/sec}$

$V_d = I_p t_d - Q_p\left(\dfrac{t_d + 1{,}800}{2}\right) = 2{,}558\,\mathrm{m}^3$

위 두 가지의 방법은 약간 차이가 있지만 개략적으로 일치하고 있다.
저류지의 용량은 둘 중이 값을 택하고 안전율을 고려하여 계산된 값보다 여유 있게 산정하는 것이 바람직한 것으로 생각된다.

13.2 침투 저류조의 설계

침투저류조(infiltration trench)는 앞 절에서 설명한 저류지에서 저류지 박의 토양으로 물이 스며들어가는 또는 침투(infiltration) 되는 시설을 말한다. 침투 저류지로 유입되는 표면유출량이 그림 13.9와 같다고 가정해 보자. 여기서 I_p는 유역개발 이후의 표면유출량으로서 식(13-3)과 마찬가지로 CiA와 같다고 본다. 여기서 저류지가 담아야 하는 빗물의 포획체적(V_c)은 다음과 같이 계산할 수 있다.

$$V_c = I_p t_d - \frac{1}{2} Q_p T_p \tag{13-25}$$

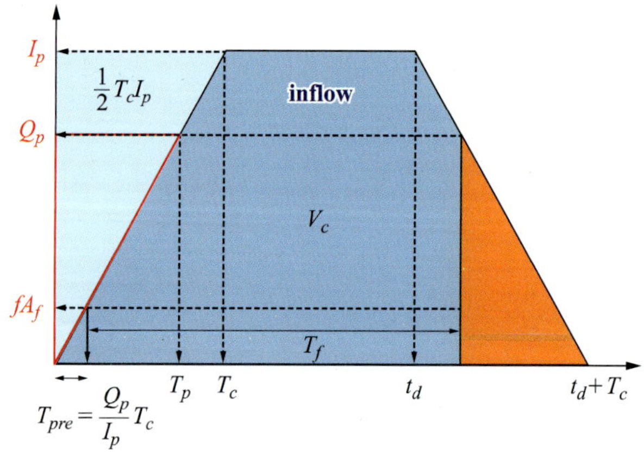

그림 13.9 침투형 저류조 또는 침투 도랑의 용량설계를 위한 빗물유량도

여기서, T_p는 삼각형의 비례관계를 이용하여 다음과 같이 결정할 수 있다.

$$T_p = \frac{Q_P}{I_P} T_c \tag{13-26}$$

따라서, 식(13-15)는 다음과 같이 고쳐 쓸 수 있다.

$$V_c = I_p t_d - \frac{1}{2}\left(\frac{Q_p^2}{I_p}\right) T_c \tag{13-27}$$

식(13-23)과 마찬가지 방법으로 위 식을 미분하여 다음과 같이 t_{cr}을 계산할 수 있다.

$$t_{cr} = \frac{aCA}{Q_p}\sqrt{\frac{2b}{T_c}} - b \tag{13-28}$$

한편 침투도량을 채우는 데에 소요되는 시간은 다음과 같이 계산할 수 있다.

$$T_f = t_d + T_c - \frac{Q_p}{I_P} T_c - \frac{fA_f}{I_p} T_c \tag{13-29}$$

여기서 마지막 항은 수치만 확보되면 계산이 가능하나 일반적으로 상대적으로 매우 작은 값으로서 무시되는 경향이다.

한편 침투형 저류조의 깊이는 침투계수(f)와 체류시간(T_s)을 이용하여 다음과 같이 결정된다.

$$d_{\max} = f T_s \tag{13-30}$$

여기서, f : 토양의 침투계수(mm/hr)

T_s : 체류시간(hr)

한편 침투형 저류조의 용량(V_i)은 표면유출에 의한 유입량, 저류조 내 직접강우량 그리고 침투에 의해서 방류되는 양을 고려하여 다음과 같이 결정된다.

$$V_i = V_c + A_i P - A_f f T_f \tag{13-31}$$

여기서, P : 강우량(m)

A_i : 침투형 저류조의 표면적(m^2)

A_f : 침투시설의 면적(m^2)

T_f : 침투시간(filling time) (hr)

예제 13.3

다음의 강우에 대해 유역면적, $A = 10$ ha, $C = 0.70$, $T_c = 30$ min (1800 s), $Q_p = 0.5$ m^3/sec, 침투계수 $f = 2$ cm/hr이며 체류시간 $T_s = 72$ hr인 경우, 침투저류조의 채움시간(T_f)과 최대깊이(d_{max})를 계산하라. 단, 표에 나타난 바와 같이 $Q_p = 0.5$ m^3/sec에 대해 V_c는 5,106 m^3으로 산정되었으며 이 때 $i = 0.05$ m/hr 및 $t_d = 90$ min이며 강우량, $P = (i)(t_d) = 0.075$ m으로 계산된다. 또한 이 때 표에 나타낸 바와 같이 $I_p = 0.99$ m^3/sec이다.

표 13.4 예제 13-3의 표

(1)	(2)	(3)	(4)	(5)	(6)
t_d (min)	i (m/hr)	t_d (s)	i (m/s)	I_p (cms)	V_d (m^3)
30	0.10	1,800	2.82E-05	1.98	3,442
60	0.07	3,600	1.91E-05	1.33	4,632
90	0.05	5,400	1.41E-05	0.99	5,106
120	0.03	7,200	9.17E-06	0.64	4,272

식(13-13)을 이용하고 마지막 항의 값을 무시하면 T_f는 다음과 같이 결정된다.

$$T_f = t_d + T_c - \frac{Q_p}{I_P} T_c - \frac{f A_f}{I_p} T_c = 5400 + 1800 - \frac{0.5}{0.99}(1800)$$

$$= 6{,}289 \, \text{sec} \, (105 \, \text{min})$$

한편 침투저류조의 깊이는 다음과 같이 계산된다.

$$d_{max} = f T_s = 2 \, (\text{cm/hr}) 72 \, (\text{hr}) = 1.46 \, \text{m}$$

위 결과에 여유고 0.54 m를 더하여 전체 깊이를 2 m 정도로 결정하면 적절한 것으로 보인다. 그러나 이 시설의 바닥고도가 지하수위 보다 1 m 이상 높게 위치하는 지 확인할 필요가 있으며, 만족하지 못하는 경우 시설의 깊이를 감소시켜야 한다.

13.3 침투형 도랑(Infiltration Trench)의 설계

유역면적이 상대적으로 작거나 저류지를 설치하지 못하는 경우에는 적절한 크기의 침투시설 또는 침투도랑을 설치하여 빗물을 일정시간 저류하고 지하수로 침투할 수 있는 시설을 사용할 수 있다. 이러한 시설은 1～3 m 깊이의 도랑을 설치하게 되며 도랑의 바닥은 지역의 최대 지하수위보다 1 m 가량 높게 위치하는 것이 바람직하다. 이러한 시설은 도로변, 주차장, 주거지 및 상업지구 등의 빗물을 이동시키거나 비점오염 물질을 저감시키는 시설로서 사용이 가능하다.

그림 13.10은 침투도랑의 설계예 및 설치예를 보여주고 있다.

여기서 침투 도랑의 깊이는 다음과 같이 결정된다.

$$d_{tr} = \frac{f T_s}{\phi} \tag{13-32}$$

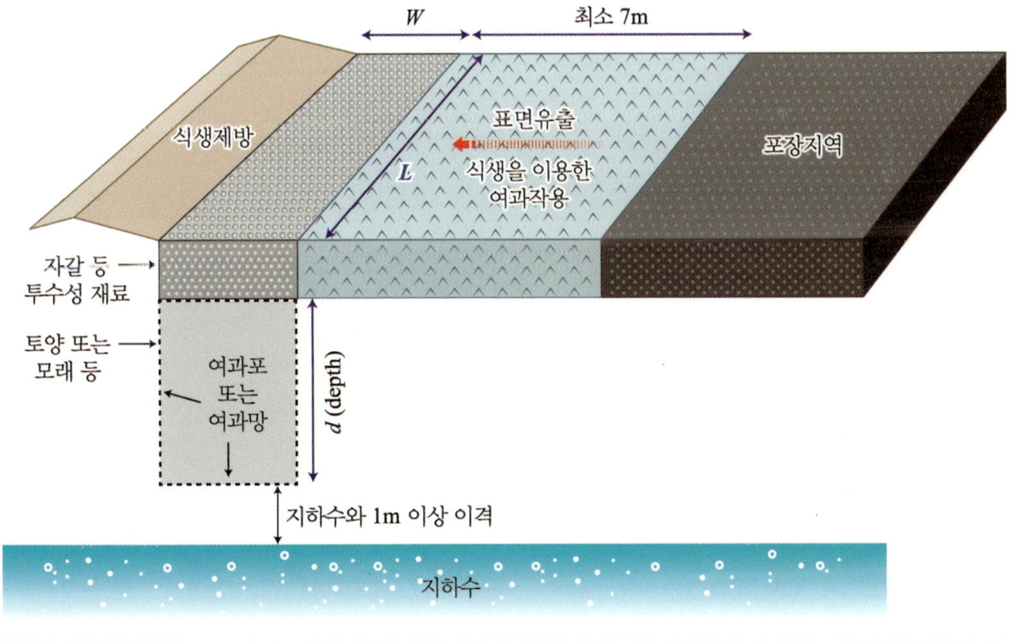

그림 13.10 토양침투를 이용하는 도랑의 설계

여기서, f : 토양의 침투계수(mm/hr)

T_s : 체류시간(hr)

ϕ : 토양의 공극률

여기서 설치에 필요한 체적은 저류해야 하는 용량과 도랑에 직접 유입되는 강우량에서 토양침투에 의해서 유출되는 양을 제하여 다음과 같이 계산된다.

$$V_{tr} = V_c + LW(P - fT_f) \tag{13-33}$$

여기서, L : 침투도랑의 길이(m)

W : 침두도랑의 폭(m)

P : 강우량(m)

T_f : 침투도랑을 채우는 데에 소요되는 시간(filling time) (hr)

A_f : LW(m^2)

예제 13.4

어느 유역의 10년 주기 강우는 표에 나타난 바와 같으며 유역면적, $A = 10$ ha, $C = 0.70$, $T_c = 30$ min (1800 s), $Q_p = 0.5$ m^3/sec라고 한다.
최대유출량을 만족시킬 수 있는 침투저류도랑의 용량을 결정하라. 예제 16-1의 강우에 대해 다음과 같은 물리적 조건을 가진 침투도랑을 설계하고자 할 때, 채움시간(T_f)을 계산하라. 침투도랑의 $f = 2$ cm/hr, $T_s = 72$ hr, $\phi = 0.40$. 침투 도랑은 직육면체이며, $L = 100$ m로서 결정되었을 때 필요한 폭 W를 계산하라.

(1)열과 (2)열은 앞선 예제에서와 마찬가지로서 여기에서는 주어졌다고 가정한다.
(5)열은 $I_p = CiA = 0.7(i)(10,00)$ m^3/sec을 이용하여 계산하고, 필요한 저류용량은 식(16-13)에 $Q_p = 0.5$ m^3/sec를 대입하여 결정한다.

표 13.5

(1)	(2)	(3)	(4)	(5)	(6)
t_d (min)	i (m/hr)	t_d (s)	i (m/s)	I_p (cms)	V_d (m^3)
30	0.10	1,800	2.82E-05	1.98	3,442
60	0.07	3,600	1.91E-05	1.33	4,632
90	0.05	5,400	1.41E-05	0.99	5,106
120	0.03	7,200	9.17E-06	0.64	4,272

위의 표에 나타난 바와 같이 V_c는 (6)열의 최대치로서 5,106 m^3으로 산정되었으며 이 때 강우강도, 0.05 m/hr 및 $t_d = 90$ min에 대한 강우량, $P = (i)(t_d) = 0.075$ m로 계산된다. 예제 16-2에서 $T_f = 105$ min으로 결정된 바 있다.
우선 침투도랑의 깊이는 다음과 같이 결정된다.

$$d_{tr} = \frac{fT_s}{\phi} = \frac{2(\mathrm{cm/hr})(72\,\mathrm{hr})}{0.40} = 1.8\,\mathrm{m}$$

침투도랑의 체적은 L (길이) × W(넓이) × d_{tr} (깊이)로 정의된다고 가정하며, 시설의 길이는 100 m 이상이 될 수 없다고 한다면, 침투도랑의 체적은 180 W(m^3)이 된다. 이 침투도랑의 체적은 식(13-17)과 같아야 하므로, W는 다음의 식으로 결정된다.

$$V_{tr} = 5106\,(\mathrm{m}_3) + 100\,W(0.075\,(\mathrm{m}) - 0.02\,(\mathrm{m/hr})72\,(\mathrm{hr})) = 180\,W$$

$$W = 16.2\,\mathrm{m}$$

여기에 약간의 여유를 두고 $W = 20$ m 정도로 정하면 좋을 것으로 보인다.

제5부 강우에 의한 수질오염의 관리

지표수의 오염물질의 원인은 유입형태에 따라 크게 점오염원(Point Sources)과 비점오염원(Nonpoint Sources)으로 나눌 수 있다. 점오염원은 하폐수처리장의 방류수나 판별이 가능한 것이며 이외에 공간적 또는 시간적으로 불확실하게 분포하여 판별이 어려운 것들을 비점오염원이라고 부른다. 특별히 공간적으로 분포하는 오염원을 분산오염원(Diffused Sources)이라고 분류하는 학자도 있으나, 본서에서는 점오염원이 아닌 모든 오염원을 비점오염원으로 부르기로 한다.

하천 또는 호수의 오염물질은 유역에서 유입되며 특히 비점오염물질은 강우와 함께 쓸려들어 가거나, 지하수로 침투되어 하천으로 이동하게 된다. 농업, 축산, 삼림지역을 포함한 비도시 지역에서는 야외에 노출되어 있는 오염물질이 강우에 따라 하천으로 이동하는 경우가 많다. 오염물질은 자체로서 이동하기도 하지만, 토양 등에 흡착되어 함께 이동하는 경우도 흔하게 발견된다. 따라서 비도시 지역에서는 토사의 이동을 매우 중요하게 다루게 된다.

한편 도시유역의 표면은 자동차의 통행을 포함한 각종의 활동에 따라 비가 오지 않는 동안에는 지속적으로 오염물질이 축적(build up)되며 강우 시 표면유출에 의해 씻김(wash off) 현상에 의해 인근 하천으로 유입된다. 이러한 경우 유역에서는 비점오염물질들이 대량 하천으로 유입되어 중요한 오염원이 될 수 있다. 비점 오염원에는 대기중의 먼지들이 내려앉은 낙진, 공사장에서 발생하는 토사, 자동차의 운행에 의한 기름성분, 농경지에서 사용되는 비료와 살충제, 또는 불법적인 오염물질 투기 등이 포함된다.

14

유역의 오염부하 발생 및 이동

우리나라의 수질 및 수생태계 보전에 관한 법률에서는 오염원을 점오염원, 비점오염원, 기타오염원 및 강우유출수로 크게 4가지로 구분하고 다음과 같이 정의하고 있다.

① "점오염원"이라 함은 폐수배출시설, 하수발생시설, 축사 등으로서 관거·수로 등을 통하여 일정한 지점으로 수질오염물질을 배출하는 배출원을 말한다.

② "비점오염원"이라 함은 도시, 도로, 농지, 산지, 공사장 등으로서 불특정 장소에서 불특정하게 수질오엽물질을 배출하는 배출원을 말한다.

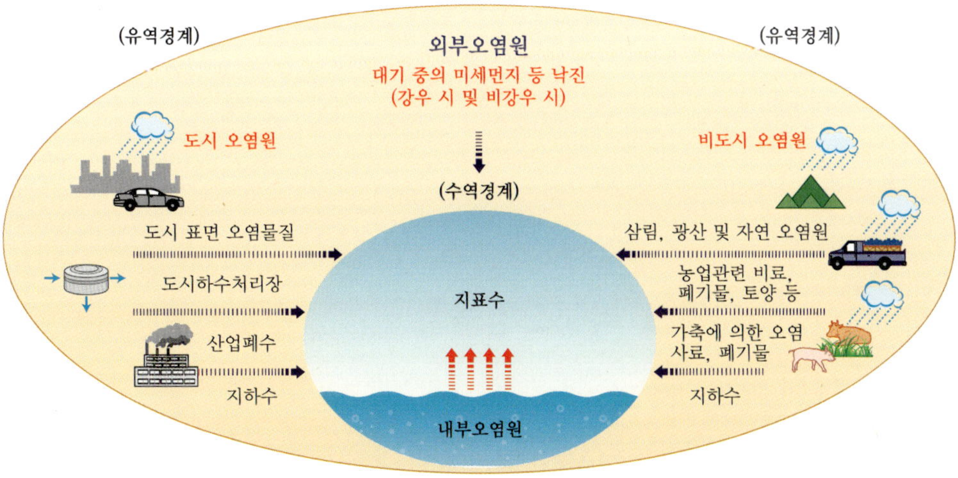

그림 14.1 지표수의 오염물질 유입 경로 개념도

③ "기타 수질오염원"이라 함은 점오염원 및 비점오염원으로 관리되지 아니하는 수질오염물질을 배출하는 시설 또는 장소로서 환경부령이 정하는 것을 말한다.

④ "강우유출수"라 함은 비점오염원의 수질오염물질이 섞여 유출되는 빗물 또는 눈 녹은 물 등을 말한다.

그림 14.1은 강우 시 빗물과 오염물질의 흐름 경로를 나타낸다. 출처별로는 점오염원은 도시하수, 농촌폐수, 축산폐수, 산업폐수, 광산폐수 및 마을하수도의 처리시설 또는 산업시설 배출수 중에서 미처리 상태로 방류되는 것 등 포함한다.

형태별 오염물질로는 용존상태로 물과 함께 이동하는 물질들이 있으며 고형상태로서 또는 폐기물이나 토양에 흡착되어 이동하는 것들이 있다. 고형물질은 유역의 각종 폐기물과 유기물질 그리고 오염된 토양과 먼지 등을 포함하며, 수체 내부에서는 과도한 부영양화로 인한 녹조현상 등이 유기물 고체를 형성시킬 수도 있다.

비점오염원은 도시표면, 도로, 농경지, 축사, 산림, 수체 바닥이나 지하수 등 내부 등 다양한 지역에서 유입된다.

산림 지역에서는 임도, 절토 및 성토 사면, 산불지역의 토사, 벌목 및 간벌에 따른 잔재물 유출 등이 주종을 이룬다. 하천 내부에서도 하천 제외지의 영농행위, 골재 채취, 호안정비, 하천 둔치부 주자장 등 조성이나 상류지역의 개발에 의해 오염물질이 발생한다.

지표수의 유역에서는 하수처리장과 폐수처리장 등이 지속적으로 건설됨에 따라 사람들의 생활 또는 생산 활동에 의한 폐수가 수계로 직접 유입되는 현상이 감소하고 있으나, 상대적으로 강우에 의해 도시 또는 대지 표면에서 휩쓸려 나가는 소위 비점오염물질의 영향이 점차로 중요해지는 경향이다.

14.1 농업지역의 비점오염물질

농업지역의 비점오염물질은 다양한 발생원 및 이동 경로를 통해 수계로 유입된다. 농업지역에서는 농지에 살포된 농약, 비료, 퇴액비, 축사 및 주변의 가축분뇨, 고랭지 토양침식 및 객토된 토사 등의 유출에 의한 경우가 대부분이며 강우 또는 바람에 의한 토양유실과 함께 발생한다. 또한 농경지에 축적된 비료 및 각종 폐기물의 그리고 농업 제품의 가공품 및 부산물 등이 유출에 의해 발생한다. 농업지역의 오염물질은 고농도의 유기물 및 영양염류를 포함하고 있으며 다양한 오염물질의 중간자로서 악취를 동반할 수 있으며 지하수를 오염시키는 원인이 되기도 한다.

그림 14.2는 2015년 기준 우리나라의 질소 및 인산 비료가 실제 필요한 양보다 과다하게 살포되고 있다는 것을 보여준다. 양분수지라 함은 농경지 ha 당 작물이 필요라 하는 양에 대한 비료의 초과량을 말하는 데 전국 165개 시·군 중 50개 정도를 제외한 전국에서 100% 이상 과잉으로 시비를 하는 것으로 조사되었다. 필요 이상의 비료는 토양오염의 원인이 되며 강우 시 과잉의 비료가 하천으로 유입되어 부영양화 및 녹조현상을 유발하는 중요한 원인이 되고 있다.

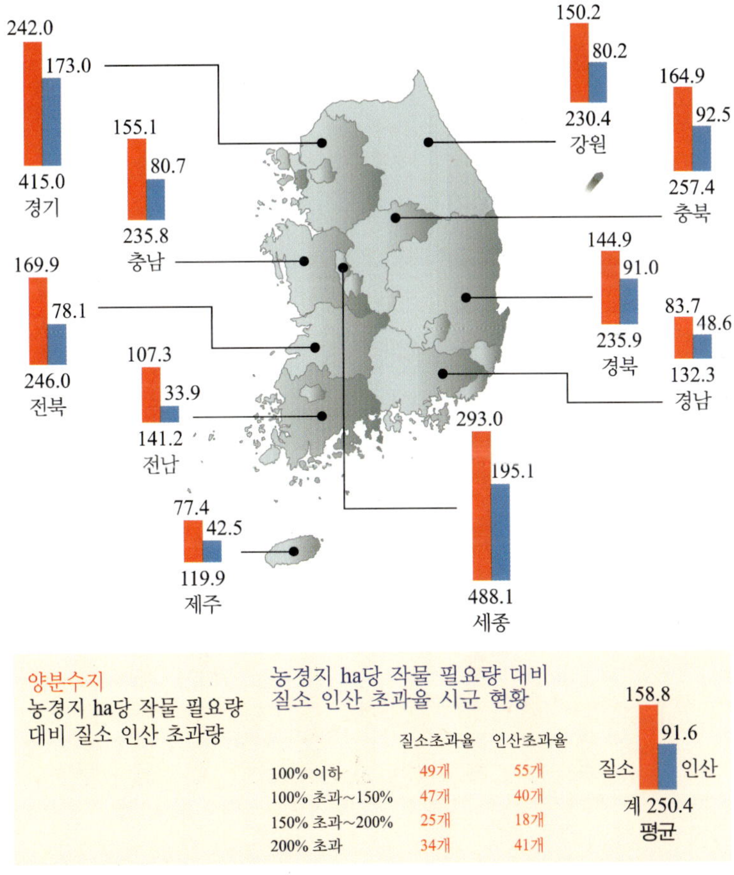

그림 14.2 **우리나라 시도별 양분수지 초과량 현황(단위 : kg/ha, 2011~2013년 평균)**
http://www.segye.com/newsView/20150712002186

14.2 축산지역의 비점오염물질

축산지역에서 발생하는 오염물질은 사료, 배설물, 가공부산물 및 폐기물 등으로 볼 수 있으며 고농도의 유기물과 영양염류를 포함하고 있으며 악취 문제는 심각한 사회문제로 나타나기도 한다.

우리나라 가축의 사육은 그림 14.3에 나타난 바와 같이 개별 농가에서 소규모도 이루어지던 것이 산업형 생산 형태로 바뀌는 추세에 있다. 즉, 2006년의 19만 호이던 한우농가가 2018년에는 8.5만으로 절반으로 줄어든 반면, 한우의 두수는 총 18만 두에

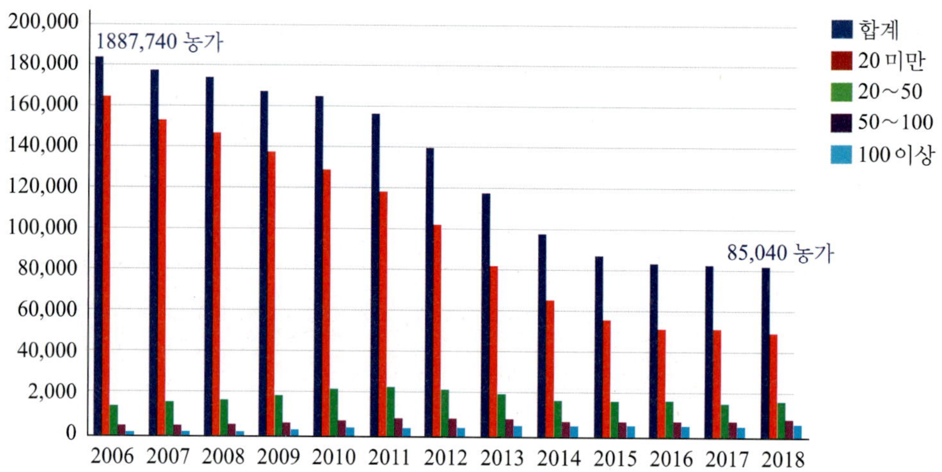

사육 규모별 한우농가 변동추이

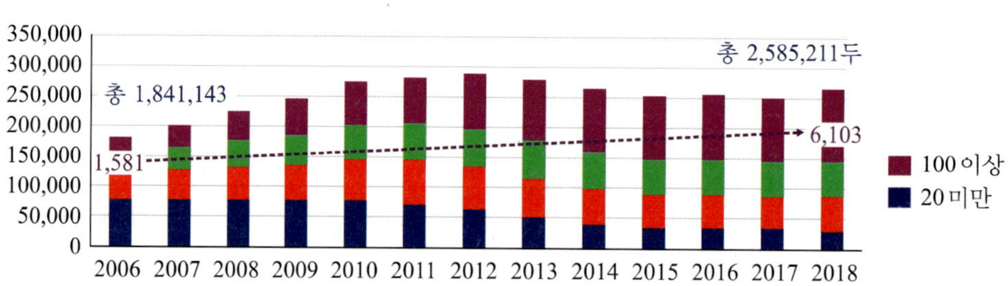

사육 규모별 한우사육 두수

그림 14.3 한우, 소규모 농가의 감소세 및 대규모 농가의 증가세

서 26만 두로 거의 140% 정도로 증가하였다. 이는 전반적으로 축산의 방식이 대형화되고 있으며 가축에 필요한 사료와 분뇨발생량이 증가한다는 의미이다. 가축 사료는 상당량이 외국에서 수입되고 있다는 것을 감안할 때 우리나라 내부에 영양염류 부하가 계속 커질 수 있으므로 매우 심각한 현상이라고 볼 수 있다.

축산오염을 관리하기 위해서는 축사 내 축적된 폐기물을 합리적으로 관리하고 강우시 오염물질 유출을 최소화하도록 하여야 한다. 우리나라에서는 퇴비화 과정에서 숙성도(부숙도)가 필요한 수준으로 달성시키는 것을 관리하기 위해 2020년부터 "가축분퇴비 부숙도 검사 의무화"를 통해 1,500 m^2 이상의 축산농가는 부숙 후기~부숙 완료 이상일 때, 1,500 m^2 미만의 축산농가는 부숙 중기 이상일 때 퇴비를 살포하도록 하고 있다. 그러나 기술과 자본이 충분하지 않은 소규모 사육농가의 가축분뇨 및 폐기물 관리 부실은 지속적인 환경문제의 원인이 되고 있다.

또한 과밀한 사육에 따라 가축 건강성 문제, 전염병 대응 문제, 사료 및 항생제의 과다한 사용 그리고 가축 배설물 및 폐기물의 발생 등이 수질오염의 원인이 될 수 있다. 조류독감과 구제역 그리고 아프리카 돼지열병 등이 발생하는 경우 가축이 대량으로 살처분되는 데 살처분된 가축의 매립에 따른 토양, 지하수 및 지표수의 2차 오염 또한 심각한 환경문제가 될 수 있으며 10년이 지나도 여전히 침출수가 발생하는 등의 문제가 보고되고 있다. 참고로 표 14.1은 우리나라 구제역 발생 기록과 피해 내용을 나타내고 있다.

표 14.1 우리나라 구제역 발생 및 피해 내역(농림축산부, 2019)

	2010	2014	2015	2016	2017	2018	2019
농가수	6,691	3	196	25	21	10	29
소(두)	164,627		70		1,392		2,272
돼지(두)	3,359,525	2,009	172,721	33,073		11,726	
염소사슴(두)	915		7				
비용(억)	28,695	17	635	80	98	42	86

14.3 광산폐수에 의한 비점오염물질

광산은 특성에 따라 토양 침식, 중금속 오염, 산성배수 등의 원인이 될 수 있다. 석탄광과 같은 경우 황을 포함하는 황철광(pyrites, FeS_2)이 물과 반응하는 경우 다음 과 같이 황화철($FeSO_4$)과 황산(H_2SO_4)을 생성하여 산성배수(acid mine drainage)를 만들어 낸다.

$$2FeS_2 + 2H_2O + 7O_2 \leftrightarrow 2FeSO_4 + 2H_2SO_4 \qquad (14\text{-}1)$$

$$4FeS_2 + 2H_2SO_4 + O_2 \leftrightarrow 2Fe_2(SO_4)_3 + 2H_2O \qquad (14\text{-}2)$$

$$2Fe_2(SO_4)_3 + 6H_2O \leftrightarrow 4Fe(OH)_3 + 3H_2SO_4 \qquad (14\text{-}3)$$

황산알미늄[$Al_2(SO_4)_3$], Ca, Mg, K, Na 등도 광산의 산성배수에 기여하는 물질들이다. 산성 배수는 첫 번째 물, 두 번째 공기(산소) 그리고 세 번째 반응시간이 중요한 요소이다. 광산폐수는 다음과 같은 방법으로 처리한다.

표 14.2 광산폐수의 처리 및 산성배수 발생 예방법

방법	내 용
수분차단	표면유출이 광산에 흘러들어가지 않도록 막거나 우회시킨다.
접촉시간최소화	폐광을 밀봉하여 물과 접촉하는 시간을 최소화 한다.
수분충천	물을 상시로 채워서 산소와 접촉을 최소화 한다.
폐광관리	광산활동이 종료된후 적적한 폐광과정을 거친다.
잔재물관리	폐광에서 발생하는 폐기물과 잔재들을 철저하게 관리한다.
희석	주변의 하천수로 폐광배출수를 희석한다.
토지개간	개간등을 통해 광산이나 폐기물 등을 처리한다.

14.4 토양침식

토양침식은 강우나 바람의 힘에 의해 토양의 표면이 분리되는 현상이다. 토양 침식은 산성비 등에 의해 콘크리트나 암석이 화학적으로 침식되는 현상을 포함한다. 토양이 유역 내 저수지 등 지표수에 유입되는 경우 탁수현상을 물론 함께 유입되는 오염물질에 의해 심각한 오염현상이 발생할 뿐만 아니라, 토양자체에 의해서 바닥에 서식하는 생물들의 생태계가 파괴된다. 과다한 토양축적은 하천이나 호소의 통수능력이나 저수용량에 심각한 영향을 끼칠 수도 있으며 토사압력의 증가로 인해 댐체의 안전에도 영향을 미칠 수 있다.

토양침식은 유역의 상류에서는 작은 실개천과 같은 형태로 발생하며 침식의 규모가 커지면 골짜기나 도랑이 형성되기도 한다. 하천 내에서는 홍수터(flood plain 또는 둔치)나 제방의 침식이 발생하기도 한다. 그림 14.4는 낙동강의 지류인 내성천의 하회마

그림 14.4 내성천 하회마을 부근의 토양침식에 의한 하천오염

을 일대의 항공사진을 보여준다. 상류의 각종 공사로 인해 하천의 물은 탁류 상태를 보이고 있으며 하얀색의 백사장이 진흙색으로 변해 있는 것을 알 수 있다. 백사장의 진흙은 오염물질 및 영양염류를 함유하며, 축적되어 식생이 자랄 수 있는 여건을 만들어 백사장을 녹지로 변화시키는 작용을 하게 된다.

그림 14.5는 하천과 호수의 SS 이동특성에 미치는 인자와 각종 현상에 대한 설명을 위하 제시되었다. 침식된 토양은 하천의 흐름과 중력에 의해 사선방향을 이동하나 경우에 따라서 흐름에너지가 강해지는 경우 하천 바닥에서 재부상될 수 있다.

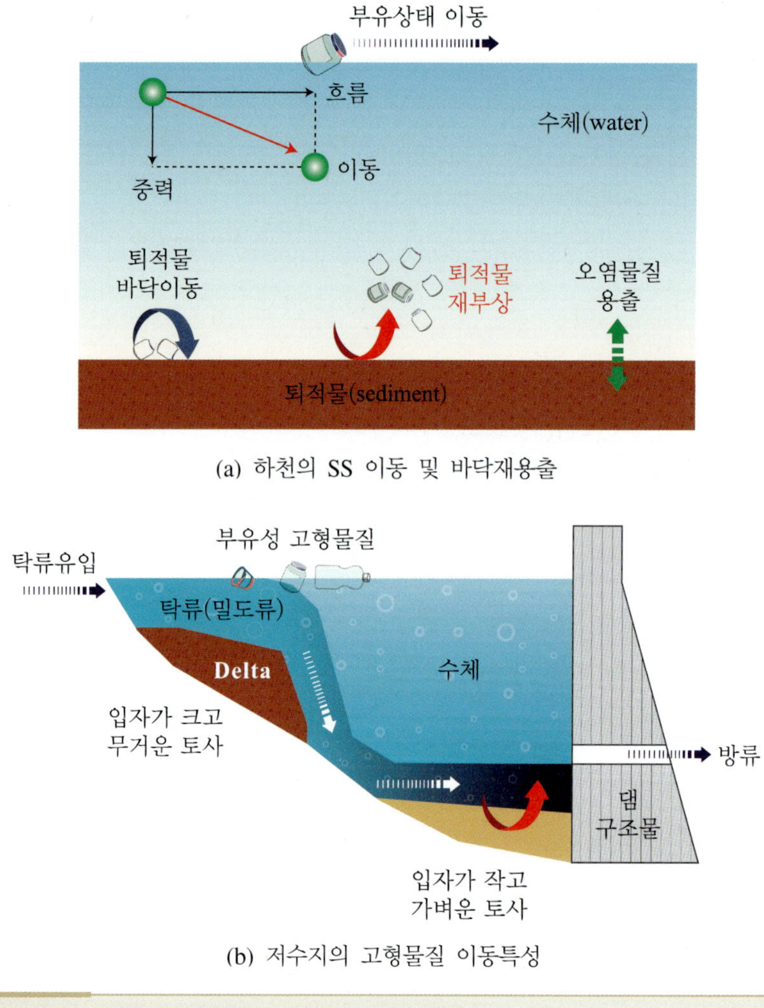

그림 14.5 하천과 저수지의 고형물질 이동 특성

14.5 일반토양손실방정식

미국의 농무성(USDA, US department of Agriculture)은 농업지역의 강우에 의한 토양침식량을 계산하기 위해 Wischmeier와 Smith (1960, 1965)의 연구에 의한 다음과 같은 일반토양손실방정식(USLE, Universal Soil Loss Equation)을 공식적으로 채택하여 사용한 바 있다.

$$A = (R)(K)(LS)(C)(P)\ (\mathrm{tons/ha}) \tag{14-4}$$

여기서, R : 강우의 영향을 나타내는 요소
K : 토양의 침식의 용이성 여부를 나타내는 요소
LS : 유역의 형상(길이와 경사도, Length and Slope)을 나타내는 요소
C : 유역의 농작물의 종류 또는 토지이용 특성을 나타내는 요소
P : 인위적인 토양침식제어 노력 관련 요소

식(14-4)에서 K, LS, C 그리고 P는 과거와는 달리 요즘에는 유역의 지질, 지형 및 GIS 자료 등과 함께 공공기관에서 확보가 가능한 편이다. 물론 이는 우리나라 또는 미국과 같이 자료의 확보가 가능한 경우에 한한다. 이러한 자료가 조사되어 있지 않은 국가에서는 적용이 어렵거나 정확도가 상대적으로 떨어진다고 볼 수 있다. 그러나 USLE 식은 일종의 경험식으로서 넓은 지역이거나 지형이 복잡한 지형에는 사용할 수 없다. 또한 이 값은 전체 유역에 대한 연평균 수준이므로 불확실도가 매우 높은 방법이다. 따라서 정확도를 개선하기 위한 많은 연구가 이루어진 바 있다.

최초에 제안된 USLE 식에서 강우요소는 다음과 같이 제시된 바 있다.

$$R = \sum[\{2.29 + 1.15\log(x_i)\}D_i]I \tag{14-5}$$

여기서, I : 강우 시 30분 강우강도 중 최대값(cm/hr)
X_i : 각 측정시간 간격의 강우강도(cm/hr)
D_i : 전체 강우 시 강우량(cm)

강우에 의한 영향인자를 표현하는 방법은 지속적으로 개선안이 제안되었는데 오늘날에는 Williams and Berndt (1972)가 강우 에너지를 포함하기 위해 제안한 다음의

식을 가장 널리 이용하는 경향이다. 이를 MUSLE (Modified USLE)라고 부른다. 참고로 2023년도 현재 SWAT 모델에서도 MUSLE를 사용한다.

$$R_M = \left(Q_{surf}\, q_{peak}\right)^{0.56} \tag{14-6}$$

여기서, Q_{surf} : 지표유출량(m^3)

q_{peak} : 최고유량(peak flow rate) (m^3/sec)

$$A_{MUSLE} = 11.8\left(Q_{surf}\, q_{peak}\right)^{0.56}(K)(LS)(C)(P)(CFRG)\ (\text{tons/ha}) \tag{14-7}$$

여기서, CFRG : coarse fragment factor $(e^{-0.053(\%Rock)})$

% Rock : 표토층의 암석 %

표 14.3 토양침식 계수 K

	K Factor tonnes/hectare (tons/acre)		
	Average OMC*	Less than 2% OMC	More than 2% OMC
Clay	0.49 (0.22)	0.54 (0.24)	0.47 (0.21)
Clay loam	0.67 (0.30)	0.74 (0.33)	0.63 (0.28)
Coarse sandy loam	0.16 (0.07)	–	0.16 (0.07)
Fine sand	0.18 (0.08)	0.20 (0.09)	0.13 (0.06)
Fine sandy loam	0.40 (0.18)	0.49 (0.22)	0.38 (0.17)
Heavy clay	0.38 (0.17)	0.43 (0.19)	0.34 (0.15)
Loam	0.67 (0.30)	0.76 (0.34)	0.58 (0.26)
Loamy fine sand	0.25 (0.11)	0.34 (0.15)	0.20 (0.09)
Loamy sand	0.09 (0.04)	0.11 (0.05)	0.09 (0.04)
Loamy very fine sand	0.87 (0.39)	0.99 (0.44)	0.56 (0.25)
Sand	0.04 (0.02)	0.07 (0.03)	0.02 (0.01)
Sandy clay loam	0.45 (0.20)	–	0.45 (0.20)
Sandy loam	0.29 (0.13)	0.31 (0.14)	0.27 (0.12)
Silt loam	0.85 (0.38)	0.92 (0.41)	0.83 (0.37)
Silty clay	0.58 (0.26)	0.61 (0.27)	0.58 (0.26)
Silty clay loam	0.72 (0.32)	0.79 (0.35)	0.67 (0.30)
Very fine sand	0.96 (0.43)	1.03 (0.46)	0.83 (0.37)
Very fine sandy loam	0.79 (0.35)	0.92 (0.41)	0.74 (0.33)

* OMC: organic matter content

토양침식 계수 K는 표 14.4에 나타난 바와 같다. 그러나 대부분의 경우 사용자가 K를 결정하기 보다는 지자체나 공공기관에서 측정하여 발표한 자료를 사용하는 경우가 대부분이다. 여기서 K값은 토양이 함유하고 있는 유기물의 농도여건에 따라 달라지는 것을 알 수 있다.

지형요소 LS는 다음과 같이 제안된 바 있다.

$$LS = (L)^{1/2}(0.0138 + 0.00974S + 0.00138S^2) \tag{14-8}$$

표 14.4 농작물 관리 요소 C

Land Cover 또는 Land Use	C
Continuous fallow (휴경지) tilled up and down slope	1
Shortly after seeding prior to harvesting	0.3~0.8
For crops during main part of growing season	
Corn	0.1~0.3
Wheat	0.05~0.15
Cotton	0.4
Soybean	0.2~0.3
Meadow	0.01~0.02
For permanent pasture, idle land,unmanaged woodland ground cover 85~100%	
As grass	0.003
As weeds	0.01
Ground cover 80%	
As grass	0.01
As weeds	0.04
Ground cover 60%	
As grass	0.04
As weeds	0.09
For managed woodland	
Tree canopy (차양, 덮개) of 75~100%	0.001
40~75%	0.002~0.004
20~40%	0.003~0.01

여기서, L : 지표유출의 시작지점에서 지형경사가 변화하기 전까지의 거리(m)
S : 유역의 평균 경사도(%)

식(14-8)의 경우는 경사도의 특성에 따라 소유역을 구분하여 산정할 필요가 있다. 실제로는 GIS 분석을 통해 산정할 수 있으며 대부분의 경우 이를 계산하기 위한 프로그램을 이용하게 된다.

농작물 관리 요소(crop management factor) C는 표 14.5와 같은 계수들을 참고하여 입력한다. 토양침식 제어 요소 P의 경우 완벽하게 제어하였을 경우에는 0을 사용하고 전혀 제어하지 못했을 경우에는 1을 사용한다.

예제 14.1

어느 50 ha의 면적을 가진 지역을 주거지구로 개발하고자 한다. 토양은 loam (양토)으로서 Clay 20%, Silt 35%, Fine sand 20%, (silt+fine sand 55%), Coarse sand and gravel 25%로 구성되어 있으며 토양 내 유기물 함유량(OMC)은 1.5%로서 이러한 토양의 $K = 0.33$으로 본다. 해당지역은 정사각형으로서 가운데에 배수로가 있으며 이는 2.4%의 경사로를 가지는 우수거로 대체될 예정이다. 다음 그림과 같은 강우에 대하여 이 지역의 토사유출가능량을 계산하라. 토사유출은 공사 중에 유역 전체가 100% permeable (투수) 지역일 경우와 공사 완료 후 25% 지역의 impermeable (불투수) 지역일 경우의 두 가지 시기에 대해서 실시하라.

강우요소 $R_r = \sum 2.29\ 1.15\ \log\ X_i) D_i]\ I$

$R_r = [(2.29+1.15\ \ln\ 0.3)(0.15+1.25+0.6175+0.35+0.1+0.05)] \times 2.5 = 16.4$

(여기서 R_r은 식(14-10) 등 여타의 방법을 통해서 계산될 수도 있다)

$K = 0.33$

LS factor for a 50 ha area [여기서 L은 0.5 (유역면적)$^{1/2}$으로 가정]

$0.5L^{1/2} = 0.5\ (50 \times 100 \times 100)^{1/2} = 353.5$ m, and $S = 2.4\%$

$LS = (353.5)^{1/2}\ [0.138+(0.00974 \times 2.4)+0.00138 \times 2.42)] = 0.47$

$C = 1$ and $P = 1$ in the absence of erosion control practice

$A_1 = 16.4 \times 0.33 \times 0.47 \times 1 \times 1 = 2.54$ ton/ha

유역면적 50 ha에 대한 토양 총 유실량

$50 \times 2.54 = 127.3$ ton

공사완료 후 불투수 지역의 증가로 인해 유역의 C가 0.01로 변화하는 경우

$A_2 = 0.025$ ton/ha

75%의 지역만 토사유출이 발생한다고 가정한다면, 토사유출량은 다음과 같다.

$0.75 \times 50 \times 0.025 = 0.93$ ton

그러나 위 계산은 불투수층의 폐기물 발생 등에 의한 영향은 제외하고 산정한 것으로서 실제의 경우는 불투수 지역에 대한 영향을 별도로 계산하여 더해 주는 것이 바람직하다.

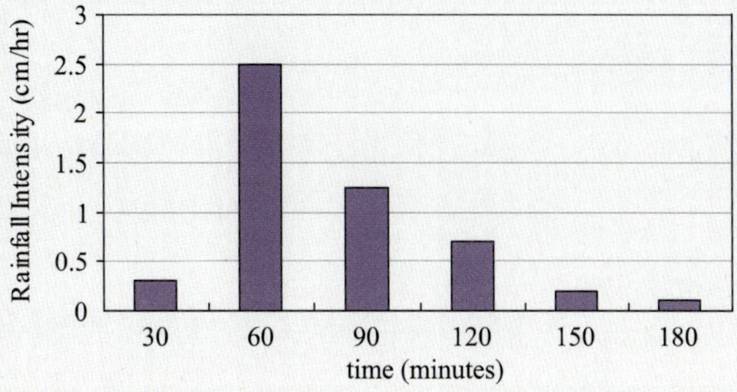

그림 14.6 강우량 자료

14.6 토양에 의한 오염물질의 이동

토양은 그림 14.7에 나타난 바와 같이 각종 오염물질이 흡착(adsorption)이나 흡수(absorption)에 의해 부착되어 있으며, 이 오염물질은 물리적인 힘이나 화학적인 작용 등에 따라 수계로 이동할 수 있다. 이때 분배(partitioning) 개념을 이용하여 토양과 수층사이에는 오염물질의 함유량 간에 일종의 평형관계가 있다고 가정할 수 있다.

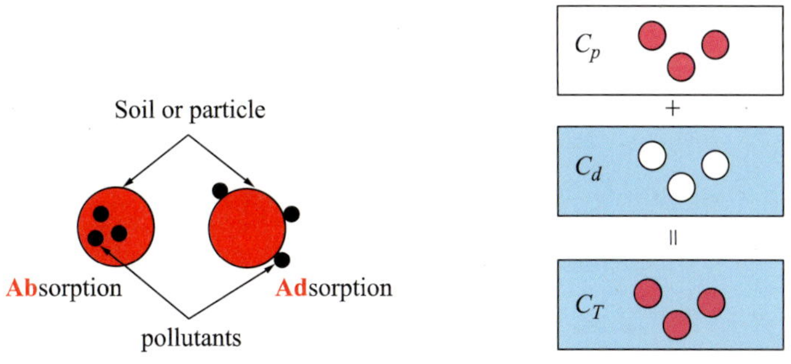

(a) 흡수와 흡착 (b) 고형물질과 수중의 오염물질

그림 14.7 고형물질에 부착된 오염물질과 분배계수를 이용한 농도의 표현

$$\frac{C_p}{C_d} = K_p M \tag{14-4}$$

여기서, C_p : 고형물질(토양), M 내부의 오염물질 농도(mg/g)

C_d : 물속의 오염물질 농도(mg/L)

M : 고형물질의 농도(mg/L)

K_p : 고형물질과 수층 상이 오염물질의 분배계수(partitioning coefficient), L/g

한편, $C_T = C_p + C_d$ 라고 놓으면 C_p 와 C_d 는 다음과 같이 결정할 수 있다.

$$C_p = \frac{K_p M}{1 + K_p M} C_T \tag{14-9}$$

$$C_d = \frac{1}{1 + K_p M} C_T \tag{14-10}$$

한편 토양은 오염물질을 이동시키는 수단이 되기도 하지만, 오염물질의 미생물학적 분해, 식물에 의한 섭취 및 분해, 흡착이나 복합물질 형성을 통한 오염물질 고정, 화학적인 반응 및 휘발 등의 매개체로서 완충작용을 수행하기도 한다.

강우 시 유역에서 하천으로 이동하는 오염물질의 양은 오염부하함수(L_p, pollutant loading function)를 이용하여 다음과 같이 나타낼 수 있다.

$$L_P = (DR)(C_s)(A)(W)(r_p)\ (\mathrm{tons/yr}) \tag{14-11}$$

여기서, DR : 토양의 유달계수(delivery ratio). 토양의 하천 유달량/유역의 발생량

A : 유역의 토양침식량 (tons/yr/ha)

C_s : 토양 내의 오염물질 함유량 (mg/g)

W : 유역 면적 (ha)

r_p : 무차원 오염물질 함유계수(enrichment ratio). 토양과 하천에 도달한 고형물질 내의 오염물질 비율

예제 14.2

어느 지역의 표토의 깊이가 25 cm, 토양의 밀도가 1.8 g/cm^3인 경우 1 kg의 오염물질이 살포되었을 경우의 토양 내 오염물질 농도를 계산하라.

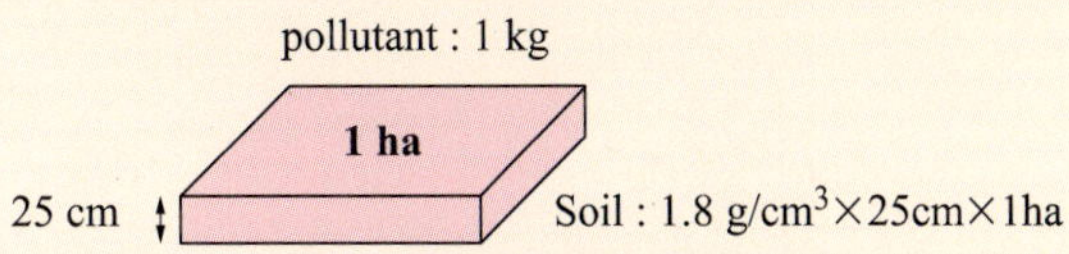

그림 14.8

$$C_s = \frac{1(\text{kg/ha})\times 1(\text{ha})\times 10^9(\mu\text{g/g})}{25(\text{cm})\times 1(\text{ha})\times 10^8(\text{cm}^2/\text{ha})\times 1.8(\text{g/cm}^3)} = 0.22(\mu\text{g/g})$$

14.7 강우 시 오염물질의 유출 모델링

강우 시 오염물질은 지표유출에 따라 지표면에서 이동하고 침투에 따라 지하수를 따라 이동한다. 결과적으로 이 두 가지 성분은 시간 차이는 있어도 결국 하천에 도달하고 하천의 수질에 영향을 미치게 된다. 이러한 오염물질의 이동에는 수분의 이동뿐만 아니라 토양의 이동, 토양과 빗물간의 오염물질의 물리 화학 및 생물학적 상호작용이 관여하게 된다.

강우 시 오염물질은 지표유출에 따라 지표면에서 이동하고 침투에 따라 지하수를 따라 이동한다. 결과적으로 이 두 가지 성분은 시간 차이는 있어도 결국 하천에 도달하고 하천의 수질에 영향을 미치게 된다. 이러한 오염물질의 이동에는 수분의 이동뿐만 아니라 토양의 이동, 토양과 빗물간의 오염물질의 물리 화학 및 생물학적 상호작용이 관여하게 된다.

대부분의 유역 모델은 그림 14.9에 나타난 바와 같이 비가 오지 않는 시기에 오염물질이 유역의 표면에 축적되고 강우에 의해서 씻겨나간다고 가정한다. 이 그림과 관련한 식은 15.3장과 15.4장에 자세하게 설명하고자 한다.

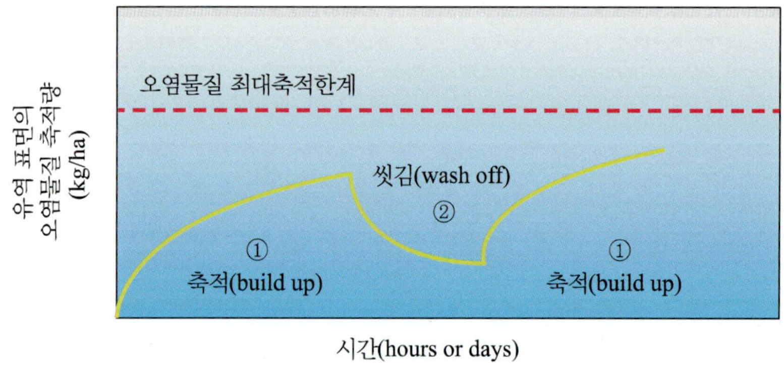

그림 14.9 **오염물질의 축적과 씻김현상에 의한 유역표면의 오염물질 부하량의 변화**

강우 유출수에 의한 오염물질 이동에 가장 중요한 역할을 하는 매개체는 토양(sediment 또는 soil) 또는 고형물질(solid)이 된다. SWAT (Arnold, 2012) 모델의 경우 투수지역(pervious)의 경우 앞서 소개한 바와 같은 MUSLE 식을 사용하여 토양침식량을 산정하고 오염물질이 일정한 비율로 함유되어 있다고 가정한다. 예를 들어, 표면유출에 의해 발생하는 유기탄소(OrgCsurq)의 질량(kg)은 토양침식에 의해 발생한 질량(kg)에 비례한다고 보고 다음과 같이 계산된다.

$$\mathrm{Org}\,C_{surq} = R_{OrgC} \cdot \mathrm{sed} \tag{14.12}$$

여기서, R_{OrgC} : 토양 내 함유되어 있는 유기탄소의 비율(유기탄소-kg/토양-kg)

sed : 토양침식량(kg)

SWAT 모델에서 인과 질소는 토양 내에서 유기물이 분해, 중합 및 축합되어 형성된 고분자화합물질인 Humus에 포함되어 있다고 본다. 그리고 이 물질이 강우에 의해 이동한다고 가정한다. 그러나 단순하게는 위에서 설명한 바와 같이 토양에 어느 정도 함유되어 있다고 보는 것과 거의 동일하다. SWAT 모델에서 토양내의 인과 질소의 순환 개념도는 그림 14.10과 14.11에 각각 소개한 바와 같다.

HSPF (Bicknell et al., 1992)의 경우에는 오염물질이 빗물에 의해 씻겨나가는 토양에 포함되어 있는 부분과 자체적으로 축적되었다가 씻겨나가는 부분으로 구분하고 결국 두 가지를 합하여 총 부하량으로 계산한다. 그러나 이 역시 큰 틀에서 강우 시 토양의 이동에 따라 지표수로 유입된다고 볼 수 있다. 이 모델은 또한 용존성 오염물질은 복류수나 지하수를 통해 하천으로 유입되는 것으로 가정한다.

그림 14.12는 저자가 제작한 BANPOL 모델의 유역의 표면에서 토양 또는 고형물질의 씻김(washoff) 현상에 따른 유기물, 인 및 질소 성분의 지표와 지하에서의 이동 및 반응에 의한 변화를 표현하고 있다. 고형성분과 용존성분은 분배계수(partitioning coefficient)에 따라 구분된다.

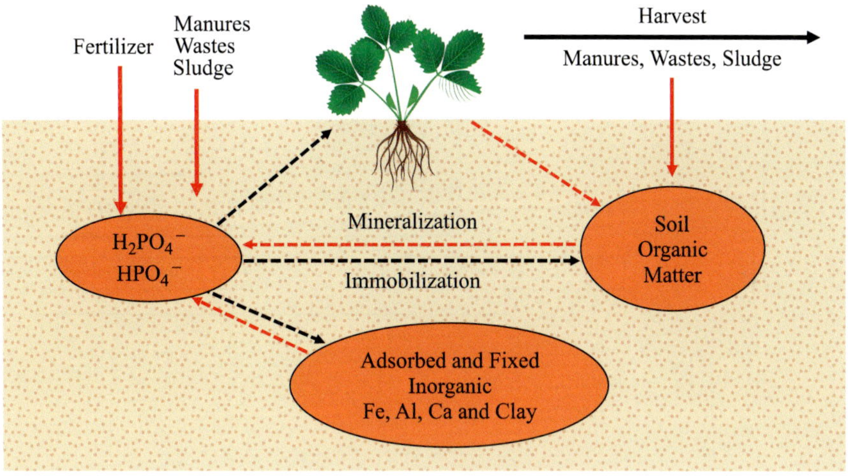

그림 14.10 SWAT 모델에서 사용된 유역의 인(Phosphorus) 순환

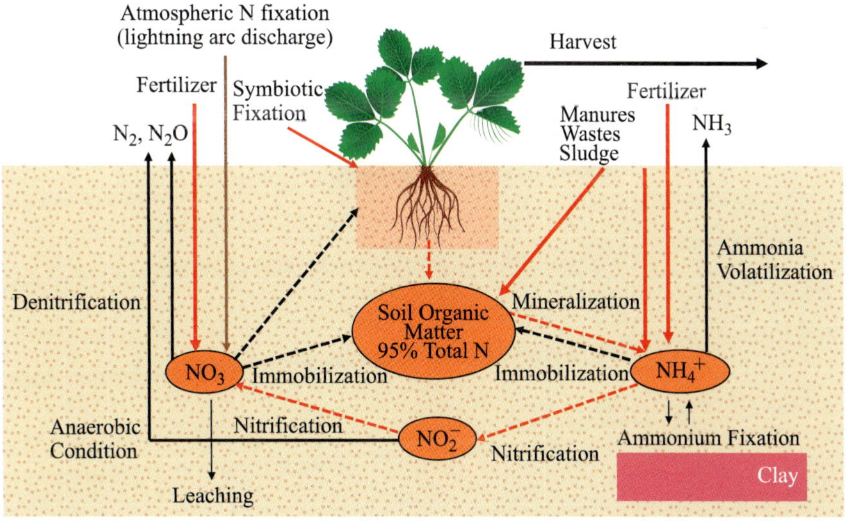

그림 14.11 SWAT 모델에서 사용된 유역의 질소(Nitrogen) 성분 순환 개념도

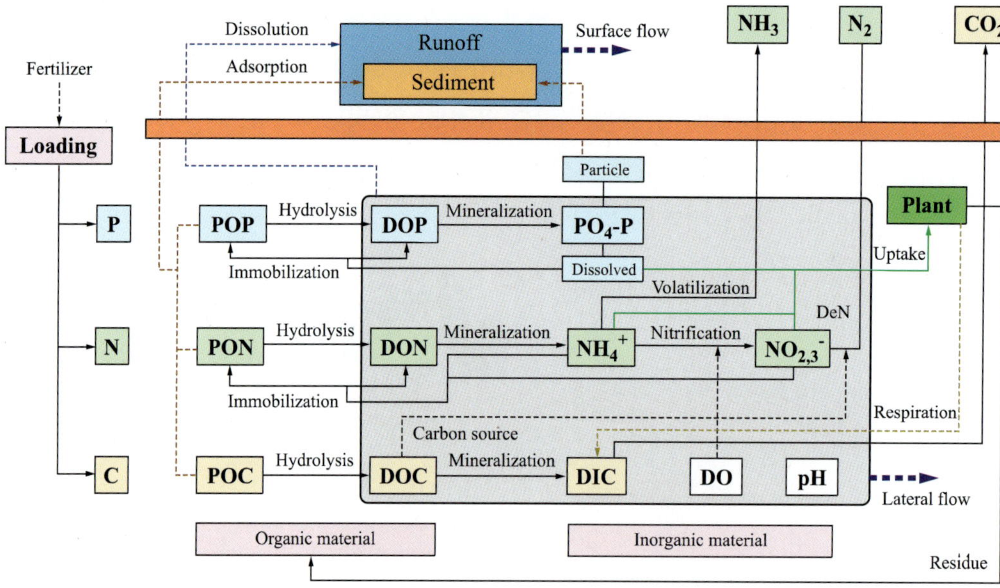

그림 14.12 BANPOL 모델의 유역 지표 및 지하의 오염물질 상호반응 관계도

15

도시유역의 오염부하 발생 및 이동

15.1 도시유역의 특성

도시는 건물, 주차장 및 도로 등으로 인한 포장면적이 차지하는 면적이 큰 것이 특징이다. 도시의 표면에는 그림 15.1에 나타난 바와 같이 인간의 활동에 의한 각종 폐기물, 차량의 주행에 따른 타이어 마모, 기름 성분의 누출 및 브레이크 패드의 마모

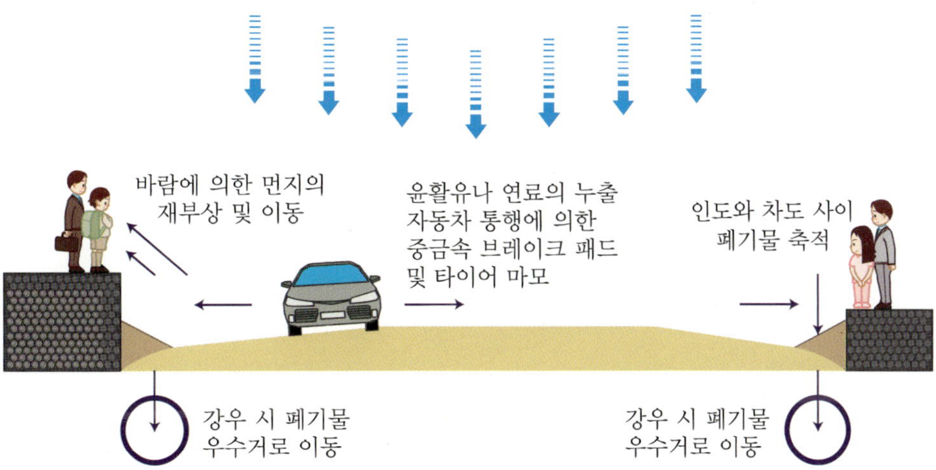

그림 15.1 차량에 의한 도로의 오염물질 발생 및 축적

등에 의한 각종 오염물질 그리고 비산먼지 등이 지속적으로 축적될 수 있으며 강우 시에는 이들이 지표유출수과 함께섞여서 인근의 수계로 이동하게 된다.

또한 그림 15.2에 나타난 바와 같이 도시의 하천은 비포장 지역이 많은 유역의 특성에 의해 강우 시 유량이 급격하게 증가하고, 강우가 종료된 후에는 빠른 속도로 감소하여 건천화 현상이 발생하기 쉬움에 따라 오염물질의 농도가 영향뿐만 아니라 오염물질 농도가 높고 일반적으로 수온이 높은 편이며 각종 인공시설물로 인해 수생생물의 서식조건이 불량하고 따라서 생물다양성이 불량한 경향이 있다.

도시지역에서는 소규모 강우에도 초기세척 현상이 쉽게 발생하며 강우 시 단시간에 막대한 오염물질을 도시하천 배출하여 환경오염의 큰 원인이 되고 있다. 이렇게 유입된 오염물질들은 소하천에서 중규모 하천으로 그리고 더욱 큰 규모의 하천으로 이동하여 결국 4대강의 수질 문제를 유발하는 원인을 제공할 수 있다. 따라서 대하천의 수

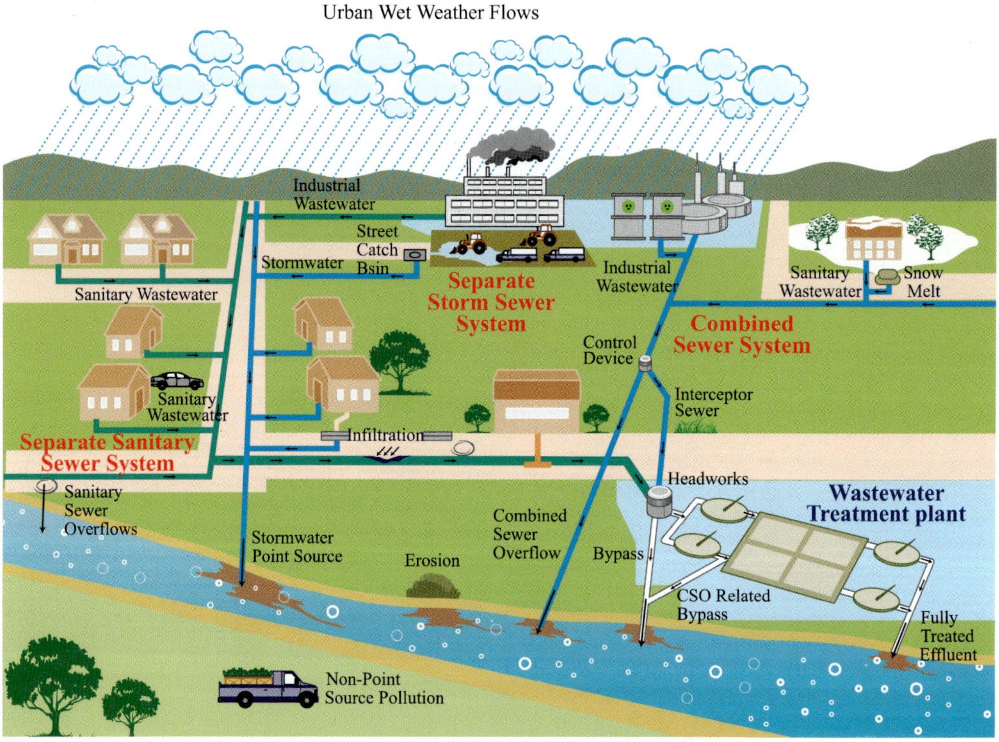

그림 15.2 도시 지역의 강우시 유량 흐름 개념도

질을 합리적으로 관리하기 위해선 유입하천의 수질관리가 중요하며 가장 근본적으로는 소하천이 포함된 소유역에서 유입되는 비점오염원의 관리가 중요하다. 비점오염물질, 특히 유해물질로 인한 하천 오염을 감소할 수 있는 대책을 수립하기 위해서는 오염물질의 시간적, 공간적 그리고 양적 이동특성을 파악하는 것이 무엇보다도 중요하다.

15.2 도시의 관거 시스템

우리나라의 경우 지속적인 하폐수 처리장의 증설에 따라 점오염부하는 감소하는 반면, 비점오염물질에 대한 대책이 미비한 이유에서 하천 수질에 미치는 비점오염원의 비중이 증가하였다. 또한 분류식 하수관거의 증설이 도시의 강우 유출의 효율을 증대시키면서 지표의 오염물질을 하천에 전달하는 효율이 증가하는 것은 주목할 만한 일이며 이에 대한 특단의 대책이 필요하다.

도시 유역에서 대지에 도착한 빗물은 도시의 배수 시스템의 각종 요소를 이동하면서 각종의 비점오염물질을 이동시키게 된다. 따라서 빗물 관리 방법을 계획, 설계 및 시행과정을 적절하게 수행하기 위해서는 각종 배수계통의 요소를 고려하고 또한 그에 따른 강우유출수의 유량과 수질에 대한 적절한 정보를 확보하는 것이 필수적이다.

그림 15.3은 도시의 하수와 빗물을 이송하기 위해 설치되는 합류식 관거(combined sewer system)와 분류식 관거(separate sewer system)의 개념도를 보여주고 있다. 합류식 관거는 하수와 빗물이 함께 흐를 수 있도록 설계되며, 비가 오지 않을 경우에는 전량을 하수처리장으로 보내고 강우 시 하수처리장으로 보내는 용량이 한계에 이를 경우 월류되어 하천으로 방류하는 시스템이다. 이 시스템은 평상시 계곡수나 지하수 등을 모두 차단하여 하수처리장으로 보낼 가능성이 있어서 도시하천의 건천화 현상을 유발할 수 있다. 또한 강우 시에는 다량의 하수와 빗물이 하수처리장으로 전달되기 때문에 하수처리장은 처리용량의 세 배(3Q) 정도까지는 1차 처리만을 거친 상태에서 방류하나 이를 넘어서는 경우 우회(bypass)하여 방류할 수밖에 없다. 강우 초기에는 평상시 하수에 이동에 의해서 바닥에 축적된 고형물 찌꺼기가 강우 시 하천으로 휩쓸려

들어가면서 하천에 심각한 오염을 야기할 수 있다. 따라서 현대의 하수관거 시스템은 이러한 문제를 보완하기 위해 하수와 빗물을 각각 이동하는 분류식 하수관거 시스템으로 전환하는 추세이다. 그러나 빗물의 경우 또한 지표면에 분포한 오염물질을 쓸고 들어올 수 있으며 이에 대한 대책이 필요하다.

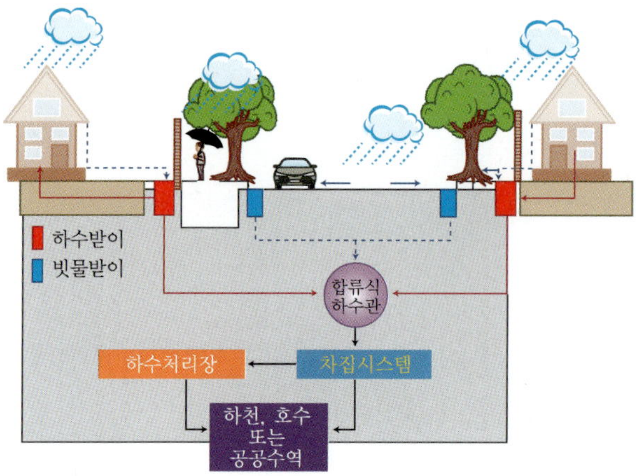

합류식 : Combined Sewer

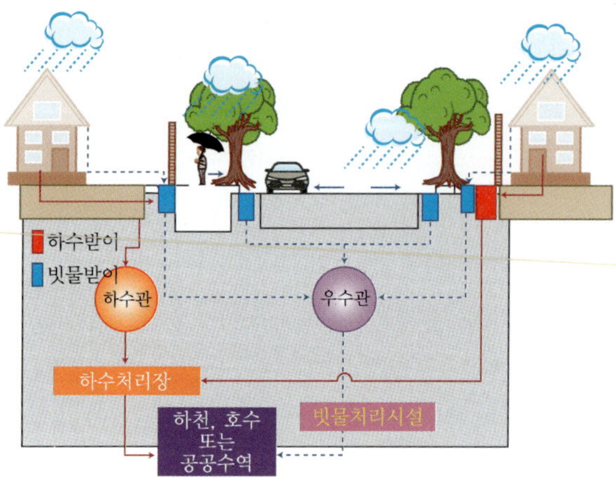

분류식 : Separate Sewer

그림 15.3 도시의 합류식관거와 분류식 관거의 개념도

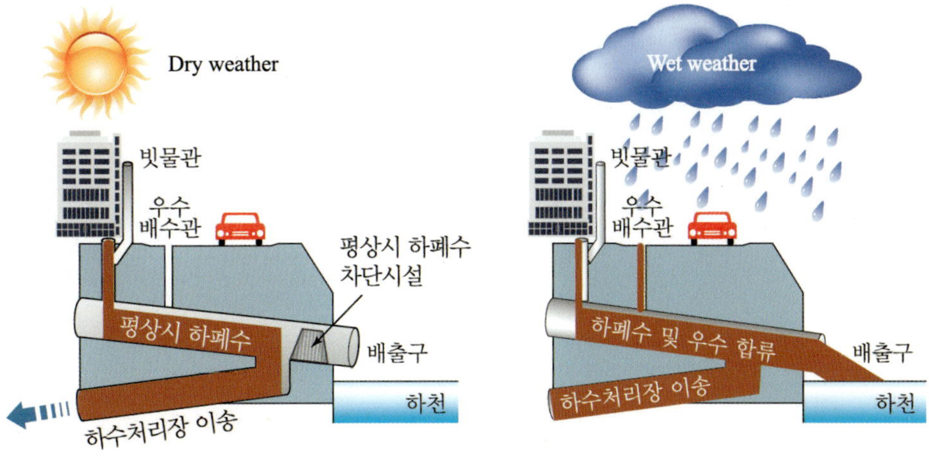

그림 15.4 합류식 하수관거 시스템에서 비강우시와 강우 시 하수와 빗물의 흐름

15.3 도시 표면의 고형물질 축적(Solid Build Up)

도시 공간에서는 강우에 의한 오염 현상을 계산하기 위해서는 불투수지역의 고형물질(suspended solid 또는 particulate matter)의 이동을 기초로 하는 경향이다. 도시 표면의 고형물질은 비강우 시의 축적(build up) 현상과 강우 시의 씻김(wash off) 현상의 두 가지 과정에 의해 하천으로 이동한다.

특히 강우 초기에 발생하는 초기세척 효과(first flush effect)는 단시간에 많은 양의 오염물질을 포함하여 방류되기 때문에 강우에 의한 오염 부하의 상당 부분을 차지할 수 있는 것으로 알려져 있다.

초기세척 현상에 의해 하천으로 유입되는 오염물질의 양에 영향을 미치는 인자는 비강우시 도시 유역에 축적되는 오염물질의 양이다. 오염물질의 축적은 첫째, 유역의 토지이용특성, 불투수성 지역의 면적 및 지형 등과 같은 유역의 특성과 둘째, 강우강도, 선행건기일수 등 강우의 특성 그리고 마지막으로 주기적 청소 및 도시오염물질을 차단하는 시설의 활용 및 유지관리와 같은 세 가지 중요한 요소의 영향을 받는다.

Roesner (1982)는 도시 공간의 단위면적당 고형물질 축적량 u_o (mass/area)는 다음과 같이 계산할 수 있다고 제안한 바 있다.

$$u_o = \frac{K_1 T_d}{K_2 + T_d} \tag{15-1}$$

여기서, K_1 : ultimate solids accumulation in mass between two storms

K_2 : half saturation coefficient

T_d : time elapsed since the last storm in days

또한 Huber and Dickenson (1988)은 고형물질 축적량을 다음과 같은 지수관계 함수(power relationship)를 제안한 바 있다.

$$u_o = K_3 T_d^{K_4} \tag{15-2}$$

Huber and Dickenson (1988)은 또한 다음과 같은 지수함수(exponential)를 제안한 바 있다.

$$u_o = K_5 \left(1 - e^{K_6 T_d}\right) \tag{15-3}$$

단위면적당 고형물질 축적량은 위 세 가지 식 중에서 대상지역에 가장 적합한 것을 선택하여 사용하게 된다.

고형물질 축적량 u_o를 이용하여 도시 표면에 축적되는 총오염물질량은 다음과 같이 계산할 수 있다.

$$P_o = P_e + u_o A_o \tag{15-4}$$

여기서, P_e : 가장 최근의 강우 후 표면에 남아있는 고형물질의 양(kg)

A_o : 강우 유출 시 오염물질의 배출에 영향을 미치는 불투수지역의 총면적 (m^2)

15.4 도시 표면의 고형물질 유출(Solid Wash off)

강우가 발생하였을 경우 표면의 씻김현상에 의한 고형물질의 이동은 다음과 같은 1차 반응식으로 가정하여 계산할 수 있다.

$$\frac{dP}{dt} = -kP \tag{15-5}$$

여기서, P : 지표면에 남아있는 오염물질의 질량(kg)
k : wash off coefficient (1/day)

P_t와 $P_t + \Delta t$를 각각 t 및 $t + \Delta t$시간 이후의 도시 표면의 고형물질량이라고 하면 $P_t + \Delta t$는 다음과 같이 계산할 수 있다.

$$P_{t+\Delta t} = P_t e^{-k\Delta t} \tag{15-6}$$

그리고 Δt 시간 사이에 씻겨 나간 고형물질량은 다음과 같이 각각 계산할 수 있다.

$$\Delta P = P_t - P_{t+\Delta t} = P_t\left(1 - e^{-k\Delta t}\right) \tag{15-7}$$

이때 씻겨 나간 오염물질의 질량을 지면유출총량(ΔV)으로 나누면 다음과 같이 평균 오염물질 농도를 계산할 수 있다.

$$C = \frac{\Delta P}{\Delta V} \tag{15-8}$$

여기서, ΔV : volume of runoff (m^3)

여기에서 오염물질의 부하율(W, kg/day)은 다음과 같이 계산된다.

$$W = \frac{\Delta P}{\Delta t} \tag{15-9}$$

따라서 강우 기간 중 지표유출에 의해 수계로 씻겨서 이동한 총고형물질량은 다음과 같이 계산할 수 있다.

$$\Delta P_T = P_o - P_D = P_o\left(1 - e^{-kD}\right) \tag{15-10}$$

여기서, D : 강우지속시간(hr 또는 day 등 시간단위)

예제 15.1

어느 도시 지역의 유역면적은 20 ha이다. 강우가 발생하기 전에 불투수층의 표면에는 2,500 kg의 고형물질이 축적되어 있다고 본다. 다음의 표에서 강우에 의한 유출유량은 (3)열에 표시되어 있을 때 지면유출의 오염물질의 농도와 오염부하율을 구하라. 단, 시간 간격은 t = 12 min = 0.2 hr이며 k = 1.8/cm라고 본다.

표 15.1 예제 15.4 자료

(1)	(2)	(3)	(4)	(5)	(6)	(7)	(8)	(9)	(10)	(11)	(12)
t_1	t_2	Q_1	r_1	r_a	ΔV	P_1	P_2	ΔP	c	c	W
(hr)	(hr)	cms	cm/hr	cm/hr	(m^3)	(kg)	(kg)	kg	kg/m^3	mg/L	kg/hr
0	0.2	0.00	0.000	0.025	13.33	2500	2442	58	4.331	4331	289
0.2	0.4	0.04	0.051	0.097	50.67	2442	2235	208	4.096	4096	1038
0.4	0.6	0.10	0.142	0.192	101.33	2235	1873	361	3.567	3567	1807
0.6	0.8	0.18	0.241	0.315	166.67	1873	1402	471	2.827	2827	2356
0.8	1.0	0.29	0.389	0.448	237.33	1402	928	474	1.997	1997	2369
1.0	1.2	0.37	0.508	0.554	293.33	928	558	370	1.263	1263	1852
1.2	1.4	0.44	0.599	0.594	315.67	558	323	235	0.747	747	1175
1.4	1.6	0.43	0.589	0.566	300.00	323	192	131	0.437	437	655
1.6	1.8	0.40	0.544	0.499	264.00	192	121	71	0.267	267	353
1.8	2.0	0.33	0.455	0.419	221.33	121	82	39	0.175	175	194
2.0	2.2	0.28	0.384	0.348	184.00	82	60	23	0.123	123	113
2.2	2.4	0.23	0.312	0.292	154.67	60	46	14	0.091	91	70
2.4	2.6	0.20	0.272	0.254	134.67	46	36	10	0.071	71	48
2.6	2.8	0.17	0.236	0.084	3060.0	887	821	66	0.022	22	330

(4)열은 (3)을 유역면적으로 나누고 단위를 변환한 단위면적당 유출률이다. (5)열은 해당 시간 구간의 단위면적당 평균유출률이다. (6)열은 (5)열의 값과 유역면적 및 구간 시간을 고려한 표면유출량이다. P_1 초기에 2,500 kg으로 주어졌으며 P_2는 식(15-6)을 이용하여 계산한다. (9)열은 (7)−(8)로 계산하며, (10)열은 식(15-8)로 계산하고, (11)은 (10)열을 일반적인 농도단위로 환산한 것이다. (12)열은 식(15.9)를 이용하여 계산한다.

15.5 단순계산법을 이용한 도시의 오염물질 유출

Schueler (1987)는 도시지역의 강우유출에 의한 오염부하량(L, kg)를 산정하는 방법을 다음의 식과 같이 제안하였다. 이 방법은 미국환경부의 NURP (Nationwide Urban Runoff Program study ; USEPA, 1983)라는 연구에 기초하였고 Washington D.C 인근에 사용된 바 있다.

$$L\,(\mathrm{kg}) = 2.21(P)(P_j)(R_v)(C)(A) \qquad (15\text{-}11)$$

여기서, P : 강우량(mm)

P_j : 지표유출을 일으키는 강우의 분율

R_v : 강우가 지표유출로 바뀌는 유출계수

$$R_v = 0.05 + 0.009(I) \qquad (15\text{-}12)$$

여기서, I : 불투수층 %

C : 오염물질의 유량가중평균 농도(mg/L)

A : 유역면적(km^2)

예제 15.2

12 ha 면적을 가지는 삼림지역을 주거지역으로 개발하고자 한다. 산림지역의 불투수층 비율은 4%이며 주거지는 42%로 산정되었다. 만약 이 지역의 연평균 강우량(P)이 1,000 mm이고, 위 두 가지의 토지이용 상황에 대해 90% 의 강우량이 지표유출로 바뀐다고 한다($P_j = 0.90$). 이 개발 현상으로 인한 연평균 인농도 부하량 유출량의 증가분을 계산하라. 단 삼림지역 강우유출에 의한 인농도는 0.15 mg/L, 주거지역은 0.26 mg/L라고 한다.

개발 전 $R_v = 0.05 + 0.009(4) = 0.086$

$L = 2.21(P)(P_j)(R_v)(C)(A) = 2.21(1000)(0.90)(0.086)(0.15)(0.12) = 3.06$ kg/yr

개발 후 $R_v = 0.05 + 0.009(42) = 0.428$

$L = 2.21(P)(P_j)(R_v)(C)(A) = 2.21(1000)(0.90)(0.428)(0.16)(0.12) = 26.4$ kg/yr

따라서 이 개발로 인해 한해 약 연간 총인의 유출량이 3.06 kg에서 26.4 kg으로 증가하게 된다.

15.6 도시 유역의 오염물질의 하천 이동 및 제어

그림 15.5는 대전의 관평천에서 채취된 강우 전, 강우 초기 그리고 일정 시간이 흐른 후 채취된 우수거의 시료를 보여준다. 강우 전에는 기본적인 계곡수 또는 지하수만이 유출되던 우수거에서 강우가 시작되자마자 유출수의 색깔이 짙은 검은색으로 변하고 강우가 진행됨에 따라 물의 검은색이 다소 옅어지는 것을 알 수 있으며 육안으로 보아도 강우 초기의 수질이 가장 나쁠 것임을 알 수 있다.

그림 15.5 **도시 우수거의 강우 시 시간별 수질변화 특성**

그림 15.6은 대전 갑천의 지류인 관평천의 일부 유역 중 주거 및 상업지역에서 관평천으로 유입되는 우수거 말단부위에서 강우 시 연속측정 및 수질분석 등을 통해 측정된 TSS, BOD, COD, TN 및 TP 농도의 변화특성 자료를 보여준다. 그림에 나타난 바와 같이 유량곡선은 강수량의 변화에 따라 증가 또는 감소한 경향을 보여주고 있으나 수질 곡선은 강우 초기에 급격하게 증가하고 지속적으로 감소하는 경향을 나타내고 있다. 이는 강우 초기 도시의 오염물질이 세척현상에 의해 대거 하천으로 유입되기 때문에 나타나는 현상이다. 그리고 강우가 지속됨에 따라 유역에 축적되었던 오염물질이 씻겨나감에 따라 점차로 감소하여 나타나는 현상이다.

수질 오염물질의 축적과 이동은 유역의 사회경제적 특성, 지형, 강우강도, 강우지속시간 및 선행강우일수 및 계절 등 다양한 요인에 따라 변화한다. 강우에 따른 오염물질의 발생 및 이동 특성은 시간에 따라 급변하는 강우특성과 상황과 혼재되어 실제로

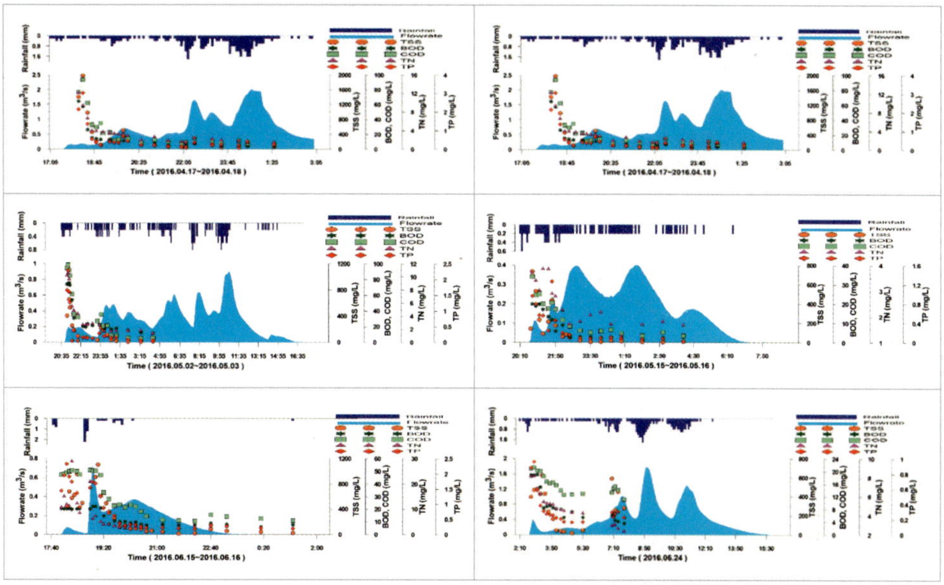

그림 15.6 **대전관평천의 빗물 자동 모니터링 자료 분석 결과(서동일 등, 2016b)**

정확하게 예측하기 매우 힘들다. 일부 보고서 등에서는 제한된 강우상황에서 측정한 자료를 산술평균 또는 유량가중평균한 EMC (event mean concentration)를 산정하여 사용하는 경향이니 이러한 자료 또한 정확도 문제가 지속적으로 제기되는 상황이다. 따라서 강우 시 정확한 오염부하 이동 특성을 측정 또는 예측하기 위해서는 다수의 연속측정자료를 확보하는 것이 필요하며 이를 위해서는 자동측정장비의 도입이 필요하다고 본다.

그림 15.7은 앞서 그림 8.10에 소개한 빗물자동모니터링 시스템(서동일과 방철호, 2012, Seo et al, 2017)을 이용하여 강우 시 관평천의 우수거에서 실시된 오염물질을 이용하여 성상을 분석하고 침강실험을 실시하기 위한 시료 채취 날짜 및 시간을 나타내고 있다(Seo & Kim, 2016). 시료 채취는 강우 시작 후 각각 1시간 간격으로 이루어졌다. 7월 22일 경우 초반에 집중강우가 발생한 반면 8월 25일의 경우 강우가 비교적 고르게 장시간에 걸쳐서 발생하였다. 10월 1일의 경우 초기에는 약한 강우가 내리다가 강우 시작 약 5시간 후부터 강우강도가 증가하는 특성이 있다. 11월 7일의 경우는 비교적 고른 강우가 약 4.5시간에 걸쳐 발생하였다.

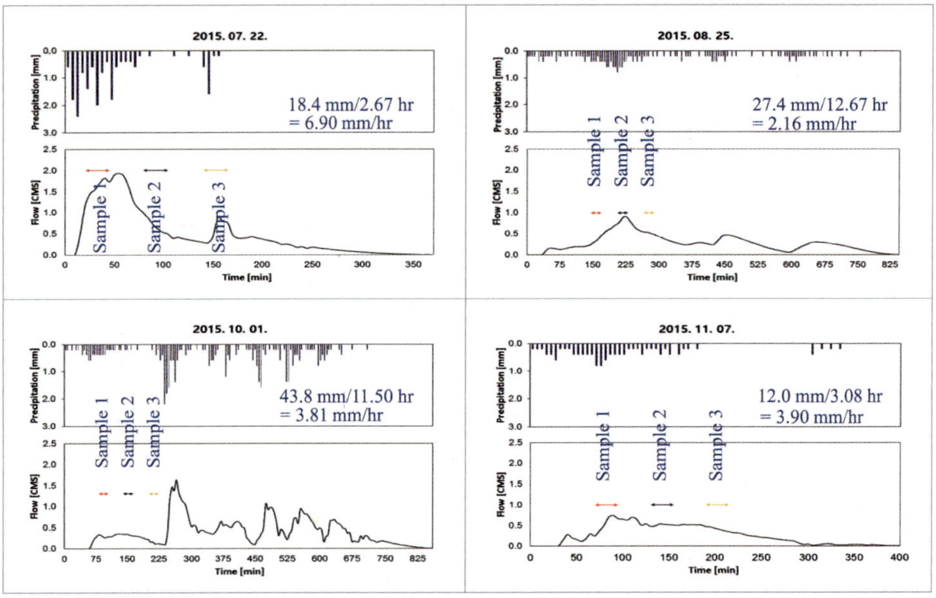

그림 15.7 강우초기 오염물질 채취 시기

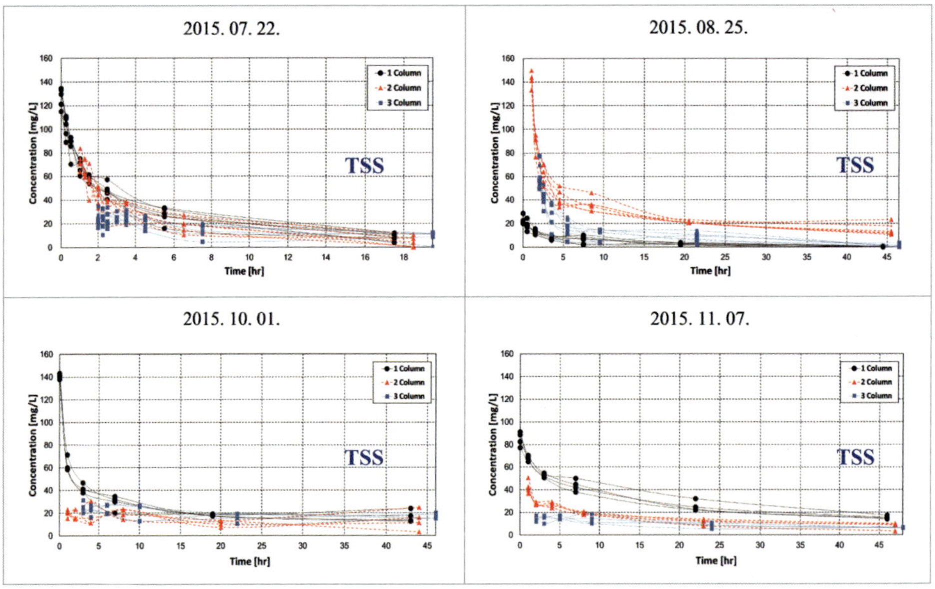

그림 15.8 강우 초기 1시간 간격으로 채취된 시료의 TSS 의 제거 효율 비교

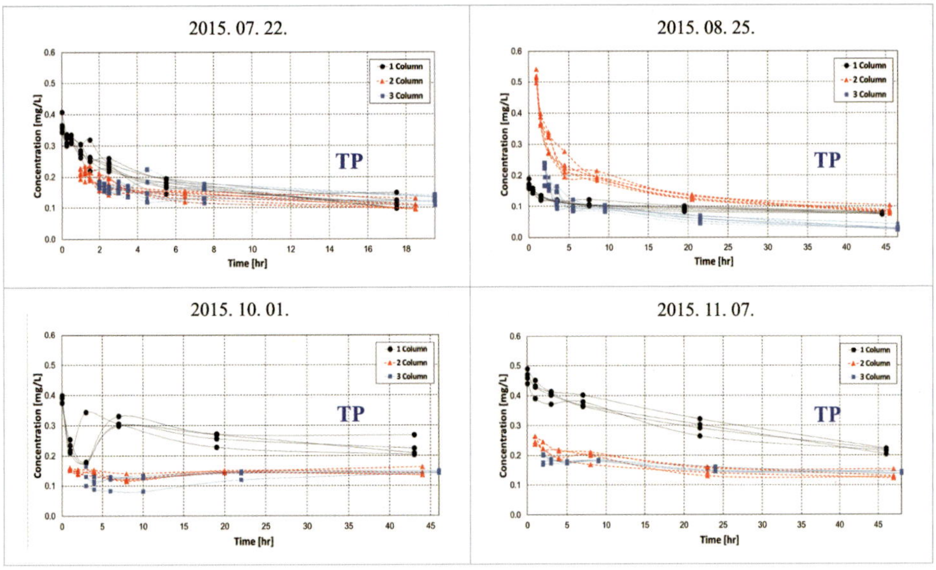

그림 15.9 강우 초기 1시간 간격으로 채취된 시료의 TP의 제거 효율 비교

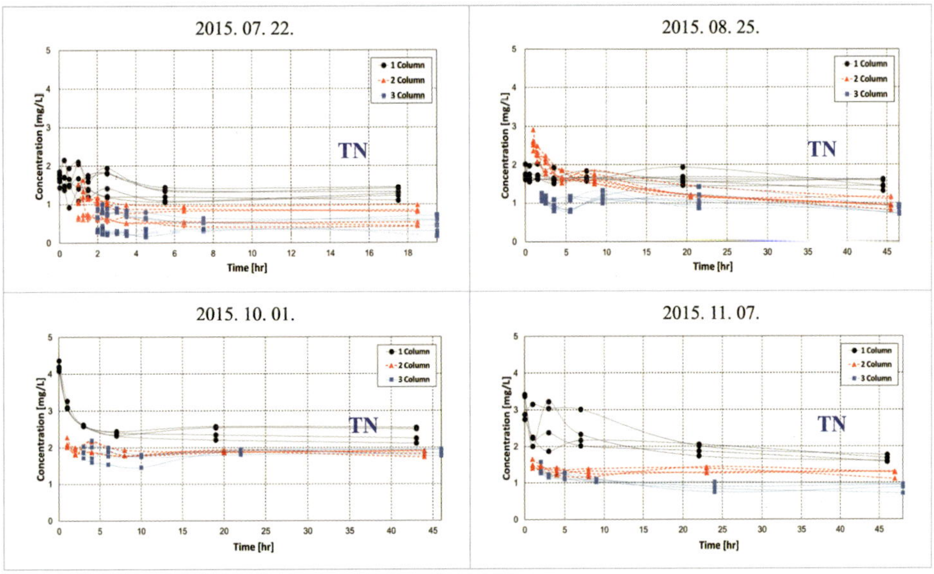

그림 15.10 강우 초기 1시간 간격으로 채취된 시료의 TN의 제거 효율 비교

그림 15.8~그림 15.10은 2015년 강우초기 1시간 간격으로 채취된 시료의 TSS, TP 및 TN의 침강에 의한 제거실험 결과를 나타내고 있다. 침강 실험 시 약 6시간 정도 후에는 침강에 의한 제거 효율이 둔화되는 경향을 보이고 있으며 약 12시간 정도면 상당부분 제거가 완성된 것을 관찰할 수 있다. 그러나 12시간 이후에도 계속적으로 제거는 이루어지고 있으며 평형에 도달하는 시간은 대략 18~24시간 정도가 되는 것으로 보인다. 그림 15.11은 TSS의 제거효율을 시간별로 나타낸 것이다(Seo & Kim, 2016). 한편 TSS의 경우, 7월 22일과 10월 1일 채취된 시료에서 첫 번째 시간대에 채취된 시료(검은색)에서 약 140 mg/L 수준의 농도를 보이는 반면 8월 25일의 그림에서는 첫 번째 시료는 30 mg/L 수준으로 보였으며 두 번째 시료(빨간색)에서 약 145 mg/L로서 가장 높은 농도를 나타내고 있다. 이는 강우 시 우수거로 유입되는 오염물질의 변화가 유역의 강우특성과 밀접하게 연관되어 있다는 것을 나타내며, 이는 연속측정을 통해서야만 자세하게 파악하는 것이 가능하다. 강우 초기 농도가 높은 시료의 오염물질 제거 효율이 상대적으로 높은 것을 알 수 있으며 TSS의 경우 가장 우수한

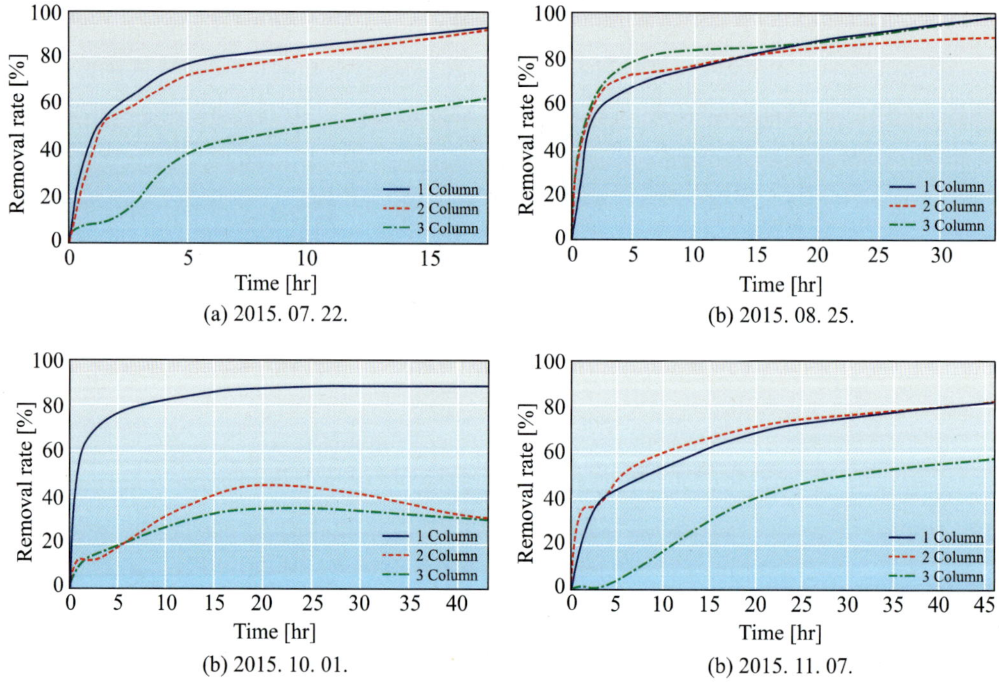

그림 15.11 강우 시 시간별 시료의 TSS의 침강제거효율(Seo & Kim, 2016)

표 15.2 강우초기 채취한 시료를 이용한 24시간 침강제거 실험 결과

시료채취일	수질변수	초기농도(mg/L)	최종농도(mg/L)	제거효율(%)
2015.03.18.	TSS	255.00	23.50	90.8
	TN	18.30	5.60	69.4
	TP	1.88	0.62	67.1
2015.08.25.	TSS	85.30	4.00	95.3
	TN	2.12	1.22	42.4
	TP	0.32	0.04	86.2
2015.10.01.	TSS	74.70	10.60	85.8
	TN	2.54	1.75	31.1
	TP	0.24	0.14	41.7
2015.11.07	TSS	53.60	8.80	83.6
	TN	2.22	1.20	45.9
	TP	0.32	0.18	44.2
2016.03.04.	TSS	122.00	30.50	75.0
	TN	0.27	0.15	44.4
	TP	2.11	1.49	29.4
2016.07.16.	TSS	236.00	9.50	96.0
	TN	15.20	2.10	85.2
	TP	2.05	0.15	92.5
2016.08.26.	TSS	59.80	8.50	85.7
	TN	3.49	3.49	0
	TP	0.14	0.07	47.7
2016.09.27.	TSS	59.60	7.10	88.2
	TN	2.47	1.33	46.3
	TP	0.41	0.16	62.3
2016.10.07	TSS	57.50	7.70	86.6
	TN	2.19	1.58	27.8
	TP	0.27	0.15	44.3
평균	TSS	111.50	12.24	87.44
	TN	5.31	2.05	43.61
	TP	0.86	0.33	57.27

제거 효율이 나타내는 것을 알 수 있다. TP의 경우 또한 초기시료의 수질 농도가 높은 경우에 상대적으로 제거 효율이 높은 것을 알 수 있다. 그러나 TN의 경우 침강에 의한 제거 효율이 전반적으로 저조한 것을 알 수 있다.

표 15.2는 각 일자의 강우 초기에 채취한 시료를 이용하여 24시간 동안 침강시킨 후 제거 효율을 조사한 것이다. TSS의 제거 효율은 87.4%로서 매우 우수한 편이며 TP와 TN의 제거 효율은 각각 57.3% 및 43.6%로 나타났다. 한편 TSS의 제거효율은 Schuler (1987)가 미국의 대도시의 강우 시 시료를 이용하여 침검실험을 실시한 것과 매우 유사한 범위를 나타낸다. 그러나 이 표에 나타난 제거 효율은 강우 초기 고농도의 시료를 대상으로 한 것으로서 일반적인 강우의 제거효율과는 차이가 있는 것을 주의해야 한다.

그림 15.12의 가운데 그림들은 11월 7일 채취된 시료를 이용하여 입도 분포 및 침강에 의한 오염물질 제거 효율을 나타낸 것이다. 우선 가장 먼저 채취된 시료의 입경은 5~400 μm 범위에 있으며 다수의 시료가 100 μm 부근에 분포해 있다. 그러나 두 번째 와 세 번째 채취된 시료는 10 μm 부근에 집중되어 있으며 세 번째 시료의 최대 입자는 200 μm가 최대치인 것으로 나타난다. 즉 강우초기 운동에너지가 높은 경우 비교적 큰 입자들이 우수거로 이동하나 시간이 흐를수록 입자의 크기가 작아지는 경향을 보이고 있다.

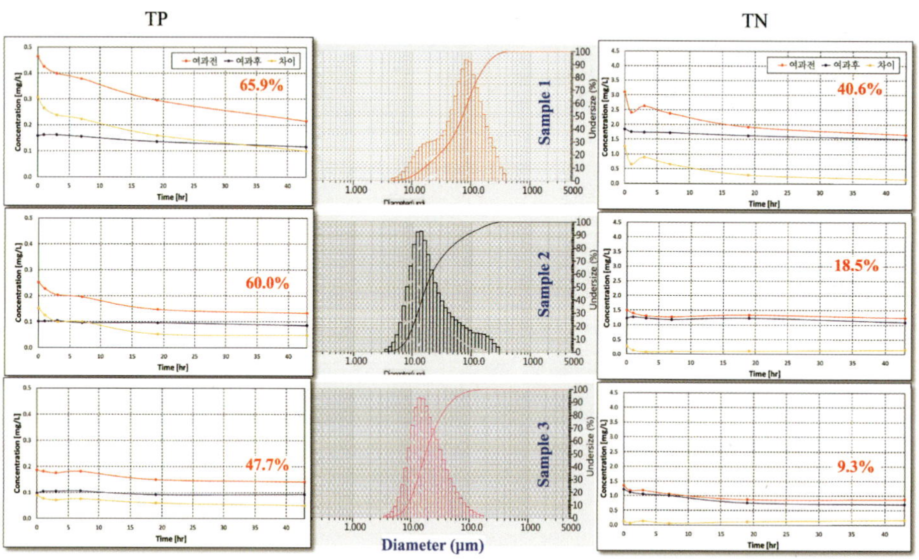

그림 15.12 강우시 시간별 시료의 입경분포 및 여과전후 침강 제거 효율

그림 15.12의 양쪽 그림(왼편 TP, 오른편 TN)은 원시료와 1.5 μm 종이필터를 이용하여 여과한 시료의 분율을 함께 나타내고 있다. 첫 번째 시료는 고형물 분률이 가장 높으나 시간이 갈수록 고형물 분율이 감소하는 것을 알 수 있다. 또한 TP의 경우 고형물 분율이 47.7~65.9% 수준이나 TN의 경우 첫 번째 시료에서 40.6%에 달하던 것이 세 번째 시료에서는 9.3%까지 감소하는 것을 알 수 있다. 이는 TP는 여과 전후가 차이가 크다는 것을 말해 주며 고형물질에 상당 부분 흡착을 통해 붙어 있는 반면, TN의 경우는 상대적으로 여과 전후의 차이가 작으며 이는 TN의 상당 부분이 용존성 물질이라는 것을 의미한다. 따라서 용존성 물질이 우세한 TN의 경우는 침강을 통해 제거하는 것이 어려울 수밖에 없다.

15.7 첨단기술을 이용한 강우초기 오염물질의 제어 및 빗물의 재활용

Seo 등(2017)은 상기의 실험자료를 바탕으로 그림 15.13에 나타난 바와 같이 강우초기 도시 우수거에서 오염물질을 제거할 수 있는 FIRMS (First Flush Runoff Management System)라는 제어시설을 개발하고 대전의 관평천에 현장 실험 시설을 설치하여 운영한 바 있나.

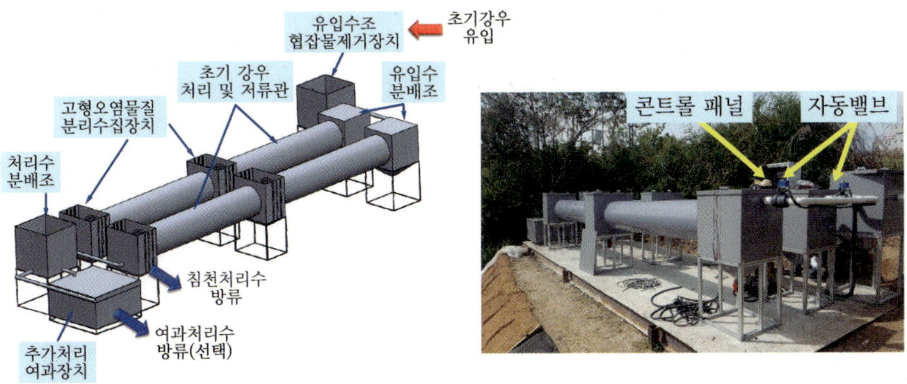

그림 15.13 도시의 초기강우 오염제어 시설(FIRMS)의 개념도 및 현장실험장치

또한 Seo (2017) 등은 그림 15.14에 나타난 바와 같이 상기의 시스템을 효율적으로 운영하기 위하여 일기예보 정보를 실시간으로 획득하여 유역 모델에 적용하여 유출량과 수질을 예측하고 시스템을 운영하기 위한 ISTORMS (Integrated STOrmwater Runoff Management System)를 개발하여 발표한 바 있다. 즉, 강우가 발생하여 오염물질농도가 높을 것이 예상되는 경우 FIRMS의 수조는 원격제어 또는 자동으로 비워지고 오염물질 처리를 할 준비를 하게 된다. 유입되는 유출량과 오염물질 농도는 현장의 IoT 센서를 통해 측정되고 이는 또한 FIRMS 처리 시설의 운영에 실시간으로 반영될 수 있다. 강우 유출수는 처리장치에 비하여 매우 많을 수 있으므로 처리장치는 가장 오염물질 농도가 높은 경우에 처리를 실시하며 일정시간 후 오염물질 농도가 낮아지는 경우 처리를 실시하지 아니하고 하천으로 방류를 하도록 할 수 있다. 한편 처리장치에 의해서 처리된 오염수는 인근 공원의 조경용수나 도로의 청소용수 또는 하천의 유지용수로 재활용할 수 있다.

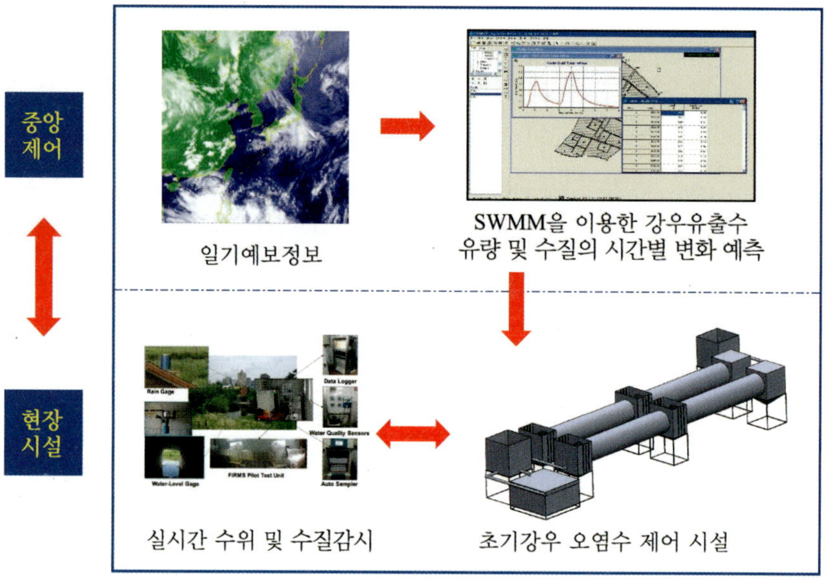

그림 15.14 도시의 초기 강우 오염을 효과적으로 제어하기 위한 ISTORMS의 구성 및 운영 방법

16

강우 시 오염부하 저감 방법

16.1 비점오염부하 저감을 위한 기술

미국환경부에서 개발한 도시유역 모델 SWMM (Rossman and Huber, 2016)에서는 오염된 도시우수를 처리할 수 있는 방법으로서 최적관리방법(BMP, best management practices)을 제안한 바 있다. 최적관리방법은 기술적 또는 구조적(structural)인 방법과 특별한 기술적인 요소를 필요로 하지 않는 비구조적(nonstructural)인 방법이 있다. 비구조적인 방법은 일반적으로 정책이나 교육 또는 자원봉사 등에의 해서 이루어지는 방법이다. 기술적인 방법은 자연과학적인 원리와 공학적인 설계가 필요하다. 기술적인 방법으로서는 침강, 부상, 여과, 침투, 흡착, 생물학적 섭취 또는 분해, 화학적 처리, 자연분해 및 수리동역학적 분리 등이 있다. 미국환경부(USEPA, 2005)는 표 16.1에 나타난 바와 같이 BMP 시설로서 침투시설, 식생수로, 여과시설(장치형 또는 기계식 시설은 제외), 저류시설, 증발시설 및 인공습지 등이 사용 가능하다고 보고하고 있다.

그러나 또한 용존성분 또한 생물화학적인 반응에 의해 처리할 수도 있으며 경우에 따라 응집제나 반응촉매 등 화학약품의 투입으로 처리 효율을 높일 수도 있다. 기술적으로 가능한 것들은 많지만 강우에 의한 오염을 제어하는 기술은 대상면적이 넓거나 용량이 매우 크면서 시간적으로 불규칙한 상황에 적용되는 경우가 대부분이다. 따라서 일반적으로 처리장에서 사용하는 것과 같이 시설비가 많이 들거나, 에너지, 약품 및 인건비 등을 포함하는 유지관리 비용이 과다하게 요구되는 시설과 장치는 그 처리

표 16.1 최적관리기법의 예

처리방법	정 의	예시
침강 (Sedimentation)	수중의 고형물질을 중력에 의해 침강 제거하는 시설	저류지, 인공습지 등
부상 (Floatation)	물보다 밀도가 낮은 물질들을 제거하는 방법	기름제거, 원심력 분리, 가압부상분리
여과 (Filtration)	모래나 자갈 또는 토양과 같은 다공성물질의 사이를 통과시켜 고형성 오염물질을 제거하는 방법	모래여과, 거름망 등
침투 (Infiltration)	강우 유출수를 토양으로 침두 이동시키는 것을 유도하는 장치	침투저류조, 침투도랑, 인공습지 등
흡착 (Adsorption)	진흙이나 식생 또는 특정 여과제를 이용하여 오염물질을 흡착 제거	침투시설, 철염을 포함한 모래여과, 인공습지
생물학적 처리	수생식물이나 미생물을 이용하여 오염물질을 생물학적으로 제거	인공습지 등
화학적 처리	응집제등을 이용한 침강 보조제 사용 또는 소독제를 사용한 세균의 제거	장치형 시설
자연적 처리	자정작용을 이용한 각종 분해현상을 이용	인공습지 등
원심분리	강우 유출수들의 고형성 오염물질을 와류와 원심력을 이용한 분리	원심분리장치, 유분제거 장치 등

목적과 비교하여 사용하기 어려운 경우가 대부분이다.

강우 시 유역에서 우수거 및 하천으로 유입되는 오염물질 농도는 매우 다양하다. 앞서 15.6절에서 소개한 바와 같이 강우에 의하여 유입되는 오염물질의 상당부분은 고형물질의 침강에 따라 제거가 가능하다. 미국의 다수의 지역에서는 표 16.2에 나타난 바와 같이 도시강우에서 TSS 연간오염부하를 80%까지 저감하도록 법으로 규정하고 있다.

앞서 설명한 저류지나 유수지는 강우에 의한 유출수를 저류함으로써 하류의 홍수피해에 대한 방지효과도 있지만 장시간 저류하는 동안 침강작용을 이용하여 고형물질 및 오염물질 부하량을 감소시킬 수 있다. 저류 시설은 크게 단일강우를 대상으로 하는 경우와 연속적인 강우를 대상으로 하는 경우로 대별될 수 있다. 단일 강우를 대상으로 하는 경우 해당 유역에서 자주 발생하는 강우현상을 대상으로 하는 것이 바람직하며, 강우 초기 유출수에 오염물질부하가 다량 발생하므로 이를 관리하는 것에 초점을 맞

표 16.2 강우 시 TSS 제거 기준(USEPA, 2005)

장소	법적기준	조 건
Olympia, WA	TSS의 80% 제거	6개월 빈도 및 지속시간 24시간 강우를 처리
Orlando, FL	연평균 TSS 부하의 80% 처리	강유 유출수의 초기 0.5 inch (1.27 cm) 또는 초기 강우량 1 inch (2.54 cm) 중 큰 것을 처리
Winter Park, FL	연평균 TSS 부하의 80% 처리	저류지를 이용하여 초기 1 inch의 유출수를 처리
Baltimore, MD	연평균 TSS 부하의 80% 처리	불투수성 면적의 강우 초기 유출수 0.5 inch를 처리
SFWMD*	연평균 TSS 부하의 최소 80% 처리	불투수지역 면적의 10~2.5 inch 유출수를 처리
Delaware	연평균 TSS 부하의 최소 80% 처리	승인된 처리방법을 이용하여 1 inch의 초기 유출수를 처리
Florida	연평균 TSS 부하의 최소 80% 처리	처리 방법에 따라 0.5~1.5 inch의 유출수를 처리
New Jersey	연평균 TSS 부하의 80% 처리	최소한 2시간 동안 1.25 inch 이상의 유출수 또는 1년 빈도 24 시간 강우를 처리
South Carolina	연평균 TSS 부하의 최소 80% 처리	방법에 따라 0.5~1.0 inch의 유출수를 처리

* South Florida Water Management District

추어야 한다. 물론 저류지의 여건에 따라 강우량이 많은 경우에 대해서도 강우 초기의 요염물질을 처리하는 데에 사용할 수도 있다.

연속적인 강우를 대상으로 할 때에는 저류시간(detention time)을 충분히 확보하여 침강처리의 효율을 최대화해야 하고, 다음의 강우를 대비하여 조속히 저류지의 용량을 확보하는 것이 바람직하며 이 때 필요한 시간을 배출시간(emptying time)이라고 부른다. 예를 들어, 미국의 일부 지역에서는 다음 강우에 대비하는 emptying time으로서 18~72시간의 범위에서 정하고 있다. 연속강우의 경우에는 SWMM 등과 같은 유역 모델을 이용하여 예측하고 설계 및 저류지 운영에 반영할 수 있다.

16.2 비점오염부하 저감을 위한 저류조의 설계

서동일과 김재영(2016)은 대전의 강우 시 지표유출수를 대상으로 24시간 침강실험을 실시한 결과 TSS는 87%, TP는 57% 그리고 TN은 44%가 제거되는 것으로 보고한 바 있다. 저류지와 유수지는 강우에 대해서 최대유량 또는 최대수위를 저감시키기 위하여 설치되어 왔으나 이 시설에서 오염물질의 침강 및 각종 반응이 이루어질 수 있으므로 적절한 운영관리를 통해서 비점오염물질을 제거할 수 있다면 일거양득이 될 수 있다.

Whipple and Randall (1983)은 강우 시 채취한 표면유출 시료를 이용하여 실험한 결과 18시간의 침강에 의해 TSS, Pb 및 Hydro Carbons은 60% 가량, BOD, Cu, phosphates 등은 45% 가량 제거할 수 있다고 보고한 바 있다.

Schueller (1987) 또한 24시간의 침강에 의해 TSS는 75%, TP는 50% 그리고 TN은 30% 가량의 제거효율을 나타낸다고 보고한 바 있다.

이러한 관점에서 저류지 또는 유수지를 이용하여 홍수로부터의 피해도 예방하고 수질오염부하를 감소시키고자 하는 시도가 지속적으로 이루어지고 있다.

그림 16.1은 확장저류지(extended retention basin)의 개념도를 나타내고 있다. 이러한 저류지는 10년 강우 빈도 등 일정빈도의 강우량에 대해 설계되어 홍수에 대비한 용량을 가지고 있으면서 간헐적으로 나타나는 소규모의 강우에 대해서는 수질관리를 위해 일정 부분을 사용한다. 수질관리에 사용되는 공간에서는 침강, 생화학적 분해 및 식생에 의한 분해 등에 의해 오염물질을 제어할 수 있다. 이러한 시설에서 항상 물속에 잠겨있는 부분은 수질관리에 사용할 수도 있으나 적절하게 관리되지 않을 경우 해충이나 악취의 발생 또는 조류의 출몰에 의한 주변 오염 등의 문제점을 나타낼 수도 있다.

앞서 13장에서 홍수 등의 방지를 위한 유수지의 크기를 결정하는 방법을 소개한 바 있다. 유수지 또는 저류지 설계에 있어서 수질관리를 위해 오염물질을 제거하기 위해 충분한 체류시간을 제공하는 데에 사용되는 용량을 수질용량(water quality volume)이라고 부른다.

수질용량은 대상 유역의 크기와 특성에 따라 서로 다르게 결정되는 경향이다. 일반적으로 수질용량(S_Q)은 다음의 식들에 의해 결정된다.

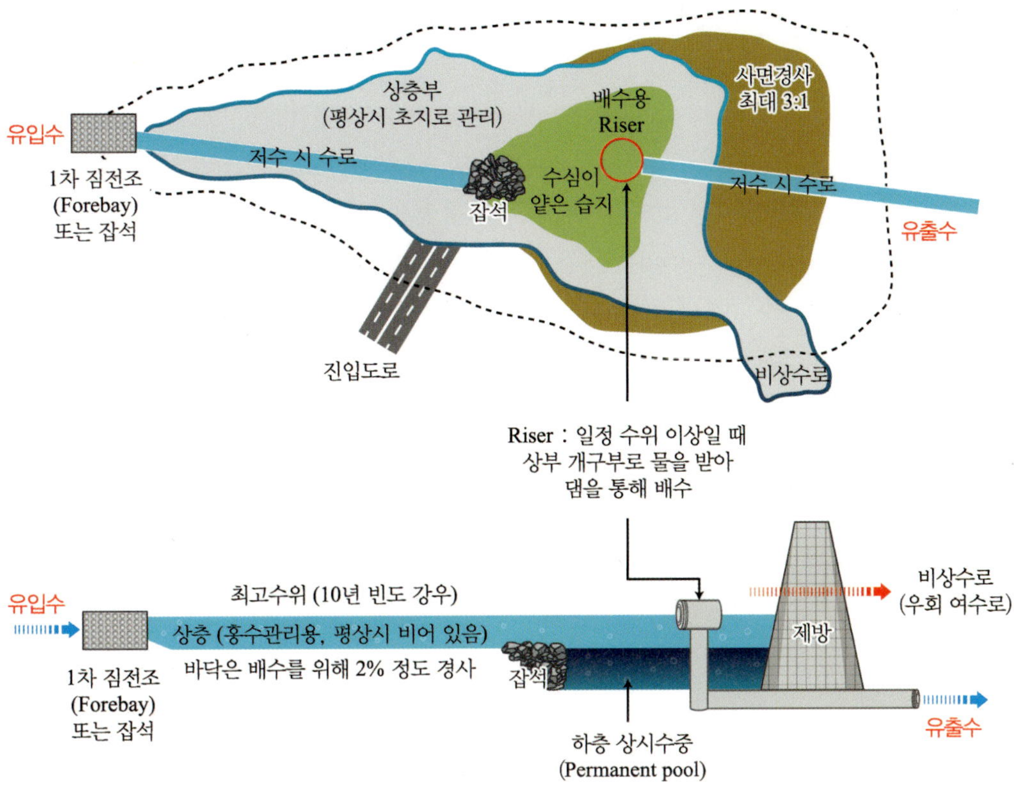

그림 16.1 확장저류지의 개념도

$$S_Q = CP_Q A \text{ 또는 } C i T_d A \tag{16-1}$$

또는

$$S_Q = PA_i \tag{16-2}$$

여기서, A : 유역의 총면적(m^2)

A_i : 유역의 불투수면 면적(m^2)

C : 유역의 유출계수

i : 유역의 대상 강우강도(m/hr)

P : 역의 강우량(m)

P_Q : 유역의 처리가 필요한 총강우량(m)

T_d : 강우지속시간(hr)

불투수면적에 따른 유역의 유출계수는 다음과 같이 제안된 바 있다(Akan and

Houghtalen, 2003).

$$C = 0.05 + 0.009(\text{불투수면적 \%}) \tag{16-3}$$

또한 앞서 그림 15.6에 나타난 바와 같이 해당 지역의 관측자료를 대상으로 수질용량을 결정하거나 SWMM과 같은 유역모델을 사용하여 결정할 수도 있다.

미국에서는 지역별로 유역의 전체 또는 불투수면 등에 내리는 강우량의 0.5~1 inch (1.25~2.54 cm)를 수질용량으로 정하는 경향이다. 우리나라에서는 5 mm의 강우량을 기준으로 하고 있다.

16.3 수질침투도랑의 설계

수질오염부하를 제어하기 위한 수질침투도랑(Water quality trench)은 홍수제어를 위한 시설 보다는 상대적으로 규모가 작은 편으로서 유역 면적이 2 ha 이하의 지역에 적당한 시설이다. 이 시설은 입경이 작은 고형물질이나 용존성 오염물질을 제거하는 데에 효과적이며 입자가 큰 고형물질을 처리하기 위해서는 전처리가 필요하다. 일반적으로 수질침투도랑의 용량은 유역면적 × 1 inch (또는 2.54 cm) 또는 불투수지역 면적 × 0.5 inch (1.74 cm)를 사용한다. 또한 이 도랑은 강우 시 72시간 내에 완전배수가 이루어고 최소 48시간 이상의 체류시간을 가지는 것으로 설계하는 것이 바람직하다고 알려져 있다. 수질침투 도랑의 처리 효율은 BOD 60~70%, TP 50~60%, 박테리아 90% 정도로 알려져 있다.

도랑의 깊이(d_t)는 배수에 소요되는 시간에 따라 다음과 같이 결정된다.

$$d_{max} = \frac{f\,T_{max}}{\phi} \tag{16-3}$$

$$d_{min} = \frac{f\,T_{min}}{\phi} \tag{16-4}$$

여기서, f : 도랑 내부 토양의 평균 침투능(cm/hr)

T_{max} : 최장 배수 시간
T_{min} : 최단 배수 시간
ϕ : 도랑 내부 토양공극률

수질침투도랑의 용량(S_Q)은 다음과 같이 결정된다.

$$S_Q = \phi L W d_t \tag{16-5}$$

여기서, L : 수질침투도랑의 길이
W : 수질침투도랑의 폭

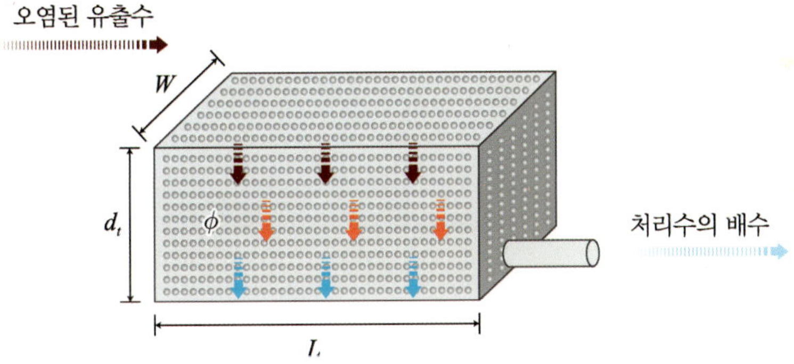

그림 16.2 수질침투도랑의 오염부하 처리 개념도

예제 16.1

어느 상업 지역의 유역면적이 1 ha이며 이 중 80%가 불투수 면적인 경우 강우량 2.5 cm에 대한 수질용량(S_Q)과 수질침투도랑의 깊이를 설계하라. 단, 도랑의 침투계수는 2.0 cm/hr, 공극률은 0.4, 최대 및 최소 배수시간은 각각 72시간 및 48시간이다. 또한 강우 유출 계수 $C = 0.05 + 0.009$ (Impervious area percent)로 계산할 수 있다고 한다.

수질침투도랑의 대상 수질용량은 식(16-1)을 이용하여 다음과 같이 결정할 수 있다.
처리대상 유역 면적 80% 불투수 면적을 가지는 유역의 유출계수는 식(16-3)을 이용하여 다음과 같이 계산될 수 있다.
$C = 0.05 + 0.009 \times 80 = 0.77$
한편 수질용량은 다음과 같이 산정된다.
$S_Q = (0.77) \times (2.5\,\text{cm}) \times (1\,\text{ha}) = 19{,}250\,\text{m}^3$
침투도랑의 최대 및 최소 깊이는 각각 3.6 m와 2.0 m로 계산된다.

$$d_{max} = \frac{(2.0\,cm/hr)(72hr)}{0.4} = 3.6\,m, \; d_{min} = \frac{(2.0\,cm/hr)(48hr)}{0.4} = 2.4\,m$$

한편 수질용량을 만족하는 수질침투도랑은 다음의 결과를 이용하여 현장의 조건에 적합한 L과 W를 결정하게 된다.

$$S_Q = \phi L W d_t = 0.4(LW)(3.6\,m) = 19{,}250\,m^3$$

저류지의 설계에 또 하나 중요한 것은 상시수중용량(permanent pool volume)이다. 이 부분은 그림 16.1의 가장 낮은 지역에 해당하며 항상 물이 고여 있는 지역이다. 표 16.3은 상시수중용량을 결정하는 기준으로서 몇 가지의 예를 소개한 것이다. 대부분의 경우 수질용량의 3배 가량이 가장 일반적이며 1～4배의 범위에서 결정되는 경향이다.

그러나 강우 시 유입되는 오염물질의 성상은 유역의 공간적, 시간적 및 사회적 특성에 따라 크게 달라지므로 실제로는 현지의 시료를 대상으로 다수의 침강실험을 거친 후 결정하는 것이 바람직할 것으로 보인다.

표 16.3 상시수중용량 결정 기준 예

크기	참고문헌
수질용량 × 3	Yu and Kaign (1996), Brown et al. 1996)
유역면적 × 0.5 in (12.7 mm)	Montgomery County (MA), 1984
평균강우량 × 4	ASCE (1998)
14 days	Florida
수질용량 × (1～1.5)	Colorado
수질용량 × (3～4)	California

예제 16.2

어느 지역의 면적이 10 ha이며 불투수포장 면적이 80%를 차지한다고 한다. 이 지역의 수질용량(water quality volume)은 불투수 면적에 대해 하루 10 mm의 강우를 기준으로 결정한다고 할 때 필요한 저류지의 수질용량과 상시수중용량을 계산하라. 상시수중용량은 수질용량의의 3배라고 한다.

수질용량 = 10 mm × 10 ha = 1,000 m^3
상시수중용량 = 3 × WQV = 3,000 m^3
수질용량이 결정되면 처리대상유량의 체류시간을 결정하여야 한다. 18～72 hr 가량(24 hr이 가장 많음)의 범위에서 저류하고 방류할 것을 권고하고 있다.

16.4 저영향 개발(Low Impact Development, LID) 방법

저영향개발(LID)이란 유역의 강우관리를 위해 일련의 식생을 이용한 처리기법을 사용하는 생태기반 강우관리 방법이다. LID는 강우유출이 발생 또는 인근지점에서 침투, 여과, 저류 및 증발 등을 통해 지역의 개발 이전의 수문학적 순환상태를 유지하고자 하는 것이 중요한 사용목적이다. 이 방법은 도로, 도랑, 우수관, 저류시설 등 사회기반시설을 통해 빗물을 이송하는 기존의 소위 "pipe-and-pond"의 개념과는 확실하게 비교되는 개념이다. LID 방법은 저류시설, 침투시설, 증발산 시설과 같이 여러 처리시설의 조합에 의해 불투수층에 도달하여 하천이나 우수거로 오염된 상태로 이송될 수 있는 빗물을 처리하는 시설이며 강우유출수를 개선하고자 하는 방법이다.

SWMM은 그림 16.3에 나타난 바와 같은 8가지의 LID 방법을 탑재하여 도시의 빗물관리에 사용할 수 있도록 하고 있다.

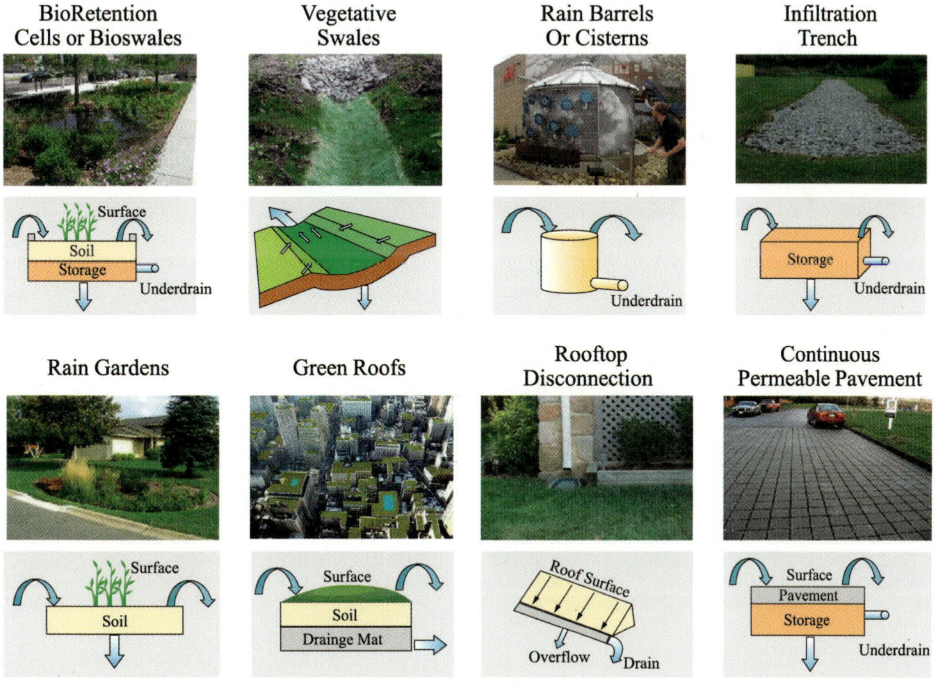

그림 16.3 SWMM5.2 모델에 탑재된 LID 기법의 종류

LID는 녹색 사회기반 시설(green infrastructure, GI), 종합관리 시설(integrated management practices, IMPs) 지속가능 도시배수 시스템(sustainable urban drainage systems, SUDS) 또는 빗물관리 방법(stormwater control measures, SCMs)이라는 용어로 불리기도 한다.

LID 방법은 크게 식생을 이용하는 방법, 침투(infiltration)를 이용하는 방법 그리고 빗물을 저장하거나 직접 이용하는 방법으로 나뉜다.

16.4.1 식생을 이용하는 방법

이 방법에는 식생연못(bio-retention cells), 빗물정원(rain gardens) 그리고 녹색옥상(green roofs)이 해당된다. 식생연못은 자갈 배수시설이 위에 식생이 자랄 수 있는 토양층이 있는 움푹 들어간 곳을 말한다. 빗물정원은 식생연못의 일종으로서 건물 지붕이나 도로 등의 빗물을 모아 지하수로 침투될 수 있게 조성된 토양에 잔디 또는 화초 등을 식재한 것이다. 녹색옥상은 옥상의 면적을 이용하여 별도의 배수시설을 설치하고 토양층을 조성하여 식생정원을 설치한 곳을 말한다. 이때에 식재된 식물들은 토양층의 빗물을 잘 흐르게 하거나 증발산을 통해 수준을 공기 중으로 돌려보내는 작용을 한다.

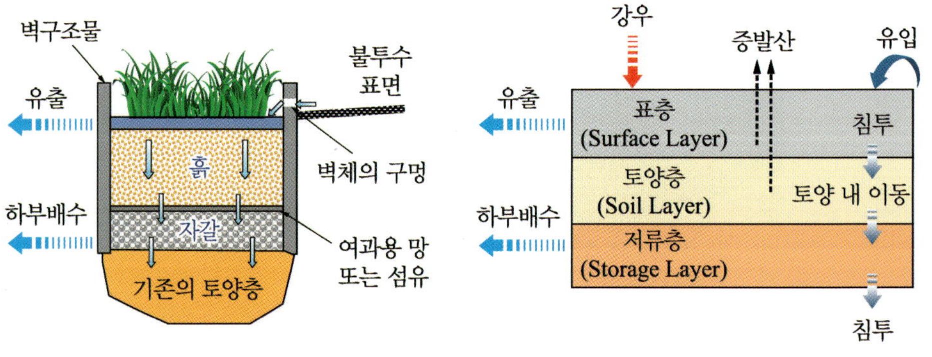

그림 16.4 식생을 이용하는 LID 방법의 빗물 흐름도

식생연못형 시설에는 그림 16.4에 나타난 바와 같이 빗물이 시설에 유입되면 상층부에서는 식생과 토양에 의해 빗물이 흡수되거나 침투되며, 여분의 빗물은 인근의 시설 또는 외부로 배출된다. 하부의 배수시설은 식생이나 토양에 의해 여과된 빗물을 저장하거나 배수할 수 있게 설계된다.

16.4.2 침투시설을 이용하는 방법

이 방법에는 침투도랑(infiltration trenches), 식생수로(vegetative swale), 투수성포장(permeable pavement) 및 블록포장기법(block paver) 등이 포함된다. 침투도랑은 토양층위에 자갈이 포설된 좁은 수로로서 표면의 경사를 따라 흘러들어오는 불투수 지역의 지표유출수를 저류차단하여 저류함으로써 침투될 수 있는 추가시간을 제공할 수 있는 시설이다. 식생수로는 잔디나 식생으로 덮여 있는 수로 또는 지역에 일정 수준의 경사를 주어 지표유출수의 이동 속도를 감소시키고 하층의 토양에 침투가 조금 더 잘 되도록 유도하는 시설이다. 투수성 포장은 주차장 바닥을 파내고 자갈을 포설한 표면에 투수성 곤크리트나 아스팔트를 설치한 것이다. 블록포상은 하부에 배수시설을 갖추고 모래나 자갈층 위에 불투수성 블록을 설치하는 방법이다. 빗물을 블록 사이를 통과하여 저장시설이나 토양층으로 이동하게 된다.

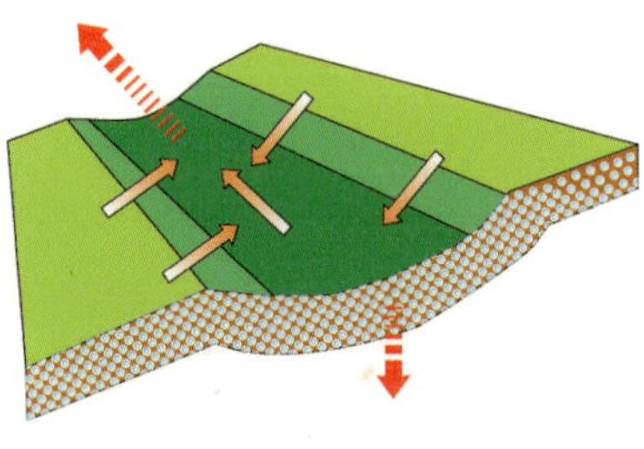

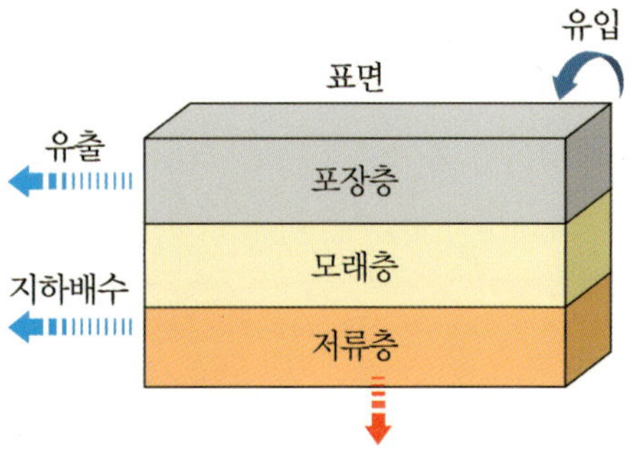

그림 16.5 침투(infiltration)를 이용하는 빗물처리시설

16.4.3 빗물저류통 시설을 이용하는 방법

빗물저류시설은 그림 16.6에 나타난 바와 같이 강우 시 우수를 저장했다가 필요한 경우 다시 사용할 수 있도록 하는 통이나 저류조와 같은 시설이다. 옥상차단(rooftop disconnection)은 기존의 우수거로 연결되어 있던 홈통을 투수성 지역이나 잔디밭 방향으로 흐르도록 하는 것으로서 독립가옥 또는 건물 등에서 사용할 수 있다. 저류된 물은 필요한 용도에 따라 조경용수 또는 청소용수 등으로 활용될 수 있다. 우리나라의 경우 학교 또는 공공기관 등에 널리 사용이 권장되어 온 시설이나, 효과적인 재사용을 위해 재사용하는 물에서 악취가 나거나 세균 등이 자라지 않도록 수질관리에 유의할 필요가 있다.

위에 열거한 모든 방법은 하부에 배수시설을 두어 처리용량이 초과하는 경우 침수가 발생하지 않도록 하는 것이 바람직하다. 또한 자연토양으로 오염물질이 이동하지 않도록 불투수 재료를 사용하여 차수가 필요할 경우도 있다. 또한 침투시설이나 투수형 포장 지역은 투수를 위한 공극이 막히는 경우 빗물 처리 효율이 심각하게 감소될 수 있다.

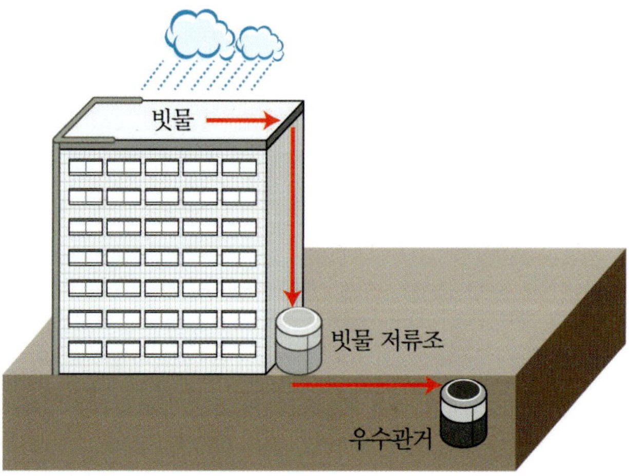

그림 16.6 빗물 저류시설을 이용하는 방법

16.5 빗물처리시설의 오염물질 농도 예측

도시공간을 합리적으로 이용하기 위해 빗물 및 오염부하를 관리하는 데에 LID 시설에 대한 적정 크기 및 개수를 결정하는 것은 해당 설계의 기본적인 요소이다. SWMM은 각각의 BMP 또는 LID 기법을 적용한 후 유출수의 농도를 계산하는 방법을 다음과 같이 예시하고 있다.

(1) EMC 방법

처리 시설에 의한 유출수의 농도는 일정하다고 가정하는 방법이다. 예를 들어, 임의의 오염물질 C에 대해 $C_{x,out} = 10\,\text{mg/L}$ 등으로 가정하는 방법이다. 이 수치는 기존의 측정자료를 이용하여 결정한다.

(2) 일정처리비율(constant removal) 사용법

처리 시설에 의해 일정 비율의 농도로 감소한다고 가정하는 방법이다. 예를 들어, 임의의 오염물질 농도 C의 최초농도가 10 mg/L로 가정되고 처리시설이 25%의 오염물질 제거효과가 있다면 유출수의 농도($C_{x,out}$)는 $(1-0.25)\times C_{x,in} = 7\,\text{mg/L}$로 예측할 수 있다.

(3) 비례처리비율(co-removal) 사용법

이 방법은 토양 또는 총고형물질(TSS) 제거에 비례하여 오염물질이 함께 제거된다고 가정하는 방법이다. 예를 들어, 처리 시설의 TSS 처리 효율이 80%라고 가정하는 경우 유출수의 농도($C_{x,out}$)는 $(1-0.8)\times C_{x,in} = 2.0\,\text{mg/L}$로 예측할 수 있다.

(4) 농도비례비율(concentration dependent) 사용법

높은 농도의 유입수는 처리 효율이 높다고 가정하는 방법이다. 예를 들어, 유입수 농도가 50 mg/L 이상이면 75% 제거되고 그 이하에서는 50%만 제거된다고 가정하는 경우 $C_{x,out} = r\times C_{x,in}$으로 계산할 수 있다. 여기서 $r = 0.5$ 또는 0.75로서 유입수의 농도범위에 따라 결정할 수 있다.

(5) n차 반응식 사용방법

오염물질이 k 반응속도를 가진 n차 반응식을 따른다고 가정하며, 일반적으로는 다음과 같이 표현할 수 있다.

$$C_{x,out} = C_{x,in} - k \times C_{x,in}^{n} \times \Delta T \tag{16-6}$$

여기서 k와 n은 현장의 자료를 수입하여 통계처리를 거친 후 최소자승법 등과 같은 방법으로 할 수 있다. 간단하게 예를 들기 위해 $n=1$ 그리고 $k=$ 0.1/day 라고 가정할 경우 식(16-6)은 ΔT가 1 day 또는 하루의 체류시간을 가지는 시설에 대해 다음과 같이 계산할 수 있다.

$$C_{x,out} = C_{x,in}(1 - k\Delta T) = 0.9\,C_{x,in}$$

(6) $k - C^*$ Model 사용법

Kadlec and Knight (1996)는 오염물질의 제거를 위한 인공습지설계에 처리 효율을 추정하기 위해 다음과 같은 방법을 제안한 바 있다.

$$r = 1 - \frac{C}{C_i} = \left[1 - e^{\left(-k\frac{\theta}{d}\right)}\right]\left[1 - \frac{C^*}{C_i}\right] \tag{16-7}$$

$$C_{x,out} = C^* + (C_i - C^*)e^{\left(-k\frac{\theta}{d}\right)} \tag{16-8}$$

여기서, C_i : 유입수농도

C^* : 그 이하로는 저감되지 않는 배경농도

k : 반응속도 상수(m/hr)

θ : 수리학적체류시간(hr)

d : 인공습지의 평균 수심(m)

예제 16.3

어는 인공습지의 유입수 총인농도(C_{in})가 1 mg/L라고 한다. 인공습지의 반응속도 상수 k가 0.02 m/hr, 배경농도(C^*)가 0.2 mg/L라고 할 때 방류구 농도($C_{x,out}$)가 0.3 mg/L가 되도록 하는 인공습지의 평균 수심(m)을 계산하라. 단, 이 시설의 체류시간은 72 hr이다.

식(16-3)에서 수심 d를 구하기 위해 양변을 정리하고 로그를 취하면 다음과 같다.

$$-k\frac{\theta}{d} = \ln\left(\frac{C_{x,out} - C^*}{C_i - C^*}\right) = \ln(C_{x,out} - C^*) - \ln(C_i - C^*) \tag{16-9}$$

$$d = \frac{k\theta}{\ln(C_i - C^*) - \ln(C_{x,out} - C^*)}$$

식(16-4)를 이용하면 $d = 0.69\,\mathrm{m}$로 계산이 된다.

(7) 중력침강식을 이용하는 방법

일정 유량(QL) 이하인 정체된(quiscent) 조건에서는 중력침강을 대표하는 매개변수 k (m/hr)를 이용하여 오염물질이 다음과 같은 반응특성을 따른다고 가정한다. 일정 유량 이상인 경우 유입수의 농도와 같다고 가정한다.

$$\frac{\partial C}{\partial t} = -\frac{k}{d}C(t) \tag{16-10}$$

$$C(t+\Delta t) = C^* + (C(t) - C^*)e^{\left(-k\frac{\Delta t}{d}\right)} \quad \text{if } Q < QL \tag{16-11}$$

한편, 식(16-8)과 식(16-11)은 거의 유사한 형태의 식으로서 BMP 또는 LID 시설들의 효율을 나타내는 데에 사용할 수 있을 것으로 보인다. 특히 k의 단위는 거리와 시간을 나눈 속도의 단위로서 전체적으로 침강속도로 간주해도 좋을 것으로 보인다.

예제 16.4

어느 식생여과 시설의 유입수(지표유출수)의 TSS 농도는 150 mg/L라고 한다, 이 시설의 배경 TSS 농도 $C^* = 15$ mg/L라고 한다. 이 시설의 수리학적 체류시간은 24 hr이며 이 시설의 수심은 1 m라고 한다. Kadlec and Knight의 인공습지 방법을 이용하여 이 시설의 유출수 농도를 결정하고 제거 효율을 계산하라. 단, $k = 0.05$ m/hr로 가정한다.

식(16-7)과 식(16-8)을 이용하여 최종농도와 제거효율을 다음과 같이 계산할 수 있다.

$$C_{x,out} = C^* + (C_i - C^*)e^{\left(-k\frac{\theta}{d}\right)} = 15 + (150 - 15)e^{\left(-0.05\frac{24}{1}\right)} = 55.66\,\mathrm{mg/L}$$

$$r = 1 - \frac{C}{C_i} = 62.9\%$$

참고로 그림 16.7은 위의 예제의 조건에서 침강속도계수 k가 0.001~0.1 m/hr의 범위로 분포해 있을 때 체류시간별 출구의 농도를 나타내고 있다. 이 그림은 동일한 조건에서는 침강속도가 증가할수록 그리고 체류시간이 증가할수록 처리 효율이 증가하는 것을 알 수 있다. 그러나 현실적으로는 오염물질의 침강속도를 조절하는 것은 어렵기 때문에 일정 유입량에 대해 처리 장치의 크기를 조절함으로써 체류시간을 확보하는 것이 바람직할 것으로 생각된다.

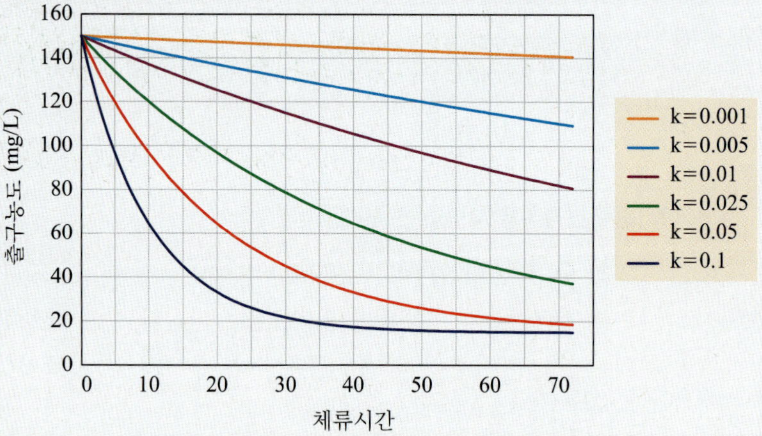

그림 16.7 **인공습지의 침강속도 및 체류시간 별 출구 농도**

(8) 식생처리시설에 의한 오염물질 농도 저감 효과 예측

그림 16.8은 식생연못을 대상으로 빗물의 이동 경로를 보여주고 있다. 각 층의 빗물에 대한 물질 수지식은 다음과 같이 작성할 수 있다.

① 표층(surface layer)

$$\phi_1 \frac{\partial d_1}{\partial t} = i + q_0 - q_1 - e_1 - f_1 \qquad (16\text{-}12)$$

② 토양층(soil layer)

$$D_2 \frac{\partial \theta_2}{\partial t} = f_1 - e_2 - f_2 \qquad (16\text{-}13)$$

③ 저류층(storage layer)

$$\phi_3 \frac{\partial d_3}{\partial t} = f_2 - e_3 - f_3 - q_3 \qquad (16\text{-}14)$$

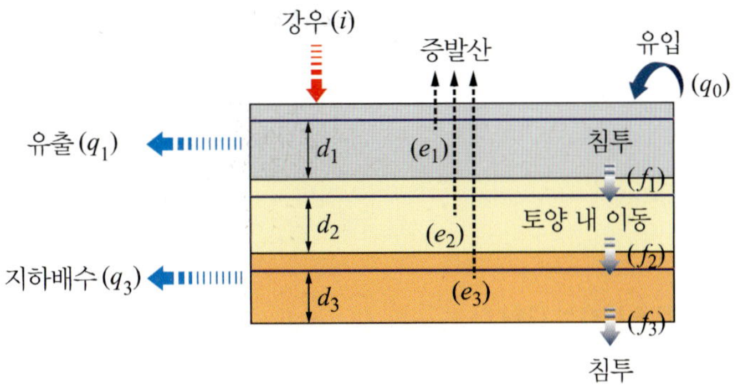

그림 16.8 LID 시설 내의 유량 이동 개념도

여기서, ϕ_i : i 번째 층의 공극율(porosity)
i : 강우강도(mm/day)
q_i : i 번째 층의 유출량(mm/day)
e_i : i 번째 층의 증발손실량(mm/day)
f_i : i 번째 층의 침투손실량(mm/day)
d_i : i 번째 층의 수심(mm)
D_i : i 번째 층의 두께(mm)
θ_i : i 번째 층의 수분함량(mm)

한편, 그림 16.8에서 오염물질에 대한 물질 수지식은 다음과 같이 수립할 수 있다.

① 표층(surface layer)

$$\phi_1 d_1 \frac{\partial C_1}{\partial t} + \phi_1 C_1 \frac{\partial d_1}{\partial t} = C_{rain} i + C_0 q_0 - C_1(q_1 + f_1) - k_1 C_1 d_1 \qquad (16\text{-}15)$$

② 토양층(soil layer)

$$D_2 \frac{\partial \theta_2}{\partial t} = C_1 f_1 - C_2 f_2 - k_2 C_2 d_2 \qquad (16\text{-}16)$$

③ 저류층(storage layer)

$$\phi_3 d_3 \frac{\partial C_3}{\partial t} + \phi_3 C_3 \frac{\partial d_3}{\partial t} = C_2 f_2 - C_3(q_3 + f_3) - k_3 C_3 d_3 \qquad (16\text{-}17)$$

이론적으로는 위 식을 풀이하면 시간에 따른 수위 또는 수분함량과 수질농도를 결정할 수 있다.

16.6 자연처리기법(Nature-based Solutions, NbS)

IUCN (International Union for Conservation of Nature and Natural Resources) (Cohen-Schacham et al., 2016)에 의하면 자연처리기법(Nature-baed Solutions, NbS)은 기후변화, 물에 의한 재해, 경제 및 사회적인 성장, 사람의 건강, 식량의 확보, 물의 확보 그리고 환경의 훼손과 생물학적 다양성의 감소 등의 7가지로 사회적 위협요소에 대해 인간의 복지와 생물학적 다양성을 보호하기 위한 생태시스템에 기반을 둔 접근 방법을 말한다. 또한 IUCN은 그림 16.11에 나타난 바와 같이 NbS를 국제적인 표준으로 만들기 위해 그림 내의 8가지 요소가 서로 연관되어 작동해야 한다고 보고한 바 있다. 이 그림에서 ① 사회적인 문제의 요소들은 ② 각종 문제의 크기에 따라 설계되고 이는 ③ 경제적 타당성, ④ 생물학적다양성의 순증가, ⑤ 포괄적인 관리체계 등 세 가지에 의해서 지원되고 이들은 ⑥ 서로 균형을 지키는 가운데 조정되고 또한 ⑦ 지속적으로 수정 보완되는 관리체계를 통해 ⑧ 우선순위로서 등장(또는 주류화)하면서 지속가능하도록 연결되어야 한다고 설명한 바 있다. 쉽게 말해서 자연처리기법은 오염 또는 훼손된 강, 연안, 토양 및 산림의 복원에 적용되는 각종 기법의 적용에 있어서 자연의 원리를 고려한 지속가능한 기술을 적용하는 것을 의미한다. NbS의 개념은 2010년대에 들어 국제적 기관들에 의해 전통적인 공학적 기법들에 의존하기보다는 지속가능한 활동을 개선하고 자연 생태계와 종 다양성을 보호하기 위한 방법을 찾고자 하면서 등장하게 되었다. IUCN은 NbS가 다음과 같은 원칙을 기반으로 시행되는 것을 권고하고 있다.

- 자연보전의 일반적인 기준 및 원리를 포함해야 한다.
- 사회적인 도전에 대해 기술적 또는 공학적 방법들과 함께 또는 별도로 적용될 수 있다.
- 전통적, 지역적 및 과학적 지식을 포함하는 해당 장소 특유의 자연적 및 문화적

상황을 고려하여 결정해야 한다.

- 투명하고 폭넓은 참여를 촉진하는 방향으로 공정하고 평등한 사회적 이익을 창출해야 한다.
- 생태계의 생물학적 및 문화적인 다양성과 기능이 시간에 따라 향상될 수 있도록 해야 한다.
- 지형의 규모를 고려하여 실시해야 한다.
- 개발에 따른 약간의 단기적인 경제적 이익에 의한 생산성과 전반적인 생태계 서비스의 생산성을 위한 미래의 대안들 간의 장·단점에 대해 인지하고 다루어야 한다.
- 특정 문제를 다루기 위한 정책, 방법 또는 실행수단은 전반적 설계의 일부이다.

따라서 NbS는 다양한 접근방법을 아우르는 커다란 우산과 같은 개념이다. 이러한 접근 방법은 과학적인 연구 분야 또는 실제로 적용되었거나 정책적인 분야 등 다양한 분야에서 등장하였으며, 생태계 서비스라는 공통적인 관점을 공유하면서 사회적인 도전에 대응하고자 하는 목적을 가지고 있다. 그림 16.9는 이러한 개념을 개괄적으로 보여주고 있다.

그림 16.9 Nbs의 정의(Cohen-Schacham et al., 2016)

표 16.4 자연기반 기법 접근방법의 분류 및 사례

자연처리 기법의 종류	사 례
생태계 복원 접근법 Ecosystem restoration approaches	• 생태복원(ER, Ecological Restoration) • 생태공학(EE, Ecological Engineering) • 산림조경 복원(FLR, Forest Landscape Restoration)
문제집중형 생태계관련 접근법 Issue-specific ecosystem related approaches	• 생태계기반 적응(EbA, Ecosystem-based Adaptation) • 생태계 기반 완화(EbM, Ecosystem-based Mitigation) • 기후변화 적응지원(CAS, Climate Adaptation Services) • 생태계기반 재해 위험도 감소(Eco-DBR, Ecosystem-based disaster risk reduction)
사회기반시설 관련 접근방법 Green Infrastructure and natural infrastructure approaches	• 자연적 사회기반시설(NI, Natural Infrastructure) • 녹색 사회기반시설(GI, Green Infrastructure) • 자세한 사항은 그림 16.8 참조
생태계 기반 관리 접근법 Ecosystem-based management approaches (EbMgt)	• 종합적 연안관리(Integrated coastal zone management) • 종합수자원관리(Integrated water resources management)
생태시스템 보호 접근법	• 면적 기준 보호구역 관리 포함 지역기반 보전 방법

한편, IUCN은 위와 같은 7가지 문제를 해결하기 위한 NbS의 접근방법을 표 16.4와 같이 크게 5가지로 분류하고 있으며, 이 방법들은 그림 16.9의 상단에 배치되어 있다.

그림 16.10은 물관리를 위한 각종 자연적 사회기반시설의 관리 예를 보여주고 있다. 이 방법들은 다음과 같이 분류할 수 있다.

NbS 방법은 지속가능성과 자연의 회복능력을 기본으로 인간을 포함한 생태계 전반적인 회복능력을 제고하고자 하는 방법이라고 볼 수 있다. 그러니 실제로는 아직도 보전과 개발의 현장에서 실효성 및 구체적인 방법론 및 정량적인 효과 등이 확실하게 적립되지는 못한 상태이다.

녹색사회기반시설을 고려하는 것은 환경과 생태계를 보호할 수 있는 중요한 방법이기는 하나 기존의 콘크리트, 철근 및 아스팔트를 포함하는 회색사회기반시설(grey infrastructures)을 제외하고 추진하는 것은 불가능하다. 따라서 NbS의 개념은 생태계와 인간의 공존 및 지속가능성에 주안점을 두고 계속적인 연구와 시행착오 속에서 발전되어야 할 것으로 생각된다.

표 16.5 자연적 사회기반시설의 예

자연처리 기법의 종류	사 례
산림 및 토양침식 제어 관련	• 보호구역 지정을 통한 수원의 보호 • 홍수방지, 경사지 안정화 및 깨끗한 물을 위한 산림조경의 회복 • 등고선별 경작을 통한 토양침식의 방지 및 침투의 증가
하천의 수질 보호 및 홍수 방지관련	• 하류의 홍수피해 저감을 위한 우회배수로의 설치 • 하천연안 완충지대 확보를 통한 수질보호 및 침식 저감 • 하천의 홍수터와 지하수의 연계관리 • 하폐수 처리와 홍수의 저감
유역관리	• 인공습지의 보호와 회복 • 침투지와 식생체류지 조성 • 투수성 포장 등을 이용한 빗물의 침투 증가 • 녹색지붕을 이용한 빗물의 저류 • 물의 재이용
연안관리	• 연안지역의 식생, 인공습지 그리고 모래사구의 보호 및 회복 • 연안보호와 서식지를 위한 산호의 보호와 회복

출처 : http://www.iucn.org/theme/water/our-work/wise-climate

그림 16.10 물관리를 위한 자연적 사회기반시설의 예(Cohen-Schacham et al., 2016)

참고문헌

- 구영민, 김재영, 김병로, 서동일, "섬유 필터를 사용한 강우 유출수의 부유물질 제거 방법의 개발", 대한환경공학회지 37(3) 165-177, 2015.
- 국립환경과학원, 오염총량관리기술지침, NIER-GP2019-010, 2019.
- 국립환경과학원, 조류경보제 운영매뉴얼(2020), NIER-GP2020-019, 2020.
- 국립환경과학원, 2017 먹는 물 수질기준 해설서, NIER-GP2017-033, 2017.
- 국립환경과학원, 수질오염공정시험기준, 국립환경과학원고시 제2022-12호 2022.
- 국회예산처, 2015년도 임대형 민간투자사업(BTL) 한도액안 평가, 2014.
- 농림축산식품부, 2019 구제역 백서, 한국농촌경제연구원, 20219.
- 김재영, 서동일, 이동은, "초기 강우에 의한 도시 유역 비점오염 부하의 유입 저감을 위한 침강 처리 시설 적용 타당성 분석", 대한환경공학회, 39(3), 140-148, 2017.
- 김형수, 수문학, 동화기술, 2012.
- 박종수, 총유기탄소(TOC)의 분석 방법 및 수질 기준 개발, 전남대학교 대학원 환경공학과 박사학위 논문, 2014
- 손광익, 수리학, 동화기술, 2013.
- 서동일, 유하나, "EFDC-Hydro와 WASP7을 이용한 QUAL2E 모델의 오차 원인 분석 – 한강하류부의 적용 사례를 중심으로", 대한상하수도학회 학술대회, 2007.
- 서동일, 방철호, "빗물 자동모니터링장치와 SWMM 유역 모델을 이용한 강우시 오염부하량 예측에 관한 연구", 대한환경공학회지, Vol.34 No.6, pp. 373-381, 2012.
- 서동일, 이동은, 김재영, 구영민, "도시 하천 수질 관리를 위한 지속가능 초기 강우 오염 관리 시스템의 개발", 응용생태공학회, 3(4) 247-255, 2016b.
- 서동일, 김재영, "침강에 의한 도시 강우 유출수 오염물질 저감 특성 분석", 대한환경공학회지, 38(4), 210-218, 2016a.
- 유은진, 서동일, "도시 유역 강우 유출수 내 중금속 농도의 변화 특성에 관한 연구", 한국수자원학

회 논문집, 51(10), 917-927, 2018.

- 이상욱, 서동일, 정세웅, “2차원 수리.수질모델(CE-QUAL-W2)을 이용한 대청호 수온
- 성층현상의 모델링”, 대한환경공학회 2003 춘계학술연구발표회 논문집, KAIST, pp. 676-678, 2003.
- 이정우, 배순임, 이동률, 서동일, “수중보를 고려한 하천에서 보존성 오염물질의 이송특성 분석_낙동강을 중심으로”, 대한환경공학회지, 36(12) 821-827, 2014.
- 전일권, 라덕관, 환경수리학, 동화기술, 1997.
- 환경관리공단, 수질TMS 업무편람, Keco(2019) − 물환경RF − 07, 2019.
- 환경부, 빗물이용시설 설치 관리 가이드북, 물산업지원팀 821호, 2010.
- 환경부, 2015 수질측정망 운영계획, 11-140000-001223-10, 2015.
- 환경부, 수질예보 및 대응조치에 관한 규정, 2018.
- 환경부, 환경정책기본법 시행령 [별표 1], 2020.
- 환경부, 방류수수질기준 적용을 위한 지역구분, 환경부고시 제2021-136호, 2021a.
- 환경부, 오염총량관리_토지계 지목별 연평균 발생부하원단위, 국립환경과학원, 2021b.
- 환경부, 먹는 물의 수질기준(제2조 관련), 먹는물 수질기준 및 검사 등에 관한 규칙, 2021c.
- 환경부, 수질오염물질의 배출허용기준(제34조 관련), 물환경보전법 시행규칙 별표 13, 2022a.
- 환경부, 물환경보전법, 2022b.
- 환경부, 먹는물관리법, 2022c.
- 환경부, 물의 재이용 촉진 및 지원에 관한 법률 2022d.
- Akan, A.O. and Houghtalen, R.J., Urban Hydrology, Hydraulics and Stormwater Quality, Engineering Applications and Computer Modeling, Wiley, 2003.
- American Society of Civil Engineers, National Stormwater Best Management Practices (BMP) Database, Alexandria, VA., 1998.
- Anderson, N, J., Miniview: Diatoms, temperature and climatic change, European Journal of Phycology, 35:4, 307-314, 2000.
- Arnold, J.G., Kiniry, J.R., Srinivasan, R;, Williams, J.R., Haney, E.B., Neitch, S.L., Soil and Water Analysis Too, Input/Output Documentation Version 2012, Texas Water Resources Institute, 2012.
- APHA (American Phublic Health Association), Standard Methods for the Examination of Water and Wastewater, 18ed, Washington DC., 1992.
- Bacci, F. and Campo, P., Emerging and Less Commonly Recognized Chemical Contaminants: Organic Micropollutants, Editor (s): Thomas Mehner, Klement Tockner, Encyclopedia of Inland Waters (Second Edition), Elsevier, 2022, Pages 247-259.
- Bicknell, B. R., Imhoff, J. C., Kittle Jr, J. L., Donigian Jr, A. S., & Johanson, R. C., Hydrological simulation program-FORTRAN. User's manual for release 11. USEPA, 1996.
- Brezinski, Mark A., "The Si:C:N Ratio of Marine Diatoms:: Interspecific Variability and the

Effect of some environmental variables". Journal of Phycology. 21 (3): 347-357, 1985 .

- Brown, S.A., Stein, S.M., and Warner, J.C., Urban drainage design manual, Hydraulic Engineering Circular No.22, Federal Highway Administration, Washington, DC. 1996.
- Brunauer, S., Emmett, P.H., Teller, E., Adsoprtion of Gases im Multimolecular Layers, J. Amer. Chem. Soc., 60, 309, 1938.
- Carlson, R. E., A trophic state index for lakes. Limnol. Oceanogr. 22: 361-369, 1977.
- Chapra, Steven C., Surface water-quality modelling, McGraw-Hill, 1997.
- Chapra, S.C., Pelletier, G.J. and Tao, H., QUAL2K: A Modeling Framework for Simulating River and Stream Water Quality, Version 2.12: Documentation and Users Manual. Civil and Environmental Engineering Dept., Tufts University, Medford, USA, 2012.
- Chapra, S.C., Boehlert, B., Fant, C., Bierman, V.J. Jr., Henderson, J., Mills, D., Mas, D.M.L., Rennels, L., Jantarasami, L., Martinich, J., Strzepek, K.M., Paerl, H.W., Climate Change Impacts on Harmful Algal Blooms in U.S. Freshwaters: A Screening-Level Assessment, Environ. Sci. Technol. 2017, 51, 8933-8943, DOI: 10.1021/acs.est.7b01498
- Chapra, S.C., Detection, prediction and modelling of CyanoHABS: The role of science in decision-making, The 17th World Water Congress of International Water Resources Association, Daegu, Korea, Nov., 2021.
- Chavoshani, A.,Hashemi, M., Mohammad M. A., Ameta, S.C., Chaptre 1, Micropollutants and Challenges, Elsevier, 2020, Pages 1-33.
- Cohen-Shacham, E., Walters, G., Janzen, C. and Maginnis, S. (eds.).
- Nature-based Solutions to address global societal challenges. Gland,
- Switzerland: IUCN. xiii + 97pp., 2016
- Cole, T.M., and S. A. Wells. "CE-QUAL-W2: A two-dimensional, laterally averaged, Hydrodynamic and Water Quality Model, Version 3.5," Instruction Report EL-06-1, US Army Engineering and Research Development Center, Vicksburg, MS., 2006
- Driedger, Alexander G.J.; Durr, Hans H.; Mitchell, Kristen; Van Cappellen, Philippe (2015). "Plastic debris in the Laurentian Great Lakes: A review". Journal of Great Lakes Research. 41: 9-19.
- DiToro, D.M. and Nusser, J., Particle size and settling velocity analysis for bay area waters, Hydroscience Inc., Prepared for California Dept. of Water Resources., 1976.
- DiToro, D.M., Fitzpatrick, J.J., Chesapeake bay sediment flux model. Contract Report EL-93-2, US Army Engineer Waterways Experiment Station, Vicksburg, MS, 316 Pp, 1993
- DiToro, D.M., Sediment flux modeling, Wiley Interscience, 2001
- Fischer, H.B., List, E.J., Koh, R. C. Y., Imberger, J., and Brooks, N. H., Mixing in inland and coastal waters, Academic, NY, 1979.
- Freundlich, H., Colloid Capillary Chemistry, Metheun and Co., Ltd., London, 1926.
- Hamrick, J.M., 1992. A three-dimensional environmental fluid dynamics computer ode: theoretical and computational aspects. In: Special Report. Virginia institute of Marine Science, College of William and Mary, Gloucester Point, VA, pp. 317.

- He, W., Jung, H., Lee, J., Hur, J., Differences in spectroscopic characteristics between dissolved and particulate organic matters in sediments: Insight into distribution behavior of sediment organic matter,Science of The Total Environment, 547: 1-8, 2016.
- Helsel, D.R., Hirsch, R.M., Ryberg, K.R., Archfield, S.A., and Gilroy, E.J., 2020, Statistical methods in water resources: U.S. Geological Survey Techniques and Methods, book 4, chap. A3, 458 p.
- Hjulstrom, Filip, Studies on the morphological activity of rivers as illustrated by the river Fyris, In: Les Etudes rhodaniennes, vol. 11, no, 2 pp. 255-256, 1935.
- Jorgensen, S.E. and Bendoricchio, G., Fundamentals of Ecological Modelling, Elsevier, 2001.
- Kadlec, R.H. and Knight, R.L., Treatment Wetlands, Lewis Publishers, Boca Raton, F, 1996
- Kim, Jaeyoung, Seo, Dongil, Jang, Miyoung and Kim, Jiyong, Augmentation of limited input data using an artificial neural network method to improve the accuracy of water quality modeling in a large lake, Journal of Hydrology, 602 126817, 2021.
- Kim, Jaeyoung and Seo, Dongil, Three-dimensional augmentation for hyperspectral image data of water quality: An integrated approach using machine learning and numerical models. Water Research 251, 121125, 2024.
- Kudela, R. M., Palacios, S. L., Austerberry, D. C., Accorsi, E. K., Guild, L. S., Torres-Perez, J., Application of hyperspectral remote sensing to cyanobacterial blooms in inland waters, Remote Sensing of Environment, 167, 196-205, 2015.
- Langmuir, I., The adsoprtion of gases on plain surfaces if glass, mica and platinum, J. Amer. Chem. Soc., 40, 1361, 1918.
- Neitsch, S.L., J.G. Arnold, J.R. Kiniry, J.R. Williams, "Soil and water assessment tool theoretical documentation version 2009", Texas Water Resources Institute, 2011.
- Paerl, H., and Otten, T., Harmful Cyanobacterial Blooms: Causes, Consequences, and Controls, January 2013, Microbial Ecology 65(4).
- Pagano, T.. Bida M., and Kenn, J.E., Trends in levels of allochthonous aissolved organic carbon in natural water: A review of potential mechanisms under a Review of potential mechanisms under a changing climate, Water, 6, 2862-2897, 2014.
- Park, K., Kuo, A.Y., Shen, J., Hamrick, JM, A three-dimensional hydrodynamic-eutrophication model (HEM-3D): description of water quality and sediment process submodels, Special Report in Applied Marine Science and Ocean Engineering 327, 1995.
- Padisak, J., Chorus, I., Welker, M., Marzalek, B. and Kurmayer, R. (2021) Laboratory analyses of cyanobacteria and water chemistry. In: Toxic Cyanobacteria in Water, 2nd edition. CRC Press, Boca Raton. (FL), on behalf of the World Health Organization, Geneva, CH.
- Redfield, A.C. "On the proportions of organic derivatives in sea water and their relation to the composition of plankton" (PDF). James Johnstone Memorial Volume: 176, 1934 Retrieved March 1, 2019.
- Rossman, L.A. and Huber, W.C. (2016). Storm Water Management Model Reference Manual, Volume 1, Hydrology(Revised), United States Enviromental Protection Agency Technical

Report.

- Sanseverino, Isabella, Antonio, C.D., Loos, R. and Lettieri, T., Cyanotoxins: methods and approaches for their analysis and detection; 2017 EUR 28624; doi:10.2760/36186
- Sawyer, C. N, McCarty, P. L. Parkin, G. F., Chemistry for environmental engineering 4th Ed, McGraw-Hill, 1994.
- Schueler, T. R, Controlling Urban Runoff: A Practical Manual for Planning and Designing Urban BMP's, Metropolitan Information Center, Metropolitan Washington Council of Government, Washington, D.C., 1987.
- Seo, Dongil, Development of Vertically Moving Automatic water Monitoring System (VeMAS) for Lake Water Quality Management, in the Book of Atmospheric and Biological Environmental Monitoring, Young J. Kim, Ulich Platt, M. B. Gu, and Hitoshi Iwahashi Eds., Springer, 2009.
- Seo, D., Lee, T., Kim, J., Koo, Y.,Development of Integrated Management System (ISTORMS) for Efficient Operation of First Flush Treatment System for Urban Rivers, Water Practice and Technology, 12(3), 557-563, 2017,
- Shiklomanov, Igor, World fresh water resources in Peter H. Gleick(editor), Water in Crisis: A Guide to the World's Fresh Water Resources, Oxford University Press, New York, 1993.
- Snoeyink V.L. and D., Jenkins., Water Chemistry, Wiley, 1980.
- Steele, J. H., Notes on some theoretical problems in production ecology. In C. R. Goldman (Ed.), Primary production in aquatic environments. Berkeley, California: University of California Press, 1965.
- Streeter H. W., Phelps E. B., 1925, A Study of the pollution and natural purification of the Ohio river. III. Factors concerned in the phenomena of oxidation and reaeration, Public Health Bulletin no. 146, Reprinted by U.S. Department of Health, Education and Welfare, Public Health Service, 1958.
- Stokes, George Gabriel. On the effect of internal friction of fluids on the motion of pendulums. Transactions of the Cambridge Philosophical Society. 9, part ii: 8-106, 1851
- Taniguchi, M., Lindsey, J. S., Synthetic, 2017, Chlorins, Possible Surrogates for Chlorophylls, Prepared by Derivatization of Porphyrins. Chem. Rev. 2017, 117, 2, 344?535
- Thomann, R.V. and Mueller, J.A., Principles of surface water quality modelling and control, Harper and row, 1987.
- Thomson-Laing, G., Puddick, J., Wood, S. A., Predicting cyanobacterial biovolumes from phycocyanin fluorescence using a handheld fluorometer in the field, Harmful Algae, Volume 97, 2020, 101869.
- Urquhart, Erin A., Schaeffer, Blake A., Stumpf, Richard P., Loftin, Keith A.,Werdell, P. Jeremy, A method for examining temporal changes in cyanobacterial harmful algal bloom spatial extent using satellite remote sensing,, Harmful Algae, 67, 144-152,2017
- USEPA, Results of Nationwide Urban Runoff Program, Volume I, Final Report, Water Planning Division, Washington, DC., 1983.

- USEPA, National Management Measures to Control Nonpoint Source
- Pollution from Urban Areas. Office of Water, EPA-841-B-05-004, November 2005.
- USEPA, BASINS(Better Assessment Science Integrating Point and Nonpoint Sources) 4.5 User's Manual, 2019.
- USEPA, Office of Water, Recommendations for Cyanobacteria and Cyanotoxin Monitoring in Recreational Waters, EPA 823-R-19-001, 2019b.
- Van Rijn, L.C., Sediment Transport, Part I: Bed Load Transport. The Journal of Hydraulic Engineering, 110, 1431-1456, 1984.
- Weber, W.J. Jr., Physicochemical process for water quality control, John Wiley and Sons. 1972.
- Wells, S. A., CE-QUAL-W2: A Two-Dimensional, Laterally Averaged, Hydrodynamic and Water Quality Model, Version 4.5, Department of Civil and Environmental Engineering, Portland State University, Portland, OR 97207-0751, 2021
- Whipple, W., and randall, C. W., Detention and flow retardation devices, Stormwater manaqgement in urban areas, Prentice-Hall, Englewood Cliffs, NJ, 1983.
- Wozniak, M., Bradtke, K., M., Darecki, M, Krezel, A., Empirical Model for Phycocyanin Concentration Estimation as an Indicator of Cyanobacterial Bloom in the Optically Complex Coastal Waters of the Baltic Sea, Remote Sensing, 8, 212; 2016.
- Wool, T.A., Ambrose, R.B., Martin, J.L, WASP8 Multiple Algae-Model Theory and User's Guide, Supplement to Water Quality Analysis Simulation Program (WASP) User Documentation, U.S. Environmental Protection Agency, Office of Research and Development, Washington, DC 20460
- Yotsukura, N., As referenced in preliminary report Techniques of water resources investigations of the U.S. Geological Survey, 1968 in Measurement of Time of Travel and Dispersion by Dye Tracing Book 3, Chapter A9, by Kilpatrick, F.A. and Wilson, J. F., 1970.
- Yu, S.L. and Kaighn, R.J. Jr., VDOT Manual of Practice for Planning Stormwater Management, Virginia Transportation Research Council, Charlottesville, VA, 1992.

찾아보기

123

A

B

C

D

E

F

G

H

I

Q

R

S

T

U

V

W

X

Y

저자소개

서동일 / 충남대학교 환경공학과 교수
홈페이지 http://sites.google.com/view/seodi

학력

- 서울대학교 토목공학과 도시공학 전공 학사(1979~1983)
- 서울대학교 토목공학과 석사 – 활성탄 흡착에 의한 오염물질 제거(1983~1985)
- Univ. of Michigan, 토목환경공학과 박사 – 녹조현상의 수질모델링(1986~1991)

경력

- 충남대학교 환경공학과 교수 – 지표수 수질모델링 및 수질관리(1992~현재)
- 충남대학교 산학협력단장 및 연구본부장(2013~2014), 공대 학장(2015~2017)
- 미국 Tetra Tech Inc. 프로젝트 엔지니어 – 하수처리장의 고도화(1991~1992)
- 미국학술원 초청 USEPA 방문과학자 – TMDL 모델링(1999~2000)
- 일본국제호수환경위원회 초청 World Lake Vision 제정위원(2002~2003)
- 미국 Duke 대학 Nicholas 환경대학원 방문 및 겸임 교수(2005~2011)
- 대한환경공학회 영문편집위원장 – 영문학회지 SCI 등재 추진(2010~2012)
- 한국물포럼 과학기술위원장 – 제7차 세계물포럼 유치 및 국제활동(2012~2019)

수상

- 한국수자원학회 학술상(2021)
- 대한환경공학회 학술상(2018)
- 국무총리 표창(2015)
- 한국수자원학회 논문상(2012)
- 대전시 환경상(2010)
- 충남대학교 최우수 강의상(2005)
- 대한상하수도학회 논문상(2004)
- 환경부장관 표창(2004)
- 미국 NRC Senior Associateship Award (1999)
- 대한민국 국비유학생(1985)

지표수의 수질관리 정가 35,000원

발 행 2024년 2월 28일 초판 1쇄
저 자 서동일
발행인 정우용
발행처 도서출판 동화기술
경기도 파주시 광인사길 201 (문발동, 파주출판도시)
Tel (031)955-4211~6 donghwapub@nate.com
Fax (031)955-4217 www.donghwapub.co.kr
(등록) 1977년 12월 19일/9-16호

ISBN 978-89-425-9563-1